国土を創った土木技術者たち

国土政策機構編

鹿島出版会

はじめに

　国土政策機構は，1983（昭和58）年の設立以来16年にわたり，地下空間・防災・河川など国土の総合的有効利用に関する調査研究や政策提言などの活動を行ってきた。これら活動の一環として，1991（平成3）年6月に土木技術・土木事業の歴史と未来への取組み姿勢を展示するための拠点施設を建設する「インフラミューズパーク構想」の提言を行った。この構想について議論する過程で，無名碑としての土木技術者の先達を顕彰したいとの話題がもちあがり，本書の出版へと至ったものである。

　現在のわが国の繁栄と安全な国土の存在は，明治以降の鉄道・治水・港湾・上下水道・電力・道路などの社会基盤整備に負うところが大きいが，これら社会基盤整備を主に技術面から支えて遂行してきたのは土木技術者たちであった。しかし，これら土木技術者たちによる事業や学問的業績，生きざま，人間性などについては，限られた形でしか現代の人々に伝えられていない。

　自らの置かれた政治・経済・社会条件のもとで，経済発展と国民生活の安全のための基盤を営々と築き上げてきた土木技術者の先達について，その業績とともに，人間性や生きざまを様々な角度からとりまとめ，土木技術者や国民に広く知ってもらうことは大きな社会的意義を有しているものと考える。

　本書は，このような考えのもとに，明治以降から高度成長期前までに活躍した土木技術者の人物像をとりまとめ出版するものである。

　土木事業に関わる人はもとより，より幅広く読んでいただくことができるならば，本書の編集を進めてきた本機構として望外の喜びである。

　本書の企画を推進し上梓を心待ちにしていた本機構代表理事石渡秀男氏が，出版を前に急逝された。本書を石渡氏の墓前に捧げ，ご冥福を祈りたい。

1999年12月

国土政策機構 代表理事
下河辺　淳

目　次

はじめに

[0] 国土を創った土木技術者たち
　　　21世紀を生きる若き土木技術者たちへ：対談 ……… 3
　　　　松尾　稔（名古屋大学総長）& 下河辺　淳（国土政策機構代表理事）

[1] 近代土木行政の骨格をつくった土木技術者たち
　　　土木行政と土木技術者：通史 …………………………… 19
　　　　〔人物紹介〕　古市　公威 ………………………………… 24

[2] 川を治めた土木技術者たち
　　　河川と土木技術者：通史 ………………………………… 31
　　　　〔人物紹介〕　デ・レーケとエッシャー …………… 40
　　　　　　　　　　沖野　忠雄 ……………………………… 46
　　　　　　　　　　岡崎　文吉 ……………………………… 52
　　　　　　　　　　近藤　仙太郎 …………………………… 58
　　　　　　　　　　赤木　正雄 ……………………………… 64
　　　　　　　　　　鷲尾　蟄龍 ……………………………… 70
　　　　　　　　　　安藝　皎一 ……………………………… 76

[3] 港をつくった土木技術者たち
　　　港湾と土木技術者：通史 ………………………………… 83
　　　　〔人物紹介〕　ドールン ………………………………… 90
　　　　　　　　　　パーマー ………………………………… 96
　　　　　　　　　　廣井　勇 ………………………………… 102
　　　　　　　　　　鈴木　雅次 ……………………………… 108

[4] 鉄道を築いた土木技術者たち
 鉄道と土木技術者：通史 …………………………………… 117
  〔人物紹介〕 エドモンド・モレル ……………………… 124
       井上　勝 …………………………………… 128
       長谷川 謹介 ……………………………… 138
       那波 光雄 ………………………………… 144

[5] 上下水道を築いた土木技術者たち
 上下水道と土木技術者：通史 ……………………………… 151
  〔人物紹介〕 バルトン …………………………………… 158
       中島 鋭治 ………………………………… 164

[6] 橋を築いた土木技術者たち
 橋梁と土木技術者：通史 …………………………………… 171
  〔人物紹介〕 樺島 正義 ………………………………… 176
       田中　豊 …………………………………… 180

[7] 道路を築いた土木技術者たち
 道路と土木技術者：通史 …………………………………… 187
  〔人物紹介〕 牧　彦七 …………………………………… 192
       牧野 雅楽之丞 …………………………… 196
       藤井 真透 ………………………………… 198

[8] 都市をつくった土木技術者たち
 都市づくりと土木技術者：通史 …………………………… 205
  〔人物紹介〕 石川 栄耀 ………………………………… 210
       加藤 与之吉 ……………………………… 216

[9] エネルギーを開発した土木技術者たち
 エネルギー開発と土木技術者：通史 ……………………… 225
  〔人物紹介〕 田辺 朔郎 ………………………………… 234

[10] 土木工学の基礎づくりと土木技術者たち

研究・教育と土木技術者:通史 ……………………… 243
〔人物紹介〕 物部 長穂 ……………………… 250
　　　　　　青山 士 …………………………… 256

[11] 政治参画をめざした土木技術者たち

政治参画と土木技術者:通史 ……………………… 263
〔人物紹介〕 直木 倫太郎 …………………… 268
　　　　　　宮本 武之輔 …………………… 276

[12] 国際総合開発の先駆けとなった土木技術者たち

国際総合開発と土木技術者:通史 ………………… 283
〔人物紹介〕 久保田 豊 ……………………… 286

[13] 建設産業の基礎をつくった土木技術者たち

建設産業と土木技術者:通史 ……………………… 293
〔人物紹介〕 菅原 恒覧 ……………………… 298
　　　　　　鹿島 精一 ……………………… 304
　　　　　　山田 寅吉 ……………………… 310
　　　　　　平山 復二郎 …………………… 316

土木事業と土木技術者年表 ………………………… 323
人名索引 ……………………………………………… 332
おわりに
執筆者一覧
編集委員

[0]
国土を創った土木技術者たち

松尾　稔
名古屋大学総長
（日本学術会議会員）

下河辺　淳
国土政策機構代表理事
（東京海上研究所理事長）

21世紀を生きる若き土木技術者たちへ：対談

【事務局】　国土政策機構における事業の一環として，現在『国土を創った土木技術者たち』という書籍の編集を進めております。この本の内容は，明治期から高度成長期前までの土木分野で活躍された土木技術者を顕彰し，各分野ごとに通史をまとめたものとなります。今日は，それらを総括するという意味で，国土を創る土木技術の役割，また，現在から未来に向けての土木技術者像について，お二人の先生方に話し合っていただきたいと思います。

■ 文明の装置としての土木技術

【下河辺】　人間が地上に住みついていくためには，いかなる地域でもいかなる民族でも土木「技術」なしには成り立たなかったから，人間にとって土木技術というのは，生きるための基本的技術であることは間違いありませんね。それが地域によって時代によって違ってくるし，土木技術そのものの技術進歩で違ってくることは明らかです。

　そのときに，縄文以来，江戸時代までいろんな土木技術が発展して日本の国土がつくられてきたと思いますが，東京というまちは，江戸というまちの一部にできた近代都市ですけれども，江戸を築くための15～16世紀からの土木技術の貢献というのは，ちょっと目をみはるものがあると思います。そういう業績の上に現在の東京が成り立っているというような思いがあって，今，土木技術を語るということはとても大きな意味があると思っています。

【松尾】　文明という言葉がありますね。文明というのは100人が語れば100の定義があると言われますが，梅棹忠夫さんを中心にする京大の人文系の定義は，文明というのは人間と装置と制度からなる巨大なシステムであるというものです。ちなみに，文化は文明の精神面――遺伝的なものを除いた精神面だと言われておりますが。この，文明の中に「装置」が入っているというのは非常に大きいと思います。

　装置というのは，この机もそうですし，眼鏡もそうだし，自動車も，社会基盤も全部「装置」ですが，それは技術の成果として出来上がっている。その装置の中でも，その時代その時代の，社会的な基本的なところを支えてきたのが土木による技術の成果としての装置ですね。

【下河辺】　テクノロジーという英語は難しいですね。テクノロジーというのは何を言うのか。テクノロジーを「工学」と訳してしまえば，工学でないものはなくなってしまうのかもしれませんね。テクノロジーという言葉が人間からなくなることは，まず

あり得ないでしょうし。

【松尾】　おっしゃるとおりです。技術というのは，人間の生活に必要だから生まれて，その有用性によって価値を認められてきたわけですね。魚を獲って食べなければ生きていけないから魚を獲る技術が生まれる，農作物をつくる技術が生まれる，あるいは川の向こうに渡る必要性があるから，船をつくったり橋をつくったりする技術が生まれるということで，どんな古い時代に戻ったとしても，技術というのは社会的な目的を持っている。目的を持っているから，社会的な責任があるともまた言えるわけですね。

■20世紀は鉄とコンクリートの時代

【下河辺】　そうですね。明治維新があって，新しい日本ができたときにも，学者・政治家・企業家を含めて，日本の国土のインフラストラクチャーをどうしようということが大きな話題になって，国の事業としていかなるインフラをつくるかということになりましたが，そのときに一番際だった大きな仕事は，日本列島に初めて鉄道を敷設したということだと思います。あの時代にヨーロッパで発達した蒸気機関車を持ってきて，レールを敷いて，鉄道を建設したというのは，すごい努力だったんじゃないかと思いますし，日本列島が初めて鉄道の影響を受けるということになったのは，歴史上大変な出来事だったと思います。

同時に，新しい日本の中にコンクリートという建設材料が持ち込まれて，いろんな施設がコンクリート化した。河川工事でも江戸時代から続いてきたものの上に，コンクリートを使うという進歩がもたらされて，そのコンクリートの扱い方が土木技術の中心的話題になるということで，建物から道路からすべてのものにコンクリートが入ってきたのが20世紀だという思いもあります。

さらに言えることは，土木技術といっても，農業土木ということも中心に動いていて，農本主義の日本の中で，白米を常食にするという政策に対応すべき水田なり，あるいは農業用の用排水事業が進んでいったこともあるかもしれません。しかしテーマとしては，開国した日本に，横浜と神戸と仙台という三つの国際港湾都市をつくろうとしたのも明治の土木事業であって，仙台の場合だけ，土木技術の失敗から構想を中止してしまいましたが，横浜と神戸は世界でも著名な国際港湾都市に発達してきました。この港湾技術や都市建設技術はわれわれの誇りと思うような仕事だと思いますし，そして札幌というまちをつくりあげたということも，近代都市計画の一つの誇りだと思います。

【松尾】　今先生がおっしゃいました，私たちの先達の人たちの生きざまのようなものを見ていますと，文明を支えていくという気概のようなものを強く感じますね。国のために，人類のために，というような気持ちを持っていて，私心がないということを

私たちは謙虚に学ばなければならないし，先生がおっしゃったように，少なくとも数世代前の，日本の貧しかったころの人たちがつくってくれた堤防とか植林とか，そういう技術の成果の恩恵を受けて私たちは今生活をしている。つまり土木技術は，技術の中でも時代を超えた技術であるということですね。建築もそうですが，この点がほかの技術と顕著に異なるところだと思います。

■「大東京」一極集中型の国土構造
【下河辺】　そうですね。そういうときに歴史に残るものとしては，やっぱり東京という首都を建設したことであって，幕藩体制の江戸時代から明治維新という形で，「江戸」ではなくて「東京」ということで首都をつくって，東京の都心に西欧型の建築を入れ，道路をつくり，上下水道をつくったということは，20世紀の土木技術にとってとても大きなテーマであったと思います。

　しかし，これらを全体を通じてみますと，明治維新以降の土木事業というのは官営事業であった，あるいは国家事業であったと言ってもいいかもしれないので，著名な土木技術者たちは，主に国家の仕事として仕事をしてきたという特色があるんじゃないかと思います。

　これは戦争という状態になって，戦争への協力等を強制されるという時代がありましたが，1945年に戦争が終わったあと，次は戦災復興ということで区画整理事業を中心として全国の戦災都市の復興に取り組んだということが思い起こされますが，そのあと，産業復興ということにだんだん連なっていき，所得倍増計画以降，経済発展と土木技術ということが中心的テーマになってきました。やはり経済発展のためには道路と鉄道と通信がボトルネックだということで，一生懸命道路と鉄道と通信の施設をつくることに努力した時代が続いて，その当時，道路というと一級国道の幹線を全国ネットワーク化するというのが大きなテーマでしたし，鉄道の優先順位ということから言えば，幹線主義で，幹線鉄道を電化・複線化するということが大きなテーマでした。電話については，申し込んでもなかなかつけてもらえないし，かけてもお話し中が多いというような状態をいかに克服するかということに技術者たちの努力が積み重ねられて，電話の技術の進歩によって将来が非常に広がってきたわけですね。

　そうやっているうちに，太平洋ベルト地帯ということで，東京湾，伊勢湾，大阪湾，瀬戸内海の内海に重厚長大のコンビナート，臨海工業基地を建設することが土木技術として非常に大きなテーマになり，港の建設や埋め立てから工業用水の準備など，土木技術に依存して日本の高度成長が成り立ったわけですね。このような土木技術が官民あわせていろんな形でできましたし，この時代に，民間にいわゆるゼネコンというのが展開してきて，ゼネコンの役割が非常に大きくなった。大きくなればなるほどまた非難も集中したという時代がきます。

そうやって今日に至って,「東京一極集中」という構造に国土の構造が変化しまして,大東京60キロ圏で3000万人を超える人口が日常生活を送っている巨大都市を建設したわけですね。これは人類初めてのことであり,今後とも3000万人が日常生活を円滑にできる都市というのはおそらく二つとできないんじゃないかと思うような「大東京」の建設をしてきて,疑問や問題点や課題はいっぱいあるにもかかわらず,一つの都市として機能しているということはすごい出来事だというふうに私は思っています。

【松尾】　そうですね。東京というより「グレーター東京」のような感じですから。

■21世紀は脱コンクリート・脱都市化・脱工業化の時代

【下河辺】　そうやって東京湾,大阪湾,伊勢湾,瀬戸内海が内海ということで太平洋ベルト地帯を開発の中心にしてきましたが,「内海」の環境が限界を超えてきたという認識が強くなって,ここで方向替えをしようということで,外洋性の開発に焦点を移すという時代がやってきて,外洋性の地域を見直すことになりましたね。

本来,日本列島というのは,日本海流と太平洋の黒潮の海流に沿ってそれに突き刺さっている半島として発達していて,「内海」という構造ではなかったんですが,この時代に再び「外洋性」ということがテーマになって,突き出している半島部分に新しい開発の目を向けようということで,小さな掘り込み港湾からはじまって,外洋性の開発をどう進めるかということに土木技術の中心が移転し,「重厚長大・高度成長」という時代が終わりました。それで,外洋性の開発というのは幻のまま終わってしまうと言われた時代であり,失敗であったと言われた時代でもありますが,しかし日本人が日本列島に住む限りにおいては,内海にだけ依存することは適切ではなくて,外洋性の開発にこれから大いに挑戦しなきゃならないと私は思っています。

【松尾】　そうですね。

【下河辺】　しかし将来のことを考えると,日本列島に日本人が住み着いた歴史から言えば,やはりいろんな歴史をたどってきているわけで,21世紀というのは,東京一極集中構造を否定することや,あるいは,そもそも原点にある3000万人の巨大都市を「環境」の面から否定することになってきたということから,全国土の開発をどういう方向へ向けるかという大きな課題が出てきたのが今日でありまして,土木技術としていうと,「脱コンクリート」「脱都市化」「脱工業化」というようなことが話題になってきています。自然と共生しながら,人間の居住環境をどうつくるかということが大きなテーマになってきて,むしろ今世界中で「小都市」ということが中心テーマで,「大都市」の時代ではありません。その「小都市」が,小さい都市だけでは十分暮らせないので,お互いにつなぎ合ってネットワーク化して,むしろネットワーク社会が21世紀の国土に対する土木技術の中心的テーマになるのではないかということを議論する

ようになってきています。

【松尾】 そうですね。私もこれからは小都市が中心になったネットワークの社会というようなものが大きな課題になってくるだろうと思います。今の行政区画というのはすごい制約がありまして，愛知万博の話でも，名古屋市は東は藤ヶ丘というところまでしか名古屋市ではありませんので地下鉄はそこまでしかつくらない（笑），そこから先は県がシャトルバスなり新しい交通システムを検討するとかという話になる。私は名古屋の周辺の長久手町というところから2年ほど前に三好町というところに引っ越しましたが，文化会館から病院から何から何まで同じようなものがある。これは一時は，ともかくどの地域も一定のレベルまでということでそれでよかったと思いますが，基本的なインフラのようなものは行政の区割りを越えてつくれるように官のほうも考えていただきたいと思いますね。例えば病院も小さい病院が小さい町に一つずつじゃなくて，脳なら脳，心臓なら心臓の特別の病院はこことここにある。いい劇場はここにあるというように。そしてそこへさっと行けるように道路や鉄道網を整備するということが大事だと思います。

■ "顔の見える"土木技術の時代へ

【下河辺】 そうですね。縄文以来，日本列島に住み着いてきたわれわれは，いろいろな先輩たちの努力で今申し上げたような歴史的な経過を経て，未来を迎えつつあるということが言えると思いますが，そのときに私が一番強調したいのは，こういうことを土木技術として支えてきた先輩たちの顔はあまり見えてこない。建築の世界だと，建築を設計した顔が歴史に記録されていくというような風習がありますが，土木技術は官営工事であっただけに，個人の顔が見えてこないということがあります。最近の大型の土木事業で，大型の橋梁なり大型のトンネルなり大型のダムなり，いろいろな建設をした技術者の顔がもっと記録されていいのではないか。その顔が見えるということによって，未来に対して若者が参加してくるという期待を持つことが今とても重要な時期ではないかと思っているので，新たにこういう出版物をつくろうという企画がまとまるのを大いに期待しておりました。

【松尾】 われわれの学生時代は，黙って働くのが"土木の男"なんだと大先生から言われたこともあります（笑）。確かにチームでやっていくということはあるんですが，しかしそのチームを卓抜した思想と考え方で引っ張られた方々はいらっしゃるわけですから，先生がおっしゃったように，そういう人の顔がもっと見えるようにしていくことは非常に大事なことだと思います。

　例えば，建築学会賞というのは新聞にちゃんと出ますが，土木学会賞は，新聞には出ないでしょう。そういう顕彰の方面でも，新しい技術とか考え方が出てくるように鼓舞するなど，土木学会賞ももっとPRが必要ですね。それこそ文学の芥川賞とか直木

賞に相当するような賞を出して，もっと積極的にこういう人材がいるということをPRしていくべきだと思います。

■21世紀に向けてのパラダイム転換

【松尾】　先生がおっしゃったような時代の流れを経て，現在は世紀末に加えて，パラダイムの世界的な転換の時代だと私は思っております。パラダイムという用語は，工学の分野で定義していますのは，その時代時代を画した支配的な考え方とか規範とか枠組みということですが，東西の冷戦構造の崩壊の後，政治，経済，産業構造はもちろんのこと教育の問題も含めて，今やパラダイム転換が図られようとしている時代にきています。

戦後は，先生もおっしゃいましたように，国民の最大の関心事といえば，欧米先進諸国へのキャッチアップといいますか，生活の向上，経済の向上，もっと豊かな物質的な生活をしたいといったものであって，それに向かって産官学ともに邁進してきたわけですね。特に工学というものは──工学を，過去・現在・未来も含めて，現実の社会における技術に関する一つの学問体系というような定義をするとすれば──技術に関する問題ですから，社会と双方向の非常に強い相関性を持っている。だから社会動向というものに当然非常に強い影響を受けます。ですから土木の技術者とか研究者にしても，あるいは土木の業界にしても，政策的な強力なバックアップのもとでそういう方向へ一心不乱で走ってきました。

このこと自体は少しも間違ってなかったと私は思います。それによって，確かに一時期われわれは物質的に非常に豊かになったという実感を持ったわけですね。しかし，ふと立ち止まって考えてみると，いつの間にかトップランナーとはいわなくてもテニスで言えばウインブルドンでベスト8ぐらいのところを走るようになっています。そうすると，国際的にも日本の役割として改良型産業の方向性ばかりでいいのか，自分の国内のことばかりでいいのかという批判も出てきますし，国民も真の豊かさを感じさせてくれるものは，これまでと比べてもうちょっと違うものがあるじゃないかと非常に強く感じ出しております。その背景には，物質的には確かに豊かになったけれども，産業公害からはじまった広い意味での環境問題とか，エネルギー問題とか，食糧問題とか，あるいは近ごろ問題になっているような人間性の喪失の問題とか，日常における感動の喪失の問題とか，失ったものが大き過ぎるのではないかという気持ちがありますね。

これは言い出したらきりがないですが，安全で安心できる社会とか（私は少子化のほうが問題だと思いますが），高齢者とか障害者の生活環境がよくなることとか，医療環境がもっとよくなること，あるいは国際的にもっと本当の意味でアジア地域を中心にしながら貢献できること，そういうことこそが本当の意味で豊かさを実感させてく

れるのではないだろうかというふうに社会の皆さんが感じ出しておられます。

【下河辺】　先生がおっしゃったように，日本という国は高齢化が進み，少子化が進み，やがて人口は1億3000万をピークに7000万，4000万というふうに減少するプロセスに入ってきていることがとても大きな影響をもつと思うので，新しい環境下で何を考えるかは大テーマだと思いますね。

　そして日本人の人口が7000万，4000万と下がるプロセスでは，おそらく海外から優秀な人たちが日本列島へ住み着いてくるという歴史が生まれてくるでしょうし，外国人が日本列島に1000万人近く居住するというような時代も夢ではないんじゃないか。そういうような中で，はたして土木技術というのは何を提供しようとしているのかというのは大いに論争点になると思います。

【松尾】　工学というのは社会動向との関連性が非常に強いですから，そういうことに対しては非常に敏感ですね。学術会議でも各学協会に調査をしますと，ほとんど同じような反省が出てきます。

　それは，先ほど先生もおっしゃいましたように，自由競争こそ最善とするものから，もっと共存といいますか，自然や人間との共存の観念が必要であるということですね。それから，私はよく「無限パラダイムから有限パラダイム」ということを言うんですが，われわれが今までものづくりをしてきたときには，例えば制約条件として，広い意味での安全性は入れているわけですね。安全率とか信頼度とか。そういう安全性を制約条件に置いて，その中でひたすら経済性を追求するというやり方をやってきましたが，そのときにはエネルギーも資源も，あるいは自然の環境浄化能力さえも無限だという仮説のもとに進めてきたわけですが，そういうものは全部有限であるというふうにパラダイムを転換しなければいけないのではないかと思うのです。

　だから，技術というものが広い意味で「道具」であることは今も変わりませんが，今や技術は既に「環境」になっているということですね。われわれは好むと好まざるとにかかわらず，技術の成果に取り囲まれて生活をしていかなければならない。技術が「環境」であるならばこれはコントロールされるべきではないか。つまり技術を用いて生きるということから，技術の中で生きていくというような状況になってきているというような，そういうパラダイムの転換を図っていかなきゃいけないのではないか。つまり技術が質的変化をして，「技術」の社会性が問い直されているという時代だと思います。

【下河辺】　そうですね。

【松尾】　それからもう一つだけ申し上げておきますと，20世紀というのは，20世紀の後半は特にですが，科学技術の面での専門分化とか細分化が極度に進んだ時代ですね。それがあってこそ今の科学技術の猛烈な進歩があって今日の高度技術社会ができ上がったことは事実でして，各研究分野，技術分野を先端化していかないと21世紀に

残されている諸問題は何一つ解決できない。しかし「調和」というコンセプトが欠けていたのではないか。調和というのは「総合」の一つの側面ですから，「調和」の切り口は，環境とかエネルギーとかいろんな問題があろうかと思いますが，つまり先端的なことをものすごくやりながらも，同時に，その分野分野では成果として既にオーソライズされて，わかっているようなことを違うコンセプトで自然とか人間との調和を図るようなシステムにつくりあげていくというような，そういう概念が求められているように思いますし，特に土木にはそれが強く求められているんじゃないか。併せて，三世代，四世代，ずっと先のことを考えて，その人たちの価値観をがんじがらめに縛ってしまうというようなものでないような設計思想とか計画とか技術の開発が必要ではないかと思っております。

■21世紀の文明をつくる専門家としての期待

【下河辺】　ちょっと話題が変わるかもしれませんが，土木技術を専門とする今の若い人たちを役所なんかで見ていると，非常に無気力になったというのが私の印象なんですね。サラリーマンで，無気力で，ということをちょっと憂えていて，明治時代に張り切った土木技術者と比べて，非常に困った時代だと思いますね。

【松尾】　確かに無気力になっていますね。これは一つは，豊かになり過ぎて，全部でき上がってしまったということもあるんだと思います。私が大学を出て助手とか助教授のころは，例えば高速道路でいいますと名神，東名をつくる，それから製鉄とか電力会社が臨海工業地帯の軟弱地盤の上に大きい構造物をどんどんつくっている頃でして，そういう意味では私は非常に幸運な時代を生きたわけです。それが今ではほとんどマニュアル化されまして，高速道路でも，私の言葉で言うと，設計者がおらずに施工者だけがいるというような感じになってきていますね（笑）。

【下河辺】　自分たちのやっていることを「環境破壊」と言われて，それを100％そうじゃないという自信もないし，住民の意見を十分聞いたかといえば，住民は賛否両派に分かれていて調整は極めて困難になっている。そして政治が優先するので行政は後ろにいなさいと言われてしまうという話があって，土木技術という専門が表へ出てはなやかな強い提案をするということがない社会になってしまったんじゃないでしょうかね。

　私はそういう環境が今一番憂うところであって，専門家として土木技術者になった以上，自分の提案をちゃんと言える状態になってほしいとしみじみと思うんですね。もしそれに成功すれば，若い土木技術者の専門によって，日本の未来なり，国土の未来なり，国民生活の未来が見えてきて，新しい文明をつくる基礎になると思います。新しい文明が先に与えられて，それを請け負って下請け型でやる時代ではないんですね。第一線に立って，新しい21世紀の文明をつくりあげる専門家として再び土木技術

の専門家が活躍してほしいと思っています。

【松尾】 そうですね。彼らに意欲を持ってやってもらえるような環境づくりというものが私は極めて大切だと思っております。それが次の世代の優秀な人材の育成につながっていくんですね。

【下河辺】 そのためには、若い土木技術者たちが、自分たちはどんな文明を築こうとしているのかという思想の訓練から必要であって、天下に向かってひとりの文化人としての素質を認められるところまで成長してほしいという気がします。そしてその人間が描いた文明社会の像をつくりあげるために、土木技術の上にどう反映していくのか、簡単に言えば、たったひとりの土木技術者が世界に向かって非常に大きな夢を描いてみせる、その夢の魅力で人間が動き、文明が構築されていくというような、極めて素朴な、原点に戻った議論がとっても必要じゃないかと思います。

　そのためにも、今回の出版で、過去に活躍した土木技術者たちの顔を見てもらうことができるというのはとても大きな意味があると私は思っています。

【松尾】 誠にそのとおりだと思います。私の恩師は村山朔郎先生で明治44年生まれの方でしたが、先生の小学校のころの教科書といえば、半分ぐらい土木に関する内容だったそうです。土木というのはずっと受け身でしたが、そういう土木の内容をわかっていただくようなPRをはじめとして、もっと積極的に行動していくということが必要だと思うんですね。私が土木学会の会長をやっていたときも随分それを言いまして、各支部でも一生懸命やっておりましたが、例えば小中学生に、あるいはお母さん方に実際に工事の現場を見てもらうとか、そういうことも必要だと思っております。

【下河辺】 そうですね。

【松尾】 それから20世紀のディシプリンというのは——ディシプリンというのは学術の分野ですね。現在、大学の学部になっているような法学とか経済学とか工学とか理学、工学の中でいえば土木とか金属とか機械、そういう学術の分野というのは——20世紀の為政者にとって都合のよい分け方になっているだけで、そういうものはいずれ崩れてくると思います。

　だから私は、さっきのパラダイム転換とも関連しますが、今の土木工学というものの転換を図っていかなきゃいけないんじゃないかと思うんですね。例えば「保全工学」という言葉がいいかどうかわかりませんが、つくるときの設計だけじゃなくて、世代を超えた、維持管理を含めた設計思想・計画のもとにできるようなもの。それには安全工学というか防災工学的なものも当然入ってくるでしょうし、保存、ロングライフといいますか、そういったこともテリトリーとして入ってくるでしょうし、サーキュレーションつまり循環、というようなものも入ってくるかもしれない。さらには、診断の技術とか、もっと広くいえば安心の工学とか。20世紀にわれわれが大学で習ってきたもの、そしてゼネコンでもどこでも縦割りでずっとやってきたもの、そう

いうものを超えるものをわれわれ自身も「環境」の整備ということで用意をしていく必要があるんじゃないか。そういう中で人材が育っていくのではないかと思っております。

■ベテラン土木技術者の社会貢献への道
【下河辺】　全くそうですね。ただ，技術者って本当に可哀想だと思うのは，技術というものはものすごい速度で進歩しますね。そうすると古い技術を勉強した人は要らなくなっちゃうんですよ（笑）。人生50年のときには，大学の4年間で勉強した専門を生かし続けて20年で死ねるという，とてもいい長さだったでしょう（笑）。ところが今は4年大学へ行っても役に立たないというだけじゃなくて，50年も仕事をしなきゃいけない。自分の専門が50年ももつはずがないですから，技術者は自分の専門を新しく切り換える学習を自分でしなきゃいけなくなっているけれども，年をとるとその力もなくなるから，結局自分の専門がダメになるという繰り返しになっています。昔活躍した専門家の技術者はもっと穏やかに老後を暮らせるだけの尊敬が与えられていいんじゃないかと私は思うんですね。「昔役人で土木屋だったそうだ」なんていうのではなかなか生きていくのは容易じゃないですよね。そういう功績をもっとPRしてもいいと私も思いますよ。

【松尾】　おっしゃるとおりですね。工学の中でも，土木，特に防災というのは非常にローカリティが強いという特徴があると思います。それで，引退されたけれどもまだまだ社会のために一仕事しようじゃないかという人も多いので，ベテランズクラブをつくりまして，それを学会等でバックアップしながら，運動会やいろんな会合に出ていってもらって，その地域地域での日ごろの防災訓練とか，防災への理解度を深めていただくような活動をやっていただく。そういうことも今，学会で考えてもらっております。

【下河辺】　それはぜひ実現してほしいと思いますね。

【松尾】　もう一つは，今，大学では「教養」というのが非常に問題になっております。専門教育の対としての教養教育。この教養教育というのは昔の一般教育といっていたものと少し違うわけであって，人間が生きていくために必要な最小限の知識とか，苦労とか困難とか，道具とか，そういったものが伝わる必要がありますから，そういうところへ私は名誉教授の方々を非常勤講師としてお迎えするという制度をつくって，今やっております。

　例えばトンネルの技術者というのは，トンネルの技術が一挙に進んでしまったとしても，しかし現在・未来に十分通用するような経験というものがあると思うんです。どういうときにどういう苦労があって，それを人間的な関係とかいろんな社会システムの中でどういうふうな工夫をこらして納得してもらったかとか，そういったことを

どんどん若い人たちに向かって発言してもらえるような場をつくっていくということは，私は大学とか学会とかの非常に大きな役割ではないかというふうに感じております。

【下河辺】　本当にそうですね。早い話が，明石海峡を含めて青函から関門に至るまでのあの大工事は誰がやったの？と言ったら，なんだか答えが曖昧になるんじゃないですか。そういうのはとっても残念ですね。二人といないフォアマンがいっぱい活躍したこともももっとちゃんと世間が知っていいと思います。

【松尾】　そのとおりですね。

【下河辺】　今，先生の発言を聞いていて思ったのは，ゼネコンというのは一体どういう専門家集団かということを改めて議論し直す時期にきているんじゃないでしょうか。官庁の土木工事の下請け工事屋ということでは済まされなくなってきたんじゃないでしょうか。

　私はあるゼネコンの方に「ゼネコンというのは，着工というのはあっても，竣工はないんじゃないか」と言ったことがあります。「一度着工したら，永遠に面倒を見なきゃいけないという業者であって，竣工式でお祝いをやっているなんていうのはおかしい」なんて悪口を言ったもんだから困っていましたけれども（笑），着工はあっても竣工はないという仕事だとすると，先生がおっしゃったように，名誉教授とか名誉社員とか名誉技術者がそれこそ一生をかけて面倒を見る仕事なんじゃないですかね。そういうことができると，世の中の人もゼネコンを違った目で見るようになると思いますね。夢のあるゼネコンというものの基礎はやっぱり「人」なんですよね。

【松尾】　私もそうだと思いますね。起業家という言葉がありますね。起業家といわれるような人と経営管理者というのはものすごく違う。経営管理者というのは，まずリスクは求めないという感じがします。それに対して，起業家に近いなと思う人には，現状を創造的に破壊して，新しいものに乗り出していこうというような，そういう気迫みたいなものを感じます。ゼネコンも，そこで働いている人自身の問題もあるけれど，経営に携わるような人たちも気迫を持ってやっていってほしいと思いますね。

■時間的「1000年」空間的「宇宙」を語る文明の装置論者たれ！

【下河辺】　ただ，高度成長に疲れたジェネレーションが無気力なのであって，高度成長を楽しんでいるずっと若いほうになると，未来に向かって何かやる気力が少し出てきているという，明るい見通しも成り立つんじゃないでしょうか。今，先生が預かっていらっしゃる学生たちには大いに期待が持てるんじゃないでしょうかね。彼らが頑強な障害があっても行くぐらいに何かを求めていることは確かでして，頼りない大人に対してクレームをつけたい！ぐらいの感じで，そういう若者たちが今日のような話に参加してくださればに日本の将来も面白くなると思いますね。

【松尾】　私も決して悲観はしていないんですよ。例えば，私もこのごろは研究室を離れてしまいましたが，環境問題なら環境問題をテーマにしまして，研究室を二つに分けて，一つは施設をつくる側，一つはそれを批判するグループに分けて討論させますと，聞いていて非常に面白いですよ。こちらも大変勉強になるようなことをいっぱい調べてきます。ですから私もあまり悲観はしておりませんね。

【下河辺】　そういうときに，若い人たちが意欲を持って新しい分野に向かっていくような環境を整備する必要があるという話になりますが，それをつくるとまた失敗するかもしれないから，彼らが自分で考えたらいいと私は思いますね。

【松尾】　私も彼らに考えさせればよいというのは全くそのとおりだと思います。われわれがやらなければならないのは，彼らが考えたことを実行させてやれるような環境をつくっていくということですね。

【下河辺】　今のわれわれ大人が考えることは，文明の尺度で考えることがなくて，現実のトラブルとか不景気とか失業に対応しようということに追われて，若者が胸躍るようなヴィジョンに近づいてないですね。だから彼らは，梅棹先生が言う「文明」という中での「装置」の専門家として議論するときに，その日暮らしの装置ではなくて，100年とか1000年の長さの装置をおれたちはつくるんだ，というような夢を持ってほしいんですね。現実にわれわれは1000年前の平安文化の中で生きていたり，500年前の城下町で生きたりして，1000年という環境で現在われわれの生活が成り立っているわけですね。今われわれがやることの中で1000年後の日本人が住んでいくという思いから，若者たちが100年，500年，1000年に向かって「文明の装置」を議論してくれるようになってほしいと思います。

　それで，空間的には「宇宙」というのがテーマで，日本人というのは，茶室の中で宇宙を感じたりするような文化人なんですね。これからの土木技術者が時間的「1000年」と空間的「宇宙」という思想の中で，おれはこれをやりたいということを一生言い続けるような専門家が出てくることを期待したいですね。

【松尾】　宇宙の問題にしても，地下の問題にしても，あるいは海洋の問題にしても，どんどん夢を広げてやろうとする人に対しては，それでは金が儲からないといってつぶしてしまわないで，それがやれるような環境づくりが必要だと思います。

　それから，何でもかんでもアメリカとかヨーロッパから入ってきてからでないとやらないという風潮がありますね。もともとは向こうからいろいろ教えてもらいながらやってきたからそれは仕方がないんですが，時代は変っていますね。私もMITで客員教授をさせてもらいましたが，1975年という，いわば初期の頃，こういう立場で向こうへ行くのはなかなか大変だったんですけれども，このごろは若い人もどんどん向こうへ行って教えたり講演したりというのが平気な時代になっております。これからは日本発信というか，日本から出てきたものはもっとみんなで持ち上げていくという

ことも大事じゃないかと思います。

【下河辺】　経済なんていうのは，長くて20年以上発想することは不可能ですよ。専門的には5年計画をつくるだけでも骨が折れているのに，「文明の装置」論者は1000年を語るという豊かさを持てると絶対面白いと思います。私の経験でも，ダメなことを20年間言っているとたいていはものになりましたよ（笑）。それが予算要求して失敗したら惜しい，終わりなんていうんじゃ何もできないですね。やっぱり仏教が言っているように，百万べん唱えればものにはなりますから，若手の中にそういう人がそろそろ出てくるんじゃないでしょうか。大いに期待したいと思います。

【松尾】　そうですね。土木技術者は今後一層社会との接点が強くなり，また環境への配慮が重要になってきましたが，土木学会では，最近倫理規定を定めるなどの動きがあります。

　土木学会の倫理規定では，基本認識として「未来の世代の生存条件を保証する責務があり」とするなど環境倫理の考え方が入っていますが，説明責任を果たすことなどと併せて新たな役割を地球規模で果たしていくことが求められているわけです。21世紀を生きていくことになる若い土木技術者たちには大いに夢を持って新たな役割を演じてもらえるように期待したいと思います。

【事務局】　本日はお忙しいところどうもありがとうございました。

東京ステーションホテルにて（1999年8月3日）

21世紀における土木技術者像（土木学会会員アンケートによるキーワード）

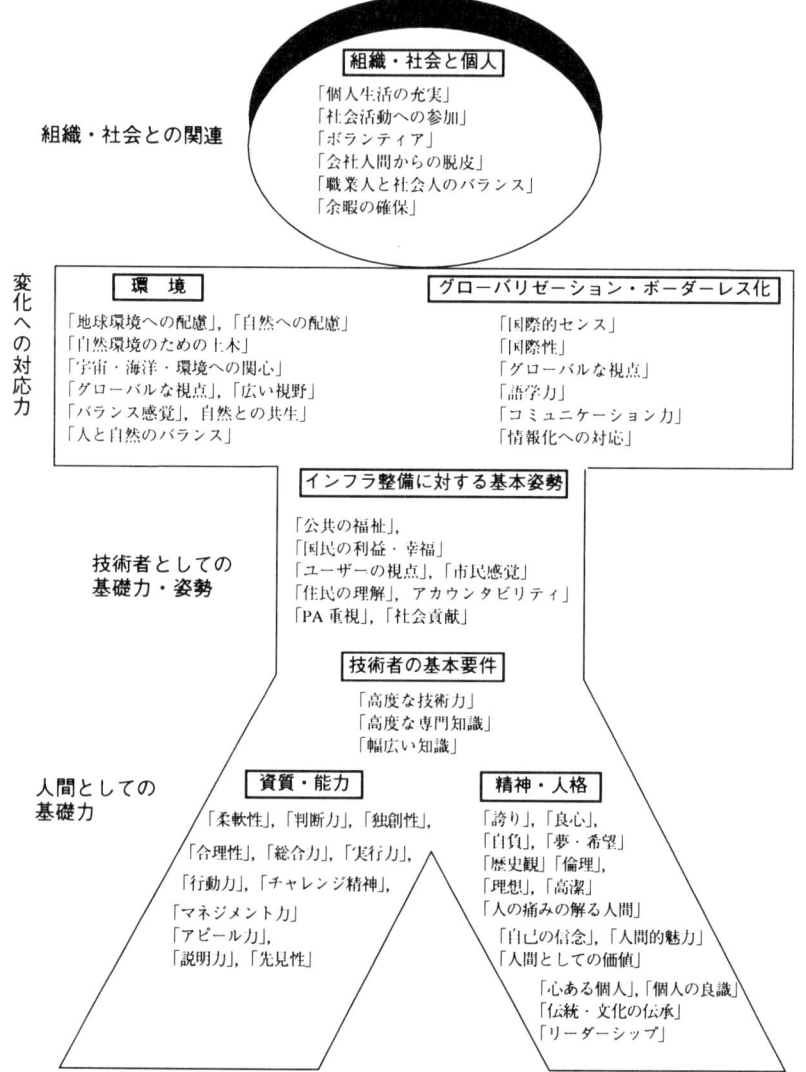

出典：「21世紀社会に土木技術者はいかに生きるべきか」(社)土木学会建設マネジメント委員会

[1］近代土木行政の骨格をつくった土木技術者たち

土木行政と土木技術者：通史　　　執筆：大淀昇一
〔人物紹介〕　古市公威　　　　　執筆：島崎武雄

土木行政と土木技術者：通史

■近代土木行政の始まり

　近代国家は，国土と人口と主権の意思を実行する統治機関の3要素で構成されている。それゆえ，安全な国民生活を成立させる基盤となる国土の保全と開発を目的とする土木行政はどこの国においても極めて重要な行政の部門である。この土木行政は，日本の近代国家としての出発であった明治維新時においてももちろん重視されていた。すなわち東京遷都前のことであるが，開港場としてまた重要物産の集積・交易の中心地であった大阪に土木行政担当機関としての治河掛が設置されたのである。この頃の運輸といえば，河川による舟運が中心であり，そのための川底の浚渫とか航路の障害物の除去とか，いわゆる低水工事が重要な土木事業であった。大阪は日本有数の巨大河川淀川の河口にある大経済都市だったので，治河掛を名のる土木行政の中心が維新時におかれたものと思われる。この機関の課題は淀川の水害を防ぐとともに，当時三十石船しか航行できない淀川を蒸気船でも航行できる河にするということであった。治河掛の下に治河使が置かれ，翌年東京で民部省の土木司となった。この役所は1870（明治3）年発足の最初の公共事業省である工部省に土木寮として組み込まれたが，すぐに大蔵省の管轄下に入り（このとき土木行政の最初の立法措置，大蔵省達番外「河港道路修築規則」が出されている），1874（明治7）年内務省の土木寮となって落ち着いた。土木寮は1877（明治10）年土木局となり，以来約70年間にわたって内務省土木局は日本の国土の保全・開発という土木行政の総司令部として君臨し続けた（1941年国土局となるが）。

■直轄と府県の土木事業

　1885（明治18）年内閣制度が発足したときの内務省官制では，土木局は治水課，道路課，計算課の3課で構成され，そのうち中心となる治水課は，「本省直轄ノ河川堤防港湾等ノ工事ニ関スル事項」と「府県ノ経営ニ属スル河川堤防港湾等ノ工事ヲ監督スル事」と担当事項が規定されていた。このように他の課も「本省直轄」と「府県ノ経営」とに担当内容がきれいに分けられている。このように内務省土木局は直轄と府県経営土木事業を全一的に，中央集権的に担当して推進する役割を負っていたのである。

　そして府県経営土木事業を監督する地方機関として，内務省新設当時，オランダの水利行政を見習って「淀川流域ニ関スル修繕」を担当する大阪出張土木寮（のち土木寮大阪分局，1877（明治10）年廃止となり，淀川工営場となる）なるものもあったが，これは極めて局地的なものであった。淀川工営場に類する地方機関としては，利

根川，信濃川，木曾川，野蒜，清水越，富士川，庄川，阿武隈川，筑後川，最上川，吉野川，天竜川，大井川に土木局出張所が置かれた。そしてこれらをより組織だったものにするため，内務省令によって土木監督区署官制が1886（明治19）年7月定められた。これは全国を6区に分けて担当の土木監督署を置くというもので，最初の所在地は，千葉，岩手，新潟，大阪，徳島，福岡の各府県であった。最高位者は内務技師の土木巡視長で，「管轄内ヲ巡視シ府県土木事業ヲ監視シ其利害得失ヲ精査シ報告書ヲ内務大臣ニ呈出スヘシ」とまず府県土木事業についての任務が規定され，その後に直轄土木事業に関する任務が示されていた。土木監督署の制度については，1875（明治8）年東京開成学校の諸芸学科生からフランスに留学し，中央工業学校（エコル・サントラル）を卒業して1880（明治13）年に帰国し，直ちに内務省の技術官僚（御用掛准奏任）となった古市公威の献策があったと言われている。

古市はフランスの土木技師団（le corps des ponts et chaussees）の制度を採り入れようとしたのかもしれない。

1890（明治23）年6月，古市が土木局長になるとともに，土木監督署は勅令で官制が定められて一層強力な機関となった。土木巡視長は同じく技術官僚である署長となった。4年後の1894（明治27）年には，全国は7区にわけられて土木監督署が設置された。このとき古市は内務大臣か次官の命令を受けるだけの土木技監に任ぜられて，技術官僚としての最高位を極めていた。しかし，1905（明治38）年には，この土木監督署の制度は廃止となり，府県経営の土木事業の監督は土木局の任務に吸収されることとなった。内務省の官制も改正され，「内務大臣ハ必要ニ応シ地方ニ出張所ヲ置キ直轄土木工事並河川道路港湾及砂防ノ調査ニ関スル事務ヲ分掌セシムルコトヲ得　出張所ニ所長ヲ置キ技師ヲ以テ之ニ充ツ」という条項が付け加えられた。つまり地方には，直轄工事施行のみのための土木出張所が設置されることとなった。この年には，東京，大阪，新潟，名古屋の4土木出張所が設置された。その後，横浜，仙台，秋田，鳥取，神戸，下関に設置されたこともあったが，1943（昭和18）年11月1日以降，東北，関東，中部，近畿，中国四国，九州の6土木出張所に整理されていた。

発足時の土木監督署土木巡視長		7区制になった時の署長		発足時の土木出張所長	
1区	小林八郎	1区東京	石黒五十二	東京	日下部弁二郎
2区	沖野忠雄	2区仙台	小林八郎	大阪	沖野忠雄
3区	沖野忠雄	3区新潟	小柴保人	新潟	小柴保人
4区	田辺儀三郎	4区名古屋	佐伯敦崇	名古屋	原田貞介
5区	田辺儀三郎	5区大阪	沖野忠雄		
6区	石黒五十二	6区広島	日下部弁二郎		
		7区熊本	岡　胤信		

（『内務省人事総覧』日本図書センター，1990より）

これらの土木系技術官僚たちは，古市の1年後輩としてやはりフランスの同じ学校を卒業した沖野忠雄やドイツのベルリン工科大学を出た原田貞介以外はすべてお雇い外国人に代わる日本人技術官僚養成校として設置された工部大学校（工部省）や東京大学理学部工学科（文部省）を卒業した人々であった。
　しかし，土木監督署の制度が続いた期間は，帝国大学法科大学卒業の内務官僚たちによって営まれていた地方府県行政のかなり重要部分が技術官僚の監督を受けていたことになり，日本行政史上注目されるべきことではないかと思われる。

■ 治河から治水への転回

　日本の土木行政の重要な中心であった河川行政は，すでに述べたように各地の物産運輸のための舟運用河川路開削という低水工事の実施を大きな課題として出発した。
　しかし，明治20年前後に新しい土地所有制度として地主制度が固まってきたことや，この頃大きな水害が相次いだこと，また運輸のためには鉄道建設の大幅な推進をみたことなどの状況の中で，帝国議会のなかでの地主系議員の要求から河川行政は治水事業即ち高水工事推進へと大きく転回したのである。地主階級は，その生産力基盤を米生産に置き，日本という天皇制統一国家の中核的階級であったということからも，内務省土木局の役割の中心がこうした河川行政に置かれることになった。1896（明治29）年の河川法の制定と大阪の第4区土木監督署長沖野忠雄のまとめた「淀川高水防御工事計画意見書」を踏まえての，初の河川法による淀川治水工事の開始は，この転回のメルクマールと言える出来事であった。以後土木技監でかつ土木局長も兼ねた古市公威の指導によって着々と治水事業が推進されたわけであるが，日本の著名な土木技術者のほとんどはこうした治水事業の中から育ってきたのである。
　ではこれら著名土木技術者たちの育った，当時の内務省河川土木事業の現場の様子はどんなものだったのだろうか。1898（明治31）年東京帝国大学土木工学科を卒業して，第5区（大阪）土木監督署に入った眞田秀吉は後年次のように述べている。「淀川の低水工事の事務所は，大阪出張土木寮と呼ばれ，八幡にあった。後大阪土佐堀に移ったが，工事現場は工営所と称し，屋形船であって，随所の河岸に転々した。……淀川改修の初頃（明治30〜35年頃）の吾々少壮技師はみな主任三池（貞一郎。明治23年帝国大学土木工学科卒業。明治31年2月淀川改修第一工区〈新淀川区〉主任）さんの真似をしたので，山高帽を冠り洋服に黒の脚絆掛けであった。1・2年の後，山が低くなり，茶色の巻ゲートルも現れた。夏帽はナポレオン帽で，後にはカンカン帽と変わった。最初は草鞋ばきで，1・2年後は靴と変わった。何事も現場は簡素主義で，雇員も技手も技師も一様で区別はなかった。技師も工夫の仕事より初め，人夫点検簿から諸帳簿の記帳もさせられたから，事情は一通り知悉した。この気風は後年，（大正初年）利根川，渡良瀬川，荒川等で新学士に適用された。
　工区事務所は淀川では，40坪内外の木造の瓦葺で，主任室が一隅にあるのみで，宿

直，小使室の外各室の仕切りはなく，冬は火鉢である．工場は初めは藁葺で，間口三間，奥行二間の掘立小屋の土間であった．1・2年の後1坪半の組立箱番式となり，窓は硝子窓の外に突上げ戸があった．冬は火鉢を用いた．これ等は明治末期の淀川竣工まで続いた．予等一同冬は外套を脱いだことはなかった．……万事淀川の経験を基とし，これを改良したもので全国に広がったのである」（眞田秀吉『内務省直轄土木工事略史・沖野博士伝』旧交会，1959年，185-186頁）と．今日からでは想像もできぬ河川土木事業現場の質素な姿が浮き彫りにされていると言えよう．

■ 治水事業の展開

河川法の制定はみたものの，直轄治水事業の施された河川はそれほど多くはなかった．ところが1910（明治43）年夏，関東地方，東北・中部地方は激甚な水害に見舞われた．直ちに政府は諮問機関臨時治水調査会を設置して治水計画を立てさせた．翌年10月第1次治水計画が策定された．それは，国の直轄改修河川65河川を指定し，うち第1期20河川について18年以内の完成をめざし，残り45河川を第2期として第1期河川の竣工後順次着工するという計画であった．

また，第1次世界大戦後にも1910年水害に劣らない大水害があったので，政府は再び臨時治水調査会を設置して治水事業の計画について取り組んだ．このときには第1次治水計画の第2期河川に57河川を追加して，1922（大正11）年以降20カ年以内で完成するという第2次治水計画が策定された．

しかし，これら第1次・第2次の治水計画は予定どおり進捗しなかったので，政府は改めて1933（昭和8）年土木会議に諮って，第3次治水計画を策定した．それは直轄河川のうち緊急を要する24河川について10年以内に着工して15年以内に完成させる，という計画であった．またこの時直轄治水事業について大河川中心主義を改め，中小河川改修工事についても国庫補助制度が規定されることとなった．これには，1932（昭和7）年以来府県町村が行う失業対策的な農山漁村振興土木事業や時局匡救土木事業を継承・発展させる意味も込められていた．

この時期は，満州事変，日中戦争，太平洋戦争と続くいわゆる15年戦争の期間にあたり，財源不足による着工遅れ，竣工遅れが相次ぎ，治水事業の空白期間が戦後まで続くことになったのである．

■ 新しい治水原理の策定

先に述べたように，第3次治水計画の時代は，戦争による財源不足から治水計画はほとんど達成されなかったのであるが，治水と利水を組み合わせる，より総合的な国土の保全と開発という見地からの治水というところへ目が向けられた．それは1934（昭和9）年の室戸台風による未曾有の大水害から内務省の土木会議で5項目からなる「水害防備策の確立に関する件」が昭和10年に決議されたところに示されている．第5項目の「河川の上流に洪水を貯溜し水害を軽減すると共に各種の河水利用を増進するの

方途を講ずるは治水政策は勿論国策上最も有効適切なるを以て速に之が調査に着手し河水統制の実現を期すること」と説明される「河水統制の調査並に施行」がその新しい着眼である。そしてこの全5項目具体的実行方法の検討について水害防止協議会が設置された。それは内務省土木局，鉄道省，逓信省電気局の土木系技術官僚と農林省の農業土木系技術官僚ほか関係各省庁の土木系技術官僚全83名からなる大規模な協議会であった。翌1936（昭和11）年には全16事項，109項目からなる水害防止協議会決定事項が承認された。だがここで登場した河水統制＝ダムによる国土総合開発の考え方は，その実際の展開を戦後の国土総合開発法の制定に求めねばならなかったのである。

いまひとつここで注意しておかなければならないことは，土木行政というのは内務省土木局のみのものではなく，鉄道省や逓信省電気局などにも土木技術者はいるわけで，また農林省には土木局の展開する砂防事業とも関係の深い農業土木技術者もいる。

土木行政というのは，鉄道省，逓信省，農林省とも関係の深い行政領域であることが認識されねばならない。水害防止協議会決議事項の前文に「近年全国各地ニ頻発スル水害ノ実情ヲ観ルニ其ノ原因一ニシテ足ラズト雖モ要ハ水源山地，渓流及び河川に於ケル治水的施設不十分ナルニ加フルニ国民多ク治水ニ関スル理解ト認識トヲ欠キ此等施設ノ維持ヲ等閑ニ付スルニ因ルトコロ極メテ大ナリ

仍チ水害ノ防止軽減ヲ期センガ為ニハ治水事業其ノ他水害防止上必要ナル各種事業ヲ拡充促進スルハ勿論，水源山地，渓流及河川ノ全般ニ亘ル各種施設及行為ニ関シテハ関係官庁間ノ緊密ナル連絡ニ依リ左記各項ノ実現ニ努ムルノ要アリ」とあって，前期主要四省にわたる土木行政についての幅広い認識が，ようやく日本の行政当局に登場したことを明示していると言えよう。

なお内務省土木局は，戦時中の機構改正で国土局となったが，1947（昭和22）年の内務省解体で建設院を経て，翌年独立の一省建設省となった。また土木出張所も地方建設局と名を変え，既設の東北，関東，中部，近畿，中国四国，九州に北陸地方建設局が増設され，四国地方建設局が独立して全8地方建設局の体制となった。

引用・参考文献
1） 大霞会内務省史編集委員会編：内務省史　第三巻，1971年
2） 故古市男爵記念事業会代表真野文二：古市公威，故古市男爵記念事業会，1937年
3） 服部敬：近代地方政治と水利土木，思文閣出版，1995年
4） 宮本武之輔：水害防止協議会の決定に就いて，土木協会，1936年
5） 大淀昇一：宮本武之輔と科学技術行政，東海大学出版会，1989年
6） 大淀昇一：技術官僚の政治参画―日本の科学技術行政の幕開き，中公新書，1997年

古市公威 ――〈日本近代土木＝富国強兵の土木〉の祖
ふるいちきみたけ

■ フランス留学へ

　古市公威（1854.9.4-1934.1.28）は，1854年9月4日（安政1年閏7月12日），姫路藩士：古市孝の長子として江戸蛎殻町の姫路藩中屋敷に誕生した。古市家は，姫路藩の重役を務めた家柄であった。[1)]

　古市の生育期は日本の近代高等教育制度の創成期と重なっていたため，古市の学生生活は日本の近代高等教育制度の変遷とともにあった。1869（明治2）年には開成所開校とともに入学，1870（明治3）年には姫路藩から選抜され，奨学生として大学南校に入学した。1875（明治8）年には大学南校の後身であり，当時の最高学府であった東京開成学校の生徒より11人が選抜され，文部省最初の留学生として欧米諸国へ派遣されることとなったが，古市はその1人に選ばれ，仏語を修めていたことからフランスへ留学することとなった。[1)]

古市公威

　1876（明治9）年7月，古市は中央工業大学（エコール・サントラル，École de Central des Arts et Manufactures）を志願者1,000名中，3番の好成績で入学し，さらに1879（明治12）年8月には2番の好成績で卒業した。フランスの名門の同大学に10番以内で入学すればヨーロッパ人でも秀才中の秀才とみなされていたので，日本人がこのような好成績を挙げたことに周囲は驚嘆した。[1)]

■ 中央工業大学（エコール・サントラル）

　この学校は，1789（寛政元）年から始まったフランス革命の影響のもとに1829（文政12）年に設立された。古市が留学する5年前の1871（明治4）年にはパリ・コミューンが樹立されており，その影響も大きく受けた。1829年に書かれた学校の目的には，「この学校の特有の目的は，工場の指導者，工業の指導者，土木技師，構造家の養成にある。そして工業的思考を持とうという人に，価値の評価であれ，市場への注目であれ，必要な教育をすることである。」と書かれている。[3)]

創立当初に中央工業大学が置かれた建物の正門にはめ込まれた銘板
(rue de Thorigny, Paris, 1977.8.29 島崎撮影)

　古市は1879（明治12）年8月，中央工業大

学を卒業して工学士の学位を受領,同年11月にはパリ大学理学部に入学,1880(明治13)年7月には同校を卒業して理学士の学位を受領,9月1日にパリを発って日本へ向かい,10月21日に横浜港に到着した。帰国後,12月11日には内務省土木局雇いに就任している。1)

古市はフランス留学中,パリのツレネ通り(rue Trenne)にあるブーシェラホテル(Hôtel Boucherat)に下宿していた。3) この下宿は現存している。

■**古市文庫**

フランス留学中の古市は,極めて勤勉な学生であった。中央工業大学に残されている古市に関する評は,古市は「非常によい学生,聡明,態度よく,勤勉」「あらゆる点で好学生」「全力をつくし,静かで真剣に勉強する」が,ただ「実際的なことに弱く,計画はゆっくりしている」と記している。4)

古市の死後,古市の蔵書であった約200冊の資料が遺族から東大土木工学科へ寄贈された。これらは『古市文庫』と名付けられ,東大土木工学科図書室に所蔵されている。その中には,美しい手書きのフランス語で記された古市のフランス留学中の約80冊の受講ノートが含まれており,彼の刻苦勉励振りを示している。また文庫には,中央工業大学を卒業した1879(明治12)年の夏,パリ大学に入学する間を利用してヨー

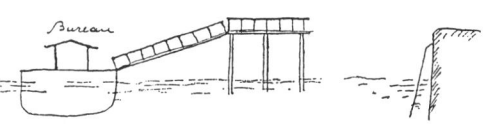

図-1 イギリスのニューキャッスル(Newcastle)の木造の船着場と単純な護岸 (『古市公威の見学旅行記』より)

東大構内にある古市公威銅像(1996.9.18島崎撮影)

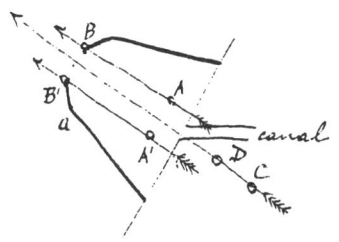

図-2 オランダのエイムイデン(IJmuiden)港 (『古市公威の見学旅行記』より)

図-3 『古市公威の見学旅行記』の原文

ロッパ各地の港湾・鉄道・橋梁を見学した時の記録『古市の見学旅行記』(Motes des mes voyages d'étude)も含まれており，当時のヨーロッパの土木事業の様子が分かるだけでなく，古市が当時のヨーロッパの最新の土木技術を吸収しようと努力したさまが窺える（図-1，2，3）。[9]

■ 日本近代土木の体制づくり

1880（明治13）年，帰国して内務省雇いとなった古市は内務技師として現場で勤務するかたわら，1881（明治14）年には東京大学講師を兼任することとなり，以後，官僚技術者と大学教官の二足の草鞋をはきつつ，両分野で栄誉を極めることとなるのである。1886（明治19）年には32歳にして工科大学（東京大学工学部の前身）初代学長に就任，1894（明治27）年には内務省の初代土木技監に就任した。[1]

1914（大正3）年9月15日，土木学会発起人総会が開催され，古市が初代会長に選出された。ちょうどこの頃，古市と初代内務技監を務めた沖野忠雄（1854-1921）が還暦を迎え，門下生が両人の還暦記念資金募集を計画したが，古市も沖野もこれを好まなかったため，この基金は土木学会へ寄付され，その設立基金となったのである。[1], [5]

古市は1917（大正6）年には技術者・工学者の団体である（社）工学会の会長に就任した。

古市は内務省土木局のトップとして日本近代土木行政の骨格を作るとともに，工科大学長・土木学会長・工学会の会長として，日本近代工学ならびに土木工学の制度を作った。古市は技術者や学者であるより，技術や学問の制度づくりに尽力したのである。

■ 山県有朋との出合い

古市の生涯を見るとき，薩長藩閥の総帥：山県有朋（1838-1922）との出合いを見落とすわけにはいかない。

1888（明治21）年11月から翌1889（明治22）年9月までの10カ月間，古市は内務大臣：山県有朋のヨーロッパ巡回の随行となった。古市の能力はその流暢なフランス語とともに山県に認められ，以後，古市は山県の懐刀として重用されていくのである。山県の信頼を得た古市は山県の総理大臣就任に合わせ，1890（明治23）年に貴族院議員，1898（明治31）年に逓信次官に就任し，1919（大正8）年には山県の強い推挙によって男爵に任じられた。この推移に，薩長政権に仕える能吏の姿を見ることができる。

■ 富国強兵の土木

1915（大正4）年に行われた土木学会第1回総会で行われた会長講演で，古市は次のような有名な言葉を述べている。

「——余は仏国に留学せり。仏国の教育は大体に於て総括的なり。所謂，インサイクロペディカル・エデュケーションなり。就中，余の学びたるエコール・サントラルの

如きは1829年の創立に係り，その当初に於て《工学は一なり。工業家たる者は其の全般に就いて知識を有せざるべからず。》と宣言し，爾来，此の主義を守りて渝(かわ)らず。
──

本会の会員は技師なり。技手にあらず。将校なり。兵卒にあらず。即，指揮者なり。故に，第一に指揮者たるの素養なかるべからず。而して，工学所属の各学科を比較し，又，各学科相互の関係を考ふるに，指揮者を指揮する人，即，所謂，将に将たる人を要する場合は土木に於て最多しとす。──」[6]

古市は自らが学んだ中央工業大学の校是をもとにして，土木工学の総合性の尊重を主張し，土木技術者は「将に将たる人」でなければならないとする。

続いて第1次世界大戦中の1916 (大正5) 年に行われた土木学会第2回総会会長講演では，次のように述べている。

「──戦争に挙国一致を要することは，古来，人の唱ふるところなるも，今度の戦乱に於ける如く，之を現実に励行したること，未だ曾って聞かざる所なり。従来，動員即モビリゼーションなる語は直接戦闘に関係あるもののみ使用されたる如し。然るに，今度は之を社会百般の事に応用し，戦乱勃発後，間もなく経済の動員，工業の動員を行ひたりと言ひ，遂に知識の動員，インテレクチュアル・モビリゼーションなる語さへ使用せらるるを聞く。畢竟，国家全体を軍隊的に組織し，其全力を戦争なる一事に傾注するを要するに至れるなり。──

将来の戦争に於ては，出来得る限り多数の協力を要すること明らかなるを以て今より人物利用の方法を十分に考究し置かざるべからず。技術者動員計画の設定は目下の急務なるを確信す。」[7]

その後，日本はまさに古市が望んだとおりのコースを歩んだ。1937 (昭和12) 年の日中戦争開始から1941 (昭和16) 年の日米戦争の開戦へと至る大東亜戦争の進展の中で，1938 (昭和13) 年の国家総動員法の公布，1941 (昭和16) 年の科学技術新体制確立要綱の制定が行われて，土木を含む技術のすべてが戦争へ動員された。そして，1945 (昭和20) 年の破局へ至るのである。

■ **古市が学ばなかったもの**

フランスの技術雑誌"Le Génie Civil"の1882 (明治15) 年11月1日号に，ナンソーティ (M. Nansouty) が中央工業大学の紹介を行っており，その中で次のように述べている。

「19世紀は実利的な問題に情熱をいだいた。至るところで偉大な精神が，あらゆる種類の研究によって，人間生活，殊に労働者階級の人間としての存在の諸条件を改善する問題の解決を探し求めた。それらの問題の解決のための提案の本質的な要素の一つは，自然界の諸法則に結びつく認識の中に存在する。正にこの方向において，青少年の教育を改良し，また，拡張することが行われた。」[8]

古市が学んだ中央工業大学はフランス革命やパリ・コミューンの影響のもとにあり，人間生活，殊に労働者階級の人間としての存在の諸条件を改善する問題の解決を目指し，そのために科学に基づく技術の研究と教育を目指していたのである。しかし中央工業大学に学んだ古市は，この精神を理解できなかったのであろうか。

　古市は最も重要なことは語ったり記したりしていない。これは能吏の条件の一つであろう。彼が真情を吐露しているのは，わずかに土木学会会長講演のみである。

　しかし彼は生前「余は学者に非ず，実業家に非ず，技術者に非ず，又，行政家に非ず，色彩極めて分明ならざる鵺的人間と称すべきかと。」「学者本来の希望する所は其の専門を以て終始を一貫するにありと雖も，余の如く諸種の方面に関係するを余儀なからしめたるは蓋し時代の然らしむる所なりと。」と語っていた。また，死の直前，「自分の死後，或は伝記編纂の企てがあるかも知れないが，自分は伝記を編纂される程の功績はない。近頃，多くの伝記が出版されるが，其の真を得たものは誠に尠ないといふことだ。自分もさう感じた事が尠なくない。元来，仕事といふものは1人で出来るものではなく，多くの人々の力に依って始めて成就するものであるから，それを1人で為たように書き立て，他人の功労を没却せしめるやうでは，後世を誤ることが甚だしい。而も，大抵の伝記は得て左様に成り勝ちであって，殊に甚だしいのは他人のした仕事が其の人のした仕事のように書かれたものすらある。自分の伝記の編纂の話が出た際は，固く御断りをするように」と，懇々と申し渡した。[1]

　このような言葉から察すると，彼は自分の存在の歴史的限界を悟っていたのであろうか。

　ちなみに，防衛庁で自刃した作家：三島由紀夫の本名は平岡公威であり，内務官僚であった祖父の平岡定太郎が恩顧を受けた古市の名を取って命名したのであった。

引用・参考文献

1) 故古市男爵記念事業会編：古市公威，1937年
2) 眞田秀吉：内務省直轄土木工事略史・沖野博士伝，1959年
3) 武井篤：エコール・サントラール・デ・ザール・エ・マニュファクツールと古市公威；(社)土木学会：シンポジウム：近代土木技術の黎明期を探る〈その1　古市公威　予稿集〉，1976年
4) 武井篤：古市公威のフランス留学について；土木学会日本土木史研究委員会：近代土木技術の黎明期，1982年
5) (社)土木学会編：土木学会創立25周年略史，1939年
6) 古市公威：土木学会第1回総会会長講演，土木学会誌，1-1，1915年
7) 古市公威：土木学会第2回総会会長講演，土木学会誌，2-1，1916年
8) 井口昌平：《デレーケ研究》について，デレーケ研究，第8号，1992年
9) 井口昌平：古市公威の見学旅行記，にほんのかわ，30-35，1984.10-1986.8

[2]
川を治めた土木技術者たち

河川と土木技術者：通史　　　　　　　執筆：松浦茂樹
〔人物紹介〕デ・レーケとエッシャー　執筆：上林好之
　　　　　　沖野忠雄　　　　　　　　執筆：松浦茂樹
　　　　　　岡崎文吉　　　　　　　　執筆：星　清
　　　　　　近藤仙太郎　　　　　　　執筆：藤井三樹夫
　　　　　　赤木正雄　　　　　　　　執筆：大久保駿
　　　　　　鷲尾蟄龍　　　　　　　　執筆：山本晃一
　　　　　　安藝皎一　　　　　　　　執筆：山本晃一

河川と土木技術者：通史

■ **明治の河川事業**

　明治政府樹立によってわが国は近代国家建設へと舵を大きく切り換えるが，そのための重要な社会基盤整備として河川改修が進められた。国土の近代化に向けて新たな河川整備が強く求められたのである。このためまず明治政府が行ったのが，オランダ人技術者の招聘と欧米への留学生派遣である。

　なぜオランダなのか。オランダでは19世紀の後半，日本と同じ沖積低地上で大々的に河川改修が進められていた。当時のヨーロッパにおいて日本と同様の河川の課題に対し現実に事業が行われ，豊富な経験を持っていたのがオランダであったのである。オランダからは総勢6人の技術者たちが来日したが，特に活躍が目立ったのはファン・ドールン（C. J. van Doorn）（滞在期間：明治5～13年），デ・レーケ（J. de Rijke）（明治6～36年），ムルデル（A. T. L. R. Mulder）（明治12～23年）である。第一陣が1892（明治5）年に来日以来，明治20年代まで彼らは主導的な役割を果たした。

　当初，彼らに与えられた主要な課題は，港湾の整備と一体となった河口部改修および舟運を主目的とする低水工事であった。低水工事は河身改修（低水路整備），土砂流出防止の砂防工事よりなるが，低水路の整備はまた洪水の疎通もよくすることである。治水のためにも低水工事が先決と考えられ，淀川，利根川，木曽川等の大河川で政府直轄により進められた。

　彼らは近代科学技術に基づき，地形・水位等を観測して基礎データを得，水理式等によって計画を策定していった。その活躍は全国にわたるが，特に著名な計画としてムルデルによる利根運河，デ・レーケによる木津川砂防，木曾川改修計画がある。

　ところで1892（明治25）年，鉄道敷設法の成立により，内陸輸送については鉄道で整備することが政府により公式に確立されたと考えられる。これ以降，河川事業は，築堤による洪水防禦へ大きく転換していくのである。この当時，築堤工事は府県の負担により府県の事業として行われていた。国直轄による治水工事が本格的に実現するのは，1896（明治29）年の河川法の成立によってである。

　この河川法の成立に向けて，帝国議会では，国直轄による治水事業を求める運動が熱心に推進された。議会では，地主，自作農を中心とする農村出身議員が半数近くを占め，治水の整備は農村の安定と耕地の生産性向上にとって大事な課題だったのである。しかし治水事業は，また都市にとっても重要であった。

　淀川では1885（明治18）年大出水が生じ，大阪市内が濁流で洗われるとともに橋梁

が流出するなどして，都市機能に大きな支障が生じた。この後，治水運動が本格的に始まるのである。また淀川治水は，流出土砂との関連で，近代大阪港築造とも密接に関係していた。大阪の近代都市への脱皮にとって，淀川改修事業は必要不可欠な社会基盤整備であり，その事業規模の大きさから国直轄を求めたのである。

さて，河川法成立に向けて帝国議会で政府答弁の先頭に立ったのが土木局長・古市公威である。古市は文部省派遣の第1期官費留学生として1875（明治8）年，フランスに派遣され，1880（明治13）年帰国後，内務省勤務となって，豊平川，信濃川等の国直轄の改修事業に携わった。この後，1886（明治19）年に工科大学学長，さらに土木局長となり土木行政，工学教育の第一人者として活躍していた。

一方，淀川改修事業を指導していたのが同じフランス留学から内務省に転じ，当時，第四区（大阪）土木監督署署長であった沖野忠雄である。この淀川改修計画（淀川改良計画と呼ばれている）が，日本人技術者の主導の下で策定された初めての大河川の改修計画である。これ以前，わが国初めての本格的な改修計画として1887（明治20）年に着工された木曽川がある。

木曽川改修計画は，わが国で近代工学教育を受けた2人の若い内務技師，清水済（東京大学理学部1879年卒），佐伯敦崇（工部大学校1880年卒）の協力の下にオランダ人技術者デ・レーケによって，その前年に策定されたものである。その目的は，洪水防禦，堤内の排水改良，舟運路の整備であったが，前二者が重要と位置づけられていた。計画の主たるものは，木曽川，長良川，揖斐川の三川の完全分流，ケレップ水制による低水路の整備，木曽川，揖斐川河口での導流堤の設置，木曽川と長良川の舟運の連絡のための閘門の設置等というものであった。

工事は，オランダからポンプ型浚渫船を購入し，桑名派出所長となった佐伯を中心にして日本人技術者によって推進された。この工事について沖野忠雄は1890（明治23）年から土木監督署署長として関係していた。

ところで沖野の指導した淀川改良計画であるが，その策定にあたり実に有能な協力者がいた。原田貞介である。彼は1883（明治16）年に東京大学理学部に進学したが，1886（明治19）年，寄宿舎生一同のストライキに参加して退学となり，その後，ドイツに留学して官立工芸高等学校を卒業した。1891（明治24）年帰国した後，内務省勤務となり，沖野の下で淀川改修の調査・計画をした。彼の計画の才は，技師仲間から極めて高く評価されている。またドイツからビリヤードを輸入した元祖と評されている。

淀川改良工事は，1896（明治29）年度に着手されたが，最新式の施工機械の導入のため欧米に技師が派遣され，主にフランス，イギリス，ドイツから浚渫船，掘削機，機関車などが購入された。ここに機械力を本格的に駆使するわが国初めての大規模土木工事が展開されたのである。

河川法の成立によって国直轄の工事の途が開けたが，1907（明治40）年度までに着手された河川は，淀川ほか利根川，木曾川，筑後川，庄川，九頭竜川，遠賀川，信濃川，吉野川，高梁川の9河川である．財政からの強い制約の下，工事対象河川を厳しく絞って進められたのである．

　わが国を代表するもう一つの大河川・利根川で改修工事に着手したのは，1900（明治33）年度である．この改修計画を指導したのは近藤仙太郎であるが，近藤の計画以前，オランダ人技術者ムルデルによって計画が策定されていた．このムルデルの計画立案の際，近藤は助手を務めていたのである．

　利根川改修工事でも欧米から施工機械が多数購入され，淀川と同様に機械工場が設置された．淀川，利根川工事を通じて，自らの機械力により施工を行おうとする内務省直轄工事の直営方式が，名実ともに確立したのである．

　中央政府による全国を見つめた本格的な河川改修事業は，1910（明治43）年の第1次治水計画で始まる．この計画は，1910年の全国的な大水害の後に設置された臨時治水調査会で策定され帝国議会で承認されたものである．関東平野をはじめとする1910年の大水害は，政治，および経済に深刻な影響を及ぼした．政府にとって水害対策と治水事業は，朝鮮半島問題，税制整理を中心とする財政政策，公債政策とならんで重要な課題となったといわれるほどであった．

　第1次治水計画では，国が工事を行う直轄河川を65河川として，第1期施行20河川，第2期施行45河川を選定した．工期は，第1期河川全体で18カ年と定めた．この工期について，委員会からは15カ年へ短縮する要望が出された．だが内務省から，地元との折衝，職員数・技術力からみて無理であるとの主張がなされ，18カ年と定められたのである．

　第1次治水計画策定にあたり，衆議院予算委員会で熱心な質疑が行われたが，技術的問題について政府を代表して答弁にたったのは沖野忠雄である．また計画策定の中心となったのが，当時，内務省土木局調査課長であった原田貞介であった．計画策定後の1911（明治44）年4月，沖野は内務省技監に就任し，内務省技術陣を指導した．彼の退官後，その跡を継いだのが原田であった．

　第1次治水計画を財政の面からみると，河川工事は継続費制度がとられた．その当時，工事が行われていた利根川（渡良瀬川を含む），庄川，九頭竜川，遠賀川，信濃川，高梁川，吉野川，淀川下流の8河川，即座に工事に着手する荒川・北上川の2河川は，河川ごとに完成年度と併せて事業費も定められた．こうして財政面においても制度が確立され，水田を中心とする耕地の保全と，都市の安定と発展を求め，社会の基盤を築くものとして治水事業は進められたのである．

　後者の都市との関係についてみると，淀川もそうであったが，特に放水路建設は港湾の整備とも強く関わっていた．例えば，荒川と東京港（隅田川口），信濃川と新潟港

(旧信濃川)，北上川と石巻港，庄川と伏木港（小矢部川）などである。東京下町を防禦する荒川放水路は，淀川放水路と同様，沖野・原田のコンビで計画が策定された。

ところで，沖野の指導の下に進められた内地とは別途に，北海道石狩川では岡崎文吉が活躍した。彼の工法は自然主義と評され，舟運路の確保を重要な課題とし，自然の蛇行河道を残そうとした。この改修方式に沖野は疑問を持ち，沖野と岡崎の間で「石狩川改修論争」が展開されたことが知られている。1918（大正7）年，岡崎は内務省勤務となり，その後任に送られたのが「沖野の子飼い」名井九介であった。この後名井により，捷水路工事を中心にして石狩川治水事業は大々的に進められていったのである。

■ 大正時代から戦前の河川事業

第1次治水計画策定後，大河川では国直轄によって事業は進められた。しかしその後の国家財政に制約されて工事は遅延し，また物価上昇により予算額の増大を図る必要が生じた。さらに計画策定以降，大水害に見舞われ，国が関与せざるを得ない河川が生じていた。第1次治水計画が実情に合わなくなったのである。このことが背景となって第1次世界大戦が終わった後の1921（大正10）年，長期計画は全面的に見直され，第2次治水計画策定となった。

第2次治水計画は，既に工事に着手していた河川も含めて81河川が対象河川となり，20カ年内（1941年度内）で改修する計画であった。また改修完了していた河川の維持管理も国直轄で行うことが要望されるとともに，治水の効果をあげるため農業水利の改良が建議された。当時，1918（大正7）年の米騒動もあって食糧増産の期待は強く，1909（明治42）年に制定された新耕地整理法に基づき，灌漑排水事業が国・府県の補助によって進められていた。土地改良にとって灌漑排水が重要な役割を担っていたが，その大本となる河川改修が進むと一層の整備が可能となる。農商務省は1920（大正9）年，農業水利改良計画の立案に着手し，1923（大正12）年，食糧局長通達で，「用排水改良事業補助要項」を定めた。これにより同年度から，府県営の500町歩以上の用排水幹線または用排水設備の改良に対して，2分の1以内の補助を行う用排水幹線改良事業が開始されたのである。

ところが，この改良事業は中小河川を対象とする場合が多いため，内務省の河川改修事業と競合し，両者の激しい権限争いが生じたのである。内務省は，この用排水改良事業を一種の河川改修事業と見なし，内務省に移管するよう迫った。この権限問題は1928（昭和3）年に決着をみたが，この過程で内務省では，国直轄で進めていた大河川から中小河川への関心が高まった。また利根川および淀川増補の改修事業が1930（昭和5）年度，1931年度をもって竣工し，次の事業への進展を図り得る状況となっていた。1930年，内務省は新たに河川改修事業補助の費目を設け，府県による中小河川事業に対して国庫補助が与えられるようになったのである。当初，対象となった中小

河川は3河川のみであったが、1932（昭和7）年度から3カ年で行われた農村振興のための時局匡救事業で本格的に取り上げられ、全国105河川で事業が実施されたのである。

この昭和の初期、また特筆すべきこととして、重要な地方都市の治水の推進があげられる。それらは秋田市（雄物川），広島市（太田川），岡山市（旭川），福山市（芦田川），和歌山市（紀の川），鳥取市（千代川），静岡市（安倍川），酒田市（最上川），富山市（神通川），宮崎市（大淀川）である。地方の重要都市の治水基盤の整備が、この当時、大きな課題となっていたのである。その背景には、新たな都市としての発展とその期待があった。

もう一つ注目すべきことは、港湾整備と一体的に取り上げられた河川がかなりあることである。それらの港湾は土崎港（雄物川），広島港（太田川），和歌山港（紀の川），酒田港（最上川），岡山港（旭川）であり、時局匡救事業の中でこれらの港湾整備も進められた。

さて、この時期に活躍した河川技術者として、明治20年代から30年代初期に内務省に入省した名井九介、中川吉造、眞田秀吉、明治末年から大正前期に入省した青山士、赤木正雄、物部長穂、宮本武之輔、富永正義、鷲尾蟄龍らがいる。

中川は、その技術者生活のほとんどを利根川改修事業に捧げ、近藤仙太郎に継いで利根川の主と言われた。眞田は淀川、利根川の改修事業を推進し、古来からある水制工学について研究して『日本水制工論』を著した。青山は大学卒業後、パナマ運河工事に日本人としてただ一人参加した。帰国後、荒川放水路工事に従事した後、新潟土木出張所所長として信濃川大河津分水工事を完成させた。大河津分水工事は通水をみながらも1927（昭和2）年、堰の一部が陥没し、水位調節の機能を失ったのである。現地の工事所所長となり、陣頭指揮を行ったのが宮本武之輔である。

赤木はその生涯を砂防事業に捧げ、今日の基礎を築いた。物部は若くして内務省土木試験所所長となり、水理学の研究を進めた。富永は1929（昭和4）年から13年間、土木局にあって多くの河川改修計画を指導した。既往最大主義に基づく戦前の治水計画の考え方は、彼の著『河川』（昭和17年）にまとめられている。鷲尾は、急流河川の改修工事に従事し、現場の技術者から「川の神様」として敬愛された。

ところで、第2次治水計画の発足直後の1923（大正12）年、関東大震災に襲われ、またそれ以降の経済の不況によって事業の進展ははかばかしくなかった。さらに経済恐慌の対策として時局匡救事業が行われ、中小河川への国庫補助が開始された。第2次治水計画と大きく乖離したのである。このため1933（昭和8）年、第3次治水計画が策定された。

第3次治水計画によって、当時工事中の河川改修を進めるとともに、未着手41河川の内、緊急に改修に必要のある24河川を選び、今後10カ年以内（1948年度まで）に竣

工させるものとした。さらに中小河川改修が取り上げられ，工費の2分の1の国庫補助を行い，公式に府県の中小河川事業を積極的に推進することとなったのである。

しかし翌年の34年，続いて35年と日本は大水害に見舞われた。戦後へとつながる大水害時代はこの時から始まったのであるが，34年の水害は7月の北陸地方，続いて死者・行方不明3036人を出した9月の室戸台風による関西地方が中心で，この善後策のため臨時議会が召集された。翌35年は竣工したばかりの利根川で大出水し，本川では破堤することはなかったが，本川水位の上昇によって吐けなくなった小貝川で破堤し，茨城県下で大氾濫となった。また古都・京都が大水害に見舞われた。この他，災害補助の申請をしなかった府県の数は5を数えるのみで全国的な大水害の年であった。

両年の大水害は，洪水氾濫時代到来と評され，政府は強い衝撃を受けた。このため1935（昭和10）年，政府の土木会議で「水害防備策ノ確立ニ関スル件」が決議されたが，その中で上流山間部に貯水池を設け，洪水調節とともに利水に利用しようとする河水統制が謳われた。ダム等の貯溜水を活用して流況を安定させ，それによって水利用の高度化を図り河水をコントロールしようというものである。ここにダムによる洪水処理計画が，初めて正式に打ち出されたのである。

なお政府は，水害防備の政策に対して土木会議に諮問する一方，その実行方法に関して連絡協力を強化するため関係各省の技術官によって協議させることを決定した。その協議機関として水害防止協議会が設置され，内務省，農林省等の7省の技術官が参集して詳細な技術的検討が行われたが，それを主導したのが宮本武之輔である。ここでの技術的検討が，今日の河川砂防技術基準案の出発点となったのである。

ダムによる洪水調節については，大正末期，内務省技術陣が欧米諸外国の動向，特にアメリカのマイアミ治水計画によって刺激を与えられ，強い関心を持っていた。物部長穂は，1926（大正15）年，「わが国における河川水量の調節ならびに貯水事業」という論文を発表し，後に河水統制事業と呼ばれる事業の実施の必要性を主張した。そして直轄ダムとして，鬼怒川治水計画の一環となる五十里ダムが1926（大正15）年，着工されたのである。五十里ダムは，工事途中，ダムを遮断する断層に遭遇して中止となったが，発電・工業用水などの河水利用を合わせた河水統制事業は，1940（昭和15）年から全国的に展開されていったのである。しかしその成果が現れる前に戦争の激化となり，工事は中止に追い込まれた。この当時の多目的ダム群による洪水調節計画として特筆すべきものは北上川上流改修計画で，幹支川の5カ所にダムを配置したが，この計画算定を中心となって行ったのは富永正義である。なお五十里ダムは，サイトを下流に変え，戦後，竣工した。

■戦後から昭和30年代の河川事業

1945（昭和20）年，日本は終戦を迎え社会経済は大混乱となったが，連年のように

襲ってきた大洪水によって拍車がかけられた。特に1947（昭和22）年には利根川が決壊し，東京都下まで濁流に洗われた。このため1947年，内務省に治水調査会が設置されて根本的な治水計画が検討され，2年後の1949（昭和24）年には10大河川改修計画が策定された。なおこの頃，内務省は解体され，河川行政の担当部局は建設院を経て建設省となった。

この10大河川改修計画の大きな特徴は，ダムによる洪水調節計画が本格的に導入されたことである。利根川をはじめ5河川で重要な役割を担ったが，利根川改修計画をみると，基準地点八斗島での基本高水流量17,000m³/sのうち3,000m³/sをダムで調節する計画であった。

一方，頻発する水害のため政府は復旧事業に追われ，昭和20年代の公共事業費はまず災害復旧費，治水事業費を決めて，その後，他の事業費を決めるほどだった。また1951（昭和26）年には，公共土木施設に関する災害復旧事業の国負担等を定める「公共土木災害復旧国庫負担法」を制定した。災害復旧に対して戦前にも国が補助することになっていたが，この法律によって災害復旧に対する国の責任が明確にされたのである。

災害復旧は全力を尽くして対応されたが，戦前のように財政に裏打ちされた治水長期計画は樹立されず，毎年の予算によって単年度ごとに治水事業費は定められた。このため長期的な治水計画の確立は，戦後の河川部局の悲願であった。

1953（昭和28）年，西日本を中心にした大水害は国民に多大な損害と不安を与えた。政府は内閣に「治山治水協議会」を設置して抜本的な治水計画の検討に入り，「治山治水基本対策要綱」を策定した。この後も毎年のように大水害が引き続いた。このため遂に1960（昭和35）年から治水事業5カ年計画の実現を図るという閣議了解がなされた。その予算規模について関係各省間で議論が行われている最中，伊勢湾台風が中部日本を襲い，5千人余りの死者を出す未曾有の大水害が発生したのである。これを契機に議論は急速に進み「治水事業十箇年計画」の投資規模が定められ，この計画を法律に基づく公式の計画とするため，「治山治水緊急措置法」が1960年成立した。また別途「治水特別会計法」が定められ，治水事業の経理が特別会計に整理されることになったのである。「治山治水緊急措置法」の成立は，計画的な治水事業の進展についての重要なエポックであったが，さらに1961（昭和36）年，災害対策基本法が制定され，総合的な防災体制の確立が図られた。

戦後の治水計画では，ダムによる洪水調節が大きな役割を担っていたが，ダムを基軸とする河川の総合開発は，また戦後の国土復興にとって重要な位置を占めていた。1950（昭和25）年には国土総合開発法が制定され，翌1951（昭和26）年から特定地域総合開発計画が展開された。これに合わせて戦前の河水統制事業は河川総合開発事業へと発展し，特定地域総合開発事業の重要な柱として多目的ダムの建設が進められた

のである。その主要な目的は，治水とともに電力・灌漑用水の開発であった。また昭和30年代に入ると，都市用水の確保が重要な政策課題となった。このため社会経済の本格的な高度成長を前にして，長期的，広域的な水資源開発計画の樹立とそれに基づく先行的な水資源の確保を目的とする水資源開発促進法，水資源開発公団法が1961 (昭和36) 年制定された。

ところで多目的ダムは，複数の利用者によって共同で建設され，完成後，共同で維持管理される。しかし，建設主体，建設・管理費用分担，管理規定等について，旧河川法では十分対処することができなかった。この課題の解決のため，1957 (昭和32) 年に特定多目的ダム法が制定された。しかし1896 (明治29) 年の旧河川法との関係では特例扱いとなっており，この根本的解決には河川法の改正を待たなければならなかったのである。

河川法は，1964 (昭和39) 年，全面改正となった。68年経っての全面改正であったが，この間には社会経済，また河川の状況も大きく変わり，治水・利水の両面から全面的に見直されたのである。改正の主要な課題は「河川管理の明確化」，「水系一貫の治水計画」，「水系一貫の水利行政」，「ダムの建設・管理」であった。

戦後の治水計画の考え方で戦前と異なったのは，確率論の概念がもたらされたことである。計画対象流量を超える流量が何年に1回生じるのか年超過確率で表し，これによって年被害を想定して治水事業を経済的に評価する。また確率的に評価した氾濫地域の被害想定から全国の河川の重要度を定め，全国河川の間でバランスを取るというものである。

水文現象を年超過確率で評価しようというこのような研究は，戦前，京都大学を中心に進められていたが，実際の河川計画への適用は千代川を対象に中安米蔵によって行われた。中安は，経済的評価によって各地域の重要度が明らかとなり，施工順位について確固たる科学的基礎をもつことができ，治水事業を客観的に進め得ると主張した。この超過確率論に基づく計画が主流となるのは，昭和40年代後半である。

ところで理論がいくら進んでも，その元となる雨量・流量の水文観測の精度が悪ければ，その適用には大きな限界がある。また雨量から流量を算出する流出モデルの理論的研究が進められたが，その妥当性を評価するのにも精度の高い水文データが必要である。この解決のための本格的な水文観測研究は，利根川水系神流川流域を対象にし，昭和20年代初めから30年代中頃にかけて竹内俊雄によって行われた。

さて多目的ダムは戦前の河水統制事業から河川総合開発事業へと発展したが，戦後のこの展開に対してアメリカTVA思想の普及が大きな役割を果たした。その普及の中心となったのが経済安定本部であって安藝皎一，伊藤剛らによって計画が推進されていった。伊藤剛は，戦前に完成した神奈川県相模川河水統制事業の中核である相模ダムの建設に活躍している。

戦後の大水害を背景にして新たな制度がつくられ，1964（昭和39）年には，河川法の全面改正を見たが，制度改正の中心に長くいたのが山本三郎である。山本の下で，明治以来のわが国近代河川改修の経験を踏まえ，その具体的事例をもとにして『河川工学』（朝倉書店）が1958（昭和33）年，出版された。この年はまた「河川砂防技術基準案」が作成された年であり，わが国で培われた河川技術の体系化にとって大きな前進を見た。山本は，さらに自らの経験を整理した1992（平成4）年の論文「河川法全面改正に到る近代河川事業に関する歴史的研究」の中で，河川環境を河川法の中にしっかりと位置付けるよう主張した。河川法が改正されて環境整備が河川事業の目的であることが明記されたのは，奇しくも山本が世を去った1997（平成9）年のことである。

引用・参考文献
1) 山本三郎：河川法全面改正に到る近代河川事業に関する歴史的研究，(社)日本河川協会，1992年
2) 松浦茂樹：明治の国土開発史——近代土木技術の礎，鹿島出版会，1992年
3) 松浦茂樹：国土づくりの礎——川が語る日本の歴史，鹿島出版会，1997年

デ・レーケとエッシャー ― 日本の治水の恩人

　明治の河川改修といえばデ・レーケが有名であるが，1991（平成3）年以来発見されたデ・レーケの手紙とエッシャーの回想録をもとに，エッシャーとの二人三脚の姿を述べる。

■ **オランダ人技術者招聘の経緯**

　明治新政府は1868（明治元）年12月11日，会計官に治河使を設け日本人で河川改修を着手したが成果が上がらず，イギリス人技術者に協力を求めたが「長いナイフを持っている者がすべて料理人とは限らない」という諺が当てはまると知り，1870（明治3）年オランダの医師ボードウィン医学博士に優秀な水工技術者の人選を依頼し

左：デ・レーケ　右：エッシャー　淀川資料館蔵

招聘することにした。オランダ内務省土木局の幹部に志願者がいなかったので，34歳のデルフト工科大学の前身王立アカデミー卒業のC.J.ファン・ドールンが年齢的に適当であると考えて推薦した。彼は同年齢の人より5年遅れて王立アカデミーを卒業した上，内務省土木局試験採用者ではなかった。内務省土木局高官の従兄デイルクスの世話で国鉄から内務省土木局の北海運河建設工事に転職していたが，その工事も終了間際だったので来日を申し出た。来日した彼は日本政府高官の間で評判もよかったが，彼の大阪築港計画が1872（明治5）年11月不採用となると，計画をつくり直すため計画・設計・積算・施工担当の大阪港築造専門家として，王立アカデミーの同級生でオランダ国鉄でも一緒に働いたオランダ内務省土木局試験採用のエリート技官G.A.エッシャー（エッセルとされていることが多い）に加えて，ロッテルダム出身のA.H.T.K.チッセンおよびオランニエ閘門工事の主任監督で一緒に仕事をしたことのあるヨハニス・ドゥ・レイク（ヨハネス・デレーケ，デ・レーケとされていることが多い）の3人からなるチームを招聘するよう日本政府に申し出て認められた。

■ **来日前の略歴**

［デ・レーケ］

　1842（天保13）年12月5日，ゼーラント州北ベーベラント島のコリンスプラートに生まれた。そこは1598（慶長3）年につくられた美しいモダンな街で，輪中堤で囲まれその外側に小さな港がある。17世紀後半から代々輪中堤の築堤工と農業を営んでいた家の三男の彼は，デルフト工科大学の水理学担当教授J.レブレットがまだオランダ内

務省土木局技官であったとき，現場で数学・力学・水理学等の工学知識を教わり修得した。22歳頃アムステルダム付近へ移り，北海運河のオランニエ閘門建設工事の主任監督となり，ファン・ドールンと出会った。

［エッシャー］

1843（天保14）年5月1日，オランダの行政中心都市ハーグの官庁街近くで生まれ，両親とも貴族に相当する家柄で父は海軍将校だった。小学生のときからフランス語・ドイツ語・英語を習い，中高一貫のギムナジウムに入学し14歳のときオランダ語を話す幾人かの日本人使節に会った。16歳で王立アカデミーに入学したとき土木工学コースが新設され，デ・レーケの師匠であるJ.レブレットから水理学を教わった。1863（文久3）年6月，20歳で卒業し，土木技師の資格を得た。

内務省土木局欠員補充採用試験を待つ間アルクマールにある国鉄に入社し，鉄道建設に従事した。そこで，ジャワ島の鉄道工事から帰ってきたファン・ドールンと寝食を共にした。この頃留学中の日本人海軍士官赤松則良，榎本武揚らに会った。4度目の挑戦で内務省土木局欠員補充採用試験に合格，1867（明治元）年1月1日入省し，1870（明治3）年5月1日ミッテルブルフ駐在技師に昇進した。ハーグの図書館で日本が公共施設整備にオランダ人水工技術者を必要としていることを読み，日本に興味をもった。1872（明治5）年日本政府のオランダ人技術者招聘の噂を聞いたのは，ファン・ドールンに決まったあとだった。1873（明治6）年前半，彼から招聘の知らせを受け，無給無期限休職して来日した。

■ デ・レーケの大阪勤務（1873.9～1884.4）

［主役のエッシャー］

大学卒業のエッシャーは1等工師月給450円，正規の技術教育のないデ・レーケは4等工師月給300円に格付された。エッシャーとデ・レーケは淀川上流のはげ山から流れてくる多量の土砂で淀川末流の安治川や木津川の河床が上昇し，大阪湾も遠浅で深い近代的な港湾はできないと考え，まず上流の荒廃した山に砂防することとした。エッシャーは，従来日本にはなかった高い自立式の土砂を多量に貯められる砂防ダムや植樹工法を設計，デ・レーケは，その材料の調達や施工の指導をすることから始めた。

1880（明治13）年4月　松方内務卿一行がデ・レーケと登山した綺田山　G. A. Escher家蔵

続いてエッシャーは，当面の対策として大阪湾から大阪の街を経て京都の伏見港まで蒸気船が航行できるよう，淀川に河幅130m，水深1.5m，延長40kmの低水路を計画した。低水路は粗朶沈床（Krib，日本人はケレップ水制と呼んだ）で形成し，1874（明治7）年9月，デ・レーケらが試験施工をした。これが近代河川改修の嚆矢である。

エッシャーは東京へ行きその計画を内務省土木局に説明した。ファン・ドールン名で内務卿へ提出された計画は太政大臣三条実美名で認可後，淀川修築工事として1875（明治8）年から1888（明治21）年まで，砂防は1878（明治11）年からデ・レーケの指導で行われ，全国の多数の構造物はケレップ水制，オランダ堰堤，デ・レーケ堰堤とも呼ばれるようになった。

■デ・レーケの自立と奏任官扱への昇進

淀川の低水路や砂防工事がデ・レーケのもとで順調に進められると，全国の府知事・県令から，オランダ人技術者を派遣して港湾改築・河川改修を指導してくれという要望が多くなり，政府はエッシャーを府県に派遣した。デ・レーケは計画や設計の経験がなかったので，エッシャーへ手紙で自分のしている仕事の妥当性を確認した。

デ・レーケの努力と実力は次第に政府に認められ，1876（明治9）年6月25日付で奏任官（天皇名で辞令が出る）扱い月給400円に昇進した。

エッシャーは，自分が日本政府に利用されているだけであることに気づき，後任の技術者と北海道石狩川担当技術者を見付けることを約束して1878（明治11）年6月帰国した。

1877（明治10）年9月　工事中の栗子岳トンネルを視察したエッシャー（右から4人目）と三島通庸（左から3人目）G.A.エッシャー家蔵

デ・レーケは業務が高度になるにつれ，不安が急増した。上司のファン・ドールンは特権階級的偏見でデ・レーケを高く評価していなかったので，十分な相談ができなかった。そこで彼は母国に帰ったエッシャーへ手紙を書いた。その数は亡くなる直前まで約100通にも及び，エッシャーも必ず返事を書き，2人の友情はますます深まった。1881（明治14）年6月8日，デ・レーケの妻が神戸で亡くなると有給休暇で10月初旬オランダへ帰ってエッシャーにも会い，翌15年6月中旬再び来日した。

■デ・レーケの内務本省勤務（1882.6～1903.6）

［スランプとその脱出］

再来日したデ・レーケは石井省一郎土木局長の勧めで大阪から東京へ移り，内務本省土木局外国人雇となった。東京大学，工部大学校やヨーロッパの大学を卒業した技術者が内務省土木局へ入省しはじめ，その総数は1885（明治18）年9月古市公威ら23名にもなった。デ・レーケは大学卒業技術者とのあつれきや本省勤務に戸惑い，スランプに陥った。1884（明治17）年4月エッシャーは，オランダ語の話せる旧知の赤松大三郎海軍中将と帰国中の榎本武揚北京大使にデ・レーケを訪問してもらい，山県有

朋内務卿も上野の精養軒にデ・レーケを招いて花見をした。デ・レーケは我を取り戻し，新潟港の改築，筑後川改修，利根川改修などにも積極的に取り組み，1884（明治17）年5月付でエッシャーと同格の月給450円に昇進した。

［独創的な河道設計理論］

当時日本の河川はよく氾濫した。地形が急峻で上流の風化した花崗岩地帯から土砂が多量に流下して河床が年々上昇したからである。武田信玄，角倉了以，河村瑞軒，井沢弥惣兵衛らが解決できなかった治水に対し，デ・レーケは正面から立ち向かった。その方法は次の5つといえる。(1)上流域に砂防する，(2)洪水は上流から河口まで分流させないで流す，(3)洪水を流す河道は深く河幅を狭くして曲がりを少なくする，(4)蛇行した低水をつくり舟運の便を図る，(5)河口に導流堤をつくり土砂を海の深いところへ流す。

現在もある九頭竜川河口の導流堤と左岸の粗朶水制　建設省福井工事事務所提供

ここで興味深い理論は(2)である。洪水に含まれる土砂濃度は上層ほど低く下層ほど高いので，堤防から土砂の少ない多量の洪水が分流すると，本川には土砂の多い洪水が残って土砂が沈殿・堆積する，というものである。

デ・レーケは1884（明治17）年中頃，大阪府知事建野郷三から新大阪海港築造計画の立案を依頼された。淀川末流の中津川あたりに新しい淀川本川を開削し，土砂が流

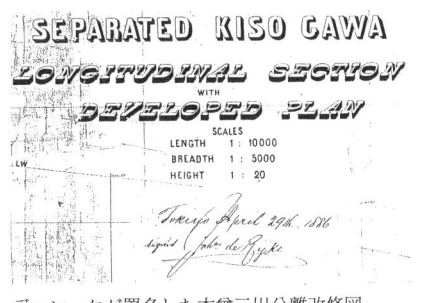

デ・レーケが署名した木曽三川分離改修図　木曾川文庫蔵

れないようにした安治川河口の天保山を中心に，近代的な海港をつくる計画を示した。それが現大阪港の原型で，新淀川は1896（明治29）年制定された河川法のもとに沖野忠雄が計画した淀川改良工事として着工された。

1884（明治17）年6月政府から木曾三川改修を命ぜられたデ・レーケは，濃尾平野を入り乱れて流れていた木曾川，長良川および揖斐川をそれぞれ独立した3川に分離する案をつくった。この案は1887（明治20）年4月筑後川改修と共にわが国初の高水対策工事として着手された。以来，木曾三川と新淀川は洪水氾濫がなくデ・レーケの計画が原因で破堤したこともない。

［中央衛生会委員］

1884（明治17）年11月，デ・レーケは山県有朋内務卿から中央衛生会委員に指名された。その理由を上司の島惟精2代土木局長に問い合わせると，返事もなく会ってもも

らえない、回答期限もせまったので書簡で山県内務卿に直接尋ねた。8日後島惟精は更迭され、後任に前福島県令で栃木県令の三島通庸が任命された。山県内務卿からは同年12月15日付で、中央衛生会やデ・レーケの委員任命について大変筋の通った書簡が届き、デ・レーケは喜んでベストを尽すと返事を書いた。この中央衛生会でデ・レーケはわが国が下水道を整備する必要性があることを初めて説いた。

[デ・レーケは「これは川ではない。滝である」とは言わなかった]

　土木局長古市公威はデ・レーケに1891(明治24)年7月富山県内の災害視察を命じた。デ・レーケは8月6日から9月2日まで全河川とその上流の立山連峰に登った。

　「一般的に小滝群(Cascades)のない急流は峡谷や下流の平野に確実に多くのトラブルを引き起こす。これらの小滝群がないことが常願寺川の特徴の一つである」と言って上流へ溯り支川に称名の滝を見つけた。「この称名川の源流はすべての支川の中で最も標高が高く、火山噴気孔と硫黄谷が室堂より少し下流に沿ってあるにもかかわらず、最も問題の少ない河川である」と言った。デ・レーケは、滝があれば河川の水面勾配が緩くなり、被害が少なくなると科学的に説明した。このあと、富山県当局は工事が大規模で技術力もないから、災害復旧を内務省直轄工事としてくれるよう政府へ陳情した。その中に「……川ト云ハンヨリハ寧ロ瀑ト称スルヲ允当トスヘシ…」と書いた。「滝のようだ」と言ったのは、デ・レーケではなく富山県の職員であった。

[勅任官（各省事務次官相当）扱いへ昇進]

　デ・レーケは古市公威が土木技監に昇進した1894(明治27)年6月19日より2年8カ月も前の1891(明治24)年10月1日付で勅任官（天皇から辞令の出る）扱いになった。昇進しても市民の立場から公共事業を考えるヨハニス・デ・レーケを、日本人はイエス・キリストの洗礼者にちなんで「洗礼者ヨハネ」と敬称した。

　1883(明治16)年12月から内務卿、内務大臣、内閣総理大臣として7年半デ・レーケの言動と人間性を直接みてきた山県有朋は、デ・レーケを重用し長期滞日させた。時間的余裕のできたデ・レーケは、オランダの学会へいくつかの論文を発表した。

[帰国とその準備]

　1884(明治17)年11月帰国を諦め日本で働くことを決断していたデ・レーケは、技術の実務から離れるにつれ南アフリカのトランスバールで働きたいと思ったが、1899(明治32)年から1890(明治33)年にかけて起こった南ア戦争のため困難となった。1875(明治8)年のエッシャーとの共同調査に続き、1897(明治30)年5月の単独再調査で立案した黄浦江改修計画を上海の欧米商工業会議所と上海市議会へ提出していた。それが1899(明治32)年の義和団の乱を契機に具体化した。

晩年のデ・レーケと家族
J. de Rijke家蔵

デ・レーケは，1901（明治34）年2月，1年間有給休暇をとって上海へ行ける見通しをたてた。1903（明治36）年6月，シベリア経由で帰国した。日本政府は帰国に際し，デ・レーケを勲2等瑞宝章に叙し，金5万円（現在の4億円に相当）を贈った。

■世界の桧舞台で本領発揮
［黄浦江管理委員会技師長に就任（1905.9〜1910.11）］

1905（明治38）年9月欧・米・日と中国は黄浦江管理協定を締結し，デ・レーケを黄浦江管理委員会技師長に任命した。黄浦江は呉淞で揚子江に合流している上海への重要な航路であるが，揚子江の多量の土砂で河床が年々上昇し，大型蒸気船の航行が困難となっていた。

デ・レーケは九頭竜川，淀川，木曽三川を改修した経験を生かして新航路を設計し，施工監督もした。1910（明治43）年2月，完成検査を担当した2人のイギリス人技術者はその出来栄えを絶賛した。

［上流社会への仲間入りと安らかな眠り］

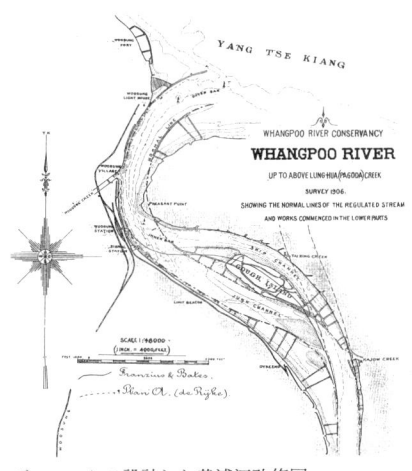

デ・レーケの設計した黄浦江改修図
G. A. Escher 家蔵

1911（明治44）年1月17日オランダの女王は，貿易上の敵国イギリスが高く評価した水工技術者デ・レーケを，エッシャーと同じオランダ国獅子勲位の勲爵士（ライデル）に叙した。コリンスプラートという小さな街に生まれたデ・レーケは，努力と才能で女王から上流社会の一員として認められ，同年2月6日アムステルダムにいる家族に合流したが，わずか1年9カ月後の1913（大正2）年1月20日午前7時，前々から弱っていた心臓が止まり70歳で安らかな眠りについた。

日本の近代的な治水とその技術は，デ・レーケとそれを支え続けたエッシャーの二人三脚で導入され，上海の繁栄にも大きく寄与しているといえよう。

引用・参考文献

1) Levensschets en herinneringen van George Arnold Escher, retrodagboeken met bijlagen en genealogische gegerons.
2) Brieven ingekomen bij haar zoon George Arnold Escher aan Johanna Cornelia Pit 1872-1878.
3) Brieven ingekomen bij Johannis de Rijke aan George Arnold Escher 19 Mar. 1879-26 Jun. 1889 en 17 Jan. 1898-21 Jan. 1913.

沖野忠雄 ──────内務省直轄事業の父

今日，わが国の大河川においてわれわれが目にする河道の骨格は，明治20年代に始まる近代改修（明治改修と呼ばれている）によって形成されたものである。それまでの乱雑に広・狭となったり，あるところでは広大な無堤地帯が広がっていた河道がこの時期，整然と整備され，それ以前と比べ，はるかに強大な堤防が造られていった。近世の河道秩序が，これにより一変したと評価してよい。

内務省によるこの明治改修は，昭和初期頃までかかって竣工するのであるが，この事業を技術者集団の中核となって推進したのが沖野忠雄（1854-1921）である。内務省河川技術陣に対する彼の影響は後々にまで続き，1933（昭和8）年に内務省に入った山本三郎は，当時の現場には沖野が指導した明治イズムが余燼として残り，沖野が決めたものといわれたらそれ以上の議論はなかった，と述懐している。

■明治の河川事業と沖野忠雄

沖野忠雄が内務省に入ったのは1833（明治16）年，29歳の時であった。それまでの経歴を簡単にみると，1854（安政元）年，但馬豊岡藩の下級武士の三男として生まれた沖野は，1870（明治3）年12月，藩の貢進生として大学南校に入学し仏語科に籍を置いた。この後，開成学校物理学科に進み，1876（明治9）年6月，文部省から物理学修業のためフランスへ留学が命じられた。古市公威（1854～1934）に比べて1年遅れの留学であったが，試験の後，同年10月，工学の名門エコール・サントラールに入学を許可された。ここの土木建築科を1879（明治12）年4月に卒業した後，パリで実地研究を2年間行い，1881年5月，

沖野忠雄

帰国した。この後しばらく，職工学校（現在の東京工業大学）に勤務した後，内務省入省となるのである。この後64歳で退官するまで，河川事業を中心に内務省直轄事業の基礎を築いていった。

さて，明治の河川行政にとってエポックとなったのは，1896（明治29）年の河川法の制定である。それには淀川の改修期成運動が重要な推進力となったが，この淀川改修計画を現地の監督署署長として策定したのが沖野であった。1891（明治24）年から地元支出による測量が行われ，1894（明治27）年，沖野は内務大臣に「淀川高水防禦工事計画意見書」を提出した。この後，土木技監・古市公威たちからなる技術官会議でこの意見書が審査されて若干の修正が命じられたが，1895（明治28）年，改修計画

となり，いつでも着工できる状況となったのである．河川法制定に対し，現場の実務面で沖野が重要な役割を果たしていたと評してよい．

これ以前の沖野の業績をみると，1886（明治19）年に「富士川改修計画意見書」作成，信濃川，北上川，庄川，阿賀野川の修築工事（低水路整備が中心）に従事した．その後1889（明治22）年，大阪土木監督署勤務となって木曾川，淀川を担当することとなったのである．

1896（明治29）年度以降，1911（明治44）年度まで沖野は署長，所長として大阪にあったが，淀川改修のみならず，多くの直轄改修に関係していった．1897（明治30）年6月には，石黒五十二（1855-1922）とともに土木監督署技監となり，東日本の1区，2区，3区は石黒，4区から7区の西日本は沖野の受持ちになった．土木監督署技監はしばらくして廃止となったが，石黒が1898（明治31）年，技監として海軍に転じたので，直轄改修において沖野の役割は一層高まった．また土木技監，土木局長として土木行政を陣頭指揮していた古市公威が内務省を退官したのが1898（明治31）年7月である．この後，土木局工務課長を兼務した沖野が，直轄改修において指導的役割を担ったのである．

1910（明治43）年，わが国は大水害に遭遇し，これを契機に臨時治水調査会が組織された．沖野は技術陣を代表し，原田貞介（1865-1939）とともに委員として参画した．この調査会により，それまで国費による治水事業費単年度200～300万円位だったのが，20カ年1億8000万円とする第1次治水計画が樹立されたのである．また技術陣のトップとして1911（明治44）年，新たに内務技監が設置され，沖野忠雄が任命された．ここに沖野は，名実ともに技術陣のドンとなったのである．

1918（大正7）年7月の退官まで，沖野は技監として予算権，人事権を一手に握り，全国の直轄改修を指導した．技監として歴代の大臣の信用も篤く，治水事業は沖野一任であったという．また事業の有利な進捗のためには法規一点張りの議論に耳を貸さず，内務省のローマ法皇と異名が付けられ，「あの老爺さんが大臣の所に行くときはすばらしい勢いであった」と，後々まで語られていた．なお沖野の退官した1918年は，平民宰相として原敬が登場した年であり，時代は新たなステージに移ろうとしていた．

■**沖野忠雄の河川技術**
［淀川改修］
　沖野の河川改修として，近代治水の歴史に燦

図-1　淀川概況図

然と輝くのが淀川改修計画である。この計画の3大工事は，琵琶湖から瀬田川への出口での洗堰の設置，宇治川・木津川・桂川が合流する中流部山城盆地での巨椋池などの湖沼群の分離，そして下流部での放水路の建設である（図-1）。だがその策定に先立ち，オランダ人技術者デ・レーケにより，調査・計画が行われていた。

デ・レーケのそもそもの来日の目的は，淀川河口部での大阪港築造であった。しかし地元の財政状況等によって着工されず，淀川低水工事のための調査に入ったのである。その計画に基づき，1874（明治7）年から淀川では修築工事が行われ，1888（明治

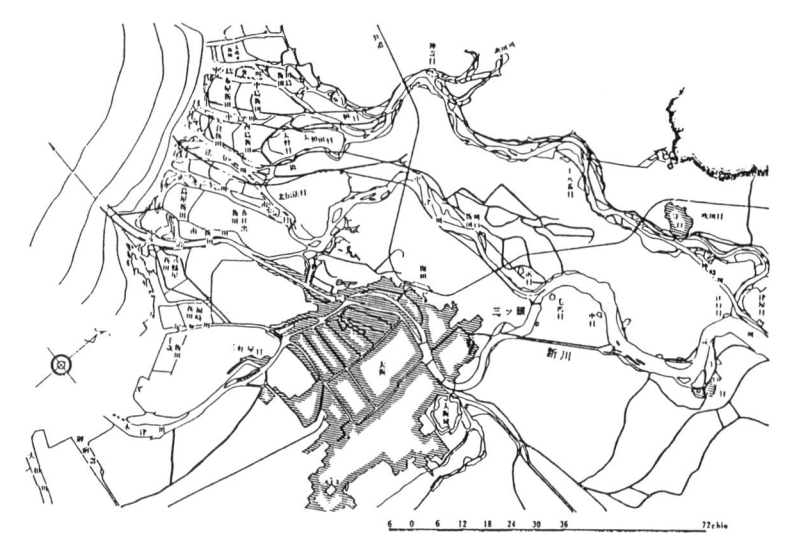

図-2　明治20年のデ・レーケの大阪築港計画（当時の淀川下流部の状況がよく分かる）
出典：「大阪港工事史」大阪市港湾局

21）年度に竣工した。デ・レーケは全国で多くの河川・築港の計画に携わるが，1887（明治20）年，大阪築港計画を大阪府知事に復命した（図-2）。

大阪築港計画は，その位置よりして土砂堆積，洪水処理の面から淀川と密接な関係を持っていた。デ・レーケのこの計画では，築港工事に先立ち淀川改修を行い，これによって土砂流入を防いだ後，築港工事に着手することを主張したほどであった。この時，既に今日のような旧中津川沿いでの放水路を計画していた。つまり大阪府での淀川改修と大阪築港を一体的に計画していたのである。

1890（明治23）年，デ・レーケはさらに発展させて新築港計画を策定した。それは，大阪築港と淀川治水とを分離させてもよいとするものであった。それまでは，淀川派川の一つである安治川内部に港湾区域を設定していたのだが，淀川流出土砂が堆積しない海上に出入口を持つ天保山沖の海港の計画となったのである。淀川との間は安治川でつなぐものであった。1894（明治27）年，デ・レーケによるこの計画・設計

が，古市公威，沖野忠雄などの12名の調査委員から審査を受けた。そして若干，変更されて，大阪築港計画となったのである。

この前史のもとに，沖野忠雄の淀川改修計画は策定されたのである。ここで沖野とデ・レーケの計画を比較してみよう。

基本的に異なるのは，沖野が上流・滋賀県も含めて計画したことである。滋賀県では，1885（明治18）年，89年の琵琶湖水位上昇に伴う大水害後，琵琶湖からのただ一つの流出河川である瀬田川の開削運動が強力に進められた。この課題に現地に赴いて技術的評価をしたのが沖野であった。滋賀県の強い意向を知っている沖野にとって，滋賀県を無視した淀川治水計画は，到底不可能であったのである。そして沖野が計画したのが，瀬田川の開削による疎通能力の増大と，洗堰設置による琵琶湖の流出量の調整である。また，この洪水調節によって山城盆地にあった巨椋池などによる遊水効果は肩代わりされるとして，巨椋池などを河川から分離した。

一方，巨椋池などによるこの中流部の遊水効果は，デ・レーケの計画では高く評価されていた。彼の1887（明治20）年の計画では宇治川，桂川が，1890（明治23）年の計画では宇治川出水が，これにより全面的に調節されるとしたのである。

沖野は，下流部計画として大阪市内への洪水流入を防ぐため，毛馬に洗堰を設置し，中津川沿いに放水路の開削を図った。しかしここでの締切りは，「淀川改修の計画に従事したるデ・レーケ氏ムルデル氏のごとき夙に主張したるところ」と述べているように，デ・レーケによって主張されていたものである。だが興味深いことに，淀川治水計画について先駆となるデ・レーケの計画がありながら，沖野による「淀川高水防禦工事計画書」に，デ・レーケの名前が直接的に出てくるのはここだけである。それ以外では全く無視しているか，あるいはオランダ技術に対する評価は高くない。

さて，沖野の計画により，淀川改修事業が着手されたのは1896（明治29）年度である。沖野はまた，翌1897（明治30）年度から開始された大阪市営の大阪築港工事でも，依頼されて工事長を務めた。河川改修，築港工事と一日おきの勤務であったという。

ところで，淀川改修計画を沖野は独力で作成したのだろうか。この計画は，瀬田川の洗堰による治水効果，巨椋池などによる遊水効果，本川の河道計画など膨大な作業を伴う治水計画である。この作成にあたり，有能な協力者がいたと筆者は考えている。その人物は，後に沖野を継いで技監となる原田貞介である。彼は1910（明治43）年の全国での大水害後の臨時治水調査会では，沖野とともに委員となっている。当時，原田は内務省土木局調査課長であり，調査会への資料準備は，彼が中心となって進められたことは間違いない。

このような計画面に能力をもつ原田であったため，淀川改修計画策定において，原田の役割がかなり高かったのではないかと考えている。あるいは実質的な計画策定は，彼が作業したのかもしれない。もちろん沖野の指導の下であり，また滋賀県議会

での改修計画の説明など，事業着手のための行政的な業務は監督署署長として，沖野が行った。淀川改修に対し，沖野の尽力が極めて大きかったことは間違いない。

原田が計画面に強かったのに対し，沖野が技術的に得意だったのは，むしろ，設計・施工面だったと思われる。沖野は，淀川改修，大阪築港の現場の最高責任者として，1896（明治29）年から指導したが，それに先立ち，1892（明治25）年から95（明治28）年の工事竣工まで大阪市上水道敷設の工事長を委託されていた。つまり1892（明治25）年から内務技監となる1911（明治44）年まで，大規模工事の現場の責任者となっていたのである。もちろんこの間，先述した臨時治水調査委員会の委員のほか，1903（明治36）年の第五回内国勧業博覧会審査官，1908（明治41）年のパリにおける万国道路会議でのわが国代表など，幅広い活躍をしている。しかし原田との比較としてみるならば，施工技術に，より能力を発揮したように思われる。

古市が内務省を去った1898（明治31）年以降，あるいは沖野が工務課長を兼任した1905（明治38）年以降を沖野の時代とすれば，それを支えた参謀として原田貞介の存在があったのである。

[利根川，荒川改修計画]

荒川下流では，それまでの本川であった隅田川を大きく迂回する放水路計画が1911（明治44）年，策定された（図-3）。沖野と原田の計画とされているが，東京下町と放水路の関係は，大阪と淀川放水路の関係と同様であった。ところで淀川では市街地防禦のため放水路の左岸のみが天端幅4間（7.3m）と，他より1間（1.8m）程広かったが，荒川放水路の堤防天端幅も，右岸8間（14.58m），左岸6間（10.9m）と，市街地を守る右岸側が強固となっている。荒川放水路右岸堤を8間としたのは，近世，自らの

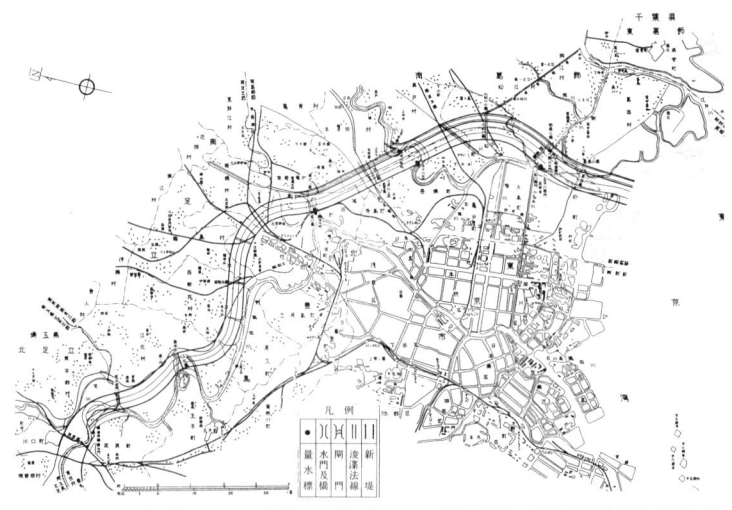

図-3 荒川下流改修平面図　出典：昭和2年4月　荒川改修工事概要，建設省荒川下流工事事務所

領地を守るために尾張徳川家が築いた木曽川左岸の御囲堤に準じた。

また利根川改修3期（取手上流）では，1910（明治43）年大出水後，計画対象流量が大幅に増大され，計画が見直された。特に埼玉県下では，それまで埼玉平野防禦の第一線であった中条堤の上流部で，本川に沿って堤防が築かれ，それまでの大遊水地帯が堤内地に取り込まれた。しかしこの遊水効果をできる限り保持するため，約900haの堤外遊水敷が設置され，石田川，小山川等の流入支川では計画を変更し，霞堤として開けたままとした。この変更について，現場からの提案に基づいて沖野の判断により行われた。それまでの大遊水効果をどのように取り扱っていくのか，試行錯誤しながら進められたものと思われる。

淀川でも利根川でも，それまでの遊水地域をどのように計画の中に組み込んでいくのかに沖野は労力を払った。さらに沖野が大遊水地帯の取扱いについて，最後に取り組んだのが，埼玉県下の荒川上流である。

下流に東京下町をもつ荒川では，東京都の境界直上流部に広大な遊水地をもっている。ここで荒川洪水は大遊水し，東京への流出ピーク量は抑えられていた。改修計画では，かなり堤内地へと解放しながらも，他の河川ではみられない大堤外地が残され，そこに横堤が築かれた。この計画に沖野は深く関わっていたのである。

■沖野と数理

1959（昭和34）年，眞田秀吉が中心となって，『内務省直轄土木工事略史・沖野博士伝』が刊行されている。ここに眞田をはじめ，沖野ゆかりの22人から，追憶が述べられ，人格優れ，清廉で私心がなく勉強家であって，後輩の指導に熱心であったことが述べられている。最後に沖野が「数理」を大事にしていたことをみてみよう。

荒川の横堤について，現地で模型を作り水理実験を指導したのが，物部長穂（1888～1941）であった。物部は，その後，大著『水理学』（岩波書店1933年刊）を出版して，河川技術に大きな影響を与えたが，この物部に現職のまま理科大学に入学させて数学を奨励したのが，沖野忠雄である。また現場の技師たちにも，数学の勉強を大いにやれ，理科の勉強も大いにやれと指導していたという。

沖野自身も数学に大変，興味をもっていて，「満身是れ数学と謂いたいほど数理に長けた」と，部下から評価されていた。元日に後輩が年始のあいさつに行ったら，沖野は高等数学の難しい原書を読んでいたという。河川技術の根底に沖野は「数理」をおいていたものと思われる。それが，その後の河川技術研究の発展に，善かれ悪かれ強い影響を与えたのである。

引用・参考文献

1) 眞田秀吉：内務省直轄土木工事略史・沖野博士伝，旧交会，1959年
2) 松浦茂樹：沖野忠雄と明治改修，水利科学第40巻第6号，1997年

岡崎文吉 ———————————— 石狩川治水の祖
おかざきぶんきち

■ 石狩川治水の曙光

　北海道の母なる大河，石狩川の治水事業は，1910（明治43）年に「北海道第一期拓殖計画」の中で，その緒について以来，2000（平成12）年で90年を迎える。

　本格的な開拓の鍬がおろされて以来，わずか130余年で，北海道の経済社会の中枢となった今日の石狩川流域の姿を諸外国の地域開発にその事例を見ることはできない。このことは取りも直さず，石狩川流域開発の根幹を担った治水の先人たちによる弛まざる努力と技術の結晶の賜である。

　とりわけ，石狩川治水の草創期にあって，「北海道治水調査会」のもと，10年にわたる調査の中心的役割を果たし，その集大成ともなった「石狩川治水計画調査報文」を上梓し，石狩川治水のマスタープランを樹立した初代石狩川治水事務所長岡崎文吉博士は，文字どおり石狩川そして北海道治水の祖といえよう。

1872年11月15日-1945年2月4日
1893年頃の肖像写真(札幌農学校助教授時代)（出典：北海道総合研究所）

　今日に至る石狩川治水の流れを導いてきた岡崎文吉の卓越した見識と高邁な治水哲学は，明治・大正・昭和・平成の4世代にわたる大きな歴史のうねり，社会背景の変遷の中にあっても脈々と生き続け，今日の技術をもってもなお新鮮さを失わない。

■ 札幌農学校と第一級河川技術者の誕生

　岡崎文吉は1872（明治5）年11月15日岡山にて誕生している。札幌農学校に約10年間工学科が設置された期間がある。岡崎文吉は工学科1期生で，1891（明治24）年卒業している。工学科の新設［1887（明治20）年］はもちろん，北海道の開発を強力に推進するためのインフラの整備が急務であったことに他ならない。当時の札幌農学校を導いていたのは，農学校の1・2期生の新進気鋭の教授陣で，橋口文蔵(校長)，佐藤昌介，大島正健，南鷹次郎，廣井勇，宮部金吾，新渡戸稲造，吉井豊造，杉文三，といった錚々たる顔ぶれである。佐藤昌介は後に北海道帝国大学総長になった農学者である。岡崎文吉は上記の教授から学問・研究に対する考え方に関して，少なからず影響を受けたことは想像に難くない。さらに，当時の農学校の講義がすべて英語で行われていたことは特記すべきことである。岡崎文吉は73年間の生涯のうちに数多くの英

語論文・報告書を発表している。彼の英語力には目を見張るものがある。その後，岡崎文吉は満州にて，国際人として活躍する時期があるが，英語の素養は農学校工学科時代に培われたものと言っても過言ではない。

1893（明治26）年，岡崎文吉は札幌農学校助教授に任ぜられ，北海道庁技手を兼任している。当時，北海道の開拓前線も石狩川に沿って北上していくことになるが，同時に，石狩川とその支川群に広がる広大な湿地原野をどのように整理し，拓いていくかが当面の課題であった。岡崎文吉は札幌・茨戸排水運河と花畔・銭函排水運河工事に直接参画することになる。

■石狩川治水計画のマスタープラン樹立

1886（明治19）年1月，内閣直属の「北海道庁」が設置されると内閣植民拠点都市・旭川の建設が始まり，札幌から旭川に至る石狩川流域の開発がいよいよ本格化した。1898（明治31）年に至る5年間だけで36万人の新規移民があり，石狩川流域人口は当時の北海道内人口の半数を占めるまでになった。

北海道への移住促進のためのキャンペーンも効を奏し，やっと軌道に乗り始めた石狩川流域の開拓であったが，1898（明治31）年9月の洪水により，拓けた耕地が尊い118名の人命もろとも氾濫水と濁水の下に沈んだ。これが北海道空前の大出水である。この年は，春の融雪出水に始まり，ほぼ毎月洪水が起こっている。このため，9月には既に石狩平野の低湿地帯は完全に湿潤状態にあり，排水が極端に悪くなっていた。神居古潭から下流の大支川の流量は左右岸の原野に氾濫し，幅約40km，延長約100kmにも及んだというから，まさに石狩平野は太古の海原に戻ったも同然であった。

この洪水発生直後，北海道庁内に「北海道治水調査会」が設置され，開道以来初めてといわれる災害の応急対策をとりまとめるとともに，恒久的な治水計画を策定する方策が協議されることになった。この調査会の委員として，廣井勇，岡崎文吉，そして「琵琶湖疎水」で有名な田辺朔郎の名がつらねられている。当時としては，大変なメンバー構成である。岡崎文吉が調査会の中心的役割を果たしたことは論を待たない。

岡崎文吉は，「北海道治水調査会」発足後，石狩川における洪水時の水位観測体制を敷いて出水に備えていたが，1904（明治37）年7月，台風の通過に伴う大洪水が起こると，石狩川の広範囲な氾濫域において詳細な水位観測を行った。岡崎文吉はこの明治37年洪水の観測に基づき，独自の計算方法により，将来石狩川で河川改修工事が施工され，氾濫が抑制された場合，石狩川下流対雁地点（現在の石狩大橋地点に相当）における洪水量として毎秒約30万個（8,350m³/s）と算定した。この計画洪水流量は，他の河川の相次ぐ流量改定をよそに，1965（昭和40）年の新河川法施行に基づく工事実施基本計画決定まで石狩川治水の基本として用いられた。このことからも，岡崎文吉の優れた先見性と独創性が窺える。

「北海道治水調査会」は，1903（明治36）年に廃止されたが，調査会で収集した資料に基づいて，石狩川治水計画が引き続き検討され，その成果は岡崎文吉により1909（明治42）年「石狩川治水計画調査報文」（英文タイトル：Report on Ishikari River Improvement Scheme with a General Plan）として北海道庁長官に提出された。翌1910（明治43）年からの「北海道第一期拓殖計画」の根幹事業のもと，岡崎文吉は石狩川治水事務所の初代所長として，石狩川治水事業の実施面で指導力を発揮することになる。1914（大正3）年，東京大学から工学博士の学位を授与されている。学位請求主論文名は「原始的河川の処理について」である。

岡崎文吉愛蔵の「石狩川治水計画調査報文」底本
（出典：石狩川開発建設部）

岡崎文吉は，石狩川の洪水氾濫防御対策として放水路構想を打ち出している。すなわち，平常流量を超える水量を放水路に流下させ，天然の河道はそのまま最大に生かし，水運を維持するという治水思想である。しかしながら，岡崎構想による放水路工事は実行に移されることなく，以後捷水路工事が石狩川の改修計画の主流となってくる。

石狩川のショートカットは，1918（大正7）年の生振捷水路に始まり，1969（昭和44）年の砂川捷水路通水までの52年間に29カ所で行われ，河道長も自然短絡を含め75kmほど短くなっている。石狩川の捷水路工事はローヌ河やミシシッピー河と違って見事な成功を収めた。泥炭性の耐蝕性と少ない流砂量がその理由であったことは，ごく最近の移動床水理学解明によってである。

■ 自然主義水理学の提唱

「石狩川治水計画調査報文」提出から6年目の1915（大正4）年，岡崎文吉は文字どおり岡崎文吉の治水思想の集大成といえる『治水』を丸善から出版した。『治水』は，土木学会の「近代土木文化遺産としての名著100選」にも収録されている。

岡崎文吉の治水思想は，主として石狩川のような当時河川改修が進んでいない原始的河川を主眼として考えられており，「自然主義」は澪筋の維持を中心とした河道安定論であり，その背景に舟運が強く意識されている。岡崎文吉は自分の学説を「自然主義」と称して，次のように定義している。

「自然が大部分に対し，理想的に成就して来た河川の現状を維持し，たまたま，存在する不良な一部分に対してのみ，自然の実例に鑑みて，これを改修する主義を，私は自然主義と名付ける。自然に反する技術は，到底自然の事実及び法則を超越して成功することは出来ないものである。容易でかつ賢明な方法は，可能な限り自然を保全

し，これに対し合理的でかつ実際的なる工事を施し自然を補助することであり，自然を保護し，またこれに準拠するの外，自然に背反する事業は，決してこれを施工しないことである。私はこれを自然方法と名付けた。」

河川の砂洲(きす)と蛇行に関する現象は，当時の欧米では盛んに研究されていたが，日本ではほとんど問題にされることはなかった。岡崎文吉は日本で最初に直線水路における蛇行現象を見いだして記述した研究者であると考えられる。

■ 独創的な護岸工法の開発

自然主義に基づいて河川の現状を維持するには，河道湾曲部の崩落を防止し，決壊する河岸を保護する必要が生じる。このため，岡崎文吉は「コンクリート単床ブロック」による護岸工法を開発し実用化している。この護岸工は大正・昭和期を通じて石狩川をはじめとして日本国内に広く普及した。1920年代には中国の大河・遼河で，ついで米国ミシシッピー河に導入され，米国では現在でも引き続いて施工中である。

岡崎文吉は1912（明治45）年から1916（大正5）年にかけて，「米国エンジニアリング・ニュース誌」に彼が開発した単床ブロック工法に関する英語論文を4編投稿している。これらの論文がミシシッピー河委員会の技術者に高く評価され，ミシシッピー河護岸工の原点となっている。

単床の主要部分であるブロックは，当初，長さ62cm，幅約15cm，高さ約15cmであったが，実に8種類のサイズのブロック製作を試みており，試行錯誤を繰り返しながら常に研究を積み重ねていたことがわかる。主な変更箇所は厚さであり，7.9cmから15.2cmまで製作している。

単床ブロックの連結には，ブロックに2個の穴をあけ，上下に隣接するブロックは穴の位置を互いにずらして，鉄線を通して玉簾のように組み立てる。このため，全く継ぎ目なしに，かつ各ブロック間の間隙もほとんどなしに数百mに及ぶ一体の単床を構成できたので，水深が

石狩川下流部の茨戸川に現存する岡崎式単床ブロック護岸（出典：北海道総合研究所）

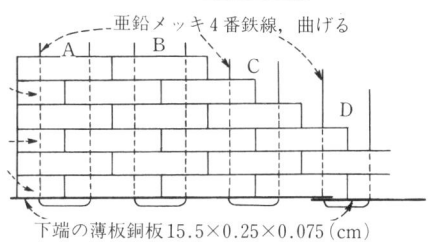

単床ブロック連結法（出典：石狩川開発建設部）

大きい川にも敷設可能であった。

　岡崎式護岸工の主な利点は，次のように要約される。①比較的廉価である。②強度と耐久性に富んでいる。③可撓であるため河床の変形に対しても適応性が高い。④勾配が急な所でも安定性がよい。⑤表面がなめらかなため流水抵抗が小さく，河道断面積を阻害しない。⑥組立が簡単で，敷設しやすい。

■内務省転勤と遼河改修

　岡崎文吉は，1918（大正7）年6月5日付で北海道庁技師を退官し，内閣から内務技師に任命された。ついで7月には米国へ出張を命ぜられている。帰朝後丸善から出版された「輓近の水力電気」によって，米国出張のテーマが水力電気事業調査であったことがわかる。

　当時，満州において国際機関「遼河工程司」が設置されており，内務省から荒井釣吉技師が初代上游（流）技師長として派遣されていた。荒井釣吉は，大河津分水工事で指導的立場にあって活躍した青山士と同期生である。1919（大正8）年12月，荒井技師は列車事故によって殉職した。この思わぬ事故が岡崎文吉の中国との係わりを持つ直接の契機となる。1920（大正9）年，2代目技師長として派遣されることになった背景には，北海道で培った河川計画の力量と寒地河川の経験が買われたためと考えられる。岡崎文吉は1929（昭和4）年に勅任技師を解任されるまで9年間にわたって遼河の治水に挺身することになる。

　遼河は満州3大水系の一つで，流域面積は約235,000km²（石狩川の約16倍），幹川流路延長は約1,350km（石狩川の約5倍），その流れは遼東湾に注ぎ，河口港として開けた営口を擁していた。営口は勃海湾における最大の内陸貿易港であり，遼河はそれにつながる重要な内陸貿易の舟運河川である。これらの貿易には関税が課せられていた。一方，唐家窩舗地点で双台子河が

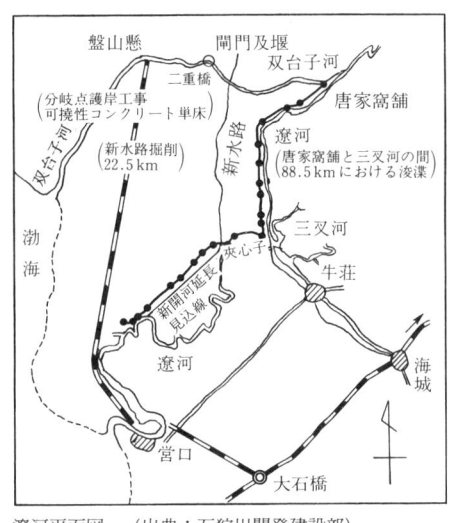

遼河平面図　（出典：石狩川開発建設部）

可動堰と閘門（出典：石狩川開発建設部）

西方に流下し、勃海湾に注いでいるが、双台子河は遼河本流より短いので、当然河床勾配も遼河より急である。したがって、洪水時には双台子河へ大半の流量が流下するため、遼河では土砂堆積が進行して、舟運が困難になり、河口に位置する営口の港湾機能がそこなわれて、舟運による関税収入が大幅に減少する痛手を受けた。そこで、中国を筆頭に日英独等、直接の利害関係を有する国が集まって国際機関を組織し、この機関のもとで、遼河本流の流水を営口へ復帰させる一大改修工事が実施されていた。

　その実施機関である「遼河工程司」は、上流部を日本、下流部を英国が担当し、双台子河の二道橋と遼河本流の夾心子間を結ぶ約22.5kmの新水路掘削、双台子河の分岐点においてパナマ運河方式の可動堰と閘門を設置、および遼河本流の唐家窩舗と三叉河間に恒久的水路を開通させる河道浚渫が主な事業内容であったが、岡崎文吉は担当を超えて多くの事業に業績を残した。石狩川で培った放水路構想の理想と理論が遼河で実践されることとなった。

■石狩川・遼河・ミシシッピー河に夢をはせて

　1932（昭和7）年、満州国建国と同時に国際機関「遼河工程司」は解散した。同年、岡崎文吉は満鉄経済調査会の顧問として招かれた。前年松花江に未曾有の洪水があり、ハルピン市は全市浸水の被害を受けた。岡崎文吉は早速調査を実施し、その結果を「松花江治水問題およびハルピン市水災善後復旧案に関する報告」として纏め、満鉄総裁に上梓している。この水災視察には宮本武之輔内務技師が来満している。宮本武之輔日誌にも、その際岡崎文吉に建国の方策について意見を拝聴している記録が見える。岡崎文吉は、その後鴨緑江の電源開発調査中に無理をし、胸を患い大連市星ヶ浦で療養していたが、1934（昭和9）年帰国し、茅ヶ崎の南湖院で闘病生活に入った。1940（昭和15）年、岡崎文吉のロマンの結晶とも言うべき『Records of the Upper Liao River Conservancy Works（遼河の改修記録）』を南満州鉄道株式会社から出版している。終戦の年、1945（昭和20）年2月4日茅ヶ崎にて逝去、享年73歳であった。

引用・参考文献
1) 北海道開発局：石狩川治水の曙光—岡崎文吉の足跡—，1990年
2) 浅田英祺：流水の科学者　岡崎文吉，北海道大学図書刊行会，1994年
3) 石狩川開発建設部：石狩川治水の祖　岡崎文吉，第3版，北海道開発局，1996年

近藤仙太郎 ──────── 利根川改修の父
（こんどうせんたろう）

■利根川改修は江戸時代からの懸案

江戸時代の初め，利根川，渡良瀬川，荒川など埼玉平野を流れる河川は，支派川の合分流を繰り返しながら，東京湾に注いでいた。徳川幕府は，埼玉平野北部の水害防禦や舟運の便などを考えて，短期間のうちにこれらの河川を整理していった。その結果，利根川は渡良瀬川や鬼怒川・小貝川などとつながって，直接太平洋に流出し，一部が関宿から江戸川を通じて東京湾に注ぐという形になった。これを利根川の東遷と呼んでいる。

このような河道の整理とともに，各地に堤防も築かれていった。しかし，それでも1742（寛保2）年，1786（天明6）年，1846（弘化3）年などの大水害が起こり，江戸の東部まで水没することもあった。また川沿いでは，頻発する中小洪水でも被害を受け，幕末には財政などの問題もあって，洪水への十分な備えができなくなり，毎年のように水害にみまわれるようになっていた。

明治時代になっても，しばらくは厳しい財政運営が続き，利根川のような大河川の治水事業に必要な財源は容易に確保できなかった。この間，利根川では水害が頻発し，本格的な治水事業の実施を求める声が高まりをみせ，ついに1900（明治33）年，国による改修工事が実施されることになった。

東京土木出張所長当時の近藤仙太郎

この時作成された改修計画は，その後の利根川の治水の方向を決定する重要な意義を持つものであり，内務技師近藤仙太郎が作成したのである。利根川は，同じころに改修工事が行われた信濃川，淀川，木曾川などの大河川と異なり，治水上の課題に対する解決策を打ち出すのが難しい反面，社会的に注目を浴びやすい河川であって，改修計画の立案には，多くの困難を伴ったであろう。

■少年期に英語を習得

近藤仙太郎は，40俵取りの加賀藩士近藤伝蔵（正道）の長男として，安政6年4月24日（1859年5月26日），金沢の御歩町四番丁1番地に生まれ，幕末から明治初頭にかけての大激動期に少年期を過ごした。

明治初頭の加賀藩は，戊辰戦争勃発時の対応から新政府に不信感を持たれ，有力な人材を軍人や官僚として中央に送り出すことができなかった。そこで，藩の生き残りをかけ，優秀な藩士が中央に出られるよう，彼らの教育に全力を注いだ。

当時，英仏語の必要が急速に高まっていたことから，1868（明治元）年閏4月，英仏学塾所（道済館と命名）を設け，生徒の教育にあたることにした。さらに，英語習得の実をあげるため，1869（明治2）年1月，洋式武学校壮猶館内に寄宿制の英学所（英学校ともいい，翌年致遠館と命名）を設け，道済館から7歳から15歳までの少年10人ほどを移すとともに，新たに9歳から13歳までの少年およそ50人を募集し，英語教育を施した。

　仙太郎は，父がいわゆる切米取りの軽輩であったが，幼児の頃から賢かったので，この英学所に入学することができたのである。同年12月，お雇い教師パーシバル・オズボン（Percival Osborn，英国人，1842〜1905）が招かれて，七尾に分校の語学所が開かれたとき，藩命によって英学所から七尾の語学所に優等生20名が派遣された。仙太郎は数えでわずか11歳という年齢であったが，その一人に選ばれている。なお，後に内務省土木監督署技監となる4歳年上の石黒五十二（1878年東京大学卒，1855〜1922）も，一緒に七尾に派遣されている。

　七尾の語学所での勉学は，仙太郎の一生にとって極めて大きな影響を及ぼすことになる。それは，明治初頭にあって将来の出世を約束する英語を習得したこともあるが，それより，後に専門とする科学や技術の一端に触れるからである。語学所では，英語の教科書として数学や地学など科学系の洋書を使用したようである。これが，当時西洋近代科学の知識などほとんどなかったであろう少年たちに対して，大きな刺激を与えたことは疑いようがない。仙太郎をはじめ，石黒や高峰譲吉ら，出身者の多くが後に工学，化学，植物学などの分野で活躍することになるのがその証であろう。

　この七尾の語学所は，1870（明治3）年6月末，金沢の本校致遠館に合併された。『近藤仙太郎氏」を訪う』という仙太郎からの聞き書きによれば，半年にして東京に出たということであるから，ちょうど合併の頃のことであろう。同書には，東京に出ると直ちに東京大学予備門に入学したように記されているが，予備門は1877（明治10）年4月12日，東京大学創立とともに設けられた大学への予備科であるから，上京後直ぐに入学したというのは間違いである。仙太郎は，「治水懐古座談会」で，大学南校〔1871（明治4）年7月南校と改称，1874（明治7）年5月東京開成学校と改称〕で数学でも文学でも測量でも皆英語で教わった，と述べているので，時期は明らかでないが，大学南校で学び，その後予備門に通ったのであろう。なお，仙太郎が学問を続けることができたのは，各藩から1〜3名選抜された貢進生にはなれなかったが，藩から何らかの援助があったものと考えられる。

　1879（明治12）年，予備門を卒業すると，仙太郎は東京大学理学部工学科に入学し，最終学年で土木を専攻した。英語に堪能な彼は4年生のときに，東京大学が編纂している『学芸志林』第13巻（1883年刊行）に，英国シ・ピ・ビ・セルレイ著「真平面ヲ得ルノ法」，という抄訳を載せるまでになっている。

■期待に胸を膨らませ内務省へ

　1883（明治16）年7月10日，大学を卒業し，8月に内務省入省，御用掛を命ぜられた。この年，最上川改修のため山形県の酒田に赴き，本間家の倉庫を借りて翌年土木局出張所を設置，出張所長心得となっている。そして，1885（明治18）年，千葉県の北西端にある関宿の土木局出張所に転任した。これが，利根川との長いつきあいの始まりとなる。

　1885（明治18）年7月初め，渡良瀬川筋や利根川本川下流に大きな被害をもたらす洪水が発生した。それまで利根川では洪水流量観測が行われていなかったが，改修計画作成のためにはどうしても実測値を得る必要があった。計画の作成には，経験のない日本人技術者でなく，明治の日本に西欧近代の河川技術と計画手法を持ち込んだお雇い工師のうち，ムルデル（Anthonie Thomas Lubertus Rouwenhorst Mulder，オランダ人，1848-1901）があたることになっており，洪水を観測する機会を待っていた。

　1885（明治18）年7月2日，近藤仙太郎は，ムルデルの指導を受けながら洪水流量の観測に成功，8〜9月にかけて低水面も観測，それらによって縦横断面図なども作成した。これに基づいて，ムルデルが翌年1月12日から4月23日にかけて，「利根川（自妻沼至海）改修計画書」を作成，近藤は東京のムルデルの官舎に出向いてその助手を務めたのである。

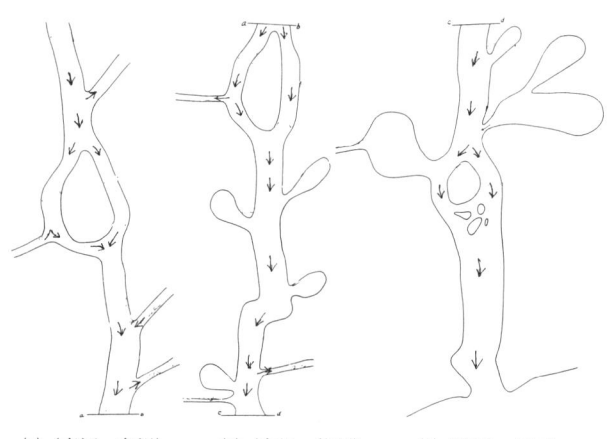

(1) （妻沼〜布川）　　(2) （布川〜佐原）　　(3) （佐原〜河口）
近藤が観測した1885（明治18）年洪水
出典：「利根川治水史」（栗原良輔）

　ここに作成されたものが，初の利根川の統一的な改修計画であり，1987（明治20）年度から，1905（明治38）年度までの予定で工事が行われた。この計画には，航行の便を良くするために行う低水工事のほかに，年々破堤氾濫を繰り返すような地点に対する高水防禦工事も含まれてはいたが，実施された工事の主体は低水工事であった。

　この工事の開始の翌年，江戸川の千葉県東葛飾郡深井新田と利根川の同郡船戸村とを結ぶ，延長約8.4kmの利根運河の開削が行われた。工事は，利根運河株式会社という民間企業によって行われたのであるが，国の強い保護・主導のもとにあり，ムルデルが設計にあたった。近藤は監督の責任者となって工事の推進に努め，1888（明治21）年5月に着手して，わずか2年後の1890（明治23）年5月，完成にこぎ着けたのである。

■利根川改修計画を立案

　これらの工事や計画立案を通して近藤が着々と経験を積んでいる間も，利根川では1889（明治22）年，1990年，1992年と頻繁に水害が発生していた。特に1890年8月の洪水では，群馬・埼玉・栃木・茨城を中心に大きな被害が出て，高水防禦のための改修計画立案の必要性が高まり，ついに1893（明治26）年11月，近藤にその調査が命ぜられた。翌年5月，近藤は，沼の上から銚子までの改修計画と予算を作成したが，予算があまりに過大であると判断され，工事着手の決済には至らなかった。

　しかし，その後も1894（明治27）年，1896年，1897年，1898年，1899年と連続して水害が発生，なかでも1896（明治29）年9月の水害は，氾濫面積が8万haを超え，被害額と復旧費合計で1100万円弱にも達し，明治になって最大の被害を記録した。これにより，流域住民から，早急に利根川の高水防禦工事を実施すべし，の声がますます大きくなり，政府としても放置する訳にいかなくなった。

　そこで，再び近藤に計画立案の命が下った。ただし，予算は元の計画の半分程度，およそ2000万円とされた。近藤はその要請に応え，川幅が狭隘であるとか，極度に屈曲している所など要所を選んで改修する方針をとり，総額約2200万円の「利根川高水工事計画意見書」と称する改修計画書を，1898（明治31）年6月に完成させた。そして，この計画に基づいて，1900（明治33）年4月に利根川改修工事が開始された。

　この改修計画書で用いられている河道計画の技術は，当時の他の改修計画の場合と大きな違いはなく，目新しいものはない。例えば，計画対象流量の算定にあたっては，調査対象洪水について水位標から水位および水面勾配を求め，その時の河積，径深も得て，バザーンの流速公式から流量を求める方法をとっている。改修方式は，従来洪水時に氾濫して遊水効果を持っていた土地に築堤し，洪水から解放しようとするものである。河道平面計画では，同一の河床勾配・流量を持つ区間毎に川幅を一定としたり，現況河道の蛇行度が大きければ捷水路を掘削して直線化するものとしている。ただし，計画対象流量は，2～3年に1回発生する洪水の最大流量程度（中田地点で3750m³/s）であり，他河川の場合の10～20年以上に1回と比べて小さい。これは予算の制約があって，計画を縮小しないと，事業が実施できなかったからである。

　この計画の意義は，別のところにある。それは，治水上の課題に対する決め手となる解決策を打ち出し難かった利根川に対して，改修の方向性を定めたことである。

　利根川では，江戸川を本流化すべきであると論じる人々が古くからいた。江戸川分派点から河口までの距離は，本川が江戸川のおよそ倍であるから，江戸川経由にすれば速やかに洪水を吐くことができ，水害が軽減するというのである。一方，本川を拡充強化すべきであるとする考えもあった。

　近藤がこれについてどのように考えていたかは，大変興味のあるところである。実は，1894（明治27）年に作成したものの，予算が過大で決済に至らなかった計画は，

江戸川を拡張して本流化する計画が主になっていた。「利根川高水工事計画意見書」の中でも，この計画について触れているが，そこでは単に江戸川拡張と本川強化の両計画があったことしか述べていない。しかし，近藤が千葉県で県会議員らに行った講演では，「計画は沼の上迄四千五百万円と云ふ大体の計画でありました。是は主として江戸川の方へ拡げる計画で，若し主もに本流を通り銚子の方へ持て行く時は，之より少しく安く出来る予算であったが，何れにても四千何百（万）円と云ふ予算でありました」と述べている。

近藤が第1案とした江戸川拡張のような現状変更を伴う計画は，利害が錯綜し，調整に多くの困難がつきまとう。1898（明治31）年作成の計画になると，流量配分は，1885（明治18）年7月に近藤が行った洪水流量観測の実測値に近い値が採用されている。つまり，現状の洪水時の流量配分を変更せず，利根川本川を強化して，本流として位置づけたのである。

改修工事着手から7年後の1907（明治40）年8月，利根川は未曾有の大洪水が発生した。ところが，3年後の1910（明治43）年8月，さらにそれを上回る大洪水にみまわれ，各地で破堤し，20万haを上回る土地が水没，被害額と復旧費を合わせ5500万円にものぼる大災害となった。これにより，近藤が所長を務める東京土木出張所は，改修計画を見直し，計画対象流量を10年に1回程度の洪水で発生する流量（栗橋地点で5570m³/s）と改め，これとともに江戸川に分担させる流量を増やし，分派率を従来の26%から40%に高めた。その後，利根川の計画は，1938（昭和13）年に増補，

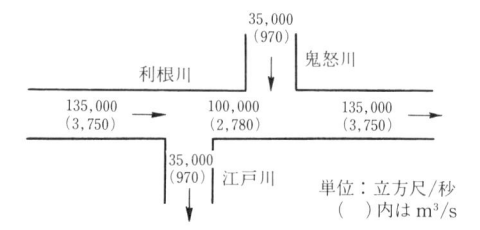

1900（明治33）年の利根川改修計画における流量配分

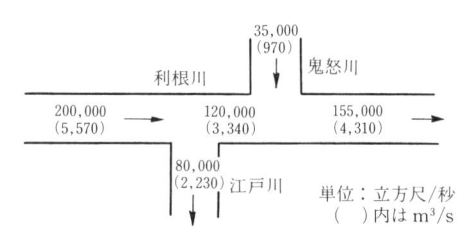

1910（明治43）年改定の利根川改修計画における流量配分

1949（昭和24）年に改修改訂，さらには1980（昭和55）年計画と改められたが，いずれにあっても，分派率は一貫して38〜39%（利根運河分を含む）であり，1910年の計画とほぼ同じ値が踏襲されることになる。

このように，近藤は，利根川本川を強化して本流と明確に位置づけるとともに，江戸川の分派率も高め，江戸川にも応分に分担させるという，現在に至る利根川の治水の方向を決定したのである。

■利根川改修工事の竣工をみとった後没する

近藤は，1886（明治19）年内務技師に昇格し，同年7月27日から8月3日までと，

1889（明治22）年9月25日から翌年8月6日までの間，第1区土木監督署（1886年7月12日関宿土木局出張所から改称）巡視長代理事務取扱，さらに98（明治31）年12月28日から翌年1月11日まで第1区土木監督署長心得に任命されている。しかし，出世は遅く，ようやく1906（明治39）年11月24日に東京土木出張所（1905年4月1日第1区土木監督署から改称）長に任命され，その後，1913（大正2）年6月7日に退官するまでその職にあった。この間の1900（明治33）年3月には，技術研究のため欧米に派遣され，同年11月7日米国土木学会会員に選任されている。また，英国土木学会の準会員にもなっている。

内務省の勤務のほか，大学で教えており，1896（明治29）年から97（明治30）年にかけて，帝国大学工科大学で河川および港湾工学を講義し，1906（明治39）年6月から退官後の1922（大正11）年3月にかけては東京帝国大学農科大学で農業水利の授業に蘊蓄を傾けた。また，1910（明治43）年3月以降，農商務省の耕地整理設計とも関わりを持つようになり，内務省退官後は農商務省（1925年4月1日農林省と改称）の嘱託として指導にあたり，20（大正9）年から22（大正11）年にかけて東津水利組合（全羅北道）の主任技師も務めている。

このような業績に対して，1915（大正4）年2月9日，工学博士を授与されている。

1930（昭和5）年10月15日，長かった利根川改修工事もようやく竣功式を迎え，近藤も大恩人として招待された。自分が手がけ完成するに至った大工事の完成を見て，満足したのであろうか，それから間もない，1931（昭和6）年1月22日，満71歳をもって没した。書画，囲碁，謡曲などとともに弓術が好きであったが，風邪を押して明治神宮に弓術を奉納，肺炎を患ったことが原因であるという。子供はおらず，妻他喜が一人残された。

引用・参考文献

1) 今井一良：パーシバル・オズボンと七尾語学所における教え子たち，英学史研究 第16号，日本英学史学会，pp.51～62，1983年
2) 「近藤仙太郎氏」を訪ふ，加越能時報 第226号，加越能時報社，p.29，1911年
3) 治水懐古座談会編：エンジニアー第9巻第12号，都市工学社，pp.18～39，1930年
4) 近藤仙太郎：利根川高水工事計画意見書
5) 近藤仙太郎：利根川の治水に就て（承前），耕地整理研究会報 第18号，耕地整理研究会，pp.19～27，1914年
6) 山本晃一：『河道計画の技術史』，山海堂，1999年
7) 利根川百年史編集委員会・国土開発技術研究センター編：『利根川百年史』，建設省関東地方建設局，1987年
8) 小坂忠：『近代利根川治水に関する計画論的研究』，1996年
9) 内務省だより，水利と土木 第4巻第2号，常磐書房，pp.111～112，1931年

赤木正雄 ──────────────── 砂防の偉大な先駆者

■砂防を志す

　赤木正雄は1887（明治20）年に生まれ，そして1972（昭和47）年，85歳の生涯を閉じた。すでに四半世紀が過ぎている。

　赤木正雄が生まれたのは兵庫県城崎郡中筋村引野（現豊岡市引野）である。円山川の右岸に位置する豊岡市のこのあたりは氾濫の常襲地であった。現在もある赤木正雄の生家，赤木邸の軒先には舟がつるしてある。赤木はこのような環境の中で育ったのである。

　近くの出石町には，国土開発の祖神と言われる出石神社というのがある。治水の神様でもある。ここに，郷土の大先輩，初代内務技監沖野忠雄の碑がある。赤木正雄が砂防人生を歩み始めるのに大きな影響を及ぼし，そして常に尊敬する人物である。

赤木正雄

　赤木正雄は，豊岡中学から第一高等学校，東京帝国大学林学科に進み，その後内務省に入り，退官後は国会議員，（社）全国治水砂防協会常務理事として"砂防一路"に邁進し，兄の赤木一雄は，後に中筋村長として，この円山川の氾濫と闘うことになる。

　1910（明治43）年，第一高等学校，新渡戸稲造校長の入学式の訓示（在校生も一緒に聞いた。赤木正雄は3年生）が赤木正雄を治水砂防に挺身させる決意をさせたのは有名な話である。1) 2)

　1910（明治43）年9月の豪雨は関東地方を中心に大災害となった。新渡戸校長は，わが国がしばしば災害を繰り返している状態を嘆き，全校生徒を前に「1864年に独墺に破れたデンマークを見よ……国は困窮の極みに達した。ときに工兵士官ダルガスがユットランドの荒野に溝を穿ち，木を植え，ここを沃野となして今日のデンマークの繁栄の基礎をつくった3)。治水は決して華やかな仕事ではない。人生表に立つことばかりが最善ではない。一人でも一生を治水に捧げ災害の防止に志すものはないか」と語りかけたのである。この瞬間が赤木正雄の砂防一路の出発点になった。

　それから40年以上も経った1950（昭和25）年，この新渡戸校長の演説のことが朝日新聞の天声人語で「一生を治山治水にささげて他を顧みないような人が，中央と地方に何人かいたら，水の暴れ方もよほどちがうのだろうが……」と取り上げられた。赤木正雄とともにこの新渡戸校長の演説を聞いた川西實三（元東京府知事，赤木正雄と同郷の兵庫県出身，一高の寮で同室）はこれを紹介し，「私の知っている限りにおいて，かくの如き人が少なくとも一人はある，と云いたい」と言っている4)。もちろん赤

木正雄のことである。実は，当時新入生だった矢内原忠雄元東大総長がこの演説を筆記して書き残していたのである。

赤木正雄はその後東大林学科に進み，卒業と同時に内務省に入り，そしてオーストリアに留学するのであるが，ジュネーブで国際連盟事務局次長をしていた新渡戸博士と十数年ぶりに再会するのである。「新渡戸校長の訓話を文字どおり実行している生徒は，儀礼を越えた大きなよろこびをもって迎えられた」のである。

■砂防技術の偉大な指導者

砂防を志した赤木正雄は，内務省を希望した。赤木は東大林学科の卒業を間近に控えたある日，初代内務技監沖野忠雄を訪れた。沖野技監は日頃から「内務省に砂防専門の技師を一人作りたいと考えていた」と話され，そして「樹を植えることを教わったか」と質問され，「植樹は本多博士から3年間教わりました」と答えた赤木正雄は，即座に採用を決定された。1914（大正3）年のことであるが，1910（明治43）年の災害の経験から砂防がいかに必要であるかということを沖野技監が痛切に感じていたのだという。

こうして赤木正雄は入省と同時に滋賀県田上山で山腹砂防工事に従事するのである。1年間の植栽砂防を経験して，今度は渓流の砂防を担当すべく吉野川砂防工事事務所に移った。ここで赤木正雄は，造ったばかりの砂防施設が災害によってことごとく被災する経験をするのである。これがきっかけで，流砂の多い渓流の水理は日本で未発達であり，先進国で学ぶことの願望断ち難く，そしてついに内務省を休職して一人オーストリアへ旅立つのである。1923（大正12）年5月神戸港を出帆した。

すでに渓流砂防への傾斜を高めていった赤木正雄は，オーストリアに滞在し，スイス，フランス，イタリアなどのアルプス周辺諸国の砂防を見て，渓流砂防工事の必要性をさらに強く認識し，帰国後，赤木正雄によりわが国の砂防は根本的に転換が図られ，従来の禿げ山や崩壊地における植栽などの山腹工事に主力をおく手法に止まらず，渓流の土砂水理学に立脚した渓流工事が行われるようになっていったのである。

1925（大正14）年に欧州から帰国した赤木正雄は内務省に復職し，全国の砂防事業を指導する責任者となった。日本はおろか，世界でも最大の砂防が行われることとなった立山砂防工事事務所初代所長を兼務してのことである。この立山の砂防は大変な難工事であったため，富山県単独では工事が難しく，国直轄の砂防事業とすることとしたのである。赤木正雄は全国で砂防を指導する一方，この立山の水源部の調査を自ら行い，自ら設計をし，立山砂防を軌道に乗せたのである。最も難航した白岩堰堤は，現在文化庁の登録文化財として指定され，偉業を後世に伝えることとされたのである。ここから赤木正雄の足跡が全国各地に印されることとなる。わが国の代表的な砂防の現場には，必ずと言っていいほど赤木正雄自らの指導が行われているのである。そして赤木砂防，赤木理念が全国津々浦々まで浸透していき，新しい，近代砂防

技術が一挙に全国に広がり,発展し,開花していくのである。

わが国の砂防技術の先駆者,第一人者,偉大な指導者の博士論文は,このことをまさによく表しているテーマであった。「我國の砂防工法に就いて」である。

■ 砂防行政の推進でも強力な牽引車

赤木正雄は,砂防を進展させるためにはどうしても国会で真剣に論議がなされなければならないと考え,そのために国会議員に砂防の必要性,重要性を説明し,現地を見てもらうことによって実状の認識を深めてもらうことを熱心に行った。特に貴族院での論議を重視し,たくさんの貴族院議員と接触を重ね,砂防の理解を深めていった。治山治水が国政の基本であるなら,政治の中で議論されることが正しいことであるという信念からであった。赤木正雄は,この強い信念に基づいてこのことを貫き,災害防止に大きな貢献をしていくのである。

昭和初期の世界大恐慌はわが国にも深刻な影響を及ぼし,特に農村では著しいものがあった。政府は,1932(昭和7)年から3カ年の農村匡救土木事業を起こした。この中で,砂防事業が最も適しているとされ,砂防予算は急激に増額された。しかし,この事業の終了とともに砂防予算がまた元の低いレベルに戻された頃の話である。

一方,1934(昭和9)年の室戸台風で大災害を受けた京都府下の雲原村の西原亀三村長は,砂防事業の必要性を強く痛感し,やはり貴衆両院の支持が大事であると考え,貴族院議員黒田長和男爵に訴えたところ,男爵は貴族院議員紀俊秀男爵と協議された。赤木正雄も,紀男爵にわが国の災害と砂防事業の実状を詳細に説明し,紀男爵に「砂防事業が国民の関心の少ない事業であっても,災害を防ぐ根本的な事業として,これこそ貴族院が進んで取り扱うべき事柄である」と言わしめ,ここに初めて砂防の問題が貴族院で取り上げられたのである。以来,砂防の問題が国会で真剣に議論されるようになっていった。1936(昭和11)年から1940(昭和15)年頃のことである。

しかし折角の国会論議も,肝心の土木局内での砂防の発言の場がなければ砂防の進展は望み得ないことを痛感し,砂防課の設置を強く願望するようになった。内務省の中では,砂防事業は技術課の中の1係で担当していたのみであった。この熱意ある願望は末次内務大臣に通じ,1938(昭和13)年8月,末次大臣の決断で砂防専管の技術第3課が設置されたのである。今で言えば,砂防局にも相当する組織である。

土木局内部で砂防の認識を高めることは並大抵のことではなかったが,赤木正雄は初代課長に任命された。中央の組織の充実を実現した赤木正雄は,次に地方庁に砂防課設置の必要性を訴え,その要請を行い,次々に府県に砂防課が設置されていったのである。このようにして,砂防の必要性が国会で議論される一方,砂防事業の実行体制を整備していった努力は,今日の砂防行政の実効ある,的確な実施のための基盤をつくったのである。

しかし,苦労して誕生したこの技術第3課も,戦争への準備が進められるとともに機

構改革の一環として廃止されてしまった。わずか3年の命であった。そして翌年の1942（昭和17）年3月24日，赤木正雄は内務省を退官した。砂防の発展が安全な国土を造るという信念に貫かれた，そしてその実現に日々心魂を燃焼させた，ただ"砂防一路"の官界生活であった。

　1946（昭和21）年6月28日，赤木正雄の勅選議員が閣議決定された。一課長でしかなかった赤木正雄がこの栄典にあずかったのは極めて異例であった。言うまでもなく内務省在任中の砂防に関する功績であったのである。国会の場での砂防の議論が活発になるよう腐心してきた，その政治の世界に自ら身を投じることとなったのである。翌1947（昭和22）年には第1回の参議院選挙に郷里兵庫県から当選し，1950（昭和25）年に再選された後，1956（昭和31）年まで約10年間の政治家生活を送ったのである。参議院国土計画委員長，2度の建設政務次官そして参議院建設委員長などを歴任し，砂防のみにとどまらず，広く国土政策に手腕を発揮したのである。

■砂防協会での活躍

　1932（昭和7）年からの農村匡救土木事業が終了する1935（昭和10）年には砂防予算は元の低いレベルに戻ってしまった。1934年から1935年に各地で災害が相次いだが，砂防施設を実施したところでは災害が軽微であったことを目の当たりに見た長野県会議員4名が，地元の意を帯して砂防予算増額の方策の相談に内務省の赤木技師を訪れた。相談の結果，「砂防に理解のある民衆の力を結集して，世論を喚起し，国民とともに進む手段として砂防協会を作ろう」という相談がまとまった。1935（昭和10）年，ここに砂防協会が発足し，1940（昭和15）年には社団法人となり，以来約60年の歴史を刻むこととなったのである。

　砂防協会は社団法人になることによってその基礎が確立した。会員には全国の約2750の市町村が参画し，役員・顧問には錚々たる国会議員が名を連ねている。こうして創設の時の「赤木理念」が脈々と引き継がれ，砂防事業の伸展のために様々な活動が行われてきているのである。砂防事業予算の拡充，事業制度や法律の整備，建設省砂防部の新設など事業執行体制の整備，砂防技術の発展のための様々な公益的事業の実施などに大きな貢献をしてきたのである。

　赤木正雄は，1957（昭和32）年，創設当時から話題にのぼっていた砂防会館を完成させた。建設資金の工面など大変な困難，紆余曲折を経てのことである。現在砂防協会の運営の拠点としてのみならず，幅広い種々の活動に活用されている。大きな，貴重な遺産を残されたのである。

　晩年の赤木正雄が過ごした砂防協会での日々は，朝5時50分に会館に入り，自室などを清掃し，身辺の整理をして静かに自分の時間を持つというものであった。そして，80歳の高齢になってからも現地で指導を行い，例の赤木スタイルで水源まで極めねば満足しない現地視察を行い，そして支部の総会には何をおいても出席し，市町村

長に砂防の必要にして不可欠なことを説いて止まなかった。

砂防協会の隆盛は赤木正雄一人の力によるものだけではないにしても、各地に支部の設置、国の補助を一切受けない体制、市町村との連携、砂防会館の建設など、今日ではその組織、運営、活動どれをとっても極めて秀でたものとなっているのである。

■ **人となり**

戦後、トルーマン大統領直属の最高技術委員会会長のローダーミルク氏が日本の治水事業視察に来日したが、当時参議院建設委員長の赤木正雄は何度も懇談し、日本の治水事業について議論した。ローダーミルクは各地を視察し、砂防工事を河川工事に先行して実施する必要性を説いた。また、「日本のように高度に、綿密に砂防を実施している国はない」「日本は砂防の分野で世界のリーダーになるであろう」などと日本の砂防工事を賞賛し[5]、「"Sabo"という言葉が英独仏の言葉に対して簡にして要を得ている。これを世界共通語にしたい」と約束し、1951（昭和26）年ブリュッセルで開かれた国際水文学会の席上で「For this reason, the author would like to propose that this type of torrent and mountain stream control be called "Sabo Works".」と言ったのである。[6]

戦後すぐの予算はすべて占領軍の指令に基づくものであり、せっかく長年苦心して築いてきた砂防継続予算はことごとく解消した。赤木正雄は占領軍の天然資源局の理解を得る必要性を感じ、しきりに説明をし、現地視察に誘い、接触を重ねていた経緯がある。

1948（昭和23）年2月、天皇陛下に「砂防工事と治水」についてご進講された。参議院議員、61歳のときである。1時間の予定が陛下からいろいろご下問があって3時間にもなり、砂防に大きな関心を持たれた。河井弥八参議院議員がある日、両陛下のご晩餐にご相伴されたときに、「この前の赤木博士の砂防に関する講話は実に有益であった」とのお言葉を賜ったと述懐されている。

1971（昭和46）年、赤木正雄は文化功労者に選ばれ、文化勲章を受章した。土木技術者としては2人目の快挙であった。赤木正雄はすでに病中にあり、陛下からの親授はかなわなかったが、ここに長年の孤軍奮闘した「砂防一路」の人生が最高の栄誉をもって報われたのである。翌年9月24日、85歳の生涯を静かに閉じた。勲一等瑞宝章を賜り、正三位に叙せられた。後年、ウィーン農科大学100周年に招かれた岩手大学石橋

富士山大沢崩れを視察（昭和30年2月）
前列右：赤木正雄参議院議員　中央：河井弥八参議院議長　左：青山士元内務技監

秀弘教授（当時）が，記念講演で「かつて本学で学んだ赤木正雄博士が文化勲章を受章したことを紹介すると，満場の大喝采で……」と若き日々を過ごしたウィーンでも大きな祝福を受けたのである。7)

文化勲章受章の1カ月後，砂防一路の結晶である砂防会館の前に赤木正雄の銅像が完成した。しかし病床の赤木正雄はついにこの銅像を見ることもかなわなかった。

赤木正雄といえば登山靴にゲートルとレインハット，そしてリュックサックにピッケルというスタイルを誰もが思い出す。生まれ故郷の豊岡市の円山川畔に立つ銅像も，砂防会館の前の銅像も，すべてこの出立ちである。現場に行くときも，時には内務省の庁舎の中でもこの姿が赤木正雄の仕事着であり，平常着であった。技術屋は足で現地を歩かないといけないという思いである。若き日の欧州の赤木正雄が，恩師の新渡戸稲造博士をジュネーブの国際連盟事務局を訪

砂防会館前に立つ赤木正雄像

れた日もこの赤木スタイルであった。新渡戸博士は驚きと感激で迎えたのであった。信念を貫かれる強靭な性格と，仕事に対するひたむきな姿勢が現れている。時にはこの信念の強固さと粘り強さが頑固で冷たいと見られ，多くの人を敵に回すこともあった。しかし人の失敗を強く追及するようなことはなく，慈父のように慕われ，怖く冷たい技師がすぐに温かい先輩に変わるという，人間味にあふれる人であったのである。村上恵二博士（当時京都大学名誉教授）の言う「陽気でよく笑う顔と砂防一路に突き進む気迫の顔」を持っているのである。円山川畔の銅像には「答先師」と書かれている。「恩師の教えの中で心に響く教えは大切にし，実践しなければならない」という信念を持ち続けていたのである。

引用・参考文献

1) 赤木正雄：砂防一路，（社）全国治水砂防協会，1963.7
2) 矢野義男：赤木正雄先生小伝，赤木正雄先生追想録，（社）全国治水砂防協会，1963.9
3) 内村鑑三：デンマーク国の話，岩波文庫，1946.10
4) 川西實三：治水に一生をささげる赤木正雄君，治水と砂防第3号，1950.9
5) Walter C. Lowdermilk : Water Resources and Related Land Use in Japan, Natural Resources Section, General Headquarter, Supreme Commander for the Allied Powers, 1951.4
6) Walter C. Lowdermilk : Problems in Reducing Geological Erosion in Japan, IAHS Assemblee Generale De Bruxelles 1951, Publication No. 33, pp. 115-120, pp. 8-9
7) 石橋秀弘：ウィーン農科大学創立100周年を迎える，新砂防87，1973.3
8) 松林正義：赤木正雄と全国治水砂防協会，日本砂防史，（社）全国治水砂防協会，1981.6

鷲尾蟄龍（わしおちつりゅう）——現場を生きた河川技術者

■ 昭和初期の河川技術状況

この時代は，欧米の技術を消化し，それをわが国の河川に実施した前時期の結果が洪水による被災や効果として現れ出し，これを踏まえた護岸・水制工法，配置等の改良が現場の実践を積み重ねた河川技術者によって論文，報文の形で発表されるようになり，それに対して他の河川技術者が自身の経験を通して批判，改良点を示すようになった時期であった。

また，第2次治水計画［1921（大正10）年］の制定によって，国直轄で改修すべき河川として，

① 第1次治水計画［1911（明治44）年］制定における第1期20河川中，完成した庄川，遠賀川を除いた残り18河川
② 直接施行により実施中の6河川
③ 新規河川として57河川

計81河川を選択し，これを1922年度以降20カ年で改修することにしたことより，急流河川を対象とした高水工事に立ち向かわざるを得なくなり，わが国の在来急流河川工法の見直し，改良が，土木材料，土木施工技術の変化の中で行われ，論文として発表され始めた時期でもあった。

鷲尾蟄龍

さらに，急流河川では土砂の移動量が多く，河床変動量が激しいこと，流速が早いこと，乱流しやすいこと，水衝部の位置の変化の激しいこと等，急流河川特有の現象があり，これらに対する河道計画上の対応が求められていた。

■ 鷲尾蟄龍が対処した河川と技術方法論

鷲尾蟄龍は，1894（明治27）年3月7日新潟県長岡市に生まれた。1919年東京帝国大学土木工学科を卒業し，内務省に奉職し，1919～1924年渡良瀬川改修事務所，1924～1934年富士川改修事務所（1927年より所長），1934年小貝川改修事務所，1934～1945年手取川改修事務所をはじめ常願寺川などの北陸の急流河川の改修工事に従事，1945年名古屋土木出張所工務部長，1947～1951年秋田県嘱託，1951～1957年東北大学土木工学科教授，1957年以降は群馬県，山梨県などの嘱託として河川技術を指導した。

この経歴にみるように，鷲尾蟄龍の河川技術者としての主な仕事は，直轄の急流扇状地河川の改修工事であり，それも現場の第一線で指揮をとるものであった。急流扇状地河川に適する河川工作物の配置・構造，河道計画に関する技術が確立しておら

ず，緩流河川の技術や近世の水制工法を援用・改良しつつあった当時，鷲尾のとった技術方法論は極めてオーソドックスなものであり，河道の変動，河川工作物設置後の洪水による反応（工作物による河床の変化，工作物の変形・破損等）を深く観察し，改良点を提示し，新たな実践に資するというものであった。また鷲尾は経験を単に局在的なものに終わらせないよう，自身の経験と実践を基に河川の分類とその量的指標化を試み，これと河川工作物の配置や構造・強度との関係を整理し，技術を普遍化し伝達可能とする努力を図った。経験を重視した技術方法論といえる。

　このような鷲尾の技術は，明治以降の欧米河川技術の導入・消化と技術実践の経験の上に築かれたものである。先行者としての眞田秀吉（1898年東京帝国大学土木工学科卒，淀川，利根川の改修に当たる。1932年『日本水制工論』（常磐書房）という技術書を出版した。そこではわが国の水制工法の発展について記し，それに加えて現場での実践事例を分析し，護岸・水制のあり方を論じた），福田次吉（1909年東京帝国大学土木工学科卒，富士川での鷲尾の前任者，1933年『河川工学』（常磐書房）を出版し，内務省の河川改修技術の体系化を図る）らの仕事を踏まえ，また同時代人として，富永正義（1917年東京帝国大学土木工学科卒，内務省土木局で多くの河川改修計画の立案に当たる），安藝皎一（1926年東京帝国大学土木工学科卒，鬼怒川，富士川の河川改修に当たる。この経験などを踏まえた著書『河相論』（1944年，常磐書房）は多くの河川技術者に影響を与えた）らの仕事を批判的に取り入れながら改良されていったものである。

　川で生じる現象を分析する道具立てが十分でないこの時代，鷲尾の現場での豊富な経験と川を見る目の確かさは，現場で技術的対応に苦しむ河川技術者にとって救いであり「川の神様」として尊崇された。

■ 護岸水制と河の荒さ

　鷲尾は，先輩河川技術者である眞田秀吉の技術観「オーバストロングに安んじたら，技術の向上はない」に深く打たれ，旧来の工法を守り，研究を怠ることは技術者として恥ずかしいことであると考えていた。

　1942（昭和17）年，鷲尾は，安藝皎一が土木学会誌第28巻4号に発表した「河相論主として河相と河川工法に就いての研究（其の四）」に対する討議（土木学会誌第28巻10号）において，荒川（急流河川）の水制は単に河岸・堤防の決壊防止を目的とするだけでよいかと疑問を呈し，荒川は土砂の送流が激しい，それらを砂防工事だけに頼り，水制としてそれらを考慮しないというのは甚だしい誤解だ，とした。

　その理由として以下のものを挙げた。
① 砂防工事で扞止可能な土砂量は限度がある。
② 規模の大きい砂防工事を完成させるには長時間必要であり，その間の対処は水制だけになる。

③ 砂防ダムの作用はみお筋の低下として下流に現れるので，根固めの低下追設，掘削による河道整正に努めるのみならず，水制の考案によりみお筋の局部低下を河床全面の低下に転じ，その作用の下流への進行を促進すべきである。

この目的を持った水制は，当然河岸堤防決壊を防止する水制とは異なった性質を要するが，これに応える水制の案出は難しいとし，後輩である安藝に教えを請うている。当時，鷲尾は急流扇状地河川常願寺川の改修工事を担当し，河川処理に苦しんでいたのである。

また水制の高さと強度について，洪水の継続時間の長い最上川上流では水制高を相当の高さとしなければ失敗していること，手取川でのほぼ同一水位であるが洪水継続時間が異なる3回の洪水による河川工作物の被害程度の差，常願寺川では高さの高い水制を使用しないと保てないという意見より，「堤脚の洗掘を防止する水制は高いものを要せず」という安藝の見解に対して，洪水継続時間を配慮すべきであると疑問を呈した。護岸水制の選択・適用は，一般に考えられている河床勾配（眞田，富永は河床勾配を工種選択の基準としていた）の外に，河床の上石の性質，流下土砂の程度，水深の大小，平水流量の多寡，洪水の継続時間の長短を考慮すべきであるとし，河相（川の特徴）を分類するための指標を示したが，ここでは，まだ量的なものとなっていなかった。

鷲尾は河相を見る指標を量化する努力を続けた。1955（昭和30）年，九州地方建設局大淀川工事事務所副所長山下節市から懇望され，鷲尾の河相の見方と護岸水制に関する知見を便せん90枚に記した。そこでは，河相を「河の荒さ」と表現し，この一つの表れが流速であるとした。流速はシージェ公式より水深Hと河床勾配Iの積HI，すなわち河床に働く掃流力で決まるから，これを河の荒さを示す量的指標とし，Hの方がIより比重が大きいとした。これに加えて河の荒さを示す要素として洪水継続時間が重要であるとし，これを流域面積で代用して，河の荒さを表-1のように2つの指標を用いて分類した。これを河川工作物の選択や設計のために利用しようとしたのである。

表-1 河の荒さの流域面積とHIによる区分

流域面積 \ HI	1/20以上	1/20～1/50	1/50～1/100	1/100以上
10km²以下	C	D	E	F
10～50	B	C	D	E
50～100	A	B	C	D
100～500		A	B	C
500～1,000			A	B
1,000km²以上				A

注）同一記号は同一河の荒さに対応

さらに、「技術者は与えられた材料を最も有効に使用し」、「最小の工費で所要の強度を得ることも技術者の努むべき大切なこと」であるとし、どのように設計施工すべきか、玉石張、杭打水制工について丁寧に解説している。なお鷲尾は1946（昭和21）年「護岸水制」という論文を手取川改修事務所の職員のために書き残している。この論文は、1939（昭和14）年に内務省土木局が主催した河川講演会での富永正義の「護岸水制」に基づいて鷲尾の考えるところを付加したものであり、敗戦前までの護岸水制論の優れた総括となっており、技術史上取り上げなければならないものである。

経験主義的技術は理論から演繹するものでないので普遍化、一般化することが難しく、徒弟的制度に乗らない限り、技術の継承がなされない恐れがあった。鷲尾は「川の荒さ」という概念を持ち込み、これと河川工法の関係を整理し普遍化を図ろうとしたが、昭和30年代後半のコンクリート異形ブロックの多用、砂利採取による河床低下の進行、土工の機械化などにより、これは十分に技術化されないで終わってしまった。川を取り巻く環境が変わってしまったのである。

■ **急流河川の土砂対策と河川改修計画**

常願寺川は1936（昭和11）年より国直轄工事として改修が進められていた。1947（昭和22）年には全国10大河川の一つとして指定され、改修の見直しが行われることになった。この改修において大きな役割を担ったのは、1939～1945年まで常願寺川改修事務所の所長で、1940～1942年は立山砂防工事事務所の所長でもあった鷲尾蟄龍であった。富士川、手取川、常願寺川という急流河川の改修工事を担当し、上流砂防堰堤の工事にも関わり、それが下流河状に及ぼす影響について経験を有し、水系内での土砂の動き、河状の変化を冷静に判断し得る立場にあった。

鷲尾は、1951（昭和26）年、新砂防第5巻11号に「荒廃河川処理の一例としての常願寺川改修計画」という論文を発表した。この論文は東北大学教授として個人の名で発表されているが、同論文「第5章常願寺川改修計画の概要」が、1949（昭和24）年改修計画の内容とほぼ同じであるので、改修計画の理論面の解説といえるものである。

鷲尾は河川勾配の急な河川を次のように3分類した。

① 荒廃河川；土石流の発生およびその下流有堤部への進出があり、無限量の土砂の生産、流出とその下流有堤部への堆積により河状の悪化が合理的な工事の範囲では絶対に扞止することができないため、このままの河状に在る限り改修工事の完遂不可能な河川。

② 荒川（あれかわ）；荒廃河川から土石流の改修区間への進出を除去し、無限量の土砂の進出を除去し、無限量の土砂の流出による改修区間への悪化を防止し得た状態の河川、またはこれと同様の河川。

③ 急流河川；荒廃河川または荒川から土砂の流出に伴う種々の禍根を除き得た状

態の河川，またこれと同様な状態の河川．

この定義は，河川の自然的，物理的状況を基にした分類定義でなく，「合理的な工費の範囲では」とあるように社会・経済学的要素を含んだ技術学的分類概念であった．鷲尾は流出土砂量，河状から常願寺川を荒廃河川と見なしている．

この論文に示された改修計画は，下流部に流下してくる平常洪水時および異常洪水時の土砂量を，手取川などでの大出水時の土砂生産量と流出土砂量の検討結果，発電用貯水池の土砂堆積量の実態調査，常願寺川本宮堰堤における堆積土砂量調査結果などより評価し，また下流有堤部の土砂堆積量と河床変動量を河床縦横断測量結果などにより評価・予測し，さらに貯砂堰堤群の土砂調節効果と河床変動に与える影響を評価し得るようにして，水源地から河口までの土砂の流下，貯留，堆積を量的に捉えて立案されたものである．

そこでは砂防堰堤の築造による貯砂量と調節量を，図-1のように貯砂勾配（通常の洪水における平衡状態の堰堤上流の勾配），調節勾配（非常大洪水時に生じるであろう勾配）という概念を導入し評価し得るようにし，これを利用して貯砂堰堤の高さおよび設置位置などをどのようにすべきか，堰堤群の調節能力が将来どのように減退するか，機能の衰えた時の対策をどう行うかについて論じている．土砂の収支を量的に検討し，それを改修計画に取り入れたわが国最初の改修計画であった．

常願寺川という荒廃河川処理の当事者であった鷲尾にとって，土砂を計画論の中に取り込まなければ，その使命が全うされないと強く感じていたのである．

しかしながら，この流域土砂管理的な視点は，その後，河川改修計画論として理念として記述されたが，実際の計画には取り入れられたとは言えなかった．この原因として，常願寺川のような河床上昇量の大きい河川が少ないこと，昭和30年代後半に入ると，わが国の高度経済成長により多量のコンクリート用骨材が必要とされ，川砂利が採取され河床低下の方が問題となったこと，が挙げられる．一方，砂防計画では，水系砂防計画論として鷲尾論文の視点が改良合理化されていった．建設省河川局砂防

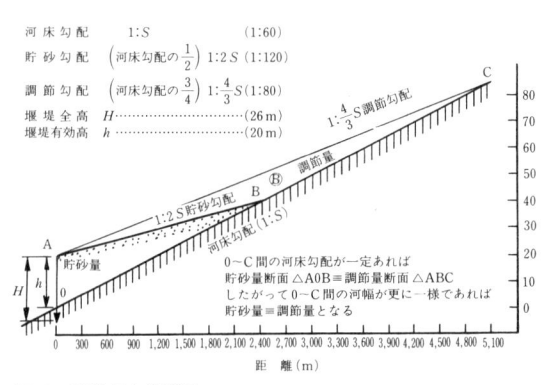

図-1 貯砂量と調節量

課は，1957（昭和32）年2月，雑誌「河川」に「砂防基本計画の樹立について」を提示し水系砂防計画の基本を示した。そこでは砂防計画完成の暁には「送流される土砂の量は下流河川へ無害に流下するように計画するとされ，この土砂量を許容流砂量といい，計画論上はこれを基準地点での平均年送流土砂量（年ごとに送流土砂量は変化するが，これを平均したもの）を取るものとし，大洪水時に発生するであろうと推定される最大送流土砂量と許容送流土砂量の差である超過土砂量を砂防工事でもって処理するように計画するものとした。計画論や具体的な砂防堰堤の調節効果等の評価法は，鷲尾の論文に示されたものと良く似ており，技術のつながりを見ることができる。現在もこの砂防基本計画の考え方は改良されて生き続けている。

先に河川改修計画では流域土砂管理的視点が確立されなかった原因を述べたが，砂防計画における許容流砂量に土砂の問題を預けてしまったことも1つの原因であった。これは鷲尾の本意ではあるまい。海岸侵食などの国土管理上の問題が生じている現在，土砂の分級，篩い分け現象という今日の知見を加え復活するべきものなのである。

■ 鷲尾蟄龍から引き継ぐもの

1959（昭和34）年，建設省における直営河川工事は終了した。この頃から官庁河川技術者の役割，仕事の内容は大きく変化した。実際に現場を見つつ治水技術の改良を行うという基盤はなくなったといえる。しかしながら，河川で生じる現象，人間が河川に加えたインパクトの影響を観察し，その経験を理論化して近未来の河川・流域に関わる行動計画に繰り込んでいくことは，河川環境の改善が言われる現在，最も必要なことである。現在現場の観察は生態学徒，河川環境研究者，河川工学者，コンサルタント，河川愛好家など多くの人々に担われている。今はこれらの分断化された情報を流通・交換し得る場を作り，それらの情報の相互連関を把み，分類・総合化・技術化を行う制度的システムの確立と社会的使命を自覚した中核的研究者・技術者集団が必要なのである。

晩年，鷲尾は故郷の長岡の自宅で悠々自適の生活を送り，1978（昭和53）年逝去した。激動の時代を生きたが，河川技術者としては幸福であったと思う。

引用・参考文献
1） 東京大学土木工学科河川研編：河川技術者の常識，河川研資料70-1，1970年
2） 鷲尾蟄龍：河の荒さと護岸水制，全日本建設技術協会，九州地建支部，1955年
3） 山本晃一：日本の水制，山海堂，1996年
4） 山本晃一：河道計画の技術史，山海堂，1999年

安藝皎一 ——————————————— 経験を踏まえた総合の人

■現場経験を土台とした河相の把握

　安藝皎一は，1902（明治35）年4月9日新潟市に生まれた。父杏一は，1896（明治29）年より信濃川河口改修工事などに従事した内務省の技師であった。安藝は東京帝国大学文学部に入学し英文学を専攻したが，1年後に土木工学科に再入学し河川工学を学び，1926（大正15）年卒業した。同年内務省に奉職し，最初の8年間を鬼怒川の改修工事に，1934（昭和9）年から5年間，富士川改修工事に従事した。1937（昭和12）年には内務省土木試験所兼任となり調査研究業務にも関わっている。

安藝皎一

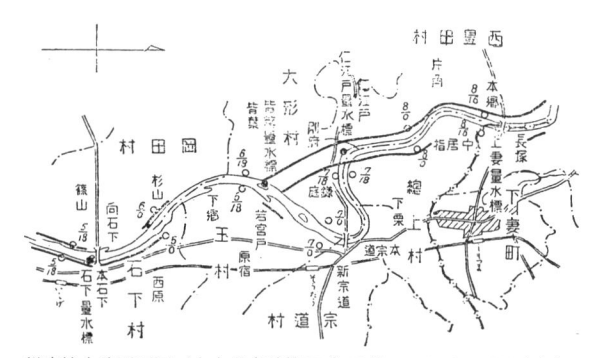

鎌庭捷水路平面図（土木学会誌第25巻12号，p.1550，1939より）

　鬼怒川改修計画は大学の恩師であった物部長穂（1911年東京帝国大学土木工学科卒）によって計画が樹立されたものであり，わが国で初めての洪水調整用ダム建設を含むものであった。安藝の最初の仕事はダム建設のための測量であった。半年後には，冬期の測量が困難であるので，中流の鎌庭の湾曲部のショートカット工事の調査を行っている。

　この調査では流量測定を自ら実施した。そこでの経験を通して流れの乱流構造や乱れによるエネルギー消散などに深い関心を持つようになり，後の乱流構造の研究，流れの抵抗を表す流速係数と河相との関係に関する研究につながっていく。

　鎌庭捷水路の断面については，計画流量を流過させるに最も効率のよい断面（最小の工事費となる断面）となるような原案が策定されていたが，主任技師（現在の事務所長）の青山士（1903年東京帝国大学土木工学科卒，パナマ運河開削工事に参加，

森島水制，三又付コンクリート函水制，富士川左岸3.0km付近
（1978）

1911年帰国し内務省技師となる）より，川というものは上から下へ流れていくものであるので，ある一カ所の断面を最も効率的につくっても，流れの条件が変わるとその反応が上流まで及ぶとし，上流から下流に流れていく過程において流れの変動を起こさないようにした方が川自身の安定に資するのではないかという提言があり，河道を安定させるにはどうしたらよいか検討を加え，縦横断面の設定を行った。砂礫の移動，河道の安定形状は何によって規定されるかについて深く考えるきっかけになったのである。

富士川での安藝の最大関心事は急流河川での治水工法，水防対策であった。安藝は前任者の福田次吉（1909年東京帝国大学土木工学科卒），鷲尾蟄龍（1919年東京帝国大学土木工学科卒）が施工してきた護岸水制工法を1935（昭和10）年洪水による被災と効果を検討し，種々の新しい護岸水制工法の開発と改良を行った。これに当たっては，近世初期に発展した甲州流といわれる水制工法の発達史と各種工法の適用場について考察し，また武田信玄が行ったといわれる治水・水防対策について当時の社会状況を踏まえた分析を行い，河相（河道の特徴）と水制工法との関係，河相と地域の生産構造などの社会条件を踏まえた治水対策について考えを巡らした。

安藝の護岸水制の考え方は，直截に述べていないが，急流河川では横工より縦工を重視し，水制を根固めとして位置づけるものであった。

1937（昭和12）年土木試験所の兼任となり，現場で考えていた技術課題を実験的・理論的にその本質に近づくことによって解決しようとした。ここでは佐藤清一（1938年北海道帝国大学土木工学科卒）の協力を得ながら，河川の自然勾配に及ぼす砂礫の性質と掃流力の影響，均一砂および混合砂の移動床の水理に関する実験的研究などの基礎的研究を行っている。

現場での経験と土木試験所での実験的・理論的研究の成果を，1939年から1942年

にかけて土木学会誌に論文として発表している。このうち1942年の「河相論―主として河相と河川工法との関連性についての研究」に対して土木学会論文賞が与えられた。1944年には，これらの論文を基に『河相論』(常磐書房)として成書とした。

序に「著者は河川を常に生長しつつある有機体と考えたい。河川は絶えず変化しつつ，永遠の安定せる世界へと不断の歩みを続けているのである。その生長の如何なる過程にあるかということによって，それぞれの特殊性を示しているものであり，著者は其の特殊性を解析することにより，そのものの普遍的な真の姿を把握しようと試みたのである。」と記し，また「あるがままの河状を支配しているものは主として河床に作用する力と河床を構成している砂礫の状態との関係によるものであると思う。ここに河相と河川工法との間に普遍的な事実を蔵するに違いなく，……」と述べている。

この「河相論」と後に大学教官としての講義によって，安藝の川の見方や河川思想は，若い河川学徒・技術者に大きな影響を与えたが，河相の把握手法という意味で技術としては未完成であり，難しくてよくわからないという批判も受けた。

■ **大陸河川調査**

1937（昭和14）年現場を離れ，内務省土木局第1技術課に転任し，直轄河川の調査を行うことになったが，対支政策を実施する興亜院の初代技術部長に任命された宮本武之輔（1917年東京帝国大学土木工学科卒）に中国の河川を勉強するようにさそわれ，興亜院兼任となった。中国には13回も出張し，黄河，海河などで実施された治水方策・技術と土地利用・社会構造との関係を深く学び，また1937（昭和12）年に国民党が黄河右岸を決壊させた後の河道の変化状況を分析し，河道の安定とは何かということを考えることになった。河相を見る視点は社会的観点を含むものとなり，より深いものとなった。

■ **敗戦後の活動と資源問題**

1944（昭和19）年，安藝は東京帝国大学第2工学部教授を兼任し，学生に河の見方，河川思想を教授するようになった（1951年まで継続）。敗戦後の1946（昭和21）年には内務省土木試験所長（1948年建設省土木研究所となる）となり，困難な時代の研究所の管理運営に当たっている。

1948年には経済安定本部資源委員会の初代の事務局長に就任した。経済安定本部はGHQ（連合軍総司令部）の承認を得て，経済計画の策定，公共事業の認証を行い，日本経済復興の舵取りに当たる強力な統制組織であった。資源委員会は，GHQの天然資源局のシュバーツ・スケンク博士，エドワード・アッカーマン博士らのグループによる強い勧告によって設置され，経済計画樹立のため天然資源の有効で総合的な利用に関する基礎資料を収集し分析するもので，水，土地，エネルギー，地下資源に関する4つの専門部会が置かれた。これには多くの進歩的な学者が参加し，政府に提言を行った。そこでは日本が利用可能な天然資源を最も効率的に使い，生産に組み込み，産

業構造の改革を行い経済復興を図ろうとした。

1951年から3年間は経済安定本部資源調査会副会長となり，フルタイムの仕事として日本の資源問題に取り組んだ。資源委員会および調査会では，安藝の事務局長および副会長としての指導・運営の下で，食糧増産問題，エネルギー問題，水資源の開発と保全問題，水害地形に関する調査，水防問題など，官学民の専門家の協力によって多くの優れた報告書が作成され，わが国の経済復興とそれに続く高度経済成長のための技術政策などに生かされた。

安藝の技術観や河川思想は，この資源問題の検討を通して，より深く広がり，河川，流域，産業，資源，労働，制度などの相互関連性を歴史的変遷を通して総合的に把握し，未来を見るというものへと高度化していった。1952年には『日本の資源問題』を古今書院から出版し，ここでの成果を広く公表している。この本は毎日出版文化賞を受賞している。

1954年には東京大学生産技術研究所教授に就任したが，1956年には科学技術庁設置に伴い初代の科学技術審議官に任命され，科学技術政策の立案の責に当たっている。1959年には東京大学工学部教授に復職している。

■国際河川協力

1951（昭和26）年に国連のアジア極東経済委員会（ECAFE）は，第1回の水資源会議を開催した。安藝は占領軍司令部の名前でオブザーバーとして参加している。引続きこの会議に出席し，国際河川，特に東南アジアの河川に関わることになった。また1960年から1963年までの3年間は，ECAFE治水利水開発局長としてバンコクに勤務し，国際河川の問題に深く関わった。

河川が流れる国の経済発展状況，産業構造，流域住民の土地に対する意識構造など，風土と河川開発のあり方，技術の適用のあり方，技術移転問題など，この仕事を通して安藝の河川開発思想は深まっていった。何のために水に手を加えるのか，将来，流域の人々がどのようなパターンの暮らしをしていくのか，水の存在形態の実態に応じた経済体制，産業構造体制などがどうあるべきかを考えざるを得なくなったのである。ワンパターンの近代化路線を超える視点を提示しようとしたといえよう。

■晩年の活動と河川技術史上の位置

バンコクからの帰国後，関東学院大学工学部教授，財団法人資源科学研究所理事長，日本河川開発調査会会長などを兼任した。1972（昭和47）年には勲2等旭日重光章を叙勲され，1975年には土木学会功績賞を受賞した。1985年4月27日逝去。従三位銀杯5号が下賜されている。

安藝は，その生涯にわたって多くの仕事をした。技術行政官僚，大学教授の枠組みに入りきれない現場，現地の経緯を踏まえた生きた技術思想家，自由な知識人型の技術者であったといえよう。その河川思想，人柄によって多くの人から慕われ尊敬され

た。わが国の戦後の経済復興に，資源・技術という視点から合理的精神を持って対処し，多大な貢献をしたといえよう。戦前から戦後への大転換期に，安藝が思想的に苦悩したようには思えない。むしろ連続性が感じられる。これも合理的精神を持つ技術者として生きてきたからだろうか。

引用・参考文献
1) 安藝皎一：土木学会功績賞受賞記念特別講演，にほんのかわ，6号，1975年
2) 日本河川開発調査会編：故安藝皎一先生略歴，にほんのかわ，33号，1986年
3) 安藝皎一：河川の自然勾配に及ぼす砂礫の性質と掃流力との影響に関する調査並に之に基く河川平衡勾配に関する実験的研究（第一報），土木試験的報告44号，1939年
4) 安藝皎一，佐藤清一：砂礫河床模型実験の基本に関する実験並に限界掃流力に関する研究，土木試験所報告第48号，1939年
5) 安藝皎一：河相論，常磐書房，1944年
6) 山本晃一：日本の水制，山海堂，pp.148-159，1996年

[3]
港をつくった土木技術者たち

港湾と土木技術者：通史	執筆：島崎武雄	
〔人物紹介〕　ドールン	執筆：島崎武雄	
パーマー	執筆：堀　勇良	
廣井　勇	執筆：今　尚之	
鈴木雅次	執筆：入江　功	

港湾と土木技術者：通史

　河川や農業用水と異なり，日本の港湾の様相は，明治以前と明治以降とでは大きく異なる。幕末から始まった開港に伴い，日本でも外国貿易が本格的に開始され，明治以降，大型汽船が入港する近代外貿港湾の建設がいよいよ始まったのである。江戸時代の日本の港湾は，喫水3.0m程度の千石船を対象として河口や内海の地先海面を利用するもので，近代外貿港湾とは言い難いものであった。そこで明治初期，欧米近代港湾技術が導入されてからの港湾建設と港湾技術者の系譜を概観してみよう。

■ 明治初期──近代港湾建設の黎明期

　1854（安政1）年，ペリー（M. C. Perry, 1794-1858）との間で結ばれた日米和親条約に引き続き，1858（安政5）年には安政五カ国条約が結ばれ，日本は横浜港・函館港・長崎港でいよいよ自由貿易を開始することとなった。これに伴い，近代外貿港湾の建設も具体化していく。明治時代に入っても近代港湾技術を持たない日本は，お雇い外国人技師に頼るしかなかった。

　1868年8月8日（明治1年6月20日）に横浜港に到着したブラントン（R. H. Brunton, 1841-1901, 英人）[1], [2]は，日本の灯台建設のためにイギリスから派遣されたのであった。土木技術者としてひととおりの経験を有していたブラントンは，1871年1月1日（明治3年11月11日）に完成した伊豆の御子元島灯台などの灯台建設のほか，港湾計画にも関わった。ブラントンは1869（明治2）年には大阪港計画，1871（明治4）年には新潟港計画の作成に従事したが，いずれも完成に至らなかった。

　明治初期の黎明期においては，オランダ技師が果たした役割を見落とすことはできない。

　日本政府に雇われたオランダ技師団の技師長となったのがドールン（C. J. Van

1884（明治17）年5月～1885年10月の間，三角築港中の光景（富重写真館提供）

デ・レーケ計画に基づいて建設された大阪港の南突堤と北突堤（1987.6.4，島崎撮影）

Doorn, 1837-1906, 蘭人) [3], [4] であった。1872 (明治5) 年, オランダ技師団の先駆けとして来日したドールンの名は, 日本築港史の上では野蒜港とともに記憶されている。野蒜港は, 大久保利通の東北開発構想の要となる近代外貿港湾として, 1878 (明治11) 年から1884 (明治17) 年まで工事が行われたが, 1885 (明治18) 年に放棄された。この計画・設計を行ったのがドールンであった。オランダ港湾技術はまだ外海における築港技術を有していなかったのである。[5]

オランダ技師団のうち, デ・レーケ (J.de Rijke, 1842-1913, 蘭人) [6] の名も大阪港とともに記憶されるであろう。近代の大阪港は, デ・レーケが作成した計画に従い, 1897 (明治30) 年から1928 (昭和3) 年にかけて建設され, 大阪の繁栄に大いに貢献した。やや遅れて1879 (明治12) 年に来日したムルデル (A. T. L. R. Mulder, 1848-1901, 蘭人) [5] は, 三角港 (1887年竣工)・利根運河 (1890年竣工) の建設に手腕を発揮した。オランダの港湾技術は, 湾内における築港, 内港・運河の建設に成果を挙げた。

■ 横浜築港──オランダ技術からイギリス技術へ

絹・茶などの輸出によって外貨を稼ごうとする明治政府にとっても, また日本に通商を迫っていた諸外国にとっても, 東京湾の表玄関である横浜港の築港は重大な課題であった。この横浜築港計画を巡り, 内務省をバックとするデ・レーケと外務省をバックとするパーマー (H. S. Palmer, 1838-1893, 英人) が激しく対立した。結局, パーマー案が採択され, パーマーの指導に従って横浜港修築第1期工事が実施され, 1896 (明治29) 年, 竣工した[7], [8]。現在の視点から評価しても, 防波堤の構造に関しては, デ・レーケの傾斜堤 (案) に対してパーマーの直立壁堤 (案) の方が優れている。これ以降, 日本ではイギリス式港湾技術が主流となっていく。

■ 北海道の港湾建設──開拓に貢献する港湾

未開発地域の開発は, 港湾建設から始まる。明治時代に始まった北海道開拓にとって, 港湾建設は重大な意義を有するものであった。北海道の港湾建設を指導したのは, イギリス人技師のメイク (C. S.

『パルマル築港設計書』, 1888より。(パーマーによる横浜築港計画書, 横浜開港資料館所蔵)

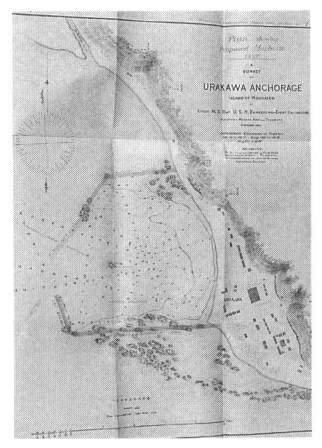

メイクによる北海道浦河港計画図 (C. S. Meik, "Reports on Hokkaido Harbours", 1887より。北海道庁図書館所蔵)

Meik, 1853-1923, 英人）であった。

　メイクは1887-88（明治20-21）年の2年間にわたって北海道全道をくまなく踏査し、その結果に基づいて各港の計画を提案した[9],[10]。これが、その後の北海道港湾計画の基礎となっていく。

　メイクの先駆的業績を受け継ぎ、発展させ、これを実践的に推進したのが廣井勇（1862-1928）[11] と伊藤長右衛門（1875-1939）[12] のコンビであった。廣井は札幌農学校の出身であり、伊藤は東京帝大土木工学科出身であったが、両者とも北海道庁技師となって北海道港湾の建設に献身した。北海道港湾の生みの親は廣井であり、育ての親は伊藤であった。[13]

■日本の港湾技術の自立と発展

　日本の港湾建設が外人技師の手から離れ、日本人技師だけによって進められていくのは1899（明治32）年から1905（明治38）年に実施された横浜税関海面埋立第1期工事からである。この工事では、計画・設計は古市公威（1854-1934）[14] が担当し、施工の中心となったのは1889（明治22）年に帝国大学工科大学を卒業した丹羽鋤彦（1868-1955）であった。計画の分野では、"岸壁単位延長当たり年間取扱貨物量"の考え方の導入、構造物についてはブロック積み接岸岸壁の建設、施工の分野では潜水函（移動式空気ケーソン）の採用が行われた。これらは欧米の技術に学びながらも、すべて日本人技師の手で計画・設計・施工を行ったのである。[7],[15],[16]

　港湾技術の発展を考える場合、廣井勇[11] の名を落とすことはできない。廣井は北海道庁技師から札幌農学校教授を経て東京大学土木工学科教授となり、1905（明治38）年には米国で橋梁専門書[17] を出版したり、1921（大正10）年には上海港改修工事を指導したり、日本国内だけでなく、港湾・橋梁を専門とする土木工学者として国際的な活躍をした。廣井は日本の港湾技術を国際的レベルにまで発展させたのである。

　石橋絢彦（1852-1933）は、1879（明治12）年に工部大学校を第1期生として卒業したあとイギリスへ渡り、イギリスの灯台局で実習に従事した。日本へ帰国後、灯台局へ勤務し、日本の灯台建設に貢献した。1898（明治31）年に刊行された『築港要論』は、石橋の現場体験を踏まえながら、欧米の港湾技術を初めて体系的、詳細に紹介したものである。[18]

　江戸時代から存在していた和算・測量などの技術と近代的な思考法、人材養成が近代欧米技術の急速な受容を可能とさせ、このように早い自立をもたらせたのである。

■築港熱心家と伝統技術者

　港湾建設は、今も昔も地元の熱意なしにはありえない。近代日本各地にも、多数の築港熱心家がいた。

　港湾建設に当たっては、港湾技術者だけでなく、築港に情熱を傾けた行政官の果たした役割も評価しなければならない。

広島県県令（のちの知事）の千田貞暁（1836-1908）[19]は，1880（明治13）年，広島県に着任したが，宇品港（のちの広島港）築港を決意，1885（明治17）年に築港に着手した。築港は1899（明治22）年に竣工したものの，軟弱地盤のため工事は難行し，工期は予定の2倍近く，工費は予定の3倍以上かかり，そのため竣工式前に千田は新潟県知事に左遷された。しかし千田が心血を注いで完成させた宇品港は，その後に勃発した日露戦争で軍事輸送に大きな役割を果たし，千田は名誉を回復するとともに，国の港湾政策見直しに大きな影響を与えた。

明治以降の港湾建設でも，各地の民間の築港熱心家たちが熱心な活動を繰り広げ，港湾建設に大きな貢献を果たした。

藤井能三（1846-1913）[20]は，幕末の1846（弘化3）年，富山県伏木本町（現在の高岡市）の廻船問屋に生まれ，長じて家業を継いだ。明治時代に入り，藤井は地域振興のためには海運の振興が必須と考え，そのため伏木港の築港と航路開設に取り組んだ。1875（明治8）年には三菱会社の西洋型汽船の伏木港誘致に成功した。1877（明治10）年には，日本海沿岸最初の西洋式灯台：伏木灯台を竣工させた。その後も，北陸通船会社・越中風帆船会社・共同運輸会社の設立，伏木築港期成同盟による伏木築港に私財を投げ打って尽力した。伏木港は1913（大正2）年に竣工したが，藤井はその直前に死去した。

江戸時代の四日市港は伊勢湾内の要港として栄えていたが，明治時代になると土砂で埋没するようになり，また港内には波止場もなく，汽船時代を迎え，汽船の入出港に難儀するようになっていた。四日市港の廻船問屋：稲葉三右衛門（1838-1914）[21],[22]は港の窮状を見かね，1872（明治5）年，同業者と語らって「四日市港波止場建築灯明台再興の御願」を三重県庁に提出した。稲葉による築港は1873（明治6）年に着工され，1884（明治17）年にようやく竣工した。工事費のほとんどを稲葉が負担した。これが近代四日市港の発祥であり，今日の四日市内港である。

明治以降，波の理論，波力算定法，構造力学，鉄筋コンクリート構造技術など，欧米近代技術の導入による近代港湾の建設は華々しく進んだ。しかしこの陰に，石工，土工，鳶など，江戸時代からの伝統技術が華々しい工事を支えていたことを見逃してはならない。在来の伝統技術に基づきながら，これを近代化し，近代港湾建設工事を支えた例として服部長七（1840-1919）[19],[23]の人造石工法を挙げることができる。

愛知県に生まれた服部は，幕末のころ郷里で左官業に従事していたが，1873（明治6）年，青雲の志を抱いて上京した。上京後，東京でたまたまタタキ土を作るタタキ屋を開業し，愛知県三河から種土を取り寄せてタタキ土を製造した。東海地方では，マサ（花崗岩が風化して出来た砂）と石灰を混合してタタキ土を作る伝統技術があり，服部はこれを活用したのである。服部の評判は徐々に高まり，服部の工法は各種土木工事に使われるようになった。服部の技術の真骨頂は，自然石をタタキ土で練り固め

四日市港の潮吹き防波堤（1997.12.17，島崎撮影）

横浜港大桟橋の根元の物揚場で使われている，横浜港修築第1期工事で建設された鉄桟橋遺品のスクリューパイル（1994.3.25，島崎撮影）

た人造石の工法にある。千田の宇品築港を支えたのも，この人造石工法であった。

　四日市港では，稲葉による築港が台風によって破壊されたため，1894（明治27）年に改修され，潮吹き防波堤が建設されたが，服部はこれを人造石工法を以て施工した。潮吹き防波堤は，四日市港に今もなお健在である。

■埋立と臨海工業地帯——日本型港湾思想の芽生え
　浅野総一郎（あさのそういちろう）（1848-1930）[24),25)]は，1896（明治29）年，欧米の港湾視察の旅に出かけ，大型岸壁や近代的荷役施設が整った近代港湾に驚嘆した。日本では，ようやくパーマー計画による横浜港修築第1期工事が竣工したところであった。帰国した浅野は，自力で港湾施設の改良を実施しようと決意し，その結果，海面埋立による臨海工業地帯の発想に到達したのであった。浅野は廣井勇や安田善次郎（1838-1921）らの協力を得て，東京湾の鶴見から川崎に至る海岸に140万坪の埋立を行った。竣工したのは1927（昭和2）年であった。この浅野埋立が京浜臨海工業地帯の中核となったのであ

1920（大正9）年，内務省の青年技師であった鈴木雅次（1889-1981）[26), 27)]は欧米へ研究出張を命じられた。鈴木へ与えられたテーマは"運河と産業"であった。命令通り，愚直に運河を見て歩いているうち，鈴木の胸に疑念が湧いた。——欧米の運河は長く，流量も豊かで，ゆったりと流れて行く。それに比べると日本の河川は短く，流量が少なく，何よりも夏と冬の流量の差が大きすぎる。運河よりもいっそ海洋を利用したら良いではないか。——若き鈴木技師の頭にアイディアがひらめいた。——日本列島は長い海岸線を有し，周りを海で取り囲まれている。この長い海岸線に港湾を配置し，海洋を運河として活用しよう。——このように考えた鈴木は，調査の途中で研究テーマを"運河と産業"から"港湾と産業"にすり替えてしまった。そして，もっぱら港湾を見学して帰ってきた。鈴木の海洋運河論は，沿岸部に埋立地を造成し，港湾と直結した臨海工業地帯を整備することにより工業開発を推進しようとするものであった。内務省で港湾担当の技師となった鈴木は，海洋運河論をキャッチフレーズとして中小港湾予算の獲得に努力した。昭和初期のことである。

浅野は民間の事業家として臨海工業地帯を造成したのであるが，鈴木は官界にあってこれを推進したのであった。これらの努力の積み重ねが，第二次世界大戦後の日本経済の高度成長の基盤となったのである。

戦後の日本経済の高度成長期に運輸省港湾局長を務めた竹内良夫（1924-現存）[28)]は，1989（平成1）年に『港をつくる』を著し，その中で"日本型港湾開発"の理念を主張している。"日本型港湾開発"とは，港湾を単なる交通の場，海陸交通の結節点と見る欧米の港湾観に対し，港湾を流通活動の場，生産活動の場，都市活動の場の複合空間として捉え，地域経済振興の基盤として位置付けようとする理念である。竹内はこの理念で発展途上国を指導しようとしている。竹内の理念は，浅野・鈴木に始まる，港湾と工場を結びつける臨海工業地帯の成功に基礎を置くものであり，明治以降，欧米港湾技術を必死に学んできた日本の港湾界が欧米と異なる新しい港湾開発理論を生み出したことを示している。竹内の理念は，日本近代港湾開発の一つの到達点を示しており，今後それがどのような意義を有するのか，検証していくことが必要である。

引用・参考文献
1) R. H. ブラントン著，徳力真太郎訳：お雇い外国人の見た近代日本，1986年
2) 横浜開港資料館編：R. H. Brunton R. H. ブラントン　日本の灯台と横浜のまちづくりの父，1991年
3) (社)土木学会編：明治以後　本邦土木と外人，1942年
4) N. J. Beversen, "C. J. VAN DOORN, c. i.", DE INGENIEUR, 1906, 21e JAARGANG.
5) 寺中啓一郎・田辺俊郎・島崎武雄：廣井勇の見た野蒜築港，港湾経済研究，1995年

6) 建設省木曾川下流工事事務所編：デ・レーケとその業績，1987年
7) 廣井勇：日本築港史，1927年
8) 片山琢郎：横浜港修築史，運輸省京浜港工事事務所，1983年
9) C. S. Meik, "Reports on the Hokkaido Harbours", 1887
10) C. S. Meik, "Reports on the Hokkaido Harbours Vol.II", 1890
11) 故廣井工学博士記念事業会編：廣井勇伝，1930年
12) 中村廉次：伊藤長右衛門先生伝，1964年
13) 中村廉次：北海道のみなと，1961年
14) 故古市男爵記念事業会編：古市公威，1937年
15) (社)横浜港振興協会横浜港史刊行委員会編：横浜港史　各論編，1989年
16) 臨時税関工事部編：横浜税関海面埋立報告，1906年
17) Hiroi Isami, "The Statically-Indeterminate Stresses in Frames Used for Bridges", New York, D.Van Nostrand Co., 1905
18) 石橋絢彦：築港要論，1898年
19) 広島県編：千田知事と宇品港，1940年
20) 藤井能三顕彰会編：藤井能三伝，1965年
21) 四日市市役所編：四日市市史，1961年
22) 四日市港管理組合編：四日市港の歩み，1987年
23) 中根仙吉：服部長七伝，1955年
24) 浅野総一郎：父の抱負，1931年
25) 浅野総一郎：港湾の改良と埋立事業，1927年
26) 鈴木雅次：臨海工業地帯を語る，港湾，46-1，1969年
27) 鈴木雅次：随想・土木計画学，土木学会誌，56-8，1971年
28) 竹内良夫：港をつくる，1989年

ドールン ──── オランダ土木技師団の技師長

■オランダ技師たち

明治新政府は，成立当初，河川・港湾の整備に力を注いだ。明治新政府は，国内交通路としての舟運のための河川整備，国際貿易促進のための港湾建設を進めたのである。そのため明治新政府は，当時，水工技術の分野では世界で最も進んでいたオランダから土木技師：ドールン，デ・レーケら工師6人，ウェステルウィルら工手4人を招き，日本各地の河川・港湾事業を指導させた（表-1）。これらの事業は，日本の近代河川・港湾事業の基礎を築いたものであり，その後の日本の河川・港湾技術に大きな影響を与えた。

このオランダ技師団のリーダーとして，1872年3月24日（明治5年2月16日），最初に来日したのがドールン（C.J. Van Doorn, 1837.1.5-1906.2.24）[1]であった。彼は大蔵省土木寮に雇われたオランダ技師団の技師長（当時は長工師と呼ばれた）を務め，オランダ工師（技師）や工手（職工）を指揮し，全国を飛び回って河川・港湾事業を監督・指導したのである。

写真-1は，1873（明治6）年12月18日，大阪市の川口居留地にあったエッセルの住居の向かい側の塀の前で撮ったオランダ技師たちの写真である。真ん中で気取ったポーズを取っている，上品な紳士がドールンである。技師長としての気概とプライドが窺える。

写真-1 オランダ技師たち（1873年12月18日，大阪市の川口居留地4番にあったエッセルの住居の向かい側の塀の前で日本人街頭写真師が撮影したもの。右からエッセル，1人おいてドールン。）

■ "WATERBOUWKUNDE"（水工学）（図-1）

ドールンが来日したのは1872（明治5）年であったが，それより前，1871（明治4）年に熱海貞爾によって『治水摘要』『治水学主河篇』が刊行されている。その内容を点検すると，これらは1864（元治元）年にオランダで刊行された土木技術書 Storm Buysing, "WATERBOUWKUNDE"（水工学）の抄訳であることがわかる。ドールンが来日する以前に，西洋近代土木技術書が日本に導入されていたのである。[2) 6)]

■ドールンの生立ちと日本での活動

ドールンが創始者の一人となったオランダの技術雑誌 "DE INGENIEUR" に掲載

表-1 土木寮雇用オランダ技師団一覧

名前	資格 (来日当初)	月給 (来日当初)	雇用期間
ドールン C.J.Van Doorn (1837～1906)	長工師	500円	1872.3.24～1875.4.10 (明治5.2.16) / 1876.4.2～1880.7.22
エッセル G.A.Escher (1843～1939)	1等工師	450円	1873.9.25～1878.6.30
ムルデル A.T.L.R.Mulder (1848～1901)	1等工師	475円	1879.3.25～1886.6.12 / 1887.5～1890.5.11
リンド I.A.Lindo (1847～?)	2等工師	400円	1872.3.24[1]～1875.10.31[2] (明治5.2.16)
チッセン A.H.T.K.Thissen (1939～?)	3等工師	350円	1873.11.15～1876.11.14
デ・レーケ J.de Rijke (1842～1913)	4等工師	300円	1873.9.25～1903.6.18
ウェステルウィル J.N.Westerwiel (1839～?)	工手	100円	1873.11.15～1878.11.14
カリス J.A.Kalis	工手	100円	1875.5.14～1877.5.13
アルンスト D.Amst	工手	100円	1873.9.25～1880.12.27
マストレクト A.van Mastrigt	工手	100円 (推定)	1879.3.29～1881.2.4

図-1 Storm Buysing. "WATERBOUWKUNDE"（水工学）, Derde druk, 1864

されているドールンの伝記によりながら、その生立ちと日本での活動のおおよそを追ってみよう。1)

ドールンは1837（天保8）年1月5日、オランダのヘルダーランド州ハル（Hall）で生まれた。父は牧師であった。1860（万延元）年にはデルフト・アカデミー（のちのデルフト工大）を卒業し、土木技師の称号を得た。ドールンは卒業後3年間、インドネシアで鉄道建設計画の作成に従事したのちオランダへ帰国し、1965（昭和40）年3月からは北海運河工事の技師に就任した。この時、スヘリングワーデ閘門建設工事を担当し、成功させた。この業績が日本政府から土木技師選任の依頼を受け、日本からオランダへ帰国していたボードイン博士の眼に留まり、ドールンに白羽の矢が立てられたのである。1)

写真-2　ドールン

ドールンは工師リンドを伴い1872年3月24日（明治5年2月16日）、横浜港へ到着した3)。彼の最初の仕事は利根川と江戸川の改修計画の作成であった。ドールンはリンドを伴い、今まで外国人が足を踏み入れたこともない利根川と江戸川の流域を踏査した。この時、リンドによって近代日本最初の河川の水位観測が行われ、銚子に水準原点：日本水位尺（Japan Peil）が設置された4)。また、近代日本最初の粗朶沈床工が、ドールンがオランダから連れてきた粗朶工工手ウェステルウィルの指導のもとに日本人職工の手で松戸地先の江戸川に設置された。1)

■近代水工技術の導入──『治水総論』

来日して1年たった1873（明治6）年2月、ドールンは『治水総論（日本諸河改修の考按）』7)を著した。この本は近代河川技術の教科書ともいうべきもので、「流域」「水界（分水界）」「航路」「流身」「水面勾配」「水勢速力（流速）」「平均速力（平均流速）」「流量」「河床」8)など、今日でも使われている近代河川技術の基本概念を示し、バザンの平均流速公式と鉛直流速分布公式を紹介して河川断面の決定方法を示すとともに、粗朶工を用いたオランダ式水制の製作方法を詳しく図解している。

本書は、河川技術に関する術語・施工方法を詳しく説明したものである。従来、少数の人の経験のみに基づいて施工されてきた日本の河川事業は、本書によって初めて明快な目標を持つことができるようになった。日本の技術者は、本書ならびにのちにドールンによって著された『治水要目』『堤防略解』によって治水の原則を教えられたのである。当時の日本人技師は、本書を書き写し、熟読して勉強したのだった。9)

■東奔西走するドールン

ドールンは、オランダ技師団の技師長として東奔西走した。彼は日本各地の河川・

写真-3 猪苗代湖畔に立つドールンの銅像（1986.11.11，島崎撮影）

写真-4 野蒜港新川に残る赤煉瓦橋脚（1981.11.27，島崎撮影）

港湾事業を指導するとともに，技師団の陣容を整え，その指導も行わなければならなかった。オランダ技師が残した文書を収録した『淀川オランダ技師文書（欧文関連編）』5)を見るとドールンの名が各所に出てくるが，技術指導だけでなく，技師の住居の手配，出張旅費の支払いへの配慮など，ドールンがさまざまな面で活動しているさまが窺える。

ドールンの事業のうち，1872（明治15）年に竣工した安積疎水事業への貢献が著名である。安積疎水は猪苗代湖から延長52kmの水路を開削し，福島県郡山市の安積原に2800haの水田を開発したものであり，地元ではドールンの貢献が語り継がれ，猪苗代湖畔に彼の銅像まで建立されている（写真-3）10)。しかし実際には，ドールンは日本人技師が測量した結果を用いて設計をしたものである。11)

ドールンはセメントの日本への導入についても尽力した。工師エッセルは，福井県三国でセメント原料となる石を発見し，それを用いてセメント試験を行っているが，その報告書の中で，ドールンがセメント試験機械を製作したことを述べている。12)

■ オランダ技術の限界──野蒜築港の失敗

西南戦争後，明治政府の最高の実力者となった大久保利通は，東北日本の国土開発を企図し，その中心として仙台湾に新港の築港を構想した。新港は対米貿易の拠点港として，東北開発の中心となるものであった。

仙台湾における新港の位置選定を依頼されたドールンは，1876（明治9）年9月，仙台湾を視察した。以後，ドールンは半年にわたって調査し，野蒜を最適地として答申した。その結果，野蒜築港が決定された。引き続きドールンによって築港計画が作成されたが，その計画では，①第1期計画として鳴瀬川河口に内港を建設し，北上川・松島湾と運河で結ぶ，②第2期計画として鳴瀬川河口前面に外港を建設する，というものであった。第1期計画は1878（明治11）年に着工，1882（明治15）年に完成し，盛大な落成式が行われた。ところが1884（明治17）年秋，台風に伴う激浪のため，港口の

東側突堤の大半が決壊してしまった。その結果，港口が閉鎖され，船舶の出入りは途絶した。そして1885（明治18）年，野蒜港は放棄されてしまうのである。[13]

野蒜築港の失敗の原因については，立地選定の失敗，突堤構造の脆弱さが指摘される。

立地選定にあたって，ドールンは次のように述べている。

「石巻には，もともと不良な河口，実に最悪な河口を持った河川があり，そこには私が今まで見たこともないような波が砕ける砂州があります。船で50里（200km）遡航すると素晴らしい河川がありますが，河川内に入るまで，船はしばしば30日も待たなければなりません。この嘆かわしい状態の改良を目指す私の計画の成功が，極めて強く望まれています。

砂州については何もしません。それは余りに経費がかかりますし，さらに開口部の先端の海への開削は常に一定の方向を維持させなければならず，しかも，何の防護もされていないのです。私は東方3里に大型蒸気船のための素晴らしい入江を見つけました。私は，そこから河川へ向かい，閘門と日本式帆船のための港と運河を掘るつもりです。問題は，資金をどうやって見つけるかだけです。」[1]

北上川の河口内には，当時，千石船が入港する石巻港が活動しており，本来なら石巻港を改良して近代港湾とするべきだが，河口には長大な砂州が存在しており，ドールンは，当時の浚渫技術では河口維持は困難と判断し，野蒜港を選択したのであった。

港口の突堤は粗朶沈床を用いたものであり，台風時の激浪に耐えられず決壊してしまったのであるが，オランダでは，当時まだ外海における外港建設を経験しておらず，このような結果を惹起してしまったのであった。

一方，東京湾では，横浜築港をめぐってデ・レーケ案と英人技師パーマー（H. S. Palmer, 1838-93）案が対立し，大きな政治問題となっていたが，結局，1889（明治22）年にパーマー案が採択されることとなり，野蒜築港の失敗に引き続き日本の河川・港湾事業の分野におけるオランダ技師団の退潮は明らかとなった。

ドールンの伝記は，「悲惨なことに，この分野でもイギリス技師による侵入が成功し，オランダ技師たちは長期的に日本の海岸に固い基盤を築くことができなかった」と述べている。[1]

■ **オランダへ帰国**

野蒜築港第1期計画落成式の前，1880（明治13）年7月22日，ドールンは内務省土木局を辞職し故国オランダへ帰国の途についた。彼の辞任の直接の理由は明らかでない。プライドの高いドールンは，英人技師との争いに耐えられなかったのであろうか。

オランダへ帰国後，ドールンはオランダの植民地であった南米のキュラソー島やス

リナムで港湾・運河・鉄道事業に携わり，業績を挙げた．その後，鉄筋コンクリート会社の社長になり，王立技術者協会の機関誌 "DE INGE-NIEUR" の創始者となってオランダ土木界の重鎮となった．ドールンは生涯独身であったが，多くの人に敬慕されつつ 1906（明治 39）年 2 月 24 日，アムステルダムで死去した．[1]

1979（昭和 54）年 6 月，ドールンの徳を慕った郡山市民の手により，アムステルダムのニウウベ・オオスター（Nieuwe Ooster）墓地にドールンの墓が再建された．

写真-5　アムステルダムのドールンの墓（1986.12.9，島崎撮影）

引用・参考文献

1) N. J. Beversen, "C. J. VAN DOORN. c. i. ", DE INGENIEUR, 1906. 21ᵉ JAARGANG. (社)土木学会：『明治以後　本邦土木と外人』のドールンの伝記の多くは，この資料によっている．
2) Storm Buysing, "WATERBOUWKUNDE", Derde druk, 1864
3) 「御雇建築師「ドルーン」並「リンドウ」到着ノ旨同国公使より通知の件」：各省庁府県外国人官傭一件　各国の部，5，和蘭人の部，外務省記録
4) 近藤仙太郎：利根川改修沿革考，内務省東京土木出張所，1928 年
5) 建設省淀川工事事務所：淀川オランダ技師文書（欧文関連編），1997 年
6) 井口昌平：19 世紀中期のオランダの代表的な水工学書 Storm Buysing の Waterbouwkunde について，デ・レーケ研究，9，1995 年
7) ドールン：治水総論（日本諸河改修の考按），1873 年
8) かっこ内は今日の用語を示す．
9) (社) 土木学会編：明治以後　本邦土木と外人，1942 年
10) ファン・ドールン先生銅像建設会編：ファン・ドールン先生，1932 年
11) 藤田龍之・根本博：猪苗代湖疎水（安積疎水）に関するファン・ドールンの業績に関する検討，土木史研究，11，1991 年
12) エッセル：エッセル氏「セメント」試験記，1876 年；淀川オランダ技師文書（欧文関連編），1997 年
13) 寺中啓一郎・田辺俊郎・島崎武雄：廣井勇の見た野蒜築港，港湾経済研究，No. 33，1995 年

出典

写真-1　フォス美弥子訳：エッセル青年の大阪便り，大阪の歴史，24，1968 年
写真-2　N. J. Beversen, "C. J. VAN DOORN. c. i. ", DE INGENIEUR, 1906. 21ᵉ JAARGANG.
表-1　建設省淀川工事事務所：淀川オランダ技師文書（欧文関連編），1997 年

H. S. パーマー ———————————— 横浜, 水と港の恩人

■ 陸地測量意見書

「日本政府の土地測量及び天文観測の部局を健全かつ科学的な土台にのせることの重要性について, On the importance of placing the Departments of Surveying and Astronomy in Japan on a sound scientific footing」という文書が外務省外交史料館に保存されている。『天文台及測量部設置ニ関スル在香港パルーメル氏ノ意見書』と題された一件書類に含まれる文書で, 文書の日付は1880 (明治13) 年10月6日で, 文書作成者は香港駐在の英国陸軍工兵少佐Major Royal Engineerで, 英国王立天文学会会員Fellow of the Royal Astronomical Society のヘンリー・スペンサー・パーマーHenry Spencer PALMER。後に, 横浜水道と横浜築港を指導したことで横浜では「水と港の恩人」とされる, あのパーマーである。

この文書の「天文観測」に関する部分で, パーマーは, 次のように言っている。

「……地球上, 日本が位置する地域には奇妙なことに天文台が足りないのである。インドから東方へ, 米国の太平洋沿岸近くまで, 現存する公立天文台は, わずかにオーストラリアのメルボルンとシドニー, ジャワのバタビアの3カ所だけである。言葉を換えれば, 地球表面の半分以上に達する広大な地域に, 前述の天文台以外まともな天文台は皆無なのである。それゆえ, 日本がこの不足を補うよう協力すれば, 世界のあらゆる国の政府と科学者から高い評価と心からの感謝を受けるまたとない良いチャンスとなるのは目に見えている。」(樋口次郎訳)

パーマーの意見書は, 英国流とは言わないまでも, 西洋「科学的な土台」に基づく地球的規模の測地天文観測網に日本を組み込むことを意図したものといってよい。この時点でのパーマーは,「測地部門は本官が職業に就いて以来ずっと携わってきた分野であり, イギリスその他の国々で数多くの実地経験を持っている」と自任するように, 陸地測量と測地天文学の分野で際立っていた英国陸軍工兵隊, ローヤル・エンジニア Royal Engineers の将校であった。英国陸軍工兵隊, ローヤル・エンジニアは, 大英帝国における植民地経営の尖兵としての役割を一面において担っていた。パーマーも, まさにそういったローヤル・エンジニアの一人であった。

H. S. パーマー (1838-1893)
樋口次郎氏所蔵

■ローヤル・エンジニア

パーマーは，1838（天保9）年4月30日英国植民地インドのバンガロールに生まれた。父親も軍人で，マドラス参謀本部付大佐であった。イギリス陸軍士官学校を卒業して1856（安政3）年工兵中尉任官，カナダのブリティッシュ・コロンビア遠征，アラビア・シナイ半島探査，1874（明治7）年の金星太陽面経過観測のためのニュージーランド赴任など豊富な測地天文観測の経験を有し，1873（明治6）年には『大英帝国の陸地測量 The Ordnance Survey of the Kingdom』の編纂にあたっている。パーマーが意見書をものしたのは，バルバドス島駐在技術官から香港駐在技術官に転じ，香港総督付副官を兼務した時期にあたっている。パーマーの初来日は1879（明治12）年10月とされる。

パーマーが意見書を提出した当時，日本の測地事業は，工部省測量司長マクヴィーン Colin Alexander McVEAN の指揮によるイギリス式三角測量の流れを汲む〈内務省地理局測量課〉と，フランス式による〈陸軍省参謀本部測量課〉とに二分された状態にあり，パーマーの意見書は〈内務省地理局〉宛のものであったが，結果的には，ドイツ式の採用に踏み切った〈陸軍省参謀本部〉が1884（明治17）年6月に〈内務省地理局〉の三角測量事務を吸収する形で測地事業を統合し，1888（明治21）年5月〈陸地測量部〉設置に至る。

もしも，この意見書を契機として，パーマーが日本政府の〈お雇い〉になったとすれば，〈陸軍省参謀本部測量課教師〉が最適任ではなかったろうか。しかし，パーマーの〈お雇い〉は全く予期せぬ局面からやってきた。

■横浜創設水道

パーマーが初来日した1879（明治12）年はコレラ流行の年でもあった。伝染病流行

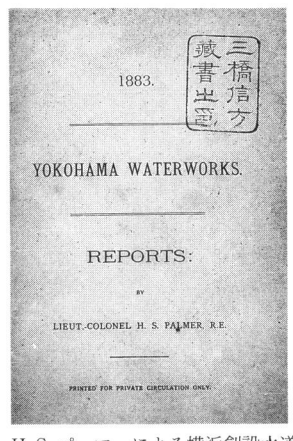

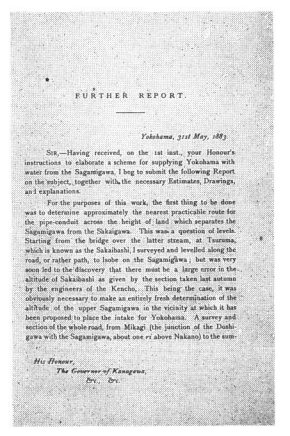

H. S. パーマーによる横浜創設水道計画書（活字本）1883年　横浜開港資料館所蔵。
左が内扉表紙，右は「第二報告書」の扉

の玄関口にあった各開港場はまた防疫対策の最前線でもあった。日本最大の外国人居留地を抱える横浜では，神奈川県令を会長とする「神奈川県地方衛生会 Yokohama Local Board of Health」が招集され，種々の衛生調査や衛生対策が協議された。横浜における飲料水問題もその一つであった。横浜には，1873（明治6）年に木樋管による「横浜上水」が通水されていたが，その改良が建議された。改良計画の検討にあたったのは，下水道の敷設ないし改築をも担当した「神奈川県御用掛」の三田善太郎であった。東京大学理学部土木工学科の第1期生（1878年卒業），いわば日本人最初のシビル・エンジニアの一人である。

　三田善太郎による「横浜上水」改良計画は，資金難で実施には至らなかったが，1882（明治15）年の「神奈川県地方衛生会」において遂に「横浜上水」の改築が建議された（6月16日）。その改築建議に呼応して，横浜外国人居留民も英国駐日公使パークス Sir Harry PARKES 宛に上水道敷設を陳情し（6月28日），陳情を受けたパークスは，折しも開催中の条約改正予議会において横浜における上水道敷設を提議（7月17日）するに至った。時の外務卿，井上馨は，横浜上水道敷設提議を条約改正予議会の議題外としながらも，その実現を口約したことによって横浜上水道敷設問題は，一地方の衛生問題にとどまらず〈条約改正〉に連動した外交問題ともなっていった。

　〈条約改正〉は，明治新政府にとって最優先課題であり，その交渉相手となる外交団のリーダーは英国であった。外務省は，神奈川県に上水道計画の立案を指示したであろうし，横浜の衛生問題を外交問題に格上げしたパークスは，横浜の上水道計画における英国の指導性を確保するために，単なる民間のエンジニアではなく，英国を背負うことのできるエンジニアを必要としたに違いないのである。そういった英国を代表しうるエンジニアは，日本の近辺では，香港駐在のローヤル・エンジニア以外にない。まさにパーマーは適任であり，しかも，1882（明治15）年10月「連隊付中佐　マンチェスター地区工兵司令官」を命ぜられ英国本国に帰任予定であった。こうして，英国陸軍工兵中佐パーマーは，現役のまま，横浜上水道の計画立案に従事することになり，さらに横浜創設水道「監督工師」として日本最初の近代水道を完成させることになるのである。

■ 水道から築港へ

　横浜創設水道は，パーマーによる「横浜水道工事第二報告書」（相模川水源案 1883（明治16）年5月31日付）に基づき，1883年7月14日神奈川県による内務卿宛の上申，内務省土木局お雇いオランダ人工師ムルデル A. T. L. R. MULDER らの査定を経て，翌年10月22日太政官裁可を得，「監督工師」としてパーマーの雇入れと来日を待って1885年4月工事起工，1887年9月工事竣工，10月17日から市内配水を開始して完成した。この間，パーマーは1885年7月1日イギリス陸軍工兵大佐に昇任している。水道工事竣工の1887年9月30日を以て「横浜水道監督工師」を解嘱され，翌日の

H. S. パーマー設計になる淡河川疏水御坂サイフォン　1891年竣工

10月1日退役工兵少将となった。

　パーマーは，日本で最初の本格的近代水道工事を設計監督することにより，日本国内では唯一の近代水道工事の専門技術者と認識されたようで，横浜以外で，大阪，函館，東京，神戸の水道計画の立案を委嘱されている。市制施行（1889年4月）以前のことであることから，会社方式による東京水道を除き，いずれも道府県からの依頼であり，兵庫県からは，神戸水道の他に，淡河川疏水の御坂サイフォンの設計監督にもあたっている。1887（明治20）年5月，帝国大学工科大学衛生工学教師としてバルトン William Kinnimond BURTON が来日し，1889年から「内務省衛生局顧問技師」を嘱託されて以降は，バルトンが水道工事に関する調査にあたることになり，パーマーは「水道」から離れることになった。

　パーマーが関わることになったのは「横浜築港」であった。まず，「横浜水道」工事の目処がたった1887（明治20）年1月，「横浜桟橋会社盟約」に加わった横浜の有力財界人らの横浜商港構想に答えて「横浜港埠堤築造計画意見書」を提出している。この商港用築港意見書に端を発して，パーマーと，内務省土木局お雇いオランダ人工師との間で熾烈な争いが繰り広げられることとなるのである。

■横浜築港

　横浜築港の推移は波乱続きであった。まず，パーマーの意見書に基づく「横浜港湾埠堤会社」設立申請［1887（明治20）年6月15日］からスタートした「民営」築港計画は，内務省土木局のオランダ人工師の査定を受けている間，大隈重信の外相就任により急転直下「官営」事業とされ［1888（明治21）年4月27日］，改めて外務省の推すパーマーと，内務省土木局お雇いオランダ人工師デ・レーケ J. de RIJKE とに「官業」築港案の作成が命じられた。この時点でパーマーは，退役イギリス陸軍工兵少将で，実務上は民間のコンサルティング・エンジニアにすぎなかったので，志願の形を

とらせてパーマーを「内務省土木局名誉顧問土木工師」としていた。両案は，防波堤の築堤工法において著しい技術的相違を有してはいたが，港湾計画上は大きな差異はないとされ，内務省はデ・レーケ案の採択を，外務省はパーマー案の採択を求め，最終的には，条約改正を推し進める外務省の意向に沿ってパーマー案の採択を閣議決定した。『ザ・タイムズ』紙東京通信員として条約改正に好意的な意見をイギリスに送り続けていたジャーナリスト・パーマーの存在を外務省は重視していたのである。

一方，商港用築港計画を「官」に奪われた横浜財界人らは，東京の財界人と連帯して〈船渠〉築造計画に向かうことになり，パーマーにその計画を委嘱し，1889（明治22）年3月「横浜船渠計画書」を得る。横浜みなとみらい地区に屹立する日本一の超高層ビル，横浜ランドマークタワーの足下にあるドックヤードガーデンは，1897（明治30）年開渠になる「旧横浜船渠第二号ドック」で，パーマーの計画に基づき，パーマーの没後に完成したものである。

官業としての横浜築港は，「工費ハ百九拾九万九千貳百四拾八円ヲ目途ト為シ神奈川県知事ニ於テ工事ヲ執行セシムヘシ」の内閣許可指令（1889年3月30日）に基づき，神奈川県は県庁内に「築港掛」を設置し（1889年8月22日），工事監督にパーマー，工事課長に三田善太郎を据えて工事着工に至ったが，なぜか1892（明治25）年5月に内

H. S. パーマーによる横浜築港設計書　1888年
横浜開港資料館所蔵

務省事業とされ,「臨時横浜築港局」官制が公布された。この後ほどなくして,有名な「混凝土亀裂事件」が発覚し,原因究明と善後処理の最中の1893 (明治26) 年2月10日パーマーは急逝するのである。

■特異なお雇い土木技師

パーマーは,いわば遅れてきたお雇い外国人であった。明治10年代初頭に高等工学教育を修業した日本人工学者,あるいは欧米留学から帰国した日本人技術者らによってお雇い外国人技術者は順次とってかわられていった。雇継を重ねたお雇い外国人も,その役割は顧問的あるいは冠的なものになっていった。そのような時期に,一大土木工事の設計監督者となったパーマーの"お雇い"としての地位は極めて異例であった。現役のローヤル・エンジニアとして大英帝国の後楯をもっていたこと,また,条約改正の局面でジャーナリストとしての役割が期待されたこと,がパーマーをして特異な"お雇い"外国人土木技師たらしめたのである。

引用・参考文献

1) H. S. パーマー著,樋口次郎訳:黎明期の日本からの手紙,筑摩書房,1982年
2) 樋口次郎・大山瑞代:条約改正と英国人ジャーナリスト,H. S. パーマーの東京発通信,思文閣出版,1987年
3) 樋口次郎:祖父パーマー,有隣新書,有隣堂,1998年
4) 横浜開港資料館編:水と港の恩人,H. S. パーマー展示図録,横浜開港資料館,1987年

廣井 勇 (ひろい いさみ) ——明治・大正期の清きエンジニア

■小樽と廣井勇の胸像

「1862（文久2）年高知生まれ。札幌農学校第2期生。アメリカ，ドイツで橋梁工学・土木工学を学び，帰国後，札幌農学校学科教授。のち北海道の港湾改良と築港工事に携わる。彼の指導による小樽築港第1期工事は，日本の近代港湾建設技術を確立し，世界に高く評価された」。（廣井勇先生胸像銘板より）

いにしえの小樽運河と港の面影を色濃く残す運河公園の一画に，小樽市民と，彼の謦咳，薫陶を受けた数多くの後輩が感謝と畏敬の念を込めて建立した廣井勇の胸像が運河と港を見つめるかのように立っている。

廣井勇は，近代港湾建設技術が確立していなかった明治中期，気象条件の厳しい北海道に近代港を築造し，日本の築港技術者の先達として評価される。しかし，札幌農学校や東京帝国大学における後進の育成，学理と実務の融合を目指した橋梁工学の体系化や各種土木事業の指導などその活躍の舞台は土木工学全般の幅広い分野に及んでいる。日本の

廣井勇（1862～1928）

代表的な宗教家であり，生涯を通じて廣井の親友であった内村鑑三は「…廣井君在りて明治大正の日本は清きエンヂニアーを持ちました」と廣井の告別式において朗読した。技術者としての良心を持ち，現場感覚を失うことなく実践の上に学理を展開した清きエンジニアの生き様はいったいどのようなものであったろうか。

■幼少期の廣井勇

廣井勇は1862（文久2）年，旧高知藩士廣井喜十郎の長男として高知県佐川村に生まれた。生活は余り豊かではなく，1870（明治3）年，父が亡くなり数え年9歳で家督を相続したがその生活は困窮を極めた。数え年11歳のとき，当時東京にて侍従職を務めていた母方の叔父片岡利和に伴い，片岡家の書生になった。しかし，書生としての雑務に追われ思うように勉学することができず，さらに，不幸なことに腸チフスに罹った。

その廣井を引き取り看病したのは片岡家に出入りしていた外国商人のキンドン氏夫妻であった。廣井の真面目な態度を評価していた夫妻の献身的な看病の結果，廣井は一命を取り留めた。幼少期における極貧生活とこの闘病生活は廣井のその後の人生を考える時に忘れてはならないことである。

その後，廣井は片岡家からの独立のために官費の学校へ入学することを考え，東京

外国語学校（後に東京英語学校）を受験し入学した。この時期廣井は数多くの官費学校を受験し合格した。その中には陸軍士官学校もあったが，いずれも年齢が達せず入学を許可されなかったという。1877（明治10）年に工部大学校予科と東京英語学校の上級生を対象とした札幌農学校の官費生の募集があった。片岡家からの完全な独立を志していた16歳の廣井はこれに応募し合格した。廣井は札幌農学校を最後の頼みとしていたのであろう。年齢を1歳詐称して入学したことを後年友人に密かに語ったという。そこまでして入学した札幌農学校は廣井の期待を裏切らず，日本を代表する土木技術者たる基礎教育を施したのであった。

■札幌農学校で受けた教育

　廣井は札幌農学校第2期生12名の一人として入学した。同期生には内村鑑三，新渡戸稲造，宮部金吾ら，日本の学術，文化の発展に貢献した人物が輩出されている。

　札幌農学校の目的は北海道の開拓に有用な人材を養成することにあった。このため開拓の経営者としての学術を広く修業させることが行われていた。廣井はクラークの後を引き継いだ教頭ホイーラー（数学，土木工学教授）の影響を強く受け土木工学の分野に入っていった。ホイーラーは実践的な土木技術者であった。後に廣井は「知識人とはものを知ることより造る」人であると語っている。クラークが札幌農学校で伝えた「学問の基礎を現場におく」という思想やホイーラーに師事し土木工学の理論と実際を学んだことが，後の「現場のない学問は学問ではない」という廣井の厳しい哲学につながったことは間違いない。

　また，廣井の行動を考える時に欠くことのできない点として彼の信仰がある。廣井は札幌農学校在学中に同級生とともにキリスト教の信仰に入った。日本的キリスト教が風靡する札幌バンドの中で，人間の人格陶冶に最も貢献する青春時代を過ごした廣井は，土木技術の実践を通じてキリストと日本の栄光を顕現することを天命とした。しかし，廣井のクリスチャニティは他人にキリスト教を説くことではなかった。廣井は内村鑑三に「この貧乏な国において民衆の食べ物が足りるようになることなくして宗教を教えても益が少ない。僕は今，伝道を断念して工学に入る」と決意を示す手紙を送った。廣井は常に一人静かに人生を思い，反省し，神に祈っていたのである。晩年，廣井は工学についてこう語っている。

　「もし工学が唯に人生を繁雑にするのみのものならば，何の意味もないことである。これによって数日を要するところを数時間の距離に短縮し，一日の労役を一時間に止め，人をして静かに人生を思惟せしめ，反省せしめ，神に帰る余裕を与えないものであるならば，我等の工学にはまったく意味を見出すことができない」。

　土木技術の実践は，廣井にとってまさに信仰そのものであり，その精神は札幌農学校時代に培われたのである。そして，この廣井の哲学は現代を生きる私たちに貴重な示唆を与えてくれよう。

札幌農学校の卒業生は，開拓使への勤務が義務づけられていた。廣井は他の卒業生と共に開拓使御用掛の辞令を受け勧業課に勤務し間もなく宿望の鉄路科へ転任した。鉄路科では，後に鉄道作業局長官となる松本荘一郎の下で幌内鉄道の工事を担当，野幌付近の橋梁工事等実践的な土木工事を経験した。

■ 一流の土木技術者をめざした渡米

1882（明治15）年2月，開拓使は廃止され幌内鉄道の移管に伴い，廣井は工部省に転属となり，3月に鉄道局勤務を命ぜられ，日本鉄道会社の東京・高崎間の鉄道建設工事監督として荒川橋梁の架設に従事した。

翌1883（明治16）年12月，廣井は土木事業の実務を学ぶために，当時大幅に社会基盤整備事業を展開

在米中の廣井（廣井勇伝より）

していたアメリカへ恩師ホイーラーを頼って自費で渡った。廣井の渡米熱は札幌農学校時代からのものであり，渡米のためにたいそうな倹約をしたため友人から各嗇家の渾名を頂戴するに至ったという。しかし，その結果札幌農学校第2期生の中で一番最初に洋行することになった。わずか11歳での上京の件をはじめ，このことからも廣井の行動力を窺い知ることができよう。

四年間にわたる渡米では，ミシシッピー川改良工事に政府雇員として河川測量などに従事し，鉄道敷設，橋梁架設などの施工会社に勤務し，主に製図技手として経験を積み大型土木事業を学んだ。この成果は"Plate Girder Construction"として1888（明治21）年ニューヨークにて出版された。この書物は携帯に便利なB6サイズのものでプレートガーダー橋を実際に架橋するのに必要な理論と，設計図面，計算事例が示され，大変良い技術解説書として欧米各国の土木技術者から高く評価された。廣井は，アメリカでの実務体験を一冊の教科書としてまとめたのであり，実務を体系化する努力に廣井が傾注していたことがわかろう。

■ 札幌農学校教授への任官と北海道の築港工事

1887（明治20）年，札幌農学校に工学科が新設され，廣井はその創業の任に当たるべく助教授の職を任命されることとなった。同時に当時橋梁工学の中心地であったドイツへの留学が命ぜられ，カールスルーエ工科大学に1年間，シュツットガルト工科大学に半年間滞在した。この間，土木工学，水利工学を研究しバウ・インジュニエール（土木工師）の称号を得て1889（明治22）年に帰国し，札幌農学校教授となった。廣井はこの時より土木技術者であると同時に教育者としての道も歩むことになった。この当時の農学校工学科の教師陣には道庁業務が嘱託されており，農学校の学理の社会へ

工事中の北防波堤と小樽港　1903（明治36）年

の還元が強く促進されていたが，実務を重んじる廣井は札幌農学校に新設された工学科の充実に，主任教授として精力的に取り組んだ．後に河川技術者として活躍する岡崎文吉は，この時期廣井の薫陶を受けている．廣井は学生を指導するとともに，1890（明治23）年からは北海道庁の技師も兼務し，黎明期の北海道の社会基盤づくりに重要な働きをした．1893（明治26）年からは北海道庁技師を本務とし土木事業に貢献した．港湾の改良，築港事業では1896（明治29）年函館港改良工事に従事し，後に同港築港工事の設計を行うに至った．

　しかし，廣井の名を高めたのは1897（明治30）年より工事が始まった小樽築港工事であった．11年の歳月を以って竣工した第1期工事は，冬季間の波浪が高い小樽港におよそ1300mにも及ぶ防波堤を施工し，北海道の玄関口として安全に機能させることにあった．廣井は小樽港の築港に当たり詳細な調査と試験を行った．当時政府は野蒜築港の失敗，横浜港におけるコンクリートブロックの亀裂発生などから大規模築港工事に躊躇するものがあった．そこで廣井は，試験防波堤を築造し波力を測定するなど実証的な調査を行った．そして，波力の測定結果は長らく日本の防波堤設計に用いられた廣井の波力式として結実する．廣井による報告書を見た明治政府は築港工事の実行を決定し，ここにコンクリートを用いた本格的な外洋築港工事が始まったのである．

　1897（明治30）年7月，工事事務所長として現場の最高責任者になった廣井は，技術的な課題を解決すべく，増強材，増量材として火山灰を使用することや，突固めを十分実施することにより堅固なコンクリートを施工，水中部のコンクリートの耐久性を向上する方法を確立するなど，種々の新技術を度重なる試験を行い十分検討の上採用した．そして，誰よりも熱心に現場に赴き，ある時にはコンクリートの試験練りをし配合を決定していたとも伝えられている．さらに，自ら施工したコンクリートの強度試験を将来にわたって行うためおびただしい数のテストピースを製作した．このテストピースによる試験は，現在百年耐久試験と称され，いまなお定期的に当時のコンクリートの強度が計測され続けているのである．この長期間にわたる実証を可能とし

テストピース　標準混合機及び鉄槌機を用いて作製されたモルタル供試体

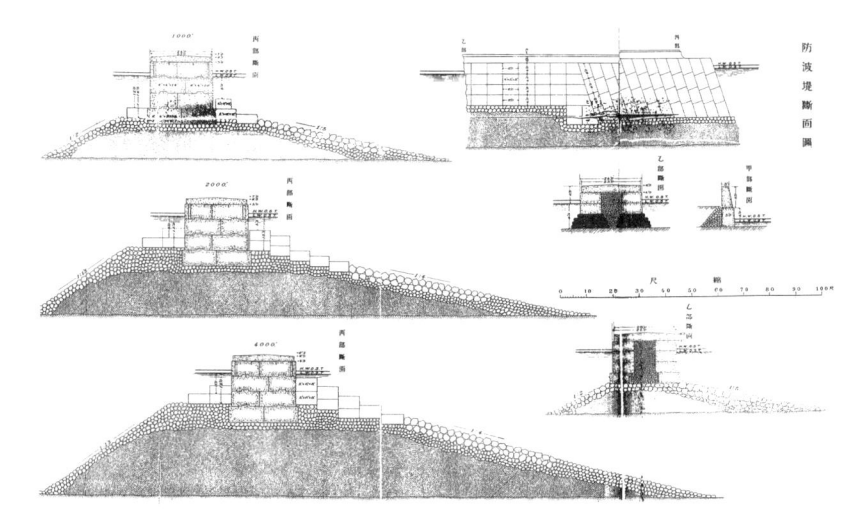

防波堤断面図（『小樽築港工事報文』より）

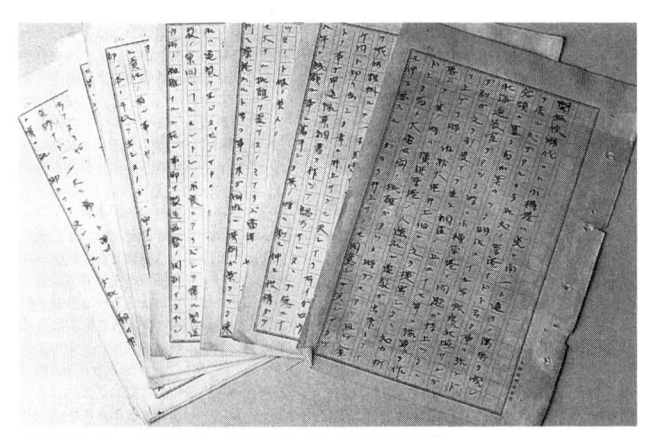

廣井勇自筆の小樽築港工事回顧録（市立小樽図書館）

た思考は，ひとえに自分が設計した小樽港が後世にわたりその機能を維持し続けてほしいという事業に対する使命感と責任感にほかならない。その結果として廣井が設計しその監督を行った小樽港の防波堤は，日本海の冬の荒波にも十分耐え，百年後の現在においても供用されているのである。

　築港事務所長として多忙な毎日を送りながらも廣井は研究を続け1898（明治31）年『築港』を著述し，翌年4月工学博士の学位を授けられた。そして，同年9月北海道庁技師を兼務のまま東京帝国大学工科大学教授に任じられたのであった。

■ 小樽築港以後の廣井勇

　小樽築港において土木技術者としての才能をいかんなく発揮した廣井であったが，東京帝国大学では土木工学第3講座（橋梁学）を担当した。大学の講義を基に著述し，1905（明治38）年ニューヨークにて出版した"The Statically Indeterminate Stress in Frames Commonly used for Bridges"は，橋梁計算にカスティリアの定理を応用し確実簡易な方法を導入したもので，米国の技術誌は米国人ですら書くことのできなかった名著と紹介した。廣井はほかに橋梁示方書を発表するなど設計，施工の標準化を進め，常に実践性を重視し，机上の空論を排した実利実行を主眼とした研究，教育活動を率先した。さらに，1900（明治33）年に設立された政府審議会の港湾調査会の委員を務め，鉄道院の嘱託として関門海峡架橋の設計に従事したほか，北海道における築港工事の顧問として主たる港湾の計画実施を指導した。

　1919（大正8）年，廣井は東京帝国大学教授を辞職する。定年制の導入に反対の意志を持っていたためといわれる。翌年，第6代目の土木学会会長に推挙された。また1921（大正10）年上海港改良技術会議へ日本代表として派遣され，欧米各国の技師による拙速案に対し，廣井は自らの技術者の良心をもって対案を提出した。さらに1923（大正12）年の関東大震災の後には帝都復興院評議会議員を務めるなど，その学識および実践的識見によって常に土木界をリードした。さらに『日本築港史』を著述，1927年に出版し土木史研究の先駆けをなした。また廣井は工学界における用語の統一を企画し，東京帝国大学の同僚と共に英和工学辞典を編纂，1908年に出版し増補作業を続けた。昭和に入り体調を崩していた廣井であったが，その改訂版を編纂していた1928（昭和3）年10月1日，帰宅後ついに帰らぬ人となった。享年67歳であった。

　清きエンジニア廣井勇は，実践の人として明治・大正時代の土木界をリードしたのである。

引用・参考文献

1） 故廣井工學博士記念事業會編：工學博士廣井勇傳，1930年
2） 宮部金吾：廣井勇君之小傳，1928年
3） 五十嵐日出夫：札幌農学校と廣井勇，1987年

鈴木雅次 — 臨海工業地帯による日本経済発展の基礎を確立

「日本において運河は，国土の地勢から見ても所詮発達の余地がない。むしろ日本列島をめぐらす長大なる海岸線を活用し，港湾を数多く適正に配置し整備することによって産業を振興し，わが国のまわりの海洋そのものを，あたかも運河の機能として活用すれば良い」。弱冠30歳の鈴木が欧米の近代港湾の視察から得た結論が，臨海工業地帯による国土開発理念の基礎となった。

■松本に育まれた心

鈴木は，1889（明治22）年3月6日信州松本（長野県東筑摩郡松本町）に父・恒太郎の次男として生まれた。幼き頃は信濃川上流の一支流である女鳥羽河畔で泥鰌を取り河鹿を聞いて過ごし，その山国の自然の印象は鈴木の心にいつまでも色濃く残った。松本の開智小学校から長野県第一の名門校である旧制松本中学に進学する際は主席で合格するなど，特に数学に抜群の力を示した。中学時代の鈴木は，野球部のマネージャーや，雑誌の編集部長をやるなどの非常に活発で行動的な側面も見せていた。特に野球部のマネージャー時代，わが国で初めてのスクイズプレーを具現したことは，後々まで鈴木

高等官昇任当時の鈴木雅次

の自慢話の一つとなっている。もともと芸術を志すことにも大きな憧れを持っていた鈴木は，「絵を描きつつも『万人の生活に必ず寄与する道』に人生を託す」と考え，大学進学では建設部門を選び，九州帝国大学土木工学科に第一期生として入学した。鈴木が信州の出身にもかかわらず西日本の九州帝国大学を選んだ理由は，この大学の発足当時から構造力学専門の林桂一教授がおられ，この先生を慕ってのことであった。

■土木技術者としての船出

富国強兵策により国力を高めていった日本は，鈴木が松本中学校に入学した翌年の1904（明治37）年に日露戦争に突入，一躍世界の列強の仲間入りをするに至った。その後，1914（大正3）年に始まった第1次世界大戦を契機にした世界的な軍需の増大で，日本は空前の好景気を迎えた。鈴木が九州帝国大学の土木工学科を卒業したのは，期せずしてこの大戦の始まった年に一致する。この年すなわち，1914（大正3）年は，土木学会が設立された年でもある。1875（明治8）年および翌1876年からそれぞ

中学生時代の作品　松本市開智記念館蔵

れ5年間，フランスへ留学したことのある古市公威と沖野忠雄が還暦の祝いの募金を受け取らなかったため，その基金で土木学会が設立されることになった。古市が初代会長に就任し，その就任に当たり，新しく土木技術の総合技術としての重要性を力説したことは有名である。まさに日本の近代土木技術が西欧技術を一応消化し，土木学会発足により自立宣言をしたこのような時期に鈴木は学窓を巣立ち，日本の土木事業への奉仕が始まったのである。明治時代に治水を始め土木事業の大きな方向づけがなされたものの，どの大事業も緒についたばかりの状態で，本格的事業実施は大正時代に引き継がれた。鈴木は，卒業後直ちに内務省利根川直轄工事の現場に勤務したが，その後全国の重要港湾の調査設計，地方中小港湾の技術・監督指導に当たった。その優れた先見性のある指導には全国からの期待が寄せられ，全国の港にして直接間接に鈴木の手にかからざるはなしとまでいわれた。特に河川の付帯工事としての暗渠設計が，当時横断面の計算のみに重点が置かれ縦断面の設計はほとんど考慮されていなかったため，暗渠が横に亀裂を生じ大きく破壊する例が多いことから，弾性基礎の理論に基づいた縦断面計算法を提案した。この成果は学術的に高く評価され，1927（昭和2）年には工学博士の学位を取得している。鈴木は年少の頃から数学の感触，すなわち算術の感覚が鋭く，これが土木事業に活かされた一面であった。

■慧眼が生んだ発想：臨海工業地帯

　鈴木は内務省入省後，「運河と産業」という研究テーマでいち早く欧米の近代港湾事情を視察している。そして，その海外視察から戻った1922（大正11）年に，「欧米の運河の調査研究」と題して報告をまとめ，「日本において運河は，国土の地勢から見ても所詮発達の余地がない。むしろ日本列島をめぐらす長大なる海岸線を活用し，港湾を数多く適正に配置し整備することによって産業を振興し，わが国のまわりの海洋その

ものを，あたかも運河の機能として活用すれば良い」と「運河と産業」論から「港湾と産業」論へ指向を切り替えるに至った。鈴木は，敢然と上司にその旨を具申し，それを受けた時の内務技監（原田貞介，第8代土木学会会長）は，全面的に賛成したのみならず，港湾の担当部門を置き，鈴木をその技師に任命した。この指向の切り替えがその後の日本における国土開発の理念を芽生えさせるもととなったもので，まさに慧眼というべきものであった。今日，産業構造等の変化の結果港湾の数が多いことが指摘されているが，「港の数を多くすることによって，各々の港が受け持つ後方地域がむしろ小さくなる。そのために背後地への搬送距離は短縮され，特に重量物を対象とする工業は，港の近くに立地することで有利となる」というのが鈴木の発想であったのである。この考え方を極度に合理化したのが臨海工業地帯であり，後にこの発想が活かされて日本の飛躍的経済発展を実現し，鈴木に文化勲章をもたらすことになったのであるが，それが本当に動き出すまでには，なお昭和30年代まで待たねばならなかった。

■**大戦と荒廃：教育と事業に専念**

　第1次大戦を契機とした好景気は，日本の繊維工業や重化学工業を大きく進展させたが，経済的にはやがて戦後恐慌による低迷状態が続くようになり，新たな恐慌への起爆剤を残して昭和年代に引き継がれた。この時期の1930（昭和5）年4月に日本大学工学部が新設されると同時に，鈴木は土木工学科の港湾工学担当の兼任教授として就任している。土木事業の実務に磨き上げられた鈴木の講義は，テキストだけにこだわることなく内外の港湾紹介，エピソード，処世術などに及び，受講者を魅了した。一連の講義の終わりにかけては必ず工業港と臨海工業の発展の重要性を力説したが，日本列島が変貌するほど繁栄する臨海工業などは，当時のような不況下の受講生の想像をはるかに超えるものであった。やがて日本は，長引く昭和の不況対策としての財政健全化・公債減額策とこれに対する軍事費の拡大策との相克の結果，軍事ファシズムの暴走を招いて第2次大戦に突入，未曾有の戦いの末，終戦を迎えることになる。その間にあって，鈴木は1924年に長女うた子，1931年に長男雄大をもうけ，家庭的にはやさしい父親であった。このことは，後にうた子が「限りなく温かい父でした」と語っていることからも窺える。

　大戦と荒廃の時代にあって鈴木は，今や信念と化した臨海工業論を温めつつ国内の事業実施に専念した。すなわち，1934（昭和9）年より5年間を土木局第2，および第1技術課長として，全国の重要港湾，直轄河川および砂防の調査設計の責任者としての責務を果たし，また府県施工の河川，港湾，砂防，水道，下水，水力発電の技術指導と監督の衝に当たった。そして，1934（昭和9）年8月には高等官に昇任している。1945（昭和20）年には全内務省系技術官の最高峰にあたる内務技監の要職に就き，河川など土木全般にわたり最高技術の権威としての重責を果たした。

夫人，母堂，長女，長男とともに　1938（昭和13）年2月

　大正から昭和にかけて日本の土木技術が自立の基礎固めを進める中，これを学問的に体系化した参考書はまだ多くの分野で未整備であった。鈴木は，日本大学工学部が新設され，土木工学科の港湾工学担当の兼任教授として就任した直後から港湾工学の体系化には相当に尽力している。1931（昭和6）年に発行された『港湾工学』は，昭和27年に改訂されて「港工学」となった名著であるが，当時大変な歓迎を受け，最高のテキストとして一世を風靡した。後に鈴木は，これらの著書について，「港湾を整備するといった土木の究極の目的は，そのすべてが幸福すなわちウェルフェアに帰着することは間違いないものである。しかしその港湾の個々の施設は，それぞれが目的を持っており，その目的が何であるかを明確にすることが必要である。そして，その個々の目的を達成するために必要な土木技術を説くことにした」と述べている。港湾構造物の設計例をふんだんに入れたこの著書は，その後の着実な港湾建設に，また優れた港湾技術者を輩出することに大きく寄与したことは言うまでもないことである。

■戦後復興と高度経済成長

　戦後は，国土荒廃の中から立ち上がるべく，社会基盤再建への並々ならぬ努力が，土木技術者により始められていた。鈴木は，長年信念として持ち続けてきた臨海工業地帯による地域の経済開発の発想を今こそ日本の再建のため活かすべきであると考えていた。四囲の海洋を運河の機能として活用することが念頭にあった鈴木は，瀬戸内海の水島を視察し，水島がわが国で有数の工業基地になり得るとの折り紙をつけ，岡山県当局の認識を深めさせた。そして1947（昭和22）年には，国は水島港を運輸省指

定港湾とし、それに引き続いて岡山県も水島港の造成、工業港の建設に乗り出した。また、日本の社会資本整備の地域格差は極めて著しく、このような地域開発の要望は各地域から出ていた。例えば、苫小牧の海岸線は何もない砂浜で、漁港すらもなく小さな漁船が砂丘に引き上げられており、「苫小牧に港が欲しい」ということは、大正時代からの全市民の悲願であった。そして40年に及ぶ市民の運動が実り、1950（昭和25）年に国費30万円の調査費がついている。しかし、このような国・地方あげての地域開発の努力にもかかわらず、戦後の経済的復興の道はままならず、地域開発も停頓しがちであった。この経済的復興を大きく前進させたのは、1950（昭和25）年に始まった朝鮮動乱による大型特需ブームであり、戦前の軍備を支えてきた京浜・中京・阪神などを中心とする民間設備投資が拡大効果を生んで経済成長を続けた。1952（昭和27）年には日本大学に国土総合開発研究所が発足し、鈴木が所長に就任した。鈴木の研究目的の一つは、その前年にレオンチエフにより発表された産業連関分析による地域開発効果の分析法を具体的に適用してみて、その手法を確立することであった。すなわち、公共土木施設の整備からくる直接的波及効果だけでなく、ある産業が興り、これが他の産業に波及する間接効果をも算出して公共土木施設整備の事業効果を計測するもので、1958（昭和33）年には水島・大分鶴崎の臨海工業地帯に適用され、地域に対する理解の向上に大きく寄与した。日本の経済は、やがて「復興」から「成長」へと変わり、「技術革新に支えられた近代化」を目指して経済計画は1960（昭和35）年の「国民所得倍増計画」へと進展した。こうした経済成長の中、1958（昭和33）年頃より北海道開発をめぐる議論が盛んとなった。そして1960（昭和35）年、開発審議会に北海道開発基本問題調査特別委員会が設けられ、鈴木が委員長に就任したが、その調査報告では、「辺境地域における国土的機能の充実は、いかなる国、いかなる民族もこれを切望して止まないものであり、北海道の開発は、必然的に重要施策の一つとして強力に推進さるべきものである」と明記され、北海道開発の方向づけが明確となった。

■地域開発を可能にした港湾技術

1950（昭和25）年に国費が認められて以来、苫小牧港の開発調査は続けられていた。この海岸のように外海に面した砂浜海岸での港湾の建設例は皆無に近く、あるとすればかつて1872（明治5）年に来日したオランダのファン・ドールンの技術指導に基づく仙台湾の野蒜港があったが、1884（明治17）年の台風により、港口は砂で埋まり防波堤は倒壊した。これは、波や流れに乗って海底の砂が移動する「漂砂」に原因があるが、「一体どの水深でどの程度漂砂現象があるのか」についての知見は世界的に見ても皆無であった。そこで採用されたのが当時としては最先端の技術であるラジオアイソトープの利用による漂砂調査であった。1954（昭和29）年に、北海道開発局猪瀬寧雄工博らは、亜鉛・コバルト・スカンジュウムなどの放射性同位元素を含んだ放射

現在の苫小牧西港

性ガラス砂をつくり，これを苫小牧海岸に投入した。そして大波が来た後の広がりを放射能検知機で測定し，世界で初めて外海海岸における漂砂調査を行った。その結果，水深別の漂砂のはげしさの定性的特性はつかむことができた。これらの結果を踏まえ，当時苫小牧工業港修築調査委員会委員長の鈴木は，「港口が砂で埋まらないようにするには，防波堤を相当深いところまで出す大規模な港でなければ成功しない。それには莫大な費用がかかるが，その費用を回収するには内港を陸に掘り込み，大臨海工業地帯を造成すべきである。そして苫小牧港は，北海道開発のためにも，国策としても重大な使命をもっている」と明言，その画期的な発想と卓見が港湾整備に活かされて事業は順調に進められた。そして 1963（昭和 38）年 4 月，苫小牧港は開港し，石炭積込第一船が入港した。同年鈴木は日本港湾協会会長に就任し，苫小牧港の成功を，以後の鹿島港，新潟東港，福井港等の掘り込み港湾の成功へと繋げていった。1944（昭和 19）年から翌年にかけて第 32 代土木学会会長を務めた鈴木は，日本の土木技術を大きく進展させ，経済発展の基盤を築き上げた功績により，1965（昭和 40）年度に土木学会功績賞を受けている。

■ 文化勲章の受賞

1968（昭和 43）年 11 月 3 日，菊花香る文化の日に，鈴木雅次に対し皇居において文化勲章の伝達式が行われ，翌 4 日には教育会館にて文化功労賞の顕彰式が行われた。土木界で初めての文化勲章の受賞に関係の官界・学会・財界・政界をあげての祝福を

松本城にて　1968（昭和43）年2月

受けた。受賞の趣旨は、「港湾工学，特に臨海工業地帯の研究で優れた業績を上げ，港湾投資効果を主体とした土木計画学の新分野を開拓した……」とあり、さらに性行について、「氏は温厚篤実にして清廉潔白であり，常識に富んだ極めて円満な人格者である。……人に対して温愛をもって交わり，氏の誠意あふれるまたユーモアを絶やさない物腰に感銘を受けない者はいない」と記されている。まさに鈴木の性格が的確に述べてあり、ゴルフを好み駄洒落が飛び出す抱擁の精神に、これまで鈴木に接した多くの人々が深く敬愛の心を持った。

　鈴木は1987（昭和62）年，98歳で天寿を全うした。晩年、相当の高齢に至るまで壮者をも凌ぐ、かくしゃくたる話し振りであったとのことである。

[4] 鉄道を築いた土木技術者たち

鉄道と土木技術者：通史	執筆：小野田滋
〔人物紹介〕　エドモンド・モレル	執筆：森田嘉彦
井上　勝	執筆：原田勝正
長谷川謹介	執筆：小野田滋
那波光雄	執筆：小野田滋

鉄道と土木技術者：通史

■ 土木技術者と鉄道

　1872（明治5）年10月14日，新橋停車場において明治天皇を迎えて鉄道開業式典が盛大に挙行され，鉄道は汽笛一声とともに近代文明の牽引車としてその歩みを開始した。それは世界の歴史から見ればほんの些細な出来事にすぎなかったが，まだ極東の小国であった日本にとってまさに歴史的な大イベントであった。やがて鉄道は，ネットワークの拡大とともに文明開化の到来を人々に示し，人や物の動きが活性化されることによって日本の産業も飛躍的な発展を遂げることになるのである。その鉄道網の整備を行う上で，土木技術の習得は不可欠であった。このため，明治期の鉄道技術は，まず土木技術者たちが中心となってその国産化に努力し，車両を管理する機械技術者がこれに次いだ。以下，わが国における鉄道技術の国産化体制がほぼ整う明治末期までを対象として，その発展に寄与した土木技術者たちを概観してみたい。

■ お雇い外国人と初期の日本人技術者

　わが国における初期の鉄道技術を担ったのは，イギリス人を主体とする外国人技師であった。イギリスは，1825（文政8）年に世界最初の機械（蒸気）動力による公共鉄道を開業させた鉄道の始祖国として，その当時における世界の鉄道技術をリードし，また多くの植民地において鉄道を敷設してきた実績があった。西洋技術の摂取にあたってどの国の指導を得るかという点は，その後の技術移転の成否に少なからず影響を与えているが，鉄道に限るならばこうした技術力と経験を持つ国の指導を得たことは幸いであった。

　1871（明治3）年，エドモンド・モレルをはじめとするイギリス人技師一行が来日し，新橋・横浜間の鉄道建設が開始された。モレルは最高責任者である初代建築師長として鉄道工事全般を指揮したが，鉄道の開業を待たずその翌年に客死し，日本の土と化してしまった。しかし，その短い在任期間中に行ったいくつかの建言は，のちのわが国における工業技術の発展に大きな指針を与える重要なものであった。すなわち，技術系組織の自立と，高等教育機関の設立であった。この建言はやがて技術系全般を掌握する省庁である工部省の設置と，その直轄高等教育機関である工学寮（のち工部大学校）の設立へとつながり，わが国の近代化政策の基礎を固めることとなるのである。モレルの死後はリチャード・ヴィッカース・ボイルが2代目建築師長としてこれを継ぎ，東京と関西を結ぶ幹線鉄道の路線調査にあたったほか（当時，中山道案と東海道案があった），建築副役として京浜間の測量や京阪神間の鉄道建設などに従事したジョン・ダイアック，ジョン・イングランド，チャールズ・シェパード，建築助役

として橋梁工事にその手腕を発揮したセオドア・シャンなどが上級職として活躍した。このほか，絵図師，書記役，時計看守，鉄道警察取締などの中級職，木工，石工，泥工，冶工，造車工，運転方，汽車器械方，潜水夫，ポイントメンなどの下級職を含め，最盛期である1874（明治7）年には総勢115人ものお雇い外国人が鉄道関係の業務に携わっていた。このほか，初期における北海道の鉄道建設は開拓鉄道の伝統を持つアメリカ人技師によって行われ，1878（明治11）年に来日したジョセフ・クロフォードが北海道開拓使鉄道建設兼土木顧問としてその任にあたったほか，明治20年代に建設された九州鉄道はドイツのヘルマン・ルムシュッテルを顧問兼技師長として招聘し，その指導を仰いだ。

一方，日本側の最高責任者である鉄道頭・井上勝は，ロンドン大学留学時に土木工学と鉱山学を修めており，伊藤博文，大隈重信といった鉄道推進派の政府要人のバックアップを得ながらお雇い外国人と渡り合って鉄道業務全般を統率した。井上は初期の段階でいずれこの程度の技術は日本人だけでも実施することが可能であるとの認識を持っていたが，その配下にあった現場の職人たちも石工や左官などわが国の伝統技術を活かしながら未知の西洋技術を巧みに摂取した。その様子は，お雇い外国人からも「労働者は非常に知的で勤勉である」「人びとは今や鉄道を理解し，これ以上優秀な労働者はないのだが，多くの日本人の職人やあらゆる種類の労働者は鉄道建設において養成されたのである」（ポッター著，原田勝正訳"日本における鉄道建設"「汎交通」Vol. 68, No. 10 (1968) より抜粋）と高い評価を受けるほどであった。ことに「橋梁小川」の異名をとり，橋梁架設にその才覚を発揮した小川勝五郎，大工棟梁で新橋停車場などの建築工事に活躍した大島盈株などの名が挙げられる。

■本格化する技術者教育

わが国の鉄道における技術者教育の嚆矢は，1872（明治5）年，新橋駅構内に開設された電信修技生養成所であった。その後，鉄道建設が進むにつれて日本人も鉄道工事に習熟し始めたため，高給で優遇されるお雇い外国人は特別な場合を除いて雇用しないこととなった。1877（明治10）年，井上勝はボイルの後任として3代目建築師長となったトーマス・シャービントンやオランダ留学の経験がある飯田俊徳とともに，数学，製図，力学，測量，土木工学，機械工学，運輸全般などを教える教育機関として大阪停車場構内に工技生養成所を設立した。生徒は鉄道部内から学問の心得がある少壮者が選抜されたが，その中から将来の鉄道建設を担う技術者が育った。工技生養成所は工部大学校や東京帝国大学にその役割を譲ってわずか5年で閉鎖されてしまったが，24人の卒業生の中には，東海道本線や七尾鉄道の建設にあたった武者満歌，のちに独立して三村鉄工所を設立し信号機器の国産化に功績を残した三村周，初めて日本人のみの手で完成した逢坂山トンネルの工事を指揮した国沢能長，わが国で初めて1000mを超えた柳ケ瀬トンネルを担当し，のちに台湾の鉄道建設で活躍した長谷川謹

介，東海道本線や篠ノ井線の建設を担当した吉山魯介，私設鉄道の監査業務に貢献し軌道負担力の研究にも功績のあった西大助，パウネルの助手として橋梁設計に活躍した古川晴一などがいた。彼らは卒業後ただちに即戦力として東海道本線の建設現場などに散らばり，現場の作業員を叱咤激励しながら経験を積むことになった。その後の鉄道における技術者の養成方法は，まず現場を経験させ，それぞれの適性を見極めながら専門分野のエキスパートを育てることが半ば意識的に行われたが，こうした現場重視の人材育成は，鉄道の伝統として脈々と受け継がれることとなった。

工技生養成所の卒業生とともに明治期の鉄道技術を担ったのは，工部大学校と東京帝国大学（時代とともに名称の変遷があるが，本稿では原則として東京帝国大学と総称する）の卒業生であった。工部省直轄の大学として発足した工部大学校は，1896（明治19）年に帝国大学令によって東京大学と合併して帝国大学工科大学となるまで，多くの技術者を鉄道界に送り込んだ。1879（明治12）年卒にグラスゴー大学留学を経て山陽鉄道などの建設に功績のあった南清，1882（明治15）年卒に各地の私設鉄道の建設に功績があった笠井愛二郎，九州鉄道技師長を経て岩倉鉄道学校の初代校長となった野辺地久記，1883（明治16）年卒に朝鮮の京釜鉄道の測量や奈良鉄道の建設に功績のあった河野天瑞，琵琶湖疎水を完成させたのち北海道の鉄道調査に大きな足跡を印し，のちに京都帝国大学教授となった田辺朔郎，グラスゴー大学留学を経て北越鉄道や成田鉄道など多くの私鉄経営に関わった渡辺嘉一，内務省勤務や東京帝国大学助教授を経て山陽鉄道の建設にあたり，のちに鉄道院官房研究所長となった山口準之助，1884（明治17）年卒に中央本線笹子トンネルを完成させ，のちに鉄道院副総裁となった古川阪次郎，工部大学校教授を経て大倉組（現・大成建設）に転じ各地の鉄道建設にあたった久米民之助らがいる。

一方，東京大学土木工学科の第1期生は1878（明治11）年に卒業したが，その中に鉄道局を経て日本鉄道，九州鉄道の建設にあたり，鉄道大臣，満鉄総裁に栄進した仙石貢がいた。1881（明治14）年卒には東京帝大教授を経て関西鉄道社長としてその建設にあたった白石直治，濃尾地震の復旧や奥羽本線の建設に功績を残しのちに満鉄総裁や東京地下鉄道社長を歴任した野村龍太郎，1883（明治16）年卒に横須賀線の工事を担当し朝鮮の鉄道建設に功績のあった大屋権平，1886（明治19）年卒に鉄道路線調査や朝鮮における鉄道建設に活躍した久野友義，東京市街鉄道や成田鉄道，京阪電気鉄道など私鉄の経営に功績を残した佐分利一嗣，1887（明治20）年卒に碓氷峠の鉄道建設を担当した渡辺信四郎，白石直治の下で関西鉄道の建設工事に功績のあった井上徳次郎，1888（明治21）年卒業に山陽鉄道を経て南清とともに独立して鉄道工務所を開設して各私鉄のコンサルティング業務を行った村上亨一，1889（明治22）年卒に九州鉄道や北陸本線の建設にあたった国澤新兵衛，1890（明治23）年卒に内務省から転じて篠ノ井線冠着トンネルの建設にあたった石丸重美，東京市街高架線の建設にあた

り鉄道院技監となった岡田竹五郎，内務省を経て朝鮮の鉄道建設を行い後藤新平の下で広軌改築計画をまとめた石川石代，1891（明治24）年卒に内務省を経て鉄道院に転じ，のちに東京市電気局長となった長尾半平らの名を見いだすことができる。また，1877（明治10）年に札幌農学校を卒業した廣井勇は卒業直後に日本鉄道荒川橋梁の工事を担当したほか，東京帝国大学教授となってからも鉄道院嘱託として関門鉄道橋（実現せず）の設計を行うなど，鉄道技術の発展にも尽くした。

このほか，こうした高等教育機関の卒業生が幹部技術者として育つまでの間，海外留学の経験者がその空白を埋めた。先述の井上勝や飯田俊徳はその典型的な人物であったが，その後も日本人最初のマサチューセッツ工科大学卒業生で1874（明治7）年に帰朝し，碓氷峠の鉄道建設などに功績のあった本間英一郎，アメリカ留学を経て1875（明治8）年に帰朝したのち釜石鉱山鉄道の建設にあたり，日本鉄道副社長となった毛利重輔，エジンバラ大学を卒業して1875（明治8）年に帰朝し，工部大学校助教授を経て日本鉄道，京都鉄道，中国鉄道などの技師長を歴任した小川資源，アメリカのレンセラー工科大学を卒業して1876（明治9）年に帰朝し，北海道の鉄道建設などに活躍したのち井上勝の後任として鉄道庁長官となった松本荘一郎，松本とともにレンセラー工科大学を卒業後1878（明治11）年に帰朝して北海道の鉄道建設にあたり，松本を継いで鉄道作業局長官となった平井晴二郎，グラスゴー大学とエジンバラ大学で学んで1881（明治14）年に帰朝し，日本鉄道の建設に尽力して帝国鉄道庁技監となった増田禮作などがお雇い外国人帰国後の鉄道技術を支えた。また，技術の自立が遅れた橋梁設計の分野では，チャールズ・アセトン・ワットリー・ポーナルが最後の建築師長として1896（明治29）年に離日するまでその任にあたり，わが国最初の鉄道用上路プレートガーダーの標準設計（いわゆるポーナル桁）を完成させたが，その後はアメリカのコーネル大学を卒業して1890（明治23）年に帰朝し，札幌農学校助教授や奈良県庁を経て逓信省入りした杉文三，前出の平井晴二郎などがこれを継承した。

こうした高等教育機関によって輩出された卒業生や海外留学経験者は，お雇い外国人に代わって土木技術の普及に指導的役割を果たしたばかりでなく，長じて鉄道業界や土木業界の重鎮として活躍することとなるのである。

■ 鉄道の発展と技術者

これまで述べたように，初期における鉄道技術はお雇い外国人が伝え，これを留学経験者や高等教育機関で学んだ技術者たちが自家薬籠中のものとした。しかし，鉄道工事が全国規模で行われるようになると，ごく少数の専門技術者だけですべてをカバーすることが困難になり，中堅技術者の養成が急務となってきた。こうした中堅技術者の養成機関としては，1886（明治19）年創立の攻玉社（現・攻玉社工科短期大学），1888（明治21）年創立の工手学校（現・工学院大学）などいくつかの教育機関がその役割を果たしていたが，野村龍太郎，笠井愛次郎らによって1897（明治30）年に

設立された岩倉鉄道学校（現・岩倉高等学校）は，わが国最初の鉄道専門の私立学校として，今日まで一貫して多くの鉄道人を育てた。このほか，鉄道技術者が各教育機関の教鞭を執ることによって，さらに次の世代を担う人材が育成されたが，東京帝国大学に招聘された野辺地久記，京都帝国大学に招聘された那波光雄，田辺朔郎などがそのさきがけとなった。

　1906（明治39）年から翌年にかけて行われた鉄道国有化により，全国の幹線を構成していた私設鉄道の大半が国有化され，帝国鉄道庁（翌年，鉄道院に改組）が発足した。鉄道国有化とともに，それまで各社によってまちまちであった技術基準の体系化が促され，橋梁の標準設計やトンネルの断面，レールの断面などが全国一律の基準に統一された。この時期の鉄道行政に大きな足跡を残したのは，初代鉄道院総裁・後藤新平であった。後藤は，国有化された鉄道院という巨大な組織を大家族主義でまとめ，強力なリーダーシップで組織の拡充を図った。そして1909（明治42）年に鉄道院中央教習所（のち国鉄中央鉄道学園として多くの鉄道人を輩出）を設立し，鉄道部内における中堅技術者の教育が開始された。またこれより先，1907（明治40）年には，鉄道調査所（のち大臣官房研究所を経て現在の鉄道総合技術研究所）が設立されて鉄道技術に関わる調査・試験・研究を組織的に行う体制が整えられた。

　この時期の鉄道技術を支えたのは，明治20年代後半から明治30年代の鉄道国有化以前に採用された土木技術者たちであった。1893（明治26）年採用には，北陸本線や山陰本線などの建設にあたった遠武勇熊，関西鉄道を経て鉄道における橋梁工学の第一人者となった那波光雄，1894（明治27）年採用には，日本鉄道を経て運輸・経営などにも足跡を残した杉浦宗三郎，中央本線，磐越西線，熱海線（現・東海道本線の一部）などの建設にあたった富田保一郎，1896（明治29）年採用には，阪鶴鉄道を経てのちに建設局長として狭軌派の論客となった大村鎖太郎，北海道炭砿鉄道を経てラッセル車の実用化や雪害対策など保線技術に功績を残し，のちに満鉄総裁となった大村卓一，北越鉄道，臨時台湾鉄道敷設部を経て北海道の鉄道建設や三信鉄道の建設に功績を残した稲垣兵太郎，1898（明治31）年採用には，運輸局長としてジャパンツーリストビューロー（現・日本交通公社）の創設や国際連絡運輸の開始など営業面に大きな足跡を残した木下淑夫，1899（明治32）年採用には，日本鉄道を経て鉄道信号の発展や私鉄の経営に業績を残し，鉄道次官に栄進した岡野昇，主として東北地方の鉄道建設に功績のあった矢内信讓，1900（明治33）年採用には，トンネル工学の専門家として熱海線や上越線の建設に活躍したのち京都帝国大学教授となった滝山与，初期における停車場の設計に寄与した竹内季一，1901（明治34）年採用には，地方の各保線所長を務めたのち朝鮮鉄道技師長となった松永工，1902（明治35）年採用には，初期の鉄筋コンクリート技術に指導的役割を果たし，のちに東京帝国大学教授となった大河戸宗治，ジャパンツーリストビューローの育ての親で東京市電気局長，京浜電鉄社

長などを歴任した生野団六，九州鉄道を経て門司鉄道局長で退官し，三河鉄道社長などを務めた米山辰夫，九州鉄道を経て各地の保線事務所長を歴任し，京成電鉄技師長となった大井田瑞足，1903（明治36）年採用には，羽越線のトンネル工事でわが国最初のシールド工法に挑戦し，のちに建設局長，満鉄副総裁，鉄道大臣などの要職を歴任した八田嘉明，1904（明治37）年採用には，各地の鉄道建設やトンネル工学の理論化に功績を残し，のちに北海道帝国大学教授となった小野諒兄，初期の電化工事の調査を行い，のちに帝都復興院土木部長に出向して震災復興に功績のあった太田圓三，アメリカの鉄道会社を経て帰国後は鉄道運輸畑を歩み，のちに満鉄理事となった大蔵公望，1905（明治38）年採用には，山陽鉄道を経て工務局長に栄進した加賀山学，陸羽線や熱海線の建設を行い建設局長，貴族院議員となった中村謙一，工務局長を経て南海鉄道技師長や江若鉄道社長などを歴任した後藤佐彦，イリノイ大学留学を経て初期の鉄筋コンクリート高架橋の設計を行い，のちに独立して建築家として活躍した阿部美樹志，1906（明治39）年採用には，鉄道院勤務を経て東京帝国大学教授として衛生工学の基礎を築いた草間偉，山陰本線などの工事を担当し，のちに大阪市電気局長として地下鉄御堂筋線の建設に功績のあった橋本敬之などがいる。この中には，木下淑夫，生野団六，大蔵公望などのように土木出身でありながら鉄道の運輸，営業，行政面にその手腕を発揮した人物や，退官後も公営交通や私鉄の経営で足跡を残した人物も存在し，この時期における土木技術者がいかに鉄道の中枢として縦横無尽に活躍していたかが理解される。

■鉄道土木の時代

わが国における鉄道技術の自立は，初期におけるお雇い外国人の指導を経て，明治10年代から20年代にかけては留学経験者や工技生養成所の卒業生，さらに工部大学校や東京大学の卒業生の活躍によって継承され，自立の道を歩むこととなった。しかし，明治期における鉄道技術は，まず基本的な技術をしっかりと身につけ，国産化することに主眼が置かれ，独自の技術を開発するだけの余裕はまだなかった。ことに，鉄を素材とする蒸気機関車や橋梁，レールの国産化は遅れ，ようやく軌道に乗るのは明治末期から大正期を待たなければならなかった。また，技術基準の整備が本格化し，技術動向の調査や試験・技術開発などを行う研究所が設立されるのは1907（明治40）年の鉄道国有化以降であり，ようやく日本の国情にあった鉄道技術を工夫するための下地が整えられるのである。こうした努力の結果，大正時代には未曾有の難工事となった丹那トンネルの建設が始まり，世界初の海底トンネルとなった関門トンネルの調査が本格的に開始されたほか，急流河川でも足場を組むことなく橋梁を架設できる操重車が考案されるなど，注目すべき成果を生むこととなった。

鉄道は明治期におけるわが国最大の公共事業として全国各地に土木技術を広めたばかりでなく，建設業の育成や請負契約のシステムを確立するなど，業界にも大きな影響

を及ぼした。そして連綿と続いた鉄道建設を通じて技術はさらに次の世代へと継承され，やがて世界の鉄道技術に新たなページを開いた新幹線の誕生へとつながるのである。

引用・参考文献

1) 土木学会編，明治以降本邦土木と外人，1942年
2) 山田直匡：お雇い外国人④交通，鹿島研究所出版会，1968年
3) 日本交通協会編：鉄道先人録，日本停車場，1972年
4) 瀧山養：部門別にみた事業と人物譜（鉄道），土木学会誌，第67巻，第11号，1982年
5) 沢和哉：鉄道の発展につくした人びと，レールアンドテック出版，1998年
6) 中村尚史：日本鉄道業の形成（1869〜1894年），日本経済評論社，1998年
7) 丹羽俊彦：東京の鉄道網の骨格形成過程の研究，東京大学学位請求論文，1999年

エドモンド・モレル ── 明治日本近代化への助言者

　横浜の外人墓地に明治維新直後に来日し，わずか1年半の間に明治日本の近代化に多くの功績を残して不帰の人となった一人の英国人技師が妻と共に眠っている。1962（昭和37）年に時の国鉄総裁十河信二によって設けられた墓碑には，次のように記されている。

　"エドモンド・モレル (Edmund Morel) 氏は1841年英国に生まれロンドンおよびパリで土木工学を修め，1870年3月（西暦4月）初代建築技師として来訪，新橋横浜間および神戸大阪間の鉄道工事を主宰し，わが国鉄道の創業にすぐれた功績を残した。またしばしば時勢に適した意見を政府に建言し，これまたわが国の土木工学の進歩に寄与するところ多大であった。不幸にして途中過労から年来の肺患が悪化し1871年9月23日（西暦11月5日）工事なかばに逝去。夫人もまた12時間後，あとを追い不帰の人となった。"(注)

エドモンド・モレル（1840.11.17-1871.11.5）交通博物館提供

　鉄道創業への貢献のみでなく，ここで"時勢に適した意見を政府に建言し"とあるのは，モレルが公共事業を一括して扱う独立官庁の設置やエンジニアリング大学の創設を提言したことを指し，これらはいずれも，当時の開明派リーダー大隈重信，伊藤博文らによって実現されている。来日から死に至るわずか1年半の間に一人の英国人技師がこれだけの足跡を残したことは驚嘆に値する。

■イギリスにおけるモレルの足跡

　墓碑には1841年生まれとされているが，出生証明によればモレルは1840年11月，ロンドンの中心ピカデリーサーカスに面したイーグルプレイス1番地で生まれている。彼は病弱な青年であった。16歳当時に通っていたキングスカレッジスクールの記録によると，この夏の一学期の間に，病により少なくとも17日休んだとされている。

　当時のロンドンは煤煙に汚れた町であった。生まれながらの喘息持ちであったモレルがロンドンを離れ，その後の来日に先立ち1862年から1865年にかけてニュージーランド，オーストラリアで土木事業に従事しているのは，転地保養を兼ねてこうした土地に職を求めたとも想像できる。だとすれば，1870（明治3）年春からの日本での鉄道建設作業は，彼の健康にとってかなりの負担が予想されていたはずである。当時の日本がお雇い外国人にとって極めて過酷な環境であったことは，モレルとほぼ時を同じくして来日した初期の鉄道お雇い英国人19名のうち，モレルを含め4名が日本で死

亡，3名が病のために帰国せざるをえなかったことからも知ることができる。1871年11月11日付 The Japan Weekly Mail のモレル追悼文によれば，彼は豪州での新たな仕事が予定されていたにもかかわらず日本での職を選んだとされている。肺を患うモレルを日本に駆り立てたものは，一体，何だったのであろうか。

■鉄道建設事業をめぐる困難

モレルは1870 (明治3) 年4月9日の来日直後，4月25日には汐留付近から測量作業を開始している。しかし，当時の鉄道建設事業の実施は決して容易ではなかった。

まず，明治維新直後の日本で，外国人を中心として鉄道建設という目新しい事業を行うに際し，外国人技師に危害が加えられるという危険があった。また，鉄道事業は外交問題にも巻き込まれた。開国日本への食い込みをねらう諸外国にとって，鉄道事業受注は，極めて魅力的な機会であり，英国と米国が激しい競争を繰り広げている。最終的に明治政府はパークス公使による日本の主体性を尊重した形での協力という方針を受け入れ，英国勢に発注することとしたが，米国政府は極めて高圧的な態度で明治政府に抗議している。

さらに，明治政府内部でも鉄道をめぐる論争が繰り広げられている。伊藤博文を中心とする長州派と大隈重信とが推進派であった。大隈は後年 (明治35年) "その当時においては伊藤侯，われわれはそれほど政治上に勢力を持たない時でありましたが，しきりにその当時の先輩に向かってこの封建を廃することが必要であり，これを廃して全国の人心を統一するには運輸交通の不便を打破することが必要である。また封建的割拠の思想を打ち砕くには余程人心を驚かす事業が必要であると考え，それから鉄道を起こすということを企てましたのでございます"と語っている。長州の総帥木戸孝允はこうした大隈・伊藤らの主張を支持していたが，一方，西郷隆盛は"開国の道は早く立たき事なれども，外国の盛大を羨み財力を省ず漫に事を起しなば，終に本体を疲らし，立行べからざるに至らん。此涯蒸気仕掛の大業，鉄道作の類一切廃止し，根本を固くし兵勢を充実するの道を勤むべし"と言い，大久保利通も"空論に馳せ新奇を好むべからず，且緩急順序を弁別し進歩を急がず"と慎重な発言を行っている。こうした明治政府部内の意見対立は工事にあたるモレルに精神的負担をもたらしたであろうことは想像できる。現にモレルは1870年5月の書簡で"日本政府側では大隈と伊藤の両人が頼りである"と書いている。

■長州藩留学生と鉄道建設

日本の鉄道創業を追うと幕末1863年密出国して英国に向かった5人の長州藩留学生に思い至らざるをえない。この5人のうち4人までが鉄道創業に大きな足跡を残している。伊藤博文，鉄道頭井上勝，主管官庁たる工部省少輔山尾庸三，財政の元締め大蔵省大輔井上馨である。

5名の密留学生は1863年11月ロンドン着，ユニバーシティ・カレッジで高名な科学

教授ウィリアムソンの下で学んでいる。特に伊藤ら3名は同教授の家に下宿しているが，その地はチョークファームと呼ばれる当時のロンドンで最大の鉄道操車場と目と鼻の先であった。また，最寄りのカムデン駅から鉄道通学していたであろうことも想像できる。帰国，明治維新を経て大隈，伊藤が"封建的割拠の思想を打ち砕くための余程人心を驚かすべき事業"を求めた際，伊藤の頭には留学当時のチョークファームの鉄道操車場，鉄道通学の記憶が蘇ったものと思われる。

■技師としてのモレルの評価

まず日本側の記録から見るとその評価はかなり高いといえる。

死亡に4日先立つ1871年11月1日，病床にあったモレルに天皇は"工部建築の事に従い，日夜勤勉怠らず，故をもって東京横浜及神戸大阪間鉄道殆ど落成に至り，建築の学科も亦随って開け，我人民に永世の洪益を受けんとす。是れ単に汝が艱苦と才能とに是れ由る"との言葉を贈っている。また，一つの逸話としては，在の英国人顧問技師が鋼鉄製枕木の使用を提案した際，モレルは日本には木材資源が豊富であること，防腐方法の開発が進んできていること，予算上の利点をあげて木製枕木の使用を主張，日本政府も彼の意見をとり入れている。ここにはモレルが日本政府の直面する制約をわきまえた上で工事を進めていこうとする姿勢が窺われ，これが当時の日本人関係者の評価にもつながっていると思われる。

他方，当時の外国人が技術的観点から新橋横浜間鉄道についての問題点を指摘している記録が残されている。例えば，開通から1年後に来日し検査を行った鉄道技師ホルサムは，"そこには完全に作り直さねばならない多くの技術的誤りがある。この鉄道はやってはいけないことのモデル"と記している。また，1869年に来日していた技師ブラントンも"最も悲惨な失敗作であり，むざむざ絶好のチャンスを失ってしまった"と酷評している。技術的評価は専門家に委ねざるをえないが，それにしても技術的見地から見る限り，日本最初の鉄道には種々の問題点があったように思われる。

伊藤博文は後に（明治35年），モレルに関し，"豪州に居って多少建築のことに従事して居った人であります。これも誠に忠実な人であって鉄道建築のことについては，非常なる経験のあった人とは考えませぬけれども，まず日本の少距離の鉄道位築くことについては不足はなかったと考えます"と述べている。来日前の豪州，ニュージーランドでのモレルの経歴も必ずしも鉄道の専門家ということではなく，土木全般についてのアドバイザーであったようである。こうしてみると，伊藤博文の話が，技術者としてのモレルへの当時の評価を示しているように思われる。

■明治日本近代化へのモレルの貢献

灯台技師として来日したブラントンは，当時のお雇い外国人の身の処し方について，自分から主導権を発揮し先進的手法を進めるやり方と基本的には日本人のやり方を尊重しつつ助言するやり方の2つに整理しているが，モレルは後者に近かったであ

ろう。また，モレルの場合，生まれながらに病弱であったことが，自己主張を抑え，周囲の大きな流れを感知し，その中で実際的な指導を行うという性格を形づくったかと思われる。

　モレルは英国では無名であり，病弱のため満足な通学もままならず，近視であったため正式な技師資格もとれていない。鉄道建設についての技術的観点からの批判もある。しかし，日本政府，特に大隈，伊藤ら当時の開明派リーダーへの助言者として，また彼らの支援の下，鉄道建設という当時の象徴的事業を通じ維新直後の明治日本と英国の技術との間の架け橋として果たした功績は大きい。1871年11月11日付の The Japan Weekly Mail は，彼の追悼文の中で"鉄道の建設は彼にとって単なる輸送手段の改善には留らなかった。それは日本の文明を開化させることであり，生まれて間もない明治政府の基盤を整えることであり，人々の生活福祉を高めることであった"と書いている。

　モレルが結果として果たした役割は，技師という以上に教育者，明治日本近代化への助言者であったといえる。これは伊藤博文の"現下のわが国の状況はスペシャリストではなく，有能なインストラクターを望んでいる"という発言に符合している。しかも，モレル自身が自らの役割を"技師"という位置に置き留めたことが，当時，自らの手による経済建設，外国依存からの脱却を求めていた日本政府の方針を無理なく受け入れ，それに沿った率直かつ実際的な助言を明治日本の開明派に与えることを可能にし，日本側から評価，尊重されるに至った所以であったと考えられる。モレルとの交わりが最も濃密であった伊藤博文は，後年（明治35年），"モレルの考察は日本の将来をおもんぱかり，鉄道建築とともに人材を養成せんと企図せし形跡は明白なり。是れ余が彼の我日本に忠実にして其人を得たりという所以なり"と語っている。

横浜外人墓地のモレルの墓碑　交通博物館提供

引用・参考文献
1）　鉄道時報，第141-147号（明治35年5-7月）
2）　田中時彦：明治維新の政局と鉄道建設，吉川弘文館，1963年
3）　The Japan Weekly Mail, 1870-1872

(注)モレル夫人については日本人とする説がある。筆者はこれに与していないが，この点については平成7年11月10日付日経新聞文化欄，「汎交通」平成9年2月号参照。

井上 勝 ── 日本の鉄道基礎を築いた第一人者
(いのうえ まさる)

■鉄道は日本近代化の「牽引車」

　21世紀の開幕直後に，日本の鉄道は創業130周年を迎える。その歴史は，日本の近代のほぼ全期間にわたっており，この間鉄道は，経済・社会はもとより文化の面でも近代化を推進する役割を担ってきた。

　その鉄道も，最初に計画を立て，イギリスで資金を募集し，技師を雇い入れ，資材を調達して，工事に着手したとき，果たして「自前の鉄道」として自立することができるのかという疑問は，関係者の間にかなり強かったのではないかと思われる。開業式の日のお召列車もイギリス人が運転していたし，建設工事から経営全般にわたって，イギリス人の手をわずらわさなければならない状態であった。

　これは，ヨーロッパや北アメリカ以外の地域で鉄道が建設されたときの通例といえるもので，そこから鉄道が植民地支配の尖兵であるという通念を生んでいった。しかし日本の場合は違っていた。下まわりの資材や器材は輸入しても，客貨車の製作を開始し，機関車の運転を自立させ，線路のルート選定から土木工事全般，橋梁やトンネルの工事もみずからの手で完成させるという態勢を，創業から20年ばかりの間につくりあげてしまった。そのころまでには駅長をはじめとする現場の業務運営や，中央における経営業務を，日本人職員の手で遂行する態勢が整えられたのである。

　1869（明治2）年に，東京と京都・大阪を結ぶ最初の建設計画が政府の手で決定されてから，ちょうど20年後の1889（明治22）年に新橋・神戸間の東海道幹線鉄道が開通した。この20年の間に，日本の鉄道は，上に述べたような自立の態勢をつくりあげたのである。最初の計画から完成まで20年という年月は，いまの通念からみればいかにも長い。しかし，この間に，少しも大袈裟な表現でなく，まさに苦心惨たんを繰り返しながら，日本の鉄道は自立への道を突き進み，それを実現した。このことを考えると，この20年はとても長く，その進度は遅々たるものがあったといえるが，その間に，一挙に自立を実現したという点を考えると，それは，近代化の「牽引車」としての鉄道の基盤を据えるための，貴重な20年であったということができる。

　その基盤づくりの先頭に立ち，その作業の中心となって活動した人物が，井上勝で

鉄道頭就任当時の井上勝

あった。井上勝は，日本における鉄道の基礎を築いた第一人者として位置づけられるが，それは，ただ単に鉄道をつくったというだけの意味に止まるものではない。上に述べたような，短い年月の間に，日本の鉄道を自立の方向に導き，自立の基盤をかためたという意味で，第一人者と呼ばれなければならないのである。

井上がいなかったら，果たして鉄道の自立はこれほど早く実現しなかったかもしれない。彼の課題，目標は，単に鉄道をつくることだけでなく，その鉄道が，外国の利害に動かされない日本独自の鉄道として機能するようにつくりあげることであった。そして，井上は，この課題を，綿密な思考と果敢な行動によって実現した。この点にこそ，井上を第一人者として位置づける根拠が認められなければならない。

その井上が，第一人者としての実績を積み上げていくことを可能にした彼の資質には，二つの要因があったと考えられる。第一は幕末の時期に彼が感じとった日本の状況についての危機感であり，第二はイギリス留学によって学びとった土木・鉱山についての専門知識と技術である。第一の危機感が，鉄道の早急な自立への道を進ませ，第2の専門知識と技術が，雇い入れたイギリス人に追従する必要のない水準で鉄道の建設・運営の作業を進めることを可能としたというべきであろう。どちらも，単に鉄道を建設するだけでなく，自立を早急に実現するために，欠くことのできない資質としてはたらいたことは間違いのない事実であろう。

すでに幕末の段階で，幕府・諸藩・特に幕府には専門官僚が育ちつつあったが，明治政府においては，各分野に，専門官僚が急速に育っていかなければならないという要請があった。財政・金融・産業・交通運輸・軍隊などに特に専門官僚の育成が求められていたが，そのなかで急速にしかも大量に専門官僚が育成されたのは鉄道であった。その理由は，井上自身が専門官僚としての地歩をみずから確立し，その地歩に立って，積極的に専門官僚を育成したからであった。その際に注目すべきことは，彼が，それまでの身分階層にとらわれることなく，職務について積極的な姿勢をとる人びとの能力を伸ばし，有能な人材の育成に努めた点であった。

このことは，まだ封建的身分意識が色濃くかげを落としていた当時としては，まさに画期的な姿勢であった。それは上に挙げた二つの要因からつくり出された彼の資質によるものであり，このような専門官僚の育成は，また鉄道の自立を推進するための重要な鍵をなしていたということなる。

しかも，井上は，専門官僚といっても，みずからが修得した専門的な知識や技術を使うだけの官僚ではなかった。彼は，将来の日本の進路を見通し，その進路に鉄道がどのようにかかわり，機能すべきかを常に考えて作業を進める姿勢を忘れなかった。もともと専門官僚とは，このような「経綸」を持ってその職務に全力を発揮すべきものである。しかし，それは，言うに易く行うに難い資格である。

その意味で，井上は，専門官僚のあるべき資格をみずから体現していた。彼が「第

一人者」として位置づけられる要素には、この点も大きくはたらいていたと言わなければならないであろう。

以下、井上勝が、どのようにしてその資質を養っていったか、そして、その資質を生かして、鉄道の創業にどのようにかかわったか、さらに、その鉄道の発展をどのように導いていったかといった点について考えることとしよう。

■青年期の旺盛な知識欲

井上勝は、1843年8月25日（天保14年8月1日）長門の萩に生まれた。父勝行は長州藩の要職を歴任、洋学にも関心を持っていた。彼は勝行の三男、幼名は卯八（卯年の8月生まれという意味か）、6歳のとき野村家の養子とされ弥吉と称したが、1855（安政2）年実父に伴われて江戸に出た。長州藩は、1853（嘉永6）年相模原宮田（現・三浦市南下浦町上宮田）の陣屋警備を幕府から命じられ、勝行は藩命によるここへの出向にあたって弥吉を同行させたのである。

12歳の弥吉は、藩の外に広がる世界をここで見た。1853（嘉永6）年のペリー来航以来騒然とする江戸の街は、彼に日本の危機感を植えつけたかもしれない。江戸の藩邸で、彼は2歳上の伊藤利助（俊輔、博文）と知り合った。これも生涯の友人を得たという点で彼の転機となった。

いったん萩に帰ったあと、「16歳の冬藩命を承て長崎に赴き」（村井正利『子爵井上勝君小伝』）オランダ士官から軍事教練を習う。ここから彼の目的を持つ旅の遍歴が始まった。半年後帰藩、今度は藩主の命で江戸に出て砲術を習う。しかし彼の志向はもっと広い視野を求め、そのために蘭学より英学が必要と悟って、九段下にあった幕府の蕃書調所に入った。英学を志向した弥吉は、すでに現実の要請を認識する力を持っていたのである。その蕃書調所に飽き足らず、函館に足を伸ばして兵学者の最先端を行く武田斐三郎に付き、同時にイギリス副領事から生の英語を学んだ。

こののち萩と江戸とを往復したが、知識への欲求は膨らむばかりであった。そのころ藩主は、人材育成のために藩の青年を海外に留学させる計画を立て、弥吉は、志道聞多（井上馨）、山尾庸三とともに選ばれた。これに伊藤俊輔、遠藤謹助が加わり、5人は1863（文久3）年6月横浜からイギリスに密航する。弥吉の英語を頼りに、5人はロンドンに着き、ロンドン大学で学ぶこととなった。弥吉の専攻は、鉱山、土木であった。前掲の井上の伝記に掲載された卒業証書に記載された彼の姓はNomuranである。よく酒を飲むので野村をもじって仲間が「呑乱」と呼び、それが通称になったという。しかし、5人の中でも、彼は大学で自分が選んだ専攻分野を大成させた点では随一といえるし、その修学の姿勢はまじめなものであったと推測される。「呑乱」君の得た成果は、まことに大きなものがあったというべきであろう。そして、彼の専門官僚への道は、この留学で決定的なものとなっていったのである。

しかし、鉄道官僚への道は、かなり偶然の機会によるものというべきか。最初から

「新橋汐留蒸気車鉄道局停車館之真図」(広重筆)

彼が選んだ道ではなかった。
■ 鉄道との運命的な出会い

　井上が帰国したのは，1868（明治元）年の末か翌年初めとされている。1864（慶応元）年四国連合艦隊の下関砲撃の報を聞いて，志道，伊藤が帰国したのちも，井上，遠藤，山尾の3人はロンドンに留まっていたが，幕府の倒壊，新政府成立という事態を知って3人いっしょに帰国した。井上は帰国すると，野村家から井上家に戻り，井上勝を名乗った。藩は，彼に留学によって得た知識を活かして，藩内にある炭坑などの管理を命じた。ところが東京の新政府で参議の職にあった同藩の先輩木戸孝允が，彼に上京を促してきた。彼が久しぶりに江戸から変わった東京に出ると，いきなり造幣頭兼鉱山正に任命された。1869年末（明治2年10月）のことである。頭は今でいえば局長，正は部長クラス，弱冠26歳の井上は，ここから専門官僚の道を進むこととなった。

　それにしても造幣・鉱山の兼任とは，いかに人材不足とはいえ無茶な話で，井上も面くらったと見える。造幣のほうは事業の基礎が固まるまでという約束をとりつけ，幕府から接収した鉱山の再建と経営に専念することとした。これでコースが決まったというとき，上京してから1カ月経つか経たないかというところで，予想もしない仕事が舞い込んできた。そしてこれが彼のその後の鉄道専門官僚としての方向を決定することになったのである。

　この年政府は，東京・京都を結ぶ幹線鉄道の建設を決め，12月2日（太陰暦11月5日）政府首脳と駐日イギリス公使H.パークスとの非公式会談が開かれた。この事業に民部少輔（民部省の局長クラス）として，同大輔（次官クラス）の大隈重信とともに昼夜の別もないほど打ち込んでいた伊藤博文が，イギリス側との交渉に井上を引っ張

井上の意向が反映された開業当時の大阪駅

り出したのである。12月2日の非公式会談の通訳をまかせたとも推測される。その後の交渉には、ことばだけでなく井上の専門的な知識がどうしても必要であった。特に1870年4月25日（明治3年3月25日）新橋・横浜間の工事が開始されると、専門的な知識を基礎に置く井上の交渉は、お雇い外国人と十分対等にわたり合うことができた。

　こうして、井上は鉄道の事業から離れることができなくなった。1871（明治4）年9月、前年に設置された工部省の鉱山頭兼鉄道頭、そして1872（明治5）年8月鉄道頭専任、鉄道に没頭できるようになって2カ月後の10月14日（9月12日）新橋・横浜間の開業式に漕ぎつけた。この間に、彼は、お雇い外国人技師長E.モレル（Edmund Morel）との交流によって自分の作業の方向を確かめていったと考えられる。1841（天保12）年生まれのモレルは井上より2歳年上で、いわば兄貴分として井上に様々な示唆を与えたと考えられる。しかもその示唆は、若年に似合わず筋の通ったもので、経費節約のために国産資材を使えと言い、技術の早急な自立が必要と言う。特に工部大輔となっていた伊藤博文に技術者養成機関の設置を進言する。井上は、このようなモレルの立場と行動に、みずからの姿勢のあり方を確認していったと考えられる。モレルは1871年11月5日（明治4年9月23日）病没したが、その後の井上の鉄道専門官僚としての姿勢や進路は、1年半ばかりのモレルとの交流によって固められたといってよいであろう。

■技術自立への努力

　モレル亡き後、そして開業後の井上の課題は、一つには線路の延長、さらに、もう一つ技術の自立に集中していった。

井上によって開設された工技生養成所の教師と生徒たち

　第一の線路の延長は、全く思うにまかせない状態であった。1873 (明治6) 年に地租改正事業が始まったばかりの当時、財政資金は枯渇状態で、殖産興業政策は行き詰まっていた。井上は「此等事情を不知顔に、或は正面に建議し、或は某々公に通り」（井上勝『日本帝国鉄道創業談』以下『創業談』) 建設継続を主張した。彼は1876 (明治9) 年には2回にわたって、当時工部卿の任にあった伊藤博文に建言書を提出した。伊藤は鉄道部井上勝の直属上官である。だから建言書と「おれ、お前」の仲の談じ込みと、両方使い分けたということであろうか。この熱意が通じたか、伊藤の運動が成功したか、西南戦争の翌年1878 (明治11) 年5月、まだ財政危機の中で起業公債条例が公布され、その資金の一部で、ようやく大津・京都間の建設が決定された。

　その後の建設については後に述べることとして、第2の技術の自立について見ることとしよう。1878 (明治11) 年8月に開始された大津・京都間の建設工事は、ほとんど日本人技術者と労働者とによって進められた。1877 (明治10) 年1月工部省の改組によってそれまでの鉄道寮が鉄道局となり、井上は鉄道頭から鉄道局長となったが、井上局長は、同年5月大阪に工技生養成所という職員の再教育による技術者養成機関を置いた。これはモレルの遺志を実現する仕事でもあった。この養成所の生徒たちを、井上は工事現場の各工区に配置して工事の計画・実行に当たらせた。最初の山岳トンネルである逢坂山トンネル (664.8m) の工事も、この生徒たちが設計、生野銀山から招いた鉱山労働者が作業に当たって完成させた。外国人がかかわったのは賀茂川橋梁の設計の一部だけといわれている。

　この区間の建設は、井上が「本邦鉄道技術上の一発展を記すべき時」（前掲『創業

』）と述べたように，技術の自立という点で画期的な意味を持っている。

井上は，モレルの遺志を継ぎ，伊藤と議論を交わし，その政治力にたよりながら自立の課題を推進した。それまでにも，彼は，日本の在来技術を活用し，独自の試算によって外国人の決めたルートを変更し，開業後の列車運行の確実の保持・施設保守の費用の節約，利用者の利便向上を図ってきた。例えば外国人が頭端式と決めた大阪駅の場合，井上は駅の位置を北に移して京都・神戸間の列車の折返しを必要としない通過式停車場とした。外国人の設計に依存したため，開業後現在に至るまで2回も移転を強いられた横浜（桜木町）駅とは大違いである。彼の計算は精密を極め，誰も異論をさしはさむ余地はなかったようである。しかもこの通過式停車場は，いったん造った頭端式から抜けきれなかった欧米の大都市ターミナルのあり方にも大きな示唆を与える業績として評価されるべきものである。

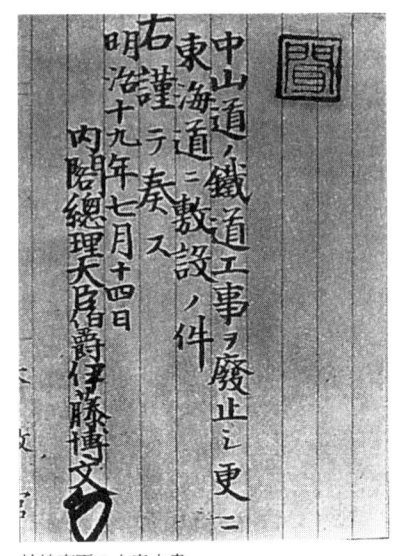

幹線変更の上奏文書

■ 幹線鉄道の建設

大津・京都間の開業［1880（明治12）年7月15日］ののちも，資金の不足は続き，幹線の東部にあたる東京（品川・上野）・高崎間は民間資金を導入した日本鉄道会社によるという状態であった。井上は鉄道局長としてこの工事を統轄するとともに，西部の敦賀・長浜・関ヶ原間と，いわばコマ切れに建設しなければならない工事を指揮しながら，全面的な幹線建設の正式決定を待ち望んでいた。

西南戦争後のインフレーションが大蔵卿松方正義の収束政策によって落ち着きを見せてきた1883（明治16）年，その7月に上野・熊谷間が開業したが，同年12月26日，政府は中山道鉄道公債条例を公布した。「予が当日の歓喜は生涯に又と無き事なりし」と，井上は『創業談』に書き留めている。1869（明治2）年の計画決定から14年，井上の夢が実現するときがきた。

そして，井上はここでも，大阪駅のときと同様に，遠い将来への見通しに立って独自の主張を貫いた。それは，この幹線鉄道が通るべきルートの選択についてであった。彼は建設が決まると，その翌年の1884（明治17）年5月，みずから予定されていた幹線ルートを踏査した。その結論は，このルートには難点が多いということだったようで，そのほかにも様々なデータによってもう一つのルート東海道の調査も進めた。それまで難所とされた富士，大井，天竜などの大きな川の架橋には自信があっ

た。問題は箱根越えの難所であった。彼は，当時新橋建築課長であった原口要に命じて，非公式に測量・調査をさせた。原口の下には，身分は低いが測量に熟達した職員が何人か育っていて，25‰の勾配で越えることのできる御殿場ルートの可能性が確認された。

　1886（明治19）年に入ると，前年内閣制の実施とともに首相に就いた伊藤に対して，井上は幹線ルートの変更を求めた。中山道ルートに固執していたのは，四国連合艦隊の下関上陸以来，外国軍隊の来襲を恐れる「長州の陸軍」と言われるほど長州閥の強い陸軍首脳であった。伊藤は，陸軍の領袖山県有朋に諒解を求めた。すでに朝鮮，中国への侵攻を考えはじめていた山県はこれを認めた。1886（明治19）年7月19日閣令第24号で，中山道鉄道から東海道鉄道へのルート変更が公布された。

　その後の工事は，外国人の手を借りることなく一瀉千里の速さで進められた。井上は，伊藤に「明治23（1890）年の国会開設の際には，関西や中部地方の国会議員は汽車で東京に運ぶ」と約束していた。工期は4年と限られ，その間に横浜・大府間，米原・大津間を仕上げなければならない。彼はみずから工事現場に出て督励した。のちに井上勝の銅像除幕式で大隈重信が回想したように，井上の「上に強く，下にやさしい」個性は遺憾なく発揮された。しばしばカミナリを落とすので「雷親父」と一面で恐れながら，現場の人々は，井上のやさしさを慕ったという。

　1889（明治22）年7月5日，ルート変更の決定から3年，約束の4年を1年残して新橋・神戸間は全通した。内閣制実施によって工部省が廃止され，鉄道局は内閣の外局となっていたから，鉄道局長官となった井上にとって，首相の伊藤は直属上官であった。ルートの変更には，この伊藤，井上のつながりが大きくはたらいた。井上にとって伊藤は，ここでも「生涯の友人」だったのである。

　東海道幹線鉄道［1895（明治28）年東海道線と正式の名称がつけられた）］の開通後，井上の夢は，さらに全国の鉄道網整備に向けられた。1890（明治23）年鉄道局は内務省に移され，鉄道庁に改称された。移管には鉄道事業の軽視とみられるようなニュアンスがあった。これに抵抗するかのように，1891（明治24）年，彼は「鉄道政略ノ議」を内相に提出。利害のみを重視して責任ある経営体制をとることの少ない私設鉄道企業を批判し，将来全面的な鉄道国有によって鉄道政策を国家が立案・実施すべきであるという立場に立って，まず鉄道建設の主導権を政府が握るべしと主張した。鉄道建設の課題が一段落したところで，彼の夢は将来の鉄道網の構想，経営主体のあるべきかたちへと一歩進んだ。すでに軽工業産業革命が進行し，資本主義経済体制がその基盤を確立しつつあった当時の状況を，井上は客観的に把握していたのである。この主張は，1892（明治25）年6月21日公布の鉄道敷設法（法律第4号）として実を結んだ。それは，1906（明治39）年から実施された鉄道国有の最初の布石となった。

　この仕事を最後に，1893（明治26）年3月井上は鉄道庁長官を辞任した。前年7月

東海道線金谷・菊川間は難所の一つであった（金谷トンネル）

21日、鉄道敷設法公布の1カ月後に、鉄道庁は逓信省に移され、井上辞任ののち、1893（明治26）年11月1日には鉄道局と改称、省内の一局とされてそれまでの外局としての地位を失った。このような推移は、大きな事業規模と資産とを持つ鉄道の扱いに政府が迷いに迷うようすを示していて、それは100年後の現在まで続く問題となるのだが、井上は黙々として語ることがなかった。50歳を数える直前のこと、退官直後の4月1日横川・軽井沢間のアプト式鉄道が開通した。

官を辞した井上は、しかし鉄道から離れることはなく、1896（明治29）年汽車製造合資会社を創立して機関車の国産化事業を始めた。機関車の国産化は、鉄道技術の自立の重要な目標であった。井上が退官した3カ月後の1893（明治26）年6月、鉄道庁神戸工場は最初の国産蒸気機関車を製作した。しかし製鉄所も持たない当時の日本では、機関車の全面国産化は不可能であった。1901（明治34）年日清戦争の賠償金の一部を注ぎ込んだ官営製鉄所（北九州・八幡）の設立によって、日本の重工業産業革命は本格的な段階に進んだ。井上の汽車製造合資会社は、このような成り行きを見越した事業であった。ここにも井上の先見性がはたらいていた。

■ 鉄道に生涯を捧げた人

井上の描いた鉄道国有が実現したのは1906（明治39）年から1907（明治40）年にかけてであった。1908（明治41）年12月5日、内閣の外局として鉄道院が設置され、かつて井上が腕を振るった独立官庁体制が復活した。総裁には後藤新平が就任した。すでに台湾総督府民政長官から南満州鉄道株式会社総裁を歴任した後藤は、日本の鉄道

の将来に大きな夢を描いていた。それは政党などの利害によってやたらに線路を延ばすのではなく，広軌改築を含めた改良によって輸送力を充実させるという方向であった。

　その後藤総裁のもとに，ある日来訪客が告げられた。伝説によると「誰だ」と言う後藤の問いに「守衛が聞いたところでは井上オサルという人だそうです」という答え，「サルが訪ねてくることがあるか，よくたしかめろ」と言ったものの，しばし考えた後藤は，はっと気づいた。「オサルとはなにごとだ。鉄道の大恩人ではないか。辞を低くしてお通し申し上げろ」と後藤は命じた。やがてにこにこ顔で「オサルと間違えられたよ」と入ってきたのは井上勝その人であった。

　そのとき井上と後藤が何を話し合ったかはわからない。しかし井上と後藤とは共鳴するところがあったのであろう。井上は，1857（安政4）年生まれで14歳年下の後藤に自分の夢を託そうという決意をしたのかもしれない。井上は鉄道院顧問の肩書きを与えられて，後藤の相談相手となった。1909（明治42）年のことである。その年10月26日朝鮮の植民地化を推進した伊藤博文はハルビン駅頭で暗殺された。生涯の友人を失った井上は，その翌年1910（明治43）年後藤に申し出たのか，ヨーロッパに渡った。伝記によると「勧止を肯かず」に渡欧を決意したという。彼は5月8日東京を発し，シベリア鉄道経由でヨーロッパに向かった。それはハルビンで伊藤死去の跡を弔う旅でもあったろう。彼はロンドンに着くとイギリスや各国の鉄道を巡回した。イギリスから帰国して42年，この間の変化を井上はどのように見たであろうか。しかしその成果を聞くことはできなかった。伝記によると「宿痾激発」8月2日ロンドンのヘンリッタ病院で死去したからである。67歳の誕生日に手がとどくという年齢であった。

　一生鉄道と離れることのなかった井上勝は，かつての留学の地ロンドンでその生涯を終えたのである。

長谷川謹介 ── 鉄道技術を自立へと導いた先覚者

■ 自立する鉄道技術

　西洋からの鉄道技術の転移に多大な貢献を果たしたお雇い外国人技師が日本を去ると、いよいよ鉄道建設を日本人が自らの手で行わなければならなくなった。お雇い外国人の指導により完成した新橋・横浜間、大阪・神戸間、大阪・京都間の鉄道は比較的平坦な地形に建設されたため、それほど大きな障害もなく工事を行うことができた。しかし、続いて行われた京都・大津間や長浜・敦賀間の工事では、本格的な山岳トンネルに挑むこととなり、工技生養成所を卒業したばかりの幹部技術者がこれにあたった。中でも長谷川謹介は、わが国で初めて1000mを超えた柳ケ瀬トンネルの工事を担当して見事にこれを完成させ、その後の鉄道建設の自立に大きな影響を与えた立役者であった。長谷川はさらに、東海道本線の建設や台湾の鉄道建設に貢献し、明治期における鉄道界の重鎮として副総裁まで栄進するのである。

■ 井上勝の下で

　長谷川謹介は、1855（安政2）年、山口県厚狭郡千崎町に生まれた。父は地元の有力者としてのちに県会議員を務めた長谷川為直で、人格高潔な人柄として慕われていたが、その次男として生まれた謹介は、なぜか幼少の頃から腕白少年として親兄弟を手こずらせてばかりいたと伝えられている。そして1871（明治4）年には大阪に出て大阪英語学校に進み、2年後に外国人の経営する神戸のガス会社に就職した。

　ちょうどその頃、鉄道寮では大阪・神戸間、大阪・京都間の鉄道建設を進めるためにお雇い外国人技師との折衝を行う通訳が必要となり、井上勝はかつて併任していた造幣寮に勤め、同郷のよしみであった謹介の長兄・為治に相談をもちかけた。こうして1874（明治

長谷川謹介（1855.8.10-1921.8.27）

7）年6月、謹介は鉄道寮に出仕し、お雇い外国人技師の通訳として随行し、長浜、塩津などの鉄道予定線の路線調査や大阪・京都間の建設工事に携わった。さらに1877（明治10）年、大阪駅構内に工技生養成所が開校すると長谷川はその第1期生に選抜され、鉄道技術や土木技術の基礎をここで学ぶこととなった。しかし、京都在勤で現場の実務に追われていた長谷川は出席もままならず、ほとんど独学で試験のみによって卒業したと伝えられている。

1878（明治11）年に起工された京都・大津間の工事は，それまで中心であったお雇い外国人技師を顧問の地位に退けて，工技生養成所の第1期生が各工区を分担することとなり，工事全体を井上勝と飯田俊徳が統括した。4工区のうち京都・深草間を武者満歌，深草・逢坂山間を長谷川謹介（千島九一が主任で長谷川が副主任とする説もある），逢坂山トンネルを国澤能長，逢坂山・大津間を佐武正章がそれぞれ担当し，1880（明治13）年7月に開業を果たした。そして，この工事のほとんどを日本人だけで完成させたことは，その後の鉄道建設の自立にとって大きな自信となったのである。

■柳ケ瀬トンネルの挑戦

　京都・大津間の工事を終えた長谷川は，さらに長浜と敦賀とを結ぶ鉄道路線の調査を命じられ，引き続き飯田俊徳の下で柳ケ瀬トンネルの北口工区とその敦賀方にある3本の小トンネルの工事を担当することとなった。柳ケ瀬トンネルはわが国の鉄道トンネルとしてはじめて1000mを超え，逢坂山トンネルの約3倍にあたる延長1352mに達した。ちなみに，南口工区を担当したのは，工技生養成所を同期で卒業した長江種同であった。柳ケ瀬トンネルの工事は，1880（明治13）年6月に起工し，3年後の1883（明治16）年11月に貫通，1884（明治17）年4月に竣工したが，ダイナマイトによる掘削や削岩機，コンプレッサー，換気用タービンの使用などが本格的に行われ，トンネル工事における機械化施工のさきがけとなった。長谷川は，この工事の概要を得意の英文でまとめ，これを「The Yanagase

長浜・敦賀間の刀根トンネル要石に刻まれた長谷川の名

現在の柳ケ瀬トンネル長浜方坑門と題額のレプリカ　1990.7.22

ゴライアスクレーンによる天竜川橋梁の架設

Yama Tunnel on the Tsuruga-Nagahama Railway, Japan」と題して英国土木学会誌に報告したが，これは邦人鉄道技術者が海外の学会誌に論文発表した最も初期の例であった。トンネル工事を終えた長谷川は，権大書記官・野田益晴の随行員としてヨーロッパに派遣され，各国の最新知識を吸収した。

帰国後の1885（明治18）年12月，長谷川は大垣・長良川間在勤となって東海道本線の揖斐川橋梁，長良川橋梁の工事現場を指揮したが，揖斐川橋梁で用いられたゴライアスクレーンによる橋梁架設は，ヨーロッパ視察の成果と伝えられ，トラス橋を効率的に架設する施工法として普及した。さらに1886（明治19）年には天竜川・新居間の建設現場を担当することとなり，当時わが国最長であった天竜川橋梁の架設などにあたった。

■ 私設鉄道の建設

一方，明治10年代になると国が経営する鉄道に対して民間資本によって鉄道を敷設・運営しようとする私設鉄道設立の機運が高まり，その最初の鉄道として東京と青森を結ぶ日本鉄道（のち国有化されて現在の東北本線，常磐線，高崎線，山手線などの前身）が1881（明治14）年に設立された。しかし，日本鉄道は鉄道建設に対する技術的蓄積がなかったため工事そのものは鉄道局に委託され，1885（明治18）年にその最初の営業線として上野・高崎間が開業した。1889（明治22）年，長谷川はこの日本鉄道の盛岡出張所長となり，東北本線日詰・小繋間の工区を担当した。そして1892（明治25）年3月に鉄道庁を正式に退官して日本鉄道技術主監となり，続いて1893（明治26）年には水戸在勤となって常磐線の建設にあたったほか，1897（明治30）年には岩越鉄道（現在の磐越西線の一部）技師長に就任，そのかたわら1899（明治32）年には太田鉄道（現在の水郡線の一部）の建設を支援するなど，北関東，東北地方における私設鉄道の建設に足跡を残した。

長谷川の仕事ぶりは，自分の部下はもとより現場の作業員に至るまで片っ端から叱

りとばすことで知られ、雷親爺として恐れられていたが、その反面で部下の面倒には気配りを怠らず、仕事に厳しいながらも情を忘れない典型的な明治気質の人物だった。また、構造物に対しても質素堅牢であることを求め、不要な設備は後回しとして必要性が生じてからこれを改良・拡張すれば良いとする考えを徹底させた。これによって初期コストをできるだけ切り詰め、少しでも早く鉄道網を完成させることを重視したのである。これはまさに井上勝の思想そのものであり、そうした意味で長谷川は井上の最も忠実な後継者であった。

■ 台湾の鉄道建設

日清戦争の終結とともに台湾を領有したわが国は、その基盤を整備するために南北縦貫鉄道の建設に着手した。当時の台湾の鉄道は、基隆・新竹間に約100kmの鉄道が存在するにすぎなかったが、さらに南部の主要都市である打狗（高雄）までを結ぶこととなった。そして台湾総督府民政部長として後藤新平が着任し、1899（明治32）年4月、長谷川はその下で臨時台湾鉄道敷設部技師長を務めることとなった（のち台湾総督府鉄道部部長）。

台湾の鉄道建設は、蔓延する風土病と襲来する暴風雨に阻まれ、完成したばかりの構造物が災害によって一瞬にして失われることもしばしばあったほか、熟練作業員の確保もままならず、困難をきわめていた。長谷川は台湾の鉄道建設にあたってできるだけ速く線路を延ばし、いち早く営業を開始して収入を上げ、産業の育成と台湾統治の安定を図ることに主眼を置いた。このため、停車場などの付帯設備は必要最小限なものとし、自ら現地調査に赴いて路線選定を見直すなど、長谷川流の仕事は日本以上に徹底して行われた。

また新技術の導入にも積極的に取り組み、見返坂トンネル付近の工事では、梁盤構造による鉄筋コンクリート擁壁を用いて軟弱地盤を克服したが、これは鉄道に対する

台湾縦貫鉄道工事現場巡察中の長谷川（右から2人目）

鉄筋コンクリート構造の実用化としては日本よりも早い事例であった。このほか，建設資材や機関車などは極力国産品を用いることとし，当時ようやく国産化への緒についたばかりの製品を用いることによって，日本の鉄道技術の発展を促す努力を怠らなかった。台湾の鉄道建設は，日露戦争の影響で一部を軍用速成線として工事を急いだこともあって当初の予定より1年も早く完成し，1908（明治41）年10月24日に全通式を迎えた。

■ 鉄道技術の総帥として

台湾縦貫鉄道の完成にほぼ目途がついた1908（明治41）年3月，長谷川は約半間かけてヨーロッパ，南アフリカ，アメリカなど各国をまわり，最新の鉄道事情を視察して同年10月に戻り，台北市で挙行された台湾縦貫鉄道全通式に臨んだ。そして同年12月に鉄道院が発足すると，9年間に及ぶ台湾勤務を終えて東部鉄道管理局長に就任することとなった。ちなみに，当時の鉄道院総裁は台湾で苦楽を共にした後藤新平であった。

東部鉄道管理局長時代の長谷川は，1910（明治43）年に関東地方を襲った大水害の復旧にあたり，続いて1911（明治44）年に西部鉄道管理局長，1915（大正4）年に中部鉄道管理局長を歴任し，1916（大正5）年に技術系の最高職である技監に栄進した。さらに1918（大正7）年4月には後藤新平が鉄道院を去り，副総裁の中村是公が総裁となったのに伴い長谷川は副総裁へと昇進したが（長谷川の後任は島安次郎），同年9月18日に内閣更迭によって在任わずか5カ月で退官し，44年間にわたった鉄道生活に終止符を打った。鉄道人としての最後の仕事は，同年4月に着工した丹那トンネルの工事開始で，これはわが国の鉄道技術にとって大きな試練を与える難工事となった。退官後の長谷川は自適の生活を送り，1919（大正8）年には工学博士の学位を授与されたが，鉄道開業50周年を1カ月後に控えた1921（大正10）年8月27日，病を得て鉄道病

西部鉄道管理局長室の長谷川

院で67歳の生涯を終えた。葬儀は長谷川と共に明治期の鉄道技術を支え続け，長谷川の後任として副総裁に就いた畏友・古川阪次郎を葬儀委員長として執り行われ，護国寺の墓所へ埋葬された。

■継承される鉄道技術

　お雇い外国人や井上勝の薫陶を受けた長谷川は，部下を叱咤激励しながら伝わったばかりの鉄道技術をわが国に定着させることに努力を惜しまなかった。長谷川が鉄道に奉職した頃の鉄道技術は，トンネルの掘削や橋梁の架設などがようやく自前でできるようになったばかりであり，鉄道建設に必要な基本的技術をしっかりと身につけることに重点が置かれた。そして，長谷川をはじめとする同世代の技術者たちに課せられた使命は，半世紀近い西洋とのギャップをいち早く埋め，自らの力で鉄道事業を遂行できる体制を整えることであった。そうした意味で長谷川は，井上勝の思想を忠実に受継ぎ，これをさらに次の世代へと伝える役割に徹した明治期の典型的な鉄道技術者といえるだろう。

引用・参考文献

1) Hasegawa, K. "The Yanagase Yama Tunnel on the Tsuruga-Nagahama Railway, Japan" Min.of Proc. I. C. E. , Vol. XC, 1886-87年
2) 台湾鉄道史（未定稿）上・中・下：台湾総督府鉄道部，1910-11年
3) 杉浦宗三郎：工学博士長谷川謹介伝，長谷川博士伝編纂会，1937年

那波光雄 ―――――――――――――新技術への挑戦

■難工事に挑む

　明治末期になると全国を結ぶ幹線網がほぼ完成し，鉄道建設の中心は山岳地を貫いてこれらを結ぶ短絡線や支線群の建設へと移行した。わが国固有の複雑な地形・地質条件を克服して長大トンネルや大スパンの橋梁が次々と建設され，これらの難工事を通じて土木技術も長足の進歩を遂げることとなったのである。こうした時代に活躍した技術者の一人に，那波光雄がいる。那波は，最後の建築師長となったチャールズ・アセトン・ワットリー・ポーナルや杉文三，平井晴二郎らの努力によって定着した橋梁技術に独自の工夫を凝らし，わが国の風土により適した技術へと発展させるのである。

那波光雄（1869.8.10-1960.4.1）

■橋梁工事の専門家として

　那波光雄は，1869（明治2）年8月10日，元大垣藩士・那波光儀の長男として岐阜県安八郡大垣町（現・大垣市）に生まれた。1893（明治26）年に東京帝国大学土木工学科を卒業して関西鉄道に入社したが，大学院研究生としても籍を残し，1898（明治31）年に大学院在学満期となった。

　関西鉄道は，現在の関西本線およびその支線群の前身となった私設鉄道で，その社長は東京帝国大学土木工学科教授から招聘された白石直治であった（当初は嘱託で社長就任は1890（明治23）年）。また，土木技術者として東京帝国大学土木工学科を1887（明治20）年に卒業した井上徳次郎，車両技術者として同校機械工学科を那波と同年に卒業した島安次郎（新幹線の開発に功績のあった島秀雄の父）が在籍していた。そして将来の広軌改築を予見してあらかじめドイツの建築限界を用いて構造物を

完成した関西鉄道揖斐川橋梁 　　足場法によって架設された関西鉄道木津川橋梁

設計したり，客車の照明にピンチ式ガス燈を採用するなど独自の技術力を誇っていた。また，経営面でも名古屋・大阪間の利用客をめぐって平行する官設鉄道東海道本線とサービス合戦を繰り広げるなど，積極的な経営展開を行っていた。

入社後の那波は，長島・桑名間に架けられた揖斐川橋梁の建設現場を担当したが，その第4橋脚は軟弱地盤のため従来の煉瓦井筒に代えて鋳鉄製井筒を用いてこれを克服した。続いて大河原・笠置間に架けられた木津川橋梁の設計を白石直治と共同で行ったが，その上部構造の設計計算は「Design for a Skew Bridge-Work for the Tuge-Nara Line」と題して英文でまとめられ，当時の橋梁工学の世界的権威であったイギリスのベンジャミン・ベイカーの校閲を受けた。木津川橋梁の架設工事は1897（明治30）年に完成したが，その工事は那波の監督の下で厳格を極め，鉄道工事の模範として語り伝えられたといわれる。

■ 大学教授から再び現場へ

那波は1898（明治31）年に関西鉄道建築課長となったが，翌年7月に関西鉄道を辞して新設されたばかりの京都帝国大学土木工学科助教授に迎えられた。京都帝国大学は，東京帝国大学に次ぐ2番目の帝国大学として1897（明治30）年に発足し，同時に土木工学科が設置されたが，那波はここで土木工学第2講座を担当した。那波は翌年，ドイツのベルリン工科大学へ留学し，カウエル教授の下で鉄道工学に関する研究を行って1902年（明治35）年に帰朝し，ただちに教授に昇進した。そして那波が一般鉄道を，北海道鉄道部長から移ったばかりの田辺朔郎が鉄道力学を担当し，1904（明治37）年には総長推薦によって工学博士の学位を授与された。

のちの回想によれば，この時点で那波はその一生を大学教育に捧げるつもりであったが，1905（明治38）年には古巣の関西鉄道より技術顧問を委嘱され，続いて同年8月には野村龍太郎の斡旋により，京都帝国大学を辞して九州鉄道へ転職することとなった。那波の先輩ともいうべき白石直治もそうであったが，鉄道建設の伸展と共に現場の設計・監督を行う技術者が不足し，こうした産学官の人事交流がしばしば行われていたのである。

九州鉄道は，関西鉄道とほぼ同時期に設立された私設鉄道で，今日の鹿児島本線門司港・八代間をはじめ，長崎本線，佐世保線，日豊本線の一部などを開業させていた。那波は，日豊本線宇佐・大分間の路線調査に携わったが，ほどなく九州鉄道は国に買収されたため，1907（明治40）年7月1日付で帝国鉄道庁技師に任ぜられ，九州鉄道管理局工務課勤務となり，さらに翌年には中津建設事務所長となった。

■ 橋梁架設の新機軸

中津建設事務所は，大分線（現・日豊本線の一部）柳ケ浦・大分間の建設工事を統括した現場機関で，工事は九州鉄道末期の1907（明治40）年5月に工事着手し，1911（明治44）年に完成した。那波は同年7月に大分建設事務所長となって，さらに佐伯線

(現・日豊本線の一部）大分・佐伯間の建設を担当することとなり，1912（明治45）年に工事着手した。

那波はこれらの工事を通じていくつかの新しい試みに挑戦したが，中でも特筆されるのは橋梁架設のために工夫された新技術であった。従来の橋梁架設工法は，河川敷に足場を組んでその上

デリッククレーンによる橋梁架設

で橋梁を組み立てる足場法がほとんどであったが，わが国では急流河川や豪雨による増水が多く，また足場を組み上げることが困難な渓谷に架設せざるを得ない場合もあり，工期や工事費といった点で難点が多かった。そこで那波は，足場を組むことなく橋梁を架設できる方法として，デリッククレーンと呼ばれる荷役用のクレーンに台車を取り付け，これで橋梁を吊りながら架設するという工法を考えた。那波は鉄道院小倉工場長であった高洲清二や，かつて関西鉄道の同僚で本院工作課長であった島安次郎らの協力を得てプレートガーダーにデリッククレーンを載せた架設機を完成させ，1913（大正2）年，日豊本線大分・高城間の大分川第2避溢橋梁架設工事で初めてこれを用いた。

デリッククレーンによる橋梁架設工事は，それまでの足場法に比べて迅速かつ安全に橋梁を架設することができるため，施工の効率化に大いに寄与することとなった。しかし，1914（大正3）年1月5日，日豊本線大在・坂ノ市間の王ノ瀬川橋梁の架設工事中にデリッククレーンが吊り下げた橋桁もろとも転倒し，見物人や近隣の民家を巻き込んで死者3名，負傷者30名を出すという惨事となった。事故原因は，操作者の過失，あるいは線路の不陸の2説が考えられたが，那波はこれによって譴責処分を受けてしまった。

また，この時代は土木材料が煉瓦・石材からコンクリート材料へと移行する時期にあたったが，日豊本線の沿線に石材が乏しく，また煉瓦の生産地からも遠いため，那波はこの新しい材料の導入に積極的に取り組むこととなった。ことに，高価であったセメントの代用材として現場で豊富に調達することのできる火山灰に注目し，これにセメントと石灰を混ぜて固練りのコンクリートを製造して橋梁下部構造や土留壁，護岸などに用いた。また，当時まだ珍しかった鉄筋コンクリートラーメン構造の橋脚を設計し，1914（大正3）年に豊肥本線中判田・滝尾間の昆布刈川橋梁にこれを適用するなど，コンクリート構造物の実用化の端緒を開いた。

■ 技術基準の確立

那波は，1915（大正4）年に鉄道院本院へ転勤となり，工務局設計課長となった。この頃，設計課では鉄道国有化後の構造物の標準設計を行っており，その在任期間中に「混凝土拱橋標準」「鉄筋混凝土函渠標準」「鉄筋混凝土函渠標準」「函渠用鉄筋混凝土蓋並混凝土側壁標準」「混凝土井筒定規」［以上1916（大正5）年制定］，「鉄道鈑桁並輾圧工形桁橋台及橋脚標準」「停車場内地下道標準」「下路構桁用橋台橋脚参考図」［以上1917（大正6）年制定］，「鉄筋混凝土管設計図」［1918（大正7）年制定］などが次々と完成した。これらの標準設計の完成により，国有化以前に会社間でまちまちであった鉄道構造物の設計が統一され，現場での設計・施工の合理化が図られた。

黒田武定によって改良された操重車ソ1形

また，1917（大正6）年には東京帝国大学土木工学科教授を兼任し，ふたたび大学教育にも携わることとなった。さらに1919（大正8）年には鉄道院大臣官房研究所長に就任し，まだ設立間もない研究所の基礎づくりにあたった。この当時，那波の配下にその後継者としてわが国の橋梁工学を発展させた田中豊がおり，のちに震災復興橋梁の設計や溶接桁の導入に多大な功績を残すこととなるのである。また，日豊本線で試みたデリッククレーンによる橋梁架設をさらに発展させるべくその改良に乗り出し，1920（大正9）年，黒田武定の設計により橋梁架設用操重車ソ1形（当初の形式はオソ10形）が完成した。ソ1形はさらに5両が製造されて全国各地の橋梁架設工事の効率化に寄与したばかりでなく，その思想は現在も操重車による橋梁架設工法として継承されている。また，1922（大正11）年にローマで行われた第9回万国鉄道会議に委員として出席し，アメリカ，ヨーロッパ各国の鉄道事情を視察した。

そして，1923（大正12）年5月，政府の震災予防調査委員会の委員に任命されたが，同年9月に発生した関東大震災で鉄道の被災状況を詳細な報告書にまとめ，「鉄道震害調査書」「同・補遺」（鉄道省，1927年）として発行した。この報告書は，震災による被害の実体を克明に記録した文献として，今なお高い評価を受けている。

■ お雇い外国人の業績をまとめる

明治中葉から大正時代の鉄道技術を支え続けてきた那波は，1926（大正15）年5月5日付で鉄道省大臣官房研究所長を最後に退官し，引き続き東京帝国大学講師として1936（昭和11）年まで鉄道工学の講座を担当したほか，1931（昭和6）年には第19代の土木学会会長に就任した。

退官後の那波は，明治初期に日本で活躍したお雇い外国人たちの足跡をまとめるこ

とをライフワークとしたが，これは初めての現場であった揖斐川橋梁の工事で知己を得た武者満歌より当時の回想を聞いたことがきっかけであると言われ，土木学会に外人功績調査委員会を設置して資料の収集と聞き取り調査にあたった。そしてこれを「明治以後本邦土木と外人」と題して集大成し，1942（昭和17）年に土木学会より上梓した。晩年の那波は鉄道界の長老として悠々自適の生活を送ったが，1960（昭和35）年に91歳の長命を全うして他界した。

■ **発展する鉄道技術**

　那波は定着したばかりの鉄道技術に独自の工夫を加え，橋梁架設工法に革新をもたらしたほか，土木分野におけるコンクリート材料の実用化にも大きな足跡を残した。そして現場の第一線から大学教授，研究所長，学会と多方面で活躍し，それぞれの立場において新たな技術に挑戦することを怠らなかった。那波が活躍した明治中葉から大正・昭和初期にかけて，土木材料も煉瓦・石積みからコンクリート構造へと大きく変化し，構造物も丹那トンネルや清水トンネルなど戦前のわが国を代表する長大トンネルが完成するなど，技術的にも長足の進歩を遂げた。そして鉄道技術は，見よう見まねの時代から，自らの頭脳で考え，自らの手で工夫する時代を迎えることとなるのである。

引用・参考文献

1) Shiraishi, N., Nawa, M. : Design for a Skew Bridge-Work for the Tuge-Nara Line，（私家版），1897年
2) 那波光雄：関西鉄道木津川橋梁，鉄道協会誌，第1巻，第1号，1898年
3) 那波光雄：佐伯線に於ける七十呎鋼版桁架渡工事，帝国鉄道協会会報，第15巻，第2号，1914年
4) 那波光雄：鉄道院佐伯線外二線に於ける混凝土の応用，工学会誌，第373号，1914年
5) 那波光雄：関西線揖斐川橋台及橋脚の建設と其後の状態に就て，業務研究資料，第8巻，第8号，1920年
6) 黒田武定：新造二十八噸橋桁架設用操重車ニ就テ，土木学会誌，第7巻，第4号，1921年
7) 京都大学工学部土木工学教室六十年史，創立六十年記念事業会，1957年

［5］

上下水道を築いた土木技術者たち

上下水道と土木技術者：通史　　　執筆：稲場紀久雄
〔人物紹介〕　バルトン　　　　　執筆：稲場紀久雄
　　　　　　　中島鋭治　　　　　執筆：稲場紀久雄

上下水道と土木技術者：通史

　100年という歳月に隔てられた私たちの環境の懸隔を，現代の環境保護運動の母・レイチェル・カーソンは，次のように述べている。
　「19世紀の終りから20世紀の初めにかけて伝染病が流行したころ（略）いたるところ病菌が溢れていた。いま発癌物質でいっぱいなのと同じだったが，病菌は人間が意識的に環境にばらまいたのではなかった。人間の意思に反して，病菌は広がっていったのだ。これに反して，たくさんの発癌物質は，人間が環境に作為的に入れている。そして，その意思さえあれば，大部分の発癌物質を取り除くことができる。」（『沈黙の春』，281頁，新潮文庫，平成5年，第41刷）
　この指摘は，100年前は細菌汚染による悪疫が，現在は有害人工化学物質が私たちの生命と生態系に脅威を与えている構図をよく表しており，わが国の歴史に照らしても大筋では正鵠を射ていると言える。わが国の近代上下水道は，悪疫撲滅の決め手として当時最高水準にあったヨーロッパから技術移転された。
　ここでは主にその導入の理由と経緯を述べ，さらに近代上下水道技術の変遷を略述するとともに，懸隔の甚しい現代にあって上下水道技術が21世紀に新しい地平を切り拓く重大な局面に置かれていることに言及したい。
　まず，ヨーロッパの技術の導入の理由と経緯を探る。1877（明治10）年6月に来日したE.S.モースは，『日本その日その日』（東洋文庫171）の中で日本の都市の環境の清潔さを次のように賛嘆している。
　「あらゆる階級を通じて，人々は家の近くの小路に水を撒いたり，短い柄の箒で掃いたりする。日本人の奇麗好きなことは常に外国人が口にしている（略）。汽車に乗って東京へ近づくと，長い防海壁に接して簡単な住宅がならんでいるが，清潔で品がよい。田舎の村と都会とを問わず，富んだ家も貧しい家も，決して台所の屑物や灰やガラクタ等で見っともなくされていないことを思うと，うそみたいである（略）。日本人の簡単な生活様式に比して，われわれは恐ろしく大まかな生活をしているために，多くの廃物を処分しなくてはならず，而もそれは本当の不経済である。」
　明治維新から1877（明治10）年までは，海外との交流が徐々に盛んになり，都市活動も活発化していったが，周辺の都市環境はモースが賛嘆するほど清潔であった。ところが明治10年代に入ると急変する。コレラの流行が繰り返されるようになり，為政者は国家体制を揺るがす元凶と震え上がった。
　内務省衛生局編纂の『明治10年虎列刺病流行紀事』は，流行の端緒は1877（明治10）年9月初旬長崎港に入った英国艦船からコレラで死んだ水夫の遺体が密かに降ろ

コレラ退治の図(「医制百年史」より)

され,日本政府の了解なく埋葬された事件だったと記している。西南戦争が終結していない時で,長崎港は鹿児島に近いため厳戒下に置かれていた。日本政府は,入港した英国軍艦の動静を注視していたが,埋葬を阻止することはできなかった。

世界最強を誇るイギリスの軍艦から,コレラ菌は体力を消耗していた両軍兵士に伝播した。西南戦争は9月24日西郷隆盛の自刃で終結したが,既に多くの政府軍兵士がコレラ菌に感染していた。帰還を急ぐ兵士は,検疫陣の制止を振り切って,全国に凱旋した。コレラ菌が蔓延した理由は,対等に列強諸国と渡り合えなかった非力さと未熟な検疫体制にある。事情は,外国航路の船舶が出入りする貿易港でも同じである。

こうしてコレラは,1877(明治10)年に続いて1879年,1882年,1885年,1886年と流行した。特に1886(明治19)年の流行は,患者約16万人,死者約11万人という凄まじい状況であった。コレラ菌が皇居に侵入することを恐れた政府は,夜昼の区別なく予防対策に懸命であった。

『明治19年虎列剌病流行紀事』は,その惨状を次のように伝えている。

「東京ハ三日ヨリシテ十五区内ノ患者百名以上トナリ十八日ヨリハ二百以上ニ上リ三十一日ニハ終ニ三百以上ニ達シ翌九月一日二日ノ三日間ニ渉レリ(略)避病院ハ既ニ悉ク充満スルモ患者ヲ送ルノ輿ハ相連絡シテ殆ント人ノ往来ヲ妨ゲ各所ノ火葬場ハ日夜火ヲ絶タザルモ舊棺未タ尽キス新棺早ク山ヲ為シ其惨状実ニ言フニ堪エス」

政府首脳は,コレラが国家の存立そのものを揺るが

公衆衛生行政の祖:長与専斎

内務卿から東京府知事にあてた神田下水築造の契機となった示達（明治16年）

神田下水

す事態を目の当たりにして，近代上下水道の整備がわが国の発展に不可欠であることを痛感した。公衆衛生行政の祖・長与専斎は，岩倉遣外使節団の随員として欧米を歴訪し，イギリスの公衆衛生行政を範としてわが国に衛生行政を創始した人として知られる。

ロンドンをはじめヨーロッパ諸都市の上下水道を見聞した長与は，わが国でも産業革命の進展と共に西欧型の近代上下水道の導入が必要になると考え，その方法を模索する。1882（明治15）年に勃発したコレラの猛威に近代上下水道導入の必要性がいよいよ痛感され，そのために3つの布石が打たれた。

第1は，近代下水道の導入のためにパイロット・プラントとして神田下水の建設に踏み切ったこと。長与が上水道より下水道の整備を先決だと考えていた点は，注目すべきである。身の回りの清潔確保の必要性を重要視したためであろう。しかし皮肉なことに神田下水は，長与を正反対の方向に導くことになる。

第2は，腹心の部下・永井久一郎をヨーロッパに派遣したこと。1884（明治17）年，ロンドンで開かれる万国衛生会に永井を出席させ，同時に上下水道事業の法律・財政制度を研究させた。

第3は，最先端の上下水道技術を日本人に指導してくれる専門技術者をイギリスから招聘したこと。イギリスで最適の人材を探すよう長与が永井に依頼していたと推測される。永井は，万国衛生会に参列した際，後にわが国の衛生工学の父と仰がれるW.K.バルトンと運命的な出会いをし，帰国後その招聘を強く進言する。

神田下水に話を戻そう。自伝『松香私志』に建設の意図が記されている。

「東京府知事芳川子と謀り（略）最も不潔にしてコレラ流行の最も甚だしかりし神田の一小部分を画し，正式の下水工事を興したり（略）。大都の中央に掌大の地を局し若干丁の暗渠を設けたればとて，もとより何程の功も著わるべきにあらねど，せめては目の前に標本的の実物を示し，いかにもして世人の注意を点醒せんとの微意なり」

長与は，衛生勧奨費という予算費目の全額を建設費に振り向けた。設計は，イギリスから帰朝したばかりの気鋭の土木技師・石黒五十二。技師デ・レーケの意見も反映された。建設期間は1884〜1885（明治17〜18）年の2年間，投資総額は9万円強であった。現在の10億円を優に越える。「標本的な実物」，つまりパイロット・プラントとしては，かなり思い切った投資である。神田下水は，政府が近代上下水道を主要都市に本格的に整備しようとして始めた最初の事業で，これ以前に造られた居留地の下水道とは基本の政策という点で全く異なる。

ところが神田下水は，長与の強い思い入れにもかかわらず，「近代下水道には下水処理場を度外視してはならぬ」という認識を強く抱かせることになった。長与は，「神田下水は，汚水の場所を移したのみだった」という反省の弁を残している。特筆すべき点は，「下水道というものは，管渠システムだけでは，汚染を広範囲に蔓延させるのみだ」という認識に至った点である。汚濁物を目に見えない場所に押しやるだけでは意味なし。まことに重要な認識である。さらに，利用可能地域の住民が誰も家庭排水管を神田下水につなぎ換えなかった現実にも相当なショックを受けたに違いない。

近代上下水道の本格的導入に向けて，このように水面下の準備が進められていた最中，空前のコレラの大流行がわが国を襲った。懸命の対策にもかかわらず，経済活動は停滞し，人々は恐怖におののいた。上下水道の整備の必要性はいよいよ強まった。永井は，緊迫した状況の中，1886（明治19）年の秋から冬にかけて大日本私立衛生会で数度にわたり，「上水道事業管理法」並びに「下水道事業管理法」の講演をした。さらに講演内容をまとめて『巡欧記実衛生二大工事』を出版した。

当事者が最も悩んだ問題は，「限られた資金で最も効果的に上下水道を建設し，コレラを予防するにはどうすればよいか」ということである。長与が1887（明治20）年6月に同志のベルツや長谷川泰らと共に総理大臣伊藤博文と山県内相に建議した『東京ニ衛生工事ヲ興スノ議』には，この問に対する答が次のように書かれている。

「（上水下水）俱ニ起工ノ必要ニ迫ルモノト雖モ（略）寧ロ上水供給ヲ以テ先着トセザルヲ得ス（略）。下水改良ノ緊近ナルコト敢テ上水ニオトラサルノミナラス，其及ホス所ノ利益ハ却テ焉ヨリ大ナルモノアリト雖モ，上水ニ比スレハ予備ノ調査ヲ要スルノ事項複雑ニシテ，工事モ亦稍至難ニ属セリ。且此工事ヨリ直接収ムヘキノ益ナク，必ス地方公債若クハ国庫ノ支辨ニ出テサルヲ得ス。（以下略）」

神田下水の教訓は，こういう形で政策形成に重大な影響を与えた。当時は，遠隔の

地に全く汚染されていない清浄な水源があった。その水をさらに浄水場で厳密に浄化する。妥協を許さぬ愚直なまでのこの姿勢をあるべき姿として指摘しておきたい。

同時期の閣議「水道布設ノ目的ヲ一定スル件」は，経営形態に関して重要な決定をした。長与は，上水道は民営，下水道は公営という意見であった。限られた国費を効率的に運用し，上下水道を同時に整備する唯一の方策だと考えていた。しかし閣議決定は，上水道も公営至上主義に傾き，1890（明治23）年2月に制定された水道条例は公営以外の経営を許さなかった。民営水道の登場にはさらに20年以上の歳月が必要であった。

こうして事実上，財政欠乏の中で下水道の実現の道は険しいものになった。一方で都市活動は次第に活発になり，下水道整備の必要性は強まってくる。日清戦争の勝利を背景に1896（明治29）年内務省衛生局長後藤新平を中心に下水道法の策定が進められ，1900（明治33）年3月同法が成立した。下水道法は，民営排除，住民の使用義務賦課，公共事業の3大原則に貫かれた権力的色彩の強いものであった。基本法は整備されたものの，有効に機能しなかった。都市化が本格化する明治末から昭和の初めにかけて大阪市長の関一が登場し，市政に受益者負担やいわゆる民間活力の導入を提唱するようになるまで，目立った動きはなかったのである。

バルトンは，先に述べた建議が出される直前の1887（明治20）年5月26日に来日。帝国大学工科大学の土木工学科衛生工学講座の初代教授に就任し，翌年から内務省衛生局の顧問技師を兼ねる。一方，工科大学長古市公威は，アメリカ留学中の中島鋭治に衛生工学を専攻するように命じた。中島は，アメリカからヨーロッパに渡って学理と実務の研鑽を続けた。W.K.バルトンと中島鋭治という2人の技術指導者がその後のわが国の上下水道技術の基盤を築いていく。次節に2人の人物像と併せてそれぞれの技術思想を述べたい。

上下水道技術がその後歩んだ道程を簡単に述べておこう。上水道は，給水量の増大に歩調を合わせ，ろ過速度を上げ，水源をより遠隔地に求める方向に進んだ。下水道は，分流式から合流式に，管渠系統システムを単純化する方向（例えば卵形管から円形管へ）に，し尿を入れない原則から入れる方向に，工場排水を取り入れた混合処理の強化の方向に歩みを進めた。下水処理場の導入は，欧米と比べてもそれほど遅れていない。わが国最初の下水処理場・東京の三河島処理場は，1922（大正11）年に運転を開始した。散水ろ床法という微生物を利用したろ過方式である。大量の下水を効率的に処理できる活性汚泥法の処理実験は，1924（大正13）年に草間偉，米元晋一によって名古屋市で，翌年に島崎孝彦によって大阪市で開始された。

大正末期になるとし尿が急速に肥料として使われなくなり，合流式の下水道に流されるようになる。水使用量は増える一方で，下水の水質悪化と大量化も進んだ。上水道は水源の遠隔化，浄水速度の加速化の方向へ，下水道は散水ろ床法から活性汚泥法

への転換へと進んだ。ここで，池田篤三郎による名古屋市での合流式下水道の改造，特に汚染した初期雨水の処理を目指す方向は注目される。第2次世界大戦前に下水処理場が建設された都市は，東京，名古屋，大阪，京都，豊橋，岐阜にすぎない。それでも技術開発は，活発だった。

　戦後はどうか。高度経済成長と同時に民族大移動と言われた都市化が急激に進行した。上下水道は，戦前に開発した技術路線を継承し，ただひたすら走った。その方向は，規模の経済（スケール・メリット）の確保，つまり大規模化と広域化であり，エネルギーの過剰消費である。

　技術的には電気や機械や化学工学などの他部門で開発された高度技術を援用して急場をしのぐ対策が講じられた。地域実情を踏まえた日本的システムの開発は，ほとんど意識されることはなかった。

　上水道は水源をダムに求めた。河川は，ダムで寸断され，かつての面影を失った。下水道は，複数の都市を統合した流域下水道システムを開発し，処理水を可能な限り下流に放流することに努めた。水道原水や下水処理水の水質規制項目は，基本的に生活系に限られ，合成化学物質の規制に対してはその生産・流通品目数に比べて微々たるものにすぎなかった。浄水場や下水処理場で処理できない合成化学物質が未規制のまま堂々とまかり通った。

　こうして河川は洪水と汚水の排水路と化し，水環境は急速に荒廃していった。一方で，「水道は文化のバロメーター」というキャッチ・フレーズが浸透し，水の大量消費は美徳と化した。下水道は，どんな汚水でも処理できるかのような幻想を振りまいた。下水道神話の誕生である。大量排水も文化的行為となったのである。

　やがて上下水道を利用する人々の脳裏からは蛇口の先，排水口の向こうが見えなくなり，自分たちの行為が環境に及ぼす結果を真剣に考える人は少なくなった。水を水としてその総体を管理する政府部局は存在せず，複雑に分散した水行政機構は改革されなかった。河川部局は洪水対策に埋没し，水質管理部局は工場排水の水質管理に終始していた。そのような中で公共事業の掛け声のもとに，それぞれの担当事業の拡大，予算規模の競争にしのぎを削るようになる。しかし，予算規模の拡大とは関係なく，水質は悪化し水系の事故は起こり，人々は現在では自衛上浄水器やペットボトルの飲用水を利用している。また水質の悪化と生活排水の関係を認識し，台所の流しに三角コーナーを設け，水切りゴミ袋を付けるようにもなってきている。市民の間に水への危機感が出てきており，上水道も下水道も生活につながったものとしてとらえ始めた。このような動きを大切にし，技術偏重に陥らないようにしなければならない。

　わが国は，今や水環境の危機に突入している。環境ホルモンの登場である。シーア・コルボーンらが著した『奪われし未来』は，1996（平成8）年発刊と同時に世界的なセンセーションを巻き起こした。私たちの周辺を埋め尽くした様々な環境ホルモン

は，人間を含めたあらゆる生物の内分泌系，免疫系，神経系を攪乱する。原点に戻って上下水道の在り方を考え直すときが来ている。土木技術者には誰よりもその責任と義務がある。現代は，ある意味で100年前よりももっと深刻な危機がその姿をはっきりと現している時代である。

W. K. バルトン ── わが国近代上下水道技術の父

　W. K. バルトンは，日本政府の招聘に応じてイギリスから1887（明治20）年5月来日，帝国大学工科大学土木工学科衛生工学講座の初代教授に就任し，翌年から内務省衛生局顧問技師を兼任した。着任以来1896（明治29）年5月に辞任するまでの9年間に多くの専門技術者を育成し，上下水道事業推進のための人的基盤の礎石となった。さらに，自ら陣頭に立ち，主要都市の上下水道の設計計画および工事の指導に当たった。長与専斎（内務省初代衛生局長）は，自伝『松香私志』の中でバルトン招聘の経緯，その人物およびわが国での活動を次のように評価している。

　「バルトンは，英国の工学士にしてロンドンの水道事務局に勤務し，衛生工事には熟練の人なりしを，先年ロンドンに万国衛生会を開かれたるとき衛生局より永井（久一郎）出張してその会に参列しけるが，この時よりバルトンと知るに至り，帰京ののち推薦するとこ

和服姿のW. K. バルトン（1856年5月11日-1899年8月5日）

ろありき。のちついに吾が政府に傭聘せられて文部内務両省のことに力を致し，また私立衛生会の名誉会員となり，在留日を重ねて，よく地方の事情をも洞識し，公務の余暇にはしばしば諸方の嘱託に応じて出張し工事調査の労を辞せざりき。もと淡泊なる質にて設計上の報酬などには頓着せざる人なりければ，地方にてもその間十分に熟議を尽くすの余地あり大いに事業の発達を促せり。のち台湾総督府に聘せられて該地に抵りて上下水の設計に従事せしが，不幸疾を獲て帰京し，程なく不帰の客となれり（明治32年8月）。まことに惜しむべきことなりき。」

　バルトンは，1856（安政3）年5月11日，スコットランドのエジンバラに生まれた。終生スコットランド人であることを誇りとし，青山霊園にあるその墓碑にはスコットランド生まれと刻まれている。父親のジョン・ヒル・バートンは著名な歴史家にして法律家，母親はエジンバラ大学法学歴史学専攻の有名教授コスモ・イネスの長女。この両親の下で育ったバルトンがなぜ衛生工学を専攻することになったのか。

　父ジョン・ヒル・バートンは，イギリスの公衆衛生行政の創始者チャドウィックと親友であった。チャドウィックは，華々しい産業革命の陰で生活環境が荒廃し，多くの人々が若くして死んでいく現実を誰よりも憂慮していた。母親の兄弟に土木工学を

専攻していた人があり，バルトンはこの人の影響で父とは異なる工学の世界に入り，学理のみでなく実務の習練をも積んだ。

バルトンの履歴は，英国土木学会の資料に次のように書かれている。

「エジンバラ工科大学（Edinburgh Collegiate School）卒業，1873（明治6）年から5年間同市ブラウン兄弟および水理機械技師会社に勤務，1878（明治11）年設計主任。1880（明治13）年叔父コスモ・イネスとロンドンで共同事業開始。1882（明治15）年イネスが代表を務める衛生保護組合の専任技師に就任。」

大学の卒業年齢がこの資料によれば17歳であるが，当時としては特にめずらしいことではないようである。バルトンという人は，卒業後の長い実務経験から単なる学理のみの人ではなく，経験豊かな専門技術者であった。さらに，来日以前，ロンドンで既に自らの社会的地位を確立していた。このようなバルトンにそれまでに築いたものすべてを投げうって東洋の一小国・日本に渡ることを決意させた理由は何だろうか。私の想像だが，バルトンは，当時ヨーロッパを席巻していたジャポニスムの影響を受けて，日本という国に限りない魅力を感じていたのではないだろうか。

バルトンには衛生工学に加えて写真という分野があった。その写真作品には，高い技術と芸術家としての生来のセンスの豊かさを感じさせるものがある。妹が画家であることからも，芸術への傾斜がうかがわれる。浮世絵を通してみる粋な江戸文化は，バルトンを魅了して放さなかったに違いない。そんなバルトンに日本政府から衛生工学の教授の誘いがもたらされた。母方の家系には海外に雄飛して成功した人が何人もいる。そもそもスコットランドには，歴史的に艱難辛苦を乗り越えて海外で成功することを誇りとする気風が濃厚にある。バルトンもまたそうした気質を強く受け継いでいた。日本写真会創設に尽力するなど，バルトンのわが国写真

濃尾大震災記録写真集『日本の大地震・1981』

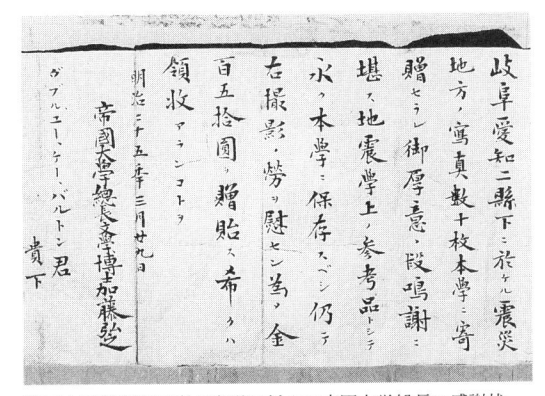

濃尾大震災記録写真の寄贈に対する帝国大学総長の感謝状

浅草十二階

界への貢献も特筆されるべきである。

　写真の分野からの土木工学への貢献に，1891（明治24）年10月28日に勃発した濃尾大震災の記録写真がある。バルトンは，誰よりも早く震源地に乗り込み，根尾谷の大断層の写真を撮影した。これが日本最初の断層写真である。撮影した記録写真は，写真集『日本の大地震・1891』と題して発刊され，ヨーロッパにその惨状を伝えた。収録写真は，見事なものばかりだが，写真に付けられた解説文もまた生き生きと震災状況を活写し，豊かな文才を感じさせる。バルトンは，「浅草十二階」の設計者としてもその名を知られているが，この仕事に携わった理由も写真への傾斜を抜きには考えられない。一子多満子をもうけ，松子という女性と正式に結婚するが，これも写真による江戸文化探索がもたらしたロマンと考えられる。写真はこのようにバルトンをしっかりと日本に結びつけ，その人生を華やかに彩るとともに，貴重な記録写真を土木工学の世界に遺したのである。

　バルトンの活動は，毎日新聞が1899（明治32）年8月9日号で伝えた彼の訃報に簡潔に描写されている。内容は重複するが，次のとおりである。

「氏は明治廿年工科大学教師に任ぜられ、衛生工学講師として多年学生を養成し、廿一年以来内務省衛生工事顧問を兼任して東京、大阪、神戸、函館、長崎、秋田、仙台、新潟、福井、松山等の都市に於ける上下水道設計のことに預り、すでに配水して今日その余慶を被るところあり。又、明治廿九年台湾に民生の布かれるや、同地の衛生工事顧問技師として家族を伴ひ同地に居住し、専ら衛生工事の設計に当たり（略）、台北、基隆に下水道の設計をなせり（略）。十三年ほとんど一日の如く熱心に職務に精励し、遂にマラリア、赤痢に罹り（略）本年三月全快の祝宴を開くに至れり。その後、許しを得て六十日間の休暇を得て十三年振りにしてロンドンに帰省せんとする途次、東京に於いてたまたま肝臓アプセスに罹り、大学第一病院に入院し、知名の国手の治療を受けたるも薬効なく、本月五日午後九時十分永眠せられたり。」

バルトンの足跡は、この訃報に書かれた都市のほか、名古屋、京都、神戸、広島、下関などにも記されている。さらに写真界への貢献や浅草十二階の設計などもある。これらすべてを考え合わせると、バルトンは自らの持てる力のすべてを惜しみなくわが国に捧げたことがわかる。教育者としてもまれにみる資質の持ち主で、学理のみに流されないよう、常に地域性重視の姿勢の重要性を説いた。1894（明治27）年に『都市の給水と水道施設の建設』というタイトルの300頁を超える専門書をロンドンの書店から発刊している。1898（明治31）年に2版が出ているので、当時としてはかなり読まれた本であろう。英語で書かれているが、当時の学生たちは、この本を教科書として使った。重要なのは、この本には随所に日本の都市の実例が挿入されていることである。ここにもバルトンの地域性重視の姿勢がうかがわれる。バルトンの教えを受

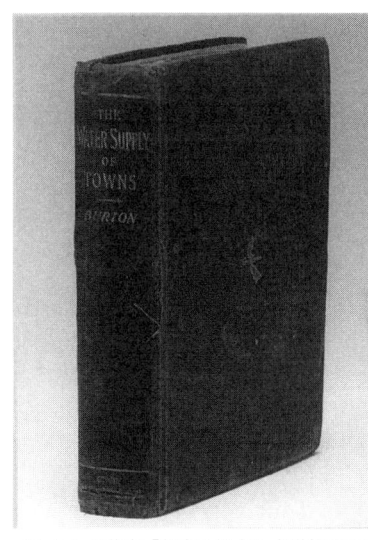

バルトンの著書「都市の給水と水道施設の建設」

けた学生たちの中で瀧川釻二，佐野藤次郎，大藤高彦，浜野弥四郎などは，最も強く影響を受けた技術者群と考えられる。バルトンの技術思想は，彼らによって継承されたが，それではその技術思想とはいかなるものであろうか。

バルトンの技術思想は，上水道については東京市区改正委員会の上水下水改良設計調査委員会が1888（明治21）年12月に提出した報告書に，下水道については1889（明治22）年7月に提出した報告書に反映されている。前者は，その後多少の曲折を経て実現の運びとなったが，後者は残念ながら幻に終わった。同委員会は，長与を委員長とし古市，永井，バルトンなど6名の委員で構成され，バルトンの起草した原案をベースにして審議が進んだ。このことは，委員長の長与が『松香私志』の中で「原案の起草はバルトンに託した」と書いていることからも明らかである。したがって，報告書そのものは，合作であるが，その底流を流れる技術思想はバルトンの考えを濃厚に映しているといえるだろう。

報告書を読むと，上水道に関しては厳格な細菌汚染阻止の姿勢が見えてくる。現在に比べれば河川上流域に清浄な水源を求めることは困難なことではなかったはずの時代に，水源汚染につながる家屋の撤去，取水地点から下流の導水渠周辺の用地買収，さらには多摩川上流域における水源林の確保などを提案している。万難を排して，清浄な水源の確保を図ろうとする姿には，胸を打たれる。浄水場に導いた原水は，沈殿と濾過の処理を施し，貯水池を経て配水する。塩素消毒のような滅菌工程は考えられていない。濾過層の持つ生物学的機能によって細菌などはかなり除去できただろう。濾過速度は，毎24時間10尺（約3m／日）だから，相当ゆったりとした緩速濾過である。濾過池も20％の予備を設けている。施設面では初めから計画的にかなりの余裕を持たせていたわけで，こうした措置がその後の急速な都市化に対してどれほどの救いを与えたか，計り知れない。

下水道に関しても，やはり妥協を許さない汚染防止の姿勢が認められる。まず下水排除方式としては分流式が採用された。雨水に汚水を混ぜると，全体が汚水に変わるという考え方に注目すべきだろう。し尿は，原則として汚水管に流させなかった。つまり，雑排水だけを対象にした下水道である。下水管渠系統では，管渠の中では汚濁物を沈殿堆積させない工夫が凝らされた。そこで逆に，できる限り効率よく汚濁物をあらかじめ計画的に設けられた地点に溜めて運び出せるように溜桝や掃除桝が数多く設けられた。したがって管渠系統は，現在に比べればはるかに複雑な構造になっていた。施設にはかなりの余裕が確保され，汚水を海に排除できない排水区域には間断向下濾過法という処理方式が採用された。処理場流入地点に1日分の汚水を貯水できる汚水槽が設けられ，汚水をそこから時間的に均等に汲み上げ濾過池に注ぐのである。汚泥は，農家の肥料に利用する。

バルトンは，地域性を尊重し，決して実現不可能な無理な提案はしなかった。都市

の要請に対しては，必ず現地踏査を行い，その地域，地域の特性に合わせた現実的な提案を行っている。バルトンは，1896（明治29）年8月畏友後藤新平の強い要請を入れて，一番の弟子・浜野弥四郎を帯同して台湾に渡った。当時の台湾は，悪疫島と恐れられていたが，二人の台北や基隆での献身的な活動によって，やがてその汚名は拭い去られていく。浜野は，バルトン没後20年に当たる1919（大正8）年に台北の水道水源地構内に師バルトンの胸像を建てて，その業績を称えた。浜野が胸像の除幕式で述べた祝辞に次のような言葉がある。

　"およそこの世に生を受けた者で生命の悠久を願わない者はない。どうすればそうなるか。「自己の天職を尽くして之を全うするもの，直に是れ生命の悠久を保持する所以なり」。バルトン先生は，まさにそういう人であった。先生は，数々の仕事を残されたが，そこにうかがえる精神は，「世界の衛生工学に向かって今尚厳然たる」ものであり，その事実は，悠久の生命を得たるものに非ずして何ぞや。"

　「自己の天職を尽くして」という言葉は，スコットランド人が常に座右の銘とした言葉だと聞く。台湾では1999（平成11）年4月，台湾水道事業創設百周年記念式典が挙行され，バルトンの業績が再評価された。わが国でも特定非営利活動法人・日本下水文化研究会が8月5日にバルトン没後百年記念式典を行い，イギリス大使館からも祝辞が寄せられた。故郷エジンバラでもバルトンの日本での偉業が再評価されつつある。故郷に帰る直前に逝去したバルトンの思いは，百年後の今，ようやく母国に届いた。バルトンは，まさに悠久の生命を生き続けているといえるだろう。

中島鋭治 — 技術者の人的基盤を造った技術の総師

　中島鋭治は，1858（安政5）年10月仙台に生まれた。中島家は，代々伊達藩士の家柄で，伊達藩という佐幕系統に属した点でスコットランド出身のバルトンと共通点がある。藩閥に対しては非主流で，自力で勝ち抜かなければならない運命にあったからである。3歳で父を亡くし，母親の手で育てられる。剛直な気性で，腕白少年であった。13歳［1870（明治3）年］の時，藩校養賢堂に入る。17歳で入学した官立宮城外国語学校では英語を懸命に学んだ。得意科目は数学であった。同校の英語教師，アメリカ人グールドは，土木工学を修めた人で，中島はこの教師の影響で土木工学に関心を持つようになる。20歳［1877（明治10）年］で上京。大学予備門に入り，成績優秀のため特に2級に編入された。23歳で東京大学理学部土木工学科に入学，3年後首席で卒業する。学生時代の中島は，心身強健・直情径行で蛮カラそのものであった。持てる力のすべてを勉学に注ぎ，卒業と同時に大学御用係を拝命，3年後の1886（明治19）年助教授に就任している。

中島鋭治（1858年10月12日-1925年1月17日）

　中島は，その後アメリカへの自費留学を決意し，同年9月助教授という恵まれた地位を辞して，ワッデルという人を頼って渡米した。ワッデルは，中島の助教授時代の主任教授で，中島より少し早くカンザス州の州都カンザス・シティに戻って設計事務所を開いていた。つまり，中島は，ワッデルの後を追ってカンザス・シティに行き，一緒に仕事をさせて欲しいと頼み込んだのである。その頃の中島は，上下水道技術が専門というわけではなく，むしろ橋梁工学を修めたいと考えていた。ワッデルは，樺島という人に宛てた手紙の中で当時の中島の様子を次のように書いている。

　「優秀な人で，命じた仕事は正しく実行するが，創意的には行動しない。これでは真の技術者になるのは難しい。そこで友人がやっている工事の監督をやってもらった。大変苦労して，一時は辞めたい，事務所に戻りたいと頼んで来たが，聞き入れないようにした。中島は，こうした経験を経て単純な理論家から実際的技師に成長した。」

　剛直な中島が音を上げるほどの苦労とは，人種差別に属するものだったようだが，中島はそれを克服してワッデルの期待に応えた。ワッデルの手紙からも，中島はバルトンよりかなり現実家肌であったことがわかる。やがて，ワッデルの薫陶を得て名実

共に実際的技師に成長した中島の下に，1887（明治20）年6月文部省より3年間の欧米留学を命ずる特命が届いた。工科大学学長古市公威の特別の意図から出たものであろう。バルトンは，既に工科大学に新設された衛生工学講座の教授として着任していた。古市は，密かにバルトンの後を中島に委ねたい気持ちを持っていたのかもしれない。ところで学長の古市は，1854（安政元）年姫路藩の下級武士の家に生まれた。バルトンより2歳，中島より5歳年上で，藩閥に属する人ではない。古市は，1888（明治21）年東京市区改正委員会の上下水設計調査委員会委員に就任する。中島が古市の勧めに従って専攻を衛生工学に転じたのは，ちょうどその頃であった。古市は，同年11月学長を辞し，山県内相に随行して土木行政の視察のため渡欧する。中島もイギリスに渡り，最先端の上下水道技術を学ぶことになる。中島がアメリカからイギリスに渡った背景には，山県に随行した古市を補佐する役割があったのかもしれない。古市は，翌年10月帰国して学長に復帰し，翌1890年6月には内務省土木局長に就任する。これには山県の力が見え隠れする。1年に及ぶ欧米視察で山県に認められた古市は，山県閥につながる官僚となった。一方，中島と古市との関係も緊密の度を増していく。

中島は，この間イギリスからフランス，オランダ，ドイツをめぐり，技術修得に努めた。東京市区改正委員会は，同年4月首都東京の上水道設計報告書を決定し，7月には水道敷設に関する告示が出され，9月市会は予算を議決した。古市は，この工事を中島に担当させるべく，「至急帰国し，東京の水道工事に従事すべし」との内命を出した。中島にとって逆らうことのできない古市直々の命令に，1年残っていた留学期間を短縮し，1890（明治23）年11月に帰国する。1886（明治19）年9月に日本を発ってから，4年振りに故国の土を踏んだことになる。

衛生局長の長与専斎あるいは後藤新平との絆の強いバルトンに比して，中島は土木界の大御所古市公威と固く結び付いた，いわば主流の土木技術者であった。上下水道という部門は，衛生部門と土木部門の学際領域にあって，両部門が統合されなければ適切に執行できないという特性を持つ。バルトンと中島との違いは，この統合がそれぞれの考え方の中でどの程度達成されたかに懸かっている。2人の人的背景は，この意味でそれぞれの考え方を評価する上で重要である。

中島は古市の内命に従って早々に帰国したものの，肝心の東京の上水道事業は財政問題が難航して動く気配がなく，待機を余儀なくされた。年が明けて1891（明治24）年3月漸く内務省技師補に就任が決まり，市区改正掛となった。中島は，設計計画書を精査し，東京府庁の協力を得て詳細な測量を実施した。千駄ヶ谷は，高低凹凸が著しい複雑な地形であるため，測量結果と設計図を詳細に検討し，浄水場を豊多摩郡千駄ヶ谷町から淀橋町に，低地給水場を小石川区伝通院近傍および麻布区今井町付近から本郷区元町および芝区栄町に位置変更をすべき旨の意見書をまとめて水道事務所長を兼任していた古市に上申する。上申書は，市区改正委員会の了承するところとなり，

直ちに変更の手続きが採られた。変更の理由は，次のとおりである。

「変更のため利益せる處は，各種の池を築造するに当たり3万有余坪の盛土工事を要せさると，従って施工及び保存上に危険の虞なく，又新浄水工場は高地にあるを以て其配水に要する水量を揚くるにポンプ力を減少し，又本郷芝両給水場に於けるポンプを全く省くを得れば，従って夫等の購入費及び将来年々の動力費を減少することを得べく（以下略）」（「中島鋭治博士の遺稿」，水道協会雑誌第47号，1937年）

中島が，いかに現実的な技術者だったかということは，この位置変更の理由を見ればわかる。建設費・経常経費を含む経済性の検討，工事期間中およびその後のリスクの評価など，その論点は極めて明確で説得力がある。中島は，浄水場の沈澄池，濾過池，貯水池などの設計は原設計を踏襲したが，首都東京の上水道工事の責任を担い得る責任技術者としての実力を遺憾なく示したのであった。古市は同年10月東京水道工事長に就任し，中島は古市の下で工事掛長として実質的に全責任を担うことになった。東京の水道工事は，こうして1892（明治25）年着工され，6年の歳月を経て1898（明治31）年11月通水し，翌1899（明治32）年12月完了する。今から約100年前のことである。

中島は，1896（明治29）年9月バルトンの後任として帝国大学工科大学衛生工学講座の教授に就任する。学長古市の意向が強く働いたのであろう。助教授の地位を辞して渡米してから10年後の復帰である。さらに2年後の1898（明治31）年12月，中島は東京市技師長を拝命した。こうして名実共に明治の上下水道技術の最高権威者となったのである。中島は，1921（大正10）年2月に退任するまでおよそ25年間にわたってわが国の上下水道界の頭脳とも言うべき専門技術者を養成した。その多くは，学界，官界，上下水道事業界の責任ある立場に広がっていった。また中島は，多くの都市の上下水道設計計画や工事の指導に当たっている。指導した都市は全国に及び，設

起工式 「東京水道起工式及消火栓水力試験之図」（「風俗画報」より）

淀橋浄水場鳥瞰図（中島工学博士記念 「日本水道史」より）

計計画件数は50を超える。中島は，上下水道技術界の総元締めという立場を，いわば終生守り続けた人であった。

　中島は，大柄で眼光鋭く，寡黙かつ寡筆な人だったという。遊戯音曲の趣味は無いが，食道楽で部下を引き連れての美食を好んだらしい。バルトンは，情熱的な教育者であり，同時に江戸文化の粋を好み，幅広い趣味を持ち，ユーモアを解する人であった。中島は，こういう点でバルトンとは正反対のように見えるが，厳しそうでいて友情に厚く，門下生の面倒をよく見た。特に就職斡旋に関しては，周到で，将来にわたって世話をした。門下生の中から京都大学に大井清一を，九州大学に西田精を，北海道大学に倉塚良夫を送り込み，自分の後任には愛弟子の草間偉を据えた。さらに内務省には茂庭忠次郎を，東京の水道には小川織三，下水道には米元晋一を送った。役所を離れた西大条寛なども民間に出て次第に頭角を現した。中島の教育法は，自ら実践を以て範を示すというやり方であった。決して象牙の塔に閉じこもる学究ではなく，学問と実践が直結していたのである。中島はこの姿勢をワッデルから習った。ワッデルの「真の実際的技師になれ」という教えが終生身に付いていたのである。中島が生涯にわたって行った膨大な仕事は，こうした姿勢とその人的な関係なくしては到底できるものではない。バルトンもまた面倒見のよい，温かな人物で，学問と実践の両方を具えた優れた技術者であったが，権力にこだわらない恬淡としたところがあった。やがて中島の影響力が学界および実務界で強まるにつれて，バルトンのもとで育った人材は徐々に疎外されていった。それはまた，ある意味で当然の成り行きといえる。

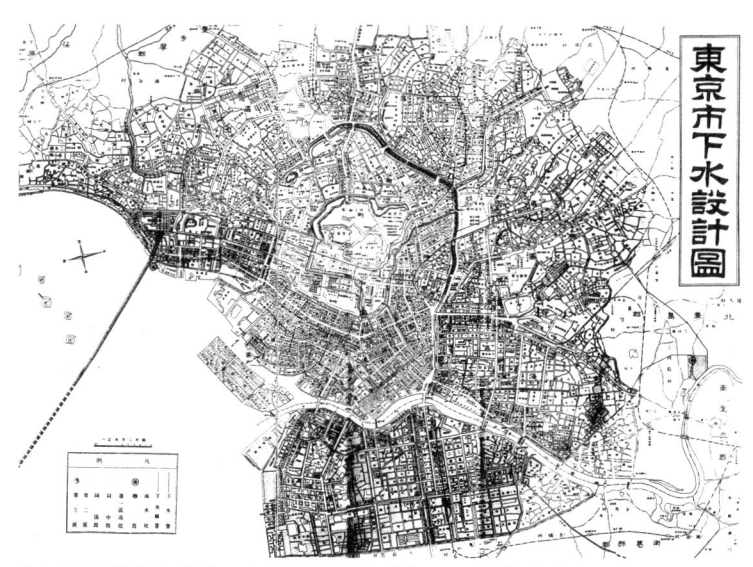

東京市下水設計図（明治40年中島鋭治作成，「東京市下水道沿革誌」より）

中島は，各地の技術指導の過程で，バルトンがその地に残した設計計画を大胆に修正していった。特にこの傾向は，下水道部門に顕著に認められるようである。
　中島の遺稿（前出）にある「東京市下水道」の条から，その要点をバルトンの策定した幻の計画と比較して述べたい。東京市区改正委員会は，1904（明治37）年になって，ようやく下水道改良計画の策定を議定し，中島に調査および設計を委嘱した。中島は，各種の必要資料を収集するとともに，土地の高低を1年半という長い期間をかけて実測させた。等高線の入った詳細な地形図がなかったからである。こうして基礎資料を整備した後，さらに1年半後の1907（明治40）年3月設計は完成した。
　まず，雨水と汚水とを合わせて1本の下水管で排除する合流式の全面的採用である。バルトンは分流式を適当としたが，この方針は完全に否定されたことになる。その理由として遺稿には「本市の情况，地勢，経済などより攷究して合流法を適当とした」とある。彼は，続けて「雨水の全量を市街に排除せんこと固より不可能のことなれば，河川或いは溝渠に接近する毎に幾多の雨水吐を設け，出来得る限り雨水をして之等河川に放流せしむるの策を採れり」と書いている。バルトンは雨水と汚水とが混じればすべてが汚水に変わると考えたが，中島はそうは考えなかったのである。ただ，降雨初期の路面を洗浄した初期雨水は汚れているので汚水とみなし，その量を1/100インチと決め，実際にはこれを最大汚水量の2倍とした。汚水は雨水より比重が重く，管渠の下層を流れると仮定したわけで，そうすると遮集管渠で最終的にその全量を処理場に集めることが可能となる。これは，誠に都合のよい便利な考えだが，基本的な誤りがある。し尿が大部分農業利用されていた当時のことだから，汚水も雑排水がほとんどで，水質的にはかなり良好であった。中島の現実重視の姿勢がこの事実と相俟って合流式採用に踏み切らせたのであろう。合流式は，局地浸水防止に即効性を発揮した。下水道の事業化を決断させるには，こうした方法しかなかったのかもしれない。
　次に下水処理方法は，用地面積と建設費の制約を踏まえ，河海放流法とセプチック・タンクおよびろ過法を採用した。設計内容は，バルトンの方式に似ているようだが，規模がかなり縮小されている上に，汚染雨水が加わる分，運転操作が難しい。処理水準の引下げを許容していることは，容易に想像がつく。ここでも中島の汚染防止に対する意識がバルトンに比べて希薄だったように思える。
　いわば中島の設計は当時の一般の意識に合致していたわけで，このことによって事業を軌道に乗せ，時代の要請に応えることができたわけである。中島以後，活性汚泥法の導入など下水処理の効率化が図られたが，下水道計画の基本はそのまま踏襲され現代に至っている。もう一度，中島の時代の汚水は，雑排水が主体で水質は良好だったという事実を思い起こして欲しい。現在は，当時とは天と地の差がある。

[6]

橋を築いた土木技術者たち

橋梁と土木技術者:通史	執筆:伊東 孝
〔人物紹介〕 樺島正義	執筆:伊東 孝
田中 豊	執筆:伊東 孝

橋梁と土木技術者：通史

　木や石を用いて架橋していた日本の在来橋梁技術に一大転換をもたらした近代橋梁の歴史を，土木技術者との関係で見ると，大きく4つに時期区分できる。

　第1期は，お雇い外国人に鉄橋の設計から製品の発注まですべてをまかせたころで，これは道路橋でいえば明治の一桁台で終わった。鉄道橋はもう少し長く，明治の10年代まで続く。……「お雇い外国人活躍期」

　東京ではこのほか，不燃都市建設の一貫として九州から招聘された石工たちが，万世橋をはじめとする石造アーチ橋を明治10年代の半ば頃までに十数橋架設した。

　第2期は，大学を卒業した土木技術者が鉄橋の設計をし始めた時期である。この時期の土木技術者は，専門的に分化しておらず，橋梁も設計したし，上下水道・都市計画・港湾などの設計も行い，ゼネラリストとして活躍している。土木技術者の数が限られていたので，土木に関することは何でも依頼され，こなしたといえる。年代的には，1882（明治15）年以降，1907（明治40）年頃といえる。……「ゼネラリストの活躍期」

　第3期［1907年頃～震災前］になって初めて，橋梁を専門にする土木技術者が台頭する。大学を卒業してアメリカに渡り，橋梁コンサルタント会社などで実務経験を積んだ技術者が帰国して活躍しはじめた時期である。……「プロフェッションの誕生」

　第4期は，震災復興事業期に対応している。橋の設計・施工はもちろん，鉄やセメントなどの材料まですべてを国産でまかなえるようになった。道路橋の設計が，鉄道省の技術者にとって代わられた時期でもある。……「鉄道技術者の台頭」

　以下，この時期区分に従って，わが国の橋梁と土木技術者の関係をみていく。

■ お雇い外国人活躍期［1868（明治元）年～1882（明治15）年］

　海外では，鋳鉄から錬鉄を経て，スチールへと移行してきた橋梁材の変遷も，日本では，鋳鉄をぬきにして，一気に錬鉄の橋が導入された。最初の鉄の橋は，オランダの技師フォーゲルが設計した長崎のくろがね橋［1868（慶応4）年竣工］で，錬鉄製のプレートガーダー橋である。東京で最初に架設された鉄の橋は，新橋ステーション前の錬鉄製桁橋の新橋［1871（明治4）年］である。

　1872（明治5）年には，わが国最初の鉄の吊橋である山里の吊橋がつくられる。しかしこれは，一般には馴染みのない皇居内につくられた。設計は，明治初期に来日したお雇い外国人のなかで最も活躍したアイルランド生まれのトーマス・ウォートレスである。1842（天保3）年生まれというから，山里の吊橋は30歳ごろに設計したことになる。彼は鹿児島紡績所［1867（慶応3）年］や大阪の造幣寮［1871（明治4）年］，

竹橋陣営［1871（明治4）年］などを完成させているが，最高傑作は銀座の煉瓦街であった。

日本最初のトラス橋は，横浜の関内に架設された錬鉄製の吉田橋［1869（明治2）年］であり，橋長は23.6mであった。設計は，イギリス人技師のブラントンである。トラス橋は，日本在来の木橋タイプにはない新しい橋梁タイプの出現である。これはやがて伝統的な木工技術と結びつき，「洋式木橋」といわれる木造トラスや木鉄混合トラスへと発展し，在来の木造橋梁よりも長い橋が架けられるようになった。

26歳で来日したブラントンは，「わが国灯台の父」として知られるが，もとは灯台技師ではなく，鉄道技師であった。そこで日本に出発するまでの3カ月間，灯台建設や機械装置を熟知するため特別研修を受けている。

しかしお雇い外国人に道路橋の設計を依頼するのも，明治の一桁台までだった。というのは彼らの人件費は高く，ほかに頼みたい仕事は山ほどある。橋ばかり頼むわけにはいかなかった。

明治維新政府は，新政府の威信を示すために不燃橋の鉄橋や石橋を架設し，町橋の伝統をもつ大阪では，主に町民が中心になって文明開化の象徴である鉄橋を架設した。しかし鉄橋や石橋の架設は経費がかかり，ほとんどの橋は木橋であった。

これに対し，鉄道橋には鉄橋が架設された。なぜか。それは，当時道路を走る重量車両は馬車や鉄道馬車ぐらいであり，鉄橋を必要とするほどの重量車両は通らなかったからだ。これに対し，鉄道橋には機関車が走る。

明治初期の鉄道橋はすべて輸入品で，輸入先は本州がイギリス，九州がドイツ，北海道がアメリカと分かれていた。これは指導したお雇い外国人の国籍によった。

わが国最初の鉄道は，1872（明治5）年に開通した新橋・横浜間だが，わが国最初の鉄製の鉄道橋は関西に登場した。1874（明治7）年に開通した大阪・神戸間の鉄道で，武庫川橋梁，下神崎川橋梁，下十三橋梁にイギリスで製作された錬鉄トラス橋が架設された。その一連は道路橋に転用され，浜中津橋として今も現役である。

■ **ゼネラリストの活躍期［1882（明治15）年〜1907（明治40）年］**

邦人技師によって初めて設計された橋として知られるのが，1882（明治15）年竣工の高橋である。設計は洋行帰りの原口要[1]。錬鉄製のワーレントラスで，工部省赤羽製作所で製作された。その後原口はボーストリング・トラスの浅草橋［1884（明治17）年］，隅田川の最初の鉄橋である吾妻橋［1887（明治20）年］を設計。直弦トラスの吾妻橋は，当時としては長大橋で，新式の橋梁としてめずらしがられた。この橋には，後に活躍する倉田吉嗣や原龍太も設計に関わった。同じ年に完成した鎧橋も，倉田とともに設計している。

理科の3秀才の一人といわれた原龍太[1]は，大学を卒業すると直ちに東京府に就職した。そこで彼は，ボーストリング・トラスの西河岸橋［1891（明治24）年］と錬鉄製

プラット・トラスの御茶ノ水橋（同年）を設計。その後，和泉橋［1892（明治25）年］，ボーストリング・トラスの湊橋［1895（明治28）年］，浅草橋［1898（明治31）年］，新橋［1899（明治32）年］，江戸橋［1901（明治34）年］，京橋（同年）など，明治を代表する東京の橋を設計している。

1893（明治26）年竣工の厩橋は，中央径間がホイップル・トラス，側径間がプラット・トラスで，倉田吉嗣と岡田竹五郎の設計である。

以下，東京が中心になってしまうが，この時期の代表的な橋をあげると以下のようになる。

1897（明治30）年には，道路橋としては初めての鋼橋である永代橋が完成。曲弦プラット・トラスで倉田吉嗣の設計。

1899（明治32）年完成の鋼アーチ橋の新橋は，原龍太と金井彦三郎[1]の設計による。金井は，帝大出の技術者ではないが，苦学して攻玉社に学び，1889（明治22）年から1906（明治39）年まで東京府（市）技師として橋梁工事に従事した。原龍太とともに東京市の橋梁の恩人として知られる。

鋳鉄製のアーチ橋としては，兵庫県の神子畑橋［1883（明治16）年～85（明治18）年，橋長16.0m］や羽淵橋（同，橋長18.3m）があげられる。これらの橋は，高欄やスパンドレルのデザインなどから，設計・製作は日本人によると推察されている。しかしこれは前述したように，日本の橋梁史の中では例外的なものである。

この時期，新しい建設材料としてコンクリートも導入される。最初の鉄筋コンクリート橋は，1903（明治36）年に架設された琵琶湖疏水橋である。長さは7.3mの弓形桁橋。設計は，疏水の設計者である田辺朔郎。引き続き京都市には，鹿ガ谷御殿前橋，鞍馬街道橋の鉄筋コンクリート桁橋が架設された。

最初のアーチ橋も京都市で竣工している。山科の琵琶湖疏水に架設された大岩橋［1904（明治37）年，橋長12.6m］が，それである。右岸上流側のスパンドレル部分には，技師山田忠三・技手河野一茂とあるが，田辺朔郎が助言をしていたのではなかろうか。

床版式の鉄筋コンクリート橋は，神戸市で架設された若狭橋が最初。1906（明治39）年の竣工，長さ3.7mである。その後，明治期には43橋の鉄筋コンクリート橋が架設されるが，そのほとんどはスパンが短く試行的なものであった。

道路橋では以上のように日本人が活躍したが，鉄道橋梁は依然として英国人の影響下にあった。

この時期の鉄道橋梁に大きな影響を与えたのは，イギリスから招聘されたC.A.W.ポーナルである。1882（明治15）年に来日，神戸と東京で残した業績の主たるものは，東海道線をはじめ橋梁上部構造の設計である。200フィートの標準トラス橋をはじめ，設計の標準化を行い，その後日本人技術者の手でさらに発展させられた。ポーナ

ルは，細部設計まで日本で行い，その図面で本国に製作を発注したので，わが国の橋梁技術者を育てるうえで大きな意味をもった．1885（明治18）年頃からは，日本人によるトラスの鉄道橋の設計が行われはじめた．この頃に育った日本人技術者として古川晴一がいる．

■ **プロフェッションの誕生 [1907（明治40）年～1923（大正12）年]**

この時期，橋梁技術の先進国であったアメリカに留学していた2人の技術者が，相前後して帰国する．一人は後述する樺島正義であり，もう一人は関場茂樹である．

ワッデル・ヘドリック工務所で設計業務を学び，アメリカン・ブリッジ・カンパニーでメーカー実務を経験した樺島正義は，1906（明治39）年に帰国する．

1908（明治41）年には，関場茂樹が帰国，横河橋梁製作所の初代技師長に迎えられた．彼は樺島より2年後輩で，大学卒業後，アメリカン・ブリッジ・カンパニーに入社，さらにウェスト・バージニア会社などで橋梁の設計・製作にたずさわった．彼が日本で手がけた最初の橋は，近鉄京都線の澱川橋梁[1928（昭和2）年]で，この橋はいまだに単純トラスの鉄道橋としては最大の支間を誇っている．彼は後に，電弧溶接の研究にも取り組んだ．

明治の末には，明確な設計理論に基づく本格的な鉄筋コンクリート橋が登場する．仙台市の広瀬川にかかる広瀬橋[1909（明治42）年，全長127.3m，設計は廣井勇の指導のもとに柴田畦作が計算]や横浜の吉田橋[1911（明治44）年，3スパンのアーチ橋，全長54.5m]などである．コンクリート橋のもつ表面仕上げや化粧のしやすさ，造形性がきくことなどから，鉄筋コンクリート橋は大正の半ば頃から，景観やデザイン性を重視する都市の市街地部で好んで架設されるようになった．

■ **鉄道技術者の台頭 [1923（大正12）年～1945（昭和20）年]**

1923（大正12）年9月に起きた関東大震災後の復興事業は，事業の重要性から，国である復興局が直接建設に乗り出した．人材の多くは，内務省と鉄道省から集められた．なかでも鉄道省は，主に復興事業の土木部門を担当した．これは，鉄道院総裁を過去3回経験し，復興院の総裁になった後藤新平の判断によるところが大きい．当時の鉄道技術は，測量・設計・土工・軌道・橋梁・トンネル・駅舎・倉庫などの諸要素を総合的に備え，しかも組織的に運用されていたので，土木界の中で最高の技術と有能な人材を有していた．後藤はそこに目をつけた．

復興橋梁では，鉄道省の技術者が活躍したが，東京府・市，地方では，前述した樺島正義や滞米歴14年で，震災の前年に帰国した増田淳が活躍した．

増田淳は，1907（明治40）年に大学を卒業すると，ヘドリック工務所（ワッデル・ヘドリック工務所から独立）に留学，以後14年間，アメリカで橋梁の設計監理業務にたずさわった．帰国後〔1922（大正11）年〕，橋梁コンサルタントとして各地の主だった橋の設計と監督を務めた．その中には，六郷橋[1925（大正14）年]・千住大橋

［1927（昭和2）年］・長六橋（同年）・三好橋（同年）・穴吹橋［1928（昭和3）年］・荒川橋［1929（昭和4）年］など，数々の名橋が知られている。

　樺島・関場・増田の3人は，黎明期の橋梁コンサルタントとして知られる。この時期，もう一人異色の橋梁コンサルタントとして活躍した山本卯太郎がいる。彼は，可動橋や水門などを得意とした。1915（大正4）年渡米，可動橋・可動閘門・起重機など，商港の荷役に必要な工事の設計・製作・施工法をマスターして帰国。山本工務所を設立して，大正末期から昭和初期にかけて活躍した。彼の作品には，重要文化財になった鉄道橋の末広橋梁［1931（昭和6）年，四日市市］，登録文化財になった1・2号地間運河可動橋［1927（昭和2）年，名古屋市］などがある。

　人物紹介の頁では，職能としての橋梁プロフェッションの誕生を代表する技術者として樺島正義を，鉄道技術者が台頭し，橋梁技術が自立した第4期を代表する橋梁技術者として田中豊をとりあげる。

注
1）　原口要，原龍太，金井彦三郎については，土木学会図書館の藤井肇男氏から資料を提供して頂いた。

樺島正義 ――― わが国最初の橋梁コンサルタント
（かばしままさよし）

「1907（明治40）年より1917（大正6）年に亙り，樺島正義氏入りて東京市の橋梁技術に一新紀元を画し，鍛冶橋，呉服橋，四谷見附橋を始めとし，諸種の代表的市街橋を架設し，特に1912（明治45）年隅田川河上に架せられたる新大橋は，同河上に現存する最新の鉄橋である。また日本橋は径間70呎の石造拱橋二連を架し，全長百六十二呎，幅員九十呎を有し，蓋し本邦最大の石造橋として空前絶後のものである」

やや長めに引用したこの文章は，日本の近代橋梁の生みの親といわれ，優秀な橋梁設計を顕彰する「土木学会田中賞」にその名を残す田中豊が，述べたものである（『日本工業大観』1925（大正14）年）。樺島正義が東京市ならびに日本の橋梁技術に残した功績は，極めて大きかったことがわかる。[1]

しかしながら樺島正義については，従来あまり紹介されたことがなく，また資料も少なかった。樺島に関する全体像がわかったのは，東京都が（社）土木学会に委託した「四谷見附橋調査研究委員会」（委員長：新谷洋二）の調査研究を通じてである。その過程で，貴重な資料をいくつか発掘できた。重要なものは次の3点である。

第1は，『樺島正義自伝』（以下『自伝』）。本資料は全6巻からなり，「在米時代」「市役所時代」「事務所時代」「桜田時代」「疎開時代」「エピソード」の6つに分かれている。

第2は，東京都公文書館所蔵の経歴書。

第3は，樺島正義に関する資料収集ならびに著作リスト。

詳しくは，四谷見附橋研究会編の『ネオ・バロックの灯　四谷見附橋物語』（技報堂出版）を参照されたい。

樺島正義

■橋梁技術者としての生涯

樺島正義は，1878（明治11）年1月15日，樺島玄周の3男として，東京市に生まれた。二高を経て，1901（明治34）年7月，東京帝国大学工科大学土木工学科を卒業。同年12月，帝大教授であり東京市技師長の職にあった中島鋭治の紹介により，米国カンザス市にあるワッデル・ヘドリック工務所に留学した。工務所は，ワッデルとヘドリックの共同経営の橋梁設計事務所で，ワッデルが米国各地を回って鉄橋の設計・製作・架設の監督を行い，ヘドリックは工務所にいて設計を指導するとともに，かたわら事務をみていた。1907（明治40）年春，2人は分かれて別々に工務所を開設している。

ワッデル（1854-1938）は，1882（明治15）年明治政府に招聘されて，東京大学理学部土木工学科に橋梁学の教師として着任，1886年に任期満了で帰米している。帰国後は，橋梁会社・鉄道会社などに顧問技師として関係したが，1892（明治25）年にコンサルタント会社（ワッデル・ヘドリック工務所か？）を設立した。在日期間は短かったが，彼の事務所には日本人技術者がよく留学し，懇切なる指導をした。樺島正義もその一人であった。同時期，後に台湾で活躍した堀見末子もいた。

東京市が，日本橋や新大橋の架け替えを予定し，その設計技師を必要としていたところから，樺島は1906（明治39）年6月[2]に技師として東京市入りすることになる。当時28歳であった。

配属された土木課橋梁掛に当時いた技師は，樺島正義と米本晋一の2人だけであった。1908（明治41）年3月，東京市に橋梁課ができると同時に，橋梁課長に昇進し，陣頭指揮をとった。『日本土木史　大正元年～昭和15年』（土木学会）によれば，「大正初年当時における道路設計施工の組織について一言すれば，官公庁には「橋梁課」と呼ぶような専掌の機関がなく，……橋梁技術をつかさどる専門職はかならずしもなかった」とある。これに基づけば，東京市の橋梁課はわが国最初となる。1917（大正6）年3月，樺島正義は土木課長に昇進する。

東京市に疑獄事件が起こると，樺島は嫌気がさし，同10年1月，東京市を依願退職した。これを機に，日本で最初といわれる橋梁設計コンサルタント会社「樺島事務所」を開設した［1921（大正10）年3月］。1949（昭和24）年逝去。享年71歳だった。

■ 担当した橋梁

東京市在職時代の仕事の手がかりに，橋梁技術者樺島正義の設計思想をながめてみよう。

『自伝』によると，最初に手がけた仕事は日本橋と新大橋の設計である。日本橋は現存しており，新大橋も当時の橋は架け替えられたが，その一部は明治村に保存されている。いずれも当時を代表する橋梁であり，その価値は誰もが認めるところである。アメリカ帰りの樺島正義が東京市にもち込んだ技術は，当時の日本の橋梁界が待ち望んでいたものだった。

東京都公文書館所蔵の経歴書を調べると，勤労手当のついた橋梁が10あげられている。

① 日本橋　　　　明治44年5月
② 水道橋　　　　同年12月
③ 新大橋　　　　大正元年10月
④ 四谷見附橋　　同2年12月
⑤ 鍛冶橋　　　　同3年12月

⑥　呉服橋　　　　　　　　　　同
⑦　高橋北新架橋（→高橋）　　同8年3月
⑧　相生橋　　　　　　　　　　同年9月
⑨　常盤橋北新架橋（新常盤橋）　同9年6月
⑩　白鳥橋　　　　　　　　　　同年12月

しかしこれだけでは，実際にどの程度たずさわったのかはわからない。

『自伝』の中には，樺島正義自らが「重要な橋」だとして掲げた7つの橋がある。これを竣工年の順に示すと，次のようになる。

① 日本橋　　明治44年4月
② 新大橋　　同　45年7月
③ 鍛治橋　　大正3年12月
④ 呉服橋　　同
⑤ 高　橋　　同　8年2月
⑥ 神宮橋　　同　9年9月
⑦ 一石橋　　同　11年12月

以上の橋をみると，彼のいう「重要な橋」とは，幹線道路に架設された橋や，明治神宮の表参道にかかる神宮橋のように人の往来が激しく，人目につく場所に架設された橋のことをさしているように思われる。

勤労手当が支給された橋と重複しているのは，日本橋・新大橋・鍛治橋・呉服橋の4橋である。樺島は前記7橋のうち「会心の作」として，鍛治橋・呉服橋・神宮橋の3橋をあげている。彼はどこが気に入っていたのだろうか。

■橋らしくない橋：神宮橋

『自伝』には呉服橋の記述はわずかだが，鍛治橋と神宮橋に関する記述は多い。

鍛治橋は東京市で初めての鉄筋コンクリート橋であり，しかも橋長30.9mの1スパンのアーチ橋で，当時わが国随一の大きさであったことが強調されている。

これに対し，神宮橋についてはその設計意図が詳述されている。多少引用が長くなるが，紹介しよう。

「神宮橋は明治神宮の入口，山の手線を越す処にある。初め神宮の前ではあり，如何なる型式の橋が出現するのかと世人は固唾を呑んで待構えたものである。僕は同橋が鉄道を越す所で，荷物列車の機関車から出る煙は，二重橋（皇居の正門石橋：筆者注）や日本橋のような型を許さない。花崗岩などの高欄は忽ち黒く汚されるだろう。又同橋は陸橋で，高欄から見るのは水に非ず，鉄道軌道である。一層，橋らしくない橋を架するに如ずと決意し，先づ橋面は砂利道，高欄としては築土のような花崗石の擁壁を有する小堤を造り，其上に松樹を植えたのである。高欄に植木を植えたのはそれが初めてで，又全国にも余り類例を見ないであろう」

樺島は，橋梁の環境との調和を考える上で，水の存在，なかでも流れる川の存在をひじょうに重視している。

　「橋梁の美は環境の調和と云うこともあるが，環境中最も重要なるものは，水流との調和である。……水流との調和は橋架の美を発揮する上に於いて，最も重要なる点ではあるまいか」

　「欧米に於ける市街橋雑感」［『土木学会誌』1925（大正14）年8月］の中にある彼の言葉である。

　水流の存在しない神宮橋には，地域の状況を考え，あえて「橋らしくない橋」を設計したのだ。樺島の設計した神宮橋は，1980（昭和57）年に架け替えられた。しかし幸いなことに，新橋には旧橋のデザイン・モチーフが継承されている。旧橋に用いられていた親柱や高欄の石材も，磨きをかけられてそのまま利用されている。

　樺島は構造設計の技術者でもあったが，周辺環境の特性を形やデザインにどのように生かすかということに，意を用いていたことがわかる。橋梁本体だけでなく，橋詰広場などの付属施設にも設計上の配慮をしている。震災復興橋梁に橋詰広場を設置することの提案をしたのも彼だという。

　さらに都市における橋梁の配置計画の重要性をも標榜していた。「私は……都市計画に関しては橋梁形式の配分とでも言はうか。道路網を継ぐ幾多の橋梁が星のように，市街の諸所に散らばって居る。私は之れ等の橋梁相互の美を発揮し，更に一都市として橋梁の上に脈絡ある統制が欲しいと思う」［樺島正義「橋梁の外観」『土木学会誌』1929（昭和4）年10月］。このような点を考えあわせると，樺島正義は，地域環境デザインや都市デザインがわかる，非凡な橋梁技術者であったということができる。

　彼の設計思想は，現代でも十分に通用する。橋梁設計史上，彼の業績はもっと評価されてしかるべきではないだろうか。

注
1） 田中豊は，日本橋を「本邦最大の石造橋として空前絶後」としているが，何をもって本邦最大としているのか不明である。橋はふつうスパン長で比較することが多いが，日本橋の径間70尺（21.21m）は，1847年完成の霊台橋（スパン長28.3m）や1854年完成の通潤橋（28.2m）より短い。また橋長にしても，鹿児島の甲突川には岩永三五郎が架設した5大石橋（橋長46～71m）もあった。石造橋というのも，最近疑問が出されている。というのは，日本橋の内部は，コンクリートと煉瓦で一体的に固められているからだ。
2） 樺島正義の東京市入りの年代は，『日本工業大観』の田中の紹介では，1907（明治40）年とあったが，ここでは東京都公文書館所蔵の経歴書による。

田中 豊 ── 日本近代橋梁技術の立て役者

震災復興事業の土木部門の直接の責任者は，太田圓三である。復興院入りしたとき，太田は42歳。もっとも働きざかりのときであった。実弟には，医者であり，文芸家としても名高い木下杢太郎がいた。[1]

太田は土木局の体制を整えるため，橋梁課長として部下の田中豊，道路課長に平山復二郎等を鉄道省から引き抜くことを要請した。

太田の推薦を受け後の橋梁界を背負って立つ田中豊は，どのような人物だったのであろうか。

田中の専門は，橋梁ではない。太田と同じように高速鉄道だった。1920（大正9）年から2年間，英・独・米の各国に留学したときは，その方面の研究をしている。帰国の翌年，関東大震災が発生した。それゆえ，復興院の橋梁課長に就任したとき，橋梁工学の恩師である廣井勇に顧問をお願いした。しかし廣井は，「橋などなんでもないよ，君。落ちないようにやればいい」と激励した。この言葉で田中は，大いに元気づけられた。

田中 豊

復興橋梁，というより復興事業にたずさわった職員は，30，40代の若手が中心である。しかしいくら若手に権限があずけられたとはいえ，社会には多くの先輩がい，彼らは，どのような気持ちで復興事業を見ていたのだろうか。現代はだいぶ薄らいできたが，土木の世界は先輩・後輩の関係が特に強く，義理人情を大事にする。

ここで廣井の存在が，先輩の非難や中傷を防ぐ大きな力になったのではないかと思う。

廣井勇は，明治大正期の築港および橋梁技術の世界的権威者であり，1899（明治32）年，帝大土木科に教授として迎えられ，教鞭をとった。37歳のときである。

前述した樺島正義・太田圓三らは，いずれも彼の教え子である。それゆえ，橋梁が専門でない田中が廣井勇のある意味でのお墨付きを得たことは，土木界の暗黙の了解事項になったといえるのではなかろうか。

■ドイツ流の橋を採用

太田は復興事業にたずさわると，土木技術の革新的な躍進をめざした。工事全般にわたる機械化はもとより，橋梁工事では，鋼矢板をアメリカから輸入して，初めて基礎工事に利用した。同じくニューマチック・ケーソン（空気潜函）工法の機械を輸入するとともに米人技術者も招聘して，隅田川の橋梁工事に採用した。いわゆる大正のお雇い外国人である。

隅田川の橋梁プランについても，太田は構想を持ち，実弟の杢太郎のツテから画家や文芸家を招き，いろいろ意見を求めた。だが結果は思わしくなかった。画家や文芸家の描く橋は，力学的な構造からは遊離しすぎていたのである。

　隅田川橋梁の原案は，太田と田中が相談しながら田中豊が決めた。彼はそれまでの英米流の橋梁に対し，ドイツ流の橋梁を持ち込んだ。英米には，タイド・アーチ橋（弓の弦のように，アーチの両端を緊結するタイ材で結んだタイプの橋）やゲルバー桁（突桁橋ともいわれ，真ん中の桁を両側から突き出した桁に載せただけの橋）は，ほとんど使われていなかった。復興局の架設した永代橋や柳橋は，タイド・アーチ橋であり，東京市でも海幸橋[2]や万年橋などの河川の第一橋梁にタイド・アーチ橋を架設した。

　日本橋川の第一橋梁である豊海橋は，形が変わっている。梯子を横にしたような橋である。もちろんわが国では初めて，英米にも存在しなかったタイプで，フィーレンデール橋という。太田と田中が変わったものをつくってみようと相談して架けた橋である。ゲルバーにしろフィーレンデールにしろ，いずれも橋を考案したドイツ人の名前である。

　3径間以上の桁橋には，いずれもゲルバー桁が採用された。

　以上の橋の設計には，田中がベルリンに滞在したときに集めた文献が，大いに役に立った。

　隅田川の橋のデザインは，地域環境にふさわしく一橋一橋違えた。これに対し，耐震構造学の開拓者である佐野利器の弟子であり，「建築非芸術論」の論文で名をはせた野田俊彦（としかた）は，「隅田川に架すべき6橋は同一様式たるべし」と論陣を張った。若い建築家には，彼の意見を支持するものが多かった。これを聞いて，田中はだいぶ憤慨したらしい。

　帝都を代表する永代橋や清洲橋の建設には，新しい橋梁材の開発が必要であった。

　永代橋の設計は，竹中喜忠。しかし原案は橋梁課長の田中である。永代橋のタイプは専門的にいうと，タイド・アーチとカンティレバー橋（片持ち梁ともいわれ，一端が固定され，他端が自由な橋）との組合せである。また永代橋中央径間のタイ材と清洲橋のケーブルには大きな引張力が働くため，普通の鋼材を使うと断面形状が大きくなって構造的に問題があり，形も美しくない。そこで田中は，海軍が試作していた高張力鋼のデュコール鋼に着目した。

　橋梁鋼材としての適否を試験すると，満足のいく結果が得られたので，デュコール鋼の採用に踏み切った。高張力鋼を橋梁に採用することは，もちろんわが国で初めてである。

■橋の個性をデザインした山口文象

　隅田川以外の橋については，河川ごと・地域ごとにデザインを統一し，橋を規格化

した。何しろ425もの橋をわずか7年間に架設するのだから、規格化しなければこんな大量の橋を架設することはできない。

鋼道路橋の標準示方書案ができるのは、1939（昭和14）年のことである。復興橋梁では、その先駆けをつくったといえる。しかし鉄道橋では、前述したように橋の標準化は常識である。鉄道省の発想が、道路橋にも適用されたといえる。

だが橋の規格化を行うと橋は画一化し、個性がなくなる。これをさけるため、手摺や親柱などの高欄廻りには、いろいろ個性を持たせた。

このデザインを受け持ったのが、山口文象を中心とする建築家グループである。

田中は建築家の集まっている逓信省の営繕課に目をつけ、デザインのできる建築家をトレードしようとした。最初にトレードされたのは、山田守である。東京中央電信局［1925（大正14）年］の設計者として知られ、戦後の作品には、皇居北の丸公園にある日本武道館［1964（昭和39）年］も、彼のデザインである。

山田守はお茶の水にある聖橋のデザイン設計に関与したが、あまりにも数が多いため、建築家として腕をつけてきた製図工の山口文象を復興局に推薦した。彼は、ここから本格的な建築家としてスタートする。

デザイン設計だけでなく、橋のタイプの適否を判断するため、透視図も描かされた。今日残っている清洲橋・駒形橋・豊海橋などの透視図は、そのときのものである。

■復興橋梁の功罪

復興橋梁の完成によって、近代土木技術の中で最も自立の遅れていた橋梁技術もようやく欧米の橋梁技術と肩をならべることができた。その主要な功績は、いままで述べてきたように優秀な部下に支えられながら、全体を統括してきた鉄道省出身の太田圓三と田中豊にあるといえる。その後、本四架橋に至る日本の橋梁技術は鉄道出身者が先導することになった。

しかし、田中の名前は聞くが、土木局長であった太田の名前を聞くことは少ない。その大きな原因は、彼が復興事業の半ばにして倒れたことと関係がある。しかも自らの手で命を絶ったのである。それは、激務による過労と「復興局事件」といわれる疑獄事件の心労が重なって、神経衰弱に陥ったためといわれる。享年45歳。1926（大正15）年3月21日のことである。

田中は、1925（大正14）年から帝大教授を兼任し、1933（昭和8）年には鉄道省を辞めて教職に専念する。この間、彼は大阪の橋にも関係している。大阪市では1921（大正10）年、第1次都市計画事業が開始された。関東大震災が起こると計画の見直しが行われ、耐震耐火の橋づくりが目標とされた。以後約20年間に大阪の街には、151の橋が架設された。

計画の見直しのとき、田中豊は大阪市に請われ、顧問として橋の構造面をチェック

している．デザインや意匠は，京都帝国大学教授で建築家の武田五一や彼の教え子である元良勲が担当した．したがってこの時期，「橋の都」といわれる大阪の近代橋梁も，橋の構造面では東京と同じ人脈でつながり，橋の設計は土木技術者と建築家との共同作品であることがわかる．

1940（昭和15）年には，隅田川の第一橋梁として勝鬨橋が竣工した．当初は，晴海や有明で行われる東京オリンピックや万博会場の歓迎門の役割も期待されたが，日中戦争が激しくなったため共に中止．勝鬨橋だけが完成した．わが国で初めての二葉の跳開橋で，東洋一といわれた．日本の近代橋梁の白眉を飾る橋として有名である．

この橋の設計者は，東京市の橋梁課にいた安宅勝だが，指導は田中豊である．安宅はこれをもとに学位論文を提出している．勝鬨橋の工事現場に，あるとき田中が訪れた．現場を案内した安宅は，長い足場を渡って田中を案内した．途中で「しまった」と気づき，「これはまずい」と後ろを振り返ると，なんと田中は悠々と彼の後についてきている．しかし同伴したもう一人の教授は，足場の手前で立ち往生していたという．現場仕込みの田中のエピソードを物語る話である．

震災復興事業以後，田中はわが国橋梁界の重鎮として死ぬまで活躍した．1987（昭和63）年4月に開通した瀬戸大橋にも，本四連絡橋の調査会委員長を務めた田中豊の功績がある．

わが国の主要な橋梁プロジェクトのすべてに関係した田中であるが，彼の心に残る事業は，やはり震災復興事業であった．

「復興事業は，一生に2度とない最も充実した時代であった」と，彼は述懐する．

日本の橋梁技術を世界のトップレベルに押し上げた田中であるが，個人的には，2つの間違いを犯したと思う．

一つは，橋梁の設計思想である．

現在の橋梁設計思想は，やや変わりつつあるが，基本は橋のあることを気づかせない橋がよいとされる．高速道路を走っていると，どこで川を渡っているのかわからない．このような設計が，理想的な橋のデザインとされてきた．

ここでは理由や反論についてはふれないが，この原点は，田中が昭和天皇を聖橋にご案内したときお褒めにあずかったことに由来するのではないかと思う．

田中は，陛下が「この橋は，自分が橋上にあることを気づかせないよい設計である」といったことに，非常に感激していたからだ．

もう一つは，デザイナーとしての土木技術者の役割と責任を薄めてしまったことである．

前述したように，今日土木構造物に個人名を明記することはまずない．しかし復興橋梁の以前には，普通に見られたことである．「土木工事は，個人の力ではできない．集団の力があって初めてできるもの」という田中の方針に基づき，橋の銘板には，発

注機関である役所の名前しか明記しなくなった。

　個人名を表記することによって自己の責任を明確にし，仕事への意欲もわくことを考えると，個人名の表記をやめたことは失敗だったと思う。特に現代のように個性を重視し，多様化した社会になるとなおさらである。(コンクリートのはく落事故が多いため，違う意味で，個人名を表記することが具体化しそうである。)

注

1) 詳しくは伊東孝「田中豊と鉄道省の仲間たち」「江戸・東京を造った人々　都市のプランナーたち」(都市出版) を参照。
2) 最近の研究成果によると，海幸橋はタイド・アーチ橋ではなく，ランガー・アーチ橋であるという(掘井滋則・小西純一「特異な構造の鋼下路アーチ橋―海幸橋―について」『土木史研究』No.19，1999年)。だとすれば，海幸橋はわが国最初のランガー・アーチ橋となり，橋の価値はさらに高まる。

引用・参考文献

1) 「中央区の橋・橋詰広場」中央区教育委員会，1998年
2) 伊東孝：「東京の橋」鹿島出版会，1986年
3) 成瀬輝男編：「鉄の橋百選」東京堂出版，1994年
4) 四谷見附橋研究会編：「四谷見附橋物語」技報堂出版，1988年
5) 「土木と200人」土木学会，1984年
6) 堀見末子：「堀見末子土木技師」私家版，1990年
7) 「松尾橋梁70年のあゆみ」松尾橋梁株式会社，1996年
8) 村松貞次郎・高橋裕編：「日本の技術100年　建築土木」筑摩書房，1989年
9) 伊東孝：「東京の動く橋の設計者：山本卯太郎」「東建月報」東京建設業協会，1995年
10) 伊東孝：「群なす可動橋：兵庫運河」「築地物語」No.18，1992年
11) 「田中豊博士追想録」東京大学工学部土木工学科橋梁研究室，1967年

紹介図書

1) 四谷見附橋研究会編：「四谷見附橋物語」技報堂出版，1988年
2) 「東京人」編集室編：「都市のプランナーたち」都市出版，1993年

[7]
道路を築いた土木技術者たち

道路と土木技術者：通史	執筆：武部健一
〔人物紹介〕　牧　彦七	執筆：武部健一
牧野雅楽之丞	執筆：武部健一
藤井真透	執筆：武部健一

道路と土木技術者：通史

■ 明治期は道路の冬の時代

　明治期に入るまで，日本では車が使われることはほとんどなかったといってよい。その利用者は徒歩であり，わずかに騎馬があったが，それらの交通をまかなうのに，それほど強固な道路や橋は必要でなかった。江戸時代に長崎から江戸まで，オランダ商館のキャピタンの参府旅行に随行したヨーロッパの医師たちは，一様に街道の整備の状態を賞賛している。

　しかし，明治期になって馬車が使われ出すと，道路の脆弱さはたちどころに露呈された。交通路の整備は新政府の喫緊の課題となった。ところが政府の目は鉄道に熱く注がれ，それまで陸上交通の担い手であった道路はほとんど等閑視された。道路の冬の時代が始まったのである。この陸上交通における鉄道重視策は，少なくとも明治期を通じて維持され，全体的には太平洋戦争終了時まで続いたといってよい。陸上交通のみならず，四方を海に囲まれた地勢と国防・対外進出策からも，海運事業に対する政府の関心は深く，その点でも道路は他の交通手段の後塵を拝せねばならなかった。

　明治政府が最初に取った道路の施策は，道路や橋梁の有料制度の承認であった。1871（明治4）年，政府は「治水修治ノ便利ヲ興ス者ニ税金取立ヲ許ス」との太政官布告を発した。これは道路，橋梁などの築造・運営を私人が実施し，その財源として料金をとることを認める制度である。これに基づいて，東海道の小夜の中山や宇津ノ谷峠の改修，天竜川架橋などが行われた。

　このような施策が最初に政府によって取り上げられたのは，新政府の財政的基盤が固まらず，必要な公共投資を適時に行うことが難しかったことが一因として挙げられる。1873（明治6）年の地租改正によって政府の財政は安定し，その後は各府県に土木費の補助金を交付する方法が取られたが，それでも地方負担が圧倒的に大きかった。

　道路の場合，1878（明治11）年度から34年間の明治期間中に，全国総道路費は3億5,617万円余であり，そのうち国庫負担はわずか8％にすぎなかった。国と地方公共団体との道路に関する配分，費用負担の関係が明確になり，国道の国庫負担率が引き上げられるのは，1919（大正8）年の道路法成立まで待たねばならなかった。

　道路にとっては冬の時代のなかにあった明治期において，ひとり道路の改良に力を注いだ為政者がいた。三島通庸である。三島は内務卿大久保利通の命を受け，1874（明治7）年の暮，酒田県令として赴任し，2年足らずで1876年8月に統一山形県の初代県令となるや，大久保の諮問に対して道路を開き運輸の便をよくすることを施策の第一に挙げた。三島は道路開削にあたって，2県にまたがる工事については国庫補助を

請求するが，県内の路線は民費で実施することとしたため，県庁内部でも不本意なものと受け止められ，県内民衆からも大きな反発の声が上がった。しかし三島は，県内路線の中でももっとも緊急を要する福島を経て東京に至る新道開発を，直ちに実施する決意を固めた。

　三島の配下には，山形県道路課長の高木秀明がいた。高木は三島と同じ鹿児島県出身で，土木事業に精通していた。またその下には測量技師の中村重章がいた。高木は三島の命を受け，同年10月に現地調査をし，刈安村から栗子山に隧道を掘って福島県中野村に至るルートしかないとの結論に達した。隧道の長さはおよそ8町（約864m）と見積もられた。そのころ，鉄道でもトンネルが造られはじめたが，この栗子山隧道とほぼ同じころの1880（明治13）年に竣工した逢坂山トンネルが664.8mであった。栗子山隧道はこれより長いだけでなく，標高950mにあるなど条件が悪く，この隧道建設実行の決断は容易なものではなかった。

　三島は，同年11月にまだ内務省への正式願い書も出さないうちに，多くの反対や不安の声を押し切って，この長大なトンネルを含む刈安新道の開削工事に着手した。県令就任から3カ月しかたっていなかった。政府の認可はなかなか下りなかった。翌1877年7月，内務省土木寮のオランダ人お雇い技師エッセル（G. A. Escher）が調査に派遣されてきた。エッセルは，新道とトンネルの全設計について精密な仕事をしていた中村技師の仕事を賞賛し，「隧道の工事は測量の精なること，その担当する者の胆力にある」と激励した。

　三島は高木課長をしてアメリカ製の最新のトンネル掘削機を日本で初めて購入させ，その甲斐もあって4年あまり後の1881（明治14）年に無事開通させた。開通式には明治天皇が行幸され，万世大路の名を賜った。

　イギリスの女性旅行家イサベラ・バードは，1878（明治11）年に東北地方の旅の途次，山形県で既に三島通庸の造った広びろとした道に感嘆したが，さらに秋田県の院内の宿屋で，雄勝峠にトンネルを掘る調査に来ていた測量技師6人に出会っている。1876年から1880年における全国の主な道路改良事業として，青森，秋田，山形県の名が挙げられており，東北地方は全体に道路への期待が大きかったものと思われる。

■三代に生きた3人の先覚者たち

　道路の築造方法は，明治に入っても旧例に従っていたが，1886（明治19）年8月，ようやく内務省訓令によって道路築造標準が定められた。現今の道路構造令の初めといってよい。道路の勾配，曲線半径，橋梁の荷重などの数値規定である。ただし幅員の基準はない。これは，それ以前に太政官布告によって道路の種類，等級を定めてあり，あわせて国道の一等，二等，三等および県道について道幅の基準を示していたからである。しかし，これらの基準が守られることは少なかったという。

　これらの時代にあって，道路技術を指導した人物の名はほとんど知られていない。

道路を所管する内務省では，早くから土木局に道路課を置いているが，これは法令や予算の管理を主体とするものであった。工事は大部分が府県によって担当され，わずかの例外として直轄工事がある。1880（明治13）年に着工し，5年後の1885（明治18）年に開通した群馬・新潟両県境の清水越新道開削工事は，現地に内務省直轄の土木局出張所を設け，その工事監督の長は，内務省から派遣され，既に斯界に名の知られた宮之原誠蔵であった。開通式には北白川宮殿下，山縣有朋内務卿，三島通庸内務省土木局長らが連なった。

1919（大正8）年4月の道路法制定は，道路整備にとっての大きな画期であった。その年3月，子爵渋沢栄一唱導のもとに社団法人「道路改良会」が設立され（法人認可は翌年），会長には前内務大臣の水野錬太郎が就いた。水野は単に役職上の立場からだけでなく，その後も積極的に道路事業推進に努めた。その会誌『道路と改良』は，1938（昭和13）年に日本道路技術協会が設立され，機関誌『道路』に引き継がれるまで，道路政策の推進と技術の啓蒙に大きな役割を果たした。

道路の技術基準である「道路構造令」と「街路構造令」が制定されたのは，道路法制定と同じ1919年の12月である。官制としても，土木局内部に技術課，調査課が置かれるようになっていた。

こうした情勢のなかにようやく道路技術者の名が登場してくる。それが牧彦七であり，それに続く牧野雅楽之丞，藤井真透である。この3人こそ，日本の近代道路技術の創始者であり，かつその道をリードした人物群であるとともに，みな明治，大正，昭和の三代に生きた。彼ら3人は奇しくも内務省に1921年に新設された土木試験所の初代，2代，4代の所長であった。彼らについては別項［人物紹介］で改めて語ることとしたい。

京浜国道の完成　1926（大正14）年11月（土木学会図書館蔵）

河川技術者として知られる物部長穂は，上記3人に挟まれるように第3代土木試験所長であったが，彼が道路にも関心があり，自ら道路の啓蒙家たらんとしたことはあまり知られていない。物部は，試験所長であったほとんど全期間ともいえる1929年から1936年まで8年間にわたって，雑誌『道路と改良』に毎月「海外道路時事」として，欧米の技術雑誌から道路に関する記事を拾い，紹介している。

道路にとって1923（大正12）年の関東大震災の復興事業は，一つの飛躍の機会であった。橋梁や都市計画にも同様なことが言えるが，道路計画の面でも，舗装など構築技術の面でも，多くの新しい試みが行われた。

それ以後，1930年代中盤からは戦争に突入するため，道路政策や技術にさしたる進展はない。ただ1943（昭和18）年に東京・神戸間自動車道路構想が持ちあがり，その調査の中心をなしたのが内務省国土局技師の菊池明であった。また戦前からの道路トンネル技術者として中尾光信がいる。中尾は戦前1938（昭和13）年の調査開始から戦後1958（昭和33）年の完成まで20年間，関門国道トンネルの建設に中心として従事し，完成に導いた。

この間，外地にあっては，近藤謙三郎が満州国政府の民政部科長として1933年から首都新京の都市計画と道路建設の中心となった。近藤は戦後も団体役員として早くから東京や全国の高速道路建設構想を提唱した。また瀬戸政章は，1939年から同じく満州国政府交通部技師として大連・ハルビン間約1,000kmの自動車道路の建設計画樹立の中心となり，この道路は1943年に戦争激化で中止されるまで，工事が進められた。

■ 戦後の指導者群像

戦後の復興期，日本再生の基盤として道路の整備が不可欠と考え，特定財源制度の創設などに先見性を持って積極的な活動をしたのが代議士の田中角栄（後に内閣総理大臣）である。そのころ，建設省がアメリカから招いた調査団長のワトキンス（Ralph J. Watkins）は，「日本の道路は信じがたいほど悪い」として，大幅な道路予算増額を勧告した。これは日本の道路予算が一気に3倍増になる契機となった。道路はその後，日本の経済復興の支えとして確かな働きをした。

戦前から道路を手がけてきた指導的技術者の数は少ない。その中で，戦争末期の1942（昭和17）年に技術官僚として初めて内務省国土局道路課長に就任した岩沢忠恭は，終戦直後に内務技監兼国土局長，続いて建設省事務次官と，いずれも技術官僚として最初の地位（技監を除く）に就くなど，官公庁技術者の地位向上を自ら具現するととも

戦後の荒廃した国道の状況（日本道路協会50年史）

に，国土復興の責任を負い，また後に参議院議員となって公共事業の推進に貢献した。初代の日本道路協会会長でもあった。

戦前にも道路を手がけ，戦後も引き続き道路行政と技術推進に貢献した人物としては，前記菊池明のほか，富樫凱一，金子柾，高野務らがいる。富樫は，最初の海底道路トンネルとして1939（昭和14）年に着工された関門国道トンネルの建設に戦時中に従事した経験を持つ。戦後の復興期に道路局長，建設技監，日本道路公団総裁，本州四国連絡橋公団総裁などを務めた。寡黙重厚な性格の中にも厳しさを秘め，田中角栄ら政治家にも信頼が厚く，戦後の道路整備推進の基礎を築くことに大きく貢献した。

金子柾は，すでに戦前に道路上の自動車のすれ違い速度と幅員の関係式を導くなど，道路技術の理論面に早くから着目した姿勢が評価される。戦後は地方建設局長などを歴任した。

高野務は戦前，戦時は京浜国道の改良など当時の先進的な道路工事を手がけ，戦後は道路局長から技監に進んだ。戦後の近代的な道路構造令改正の指導者であっただけでなく，特に国際交流の中心となって，1964（昭和39）年のIRF（国際道路連盟）の第2回太平洋地域会議の東京開催，1867（昭和42）年のPIARC（世界道路協会）第13回国際道路会議の東京開催などに，事務局長として実質的な采配を振るった。高野はのちにPIARC副会長の椅子に就く。

戦後の道路の象徴ともいうべき名神高速道路の建設が始まり，その技術指導に来日したドイツのコンサルタント，ドルシュ（Xaver Dorsch）の与えた技術的影響力も大きかった。それに応じる日本側の技術陣の総帥は建設省道路局長，建設技監から日本道路公団理事となった菊池明であり，その下に片平信貴がいた。片平は名神高速道路とそれに引き続く東名高速道路建設の技術陣の実質的中心となって活動した。のちに日本道路公団理事となる。これら高速道路技術の持つ高い先進性には，日本道路公団の初代総裁岸道三の指導力も無視できない。岸は総裁に就任するまで道路についての経験は全くなかったが，経営者としての鋭い感覚から，道路の環境保持など幅広い視点に立って指導した。1960（昭和35）年，岸は日本人として初めてIRFのマン・オブ・ザ・イヤーの栄誉に輝く。

最後に道路の技術理論面の指導者として，星埜和の名を挙げておきたい。星埜は始め内務省技師として橋梁工事などの実務経験を持っていたが，東大に移って土質工学を専攻した後，戦後には特に交通工学の分野で自ら理論的研究を進める中で，東大教授の傍ら，交通工学研究会などを通じて幅広く後身の指導にあたった。道路線形の一要素であるクロソイド曲線について，戦後いち早くその計算表を作成するなど，先見性にも優れていた。その著書『道路工学』（1957年刊）は，簡潔かつ平明で永く指導書，教科書として親しまれた。

これらの指導者のもとに，戦後の道路を支える人材が雲のように育っていった。

牧 彦七(まき ひこしち) ───近代道路の先覚者

■剛の人

　牧彦七は,「わが国の道路に近代の生命を与えた最初の人(岩沢忠恭の牧に対する弔辞による)」である。牧は1873(明治6)年6月28日,大分県大分郡日岡村(現大分市日岡)に生まれた。熊本の第五高等学校を経て1898(明治31)年7月,東京帝国大学工科大学土木工学科を卒業,同年12月台湾に赴任,台北県技師,翌年に土木課長となり,続いて台南県技師・土木課長として河川,道路の建設,都市の改良などあらゆる建設に従事して,その経綸を振るい,時の台湾総督児玉源太郎大将,総務長官後藤新平の深い信頼を勝ち得た。

　牧自らが語っているところによると,渡台最初の仕事が台北郊外の淡水河の災害復旧における護岸工事であった。当時はまだ一人の学友もなく,先輩の有力な助言も得られず,ただ一人で入子(いれこ)(水中コンクリート工事のための二重管—トレミー管)を用いる設計として請負工事に付し,昼夜兼行で難工事を完成させた。

　台湾に着任した当初,児玉総督のところに着任の挨拶に赴いた牧は,総督に初め厳父ではなく慈母のような親しみを覚えた。しかし話が仕事に及び,淡水河護岸工事について総督が「やれるか」と問うたのに対し,「やれるつもりでございます」と答えると総督は,厳然たる態度で「つもりとは何だ」と叱責した。牧は即座に「まだ黄口の私が実地の無経験の身をもって,閣下に対し積極的なお答えをすることは謹むべきだと考えて,遠慮の気味で『つもり』と申したまでのことで,確かにやれます」と答えたので,総督は「それで宜し」とたちまち釈然として,あとはまた優しい話に戻った。これは牧の述懐である。

牧 彦七(1873.6.28-1950.8.28)

　この工事のころは,牧は土木課長として本庁内で午前8時から正午まで県内工事の一般事務を処理してから,人力車に揺られて1里ほどの道のりを工事現場に赴いた。夜半まで昼夜兼行の工事を監督し,午前零時にまた1里半の道をカタリ・コトリと揺られて官舎まで帰り,それを雨の日も風の日も,工事中たゆむことなく続けた。「人事を尽くして天命を待つ」の精神がなければできないことであり,同時に彼には「必ず名誉ある桂冠の天命が待つ」と書かせるほどの自負もあった。

　1901(明治34)年11月,内地に帰って埼玉県技師・土木課長として敏腕を振るい,

1906（明治39）年8月秋田県土木課長兼耕地整理課長兼船川工事事務所長として，県の総合計画を立て，各部門の工事計画，設計工法に新たな方法を編み出した。1913（大正2）年，自ら休職を求めて，妻子とともに東京に出，東京外国語学校で2年間フランス語を勉強した。その間に秋田県時代の耕地整理に関連し，用水路の設計について，「溝渠ノ大イサヲ定メルコトニ就テノ研究」をまとめて博士論文を提出，1917（大正6）年工学博士の学位を授与されている。のちに「牧博士論」なる人物評で，「齢40を越えて20代の青年と椅子を並べて勉強することは，ちょっと普通の人間にはできない芸当だ。秋田がいやになったら，他県転任の運動をやるのが普通だ。この常道を顧みないで一学生に甘んじ，語学に専念したのはフランスにおける工学界の大勢を知りたいとの希望を抱いたからだった」と評されている。牧に目をかけた内務技監沖野忠雄がフランス雑誌に登載された新研究について，牧を自室に招いて研究を奨励したともいわれる。英語，ドイツ語についてはすでに十分な素養を積んでいた。

1914（大正3）年7月，学業の途中ではあったが，内務省技師に復職，土木局技術課にあって，これより道路技術の専門家としての道を歩むことになる。1919（大正8）年4月の道路法公布，同年12月の「道路構造令」と「街路構造令」の制定にあたって，その技術面の責任者が牧であり，これを審議するため設立された，貴衆両院議員，関係各省次官，局長らで構成される道路会議で，技術面の質問に答えるのは牧の役目であった。丸2年間，欧米各国の資料を集め，これを検討して自ら立案し，寝食を忘れてこれに没頭した。

道路法制定の1921（大正10）年3月，道路整備促進のため「道路改良会」が組織されるとその理事となり，道路知識の普及宣伝のために，東海道の自動車宣伝旅行の先頭にも立った。自動車を路端に落としたり，坂路では車から降りて押し上げたり，大阪まで幾晩も泊らねばならなかった。次の改良路線選択調査の際は，わらじ脚絆がけのいでたちで，人を驚かせた。

同年12月，欧米各国の道路とその構造，実験研究施設の調査を行い，翌1922（大正11）年9月帰朝するや直ちに内務省に設立された土木試験所の初代所長に就任した。ほぼ2年後の1924（大正13）年7月に，試験所長を辞したが，その間，道路材料，試験設備などは自ら米国に出かけて注文するほどの熱の入れようであった。試験所長当時，「雷親爺」「ライオン」とあだ名されるほど恐れられもしたが，その指導は的確かつ熱心で，以後の道路技術者に永く影響を残した。またこの間，土木試験所長就任と時を同じくして東京帝国大学工学部講師となり，1930（昭和5）年まで約7年間，道路および街路，都市計画を講義した。

土木試験所長時代の1924（大正13）年，雑誌『道路と改良』に「我邦の道路改良に就て」なる一文を草しているが，牧の啓蒙家としての真骨頂をよく表す卓越した名論文である。まず古代の交通の歴史から説き起こし，徳川幕府の交通制度に明らかに表

裏があって，一方では道路往環の停滞を不可としながらも，他方江戸防備を第一として道路を不便にしておき，各藩もまた自領内同様な政策をとったために，車両の発達を阻害したと説く。今後の道路改良の方策として，自動車の近代交通に対処するとともに，荷馬車交通にも配慮する必要性を強調する。この考え方は，すでに牧自身が中心となって制定した道路構造令に反映されている。さらに論旨を進め，日本の道路が欧米と異なって巨額の費用を要するのは，日本では至るところ水田であり，潰地に高価な代金を支払わねばならないこと，またわが国古来の慣習から道路に近接して家屋を建てるため，改良には多くの建物の除却が必要であるためだとして，道路の改良が杜撰な計画に陥ることを戒めている。この点など，現在にも通じる基本問題を提起していると言える。

道路改良の大綱として，①総花主義を排し，集約的に改良の効果を高めること，②橋梁の改良を第一とすること，③急坂の改良は橋梁の改良と並ぶ緊急の策であり，道路の屈曲に大半径の緩曲線を用いるのは交通事故の予防策として計量不可能な重要さを持つこと，④幅員の拡張は急務であるが，潰地の高価なことから路肩は必要最小限度とすること，⑤路面は土地の状況と交通の量質に応じて，その質を選ぶこと，など極めて具体性をもって論じている。なお，「路肩」は牧の造語であるという。

今後の道路は自動車に適したものでなければならないとして，自動車の研究や啓蒙宣伝も行っていたが，あるとき自分の子供が道路横断の際に電車の陰から出てきた自動車にはねられ怪我をしたとき，警官が「なにしろ自動車は危険だから」と言ったのを聞きとがめて，わざわざ警察まで出向き，自動車の講釈までしたという，牧の面目躍如たるエピソードも残されている。

1924（大正13）年7月に試験所長を辞任して東京市土木局長となったのは，関東大震災の復興計画実施のために特に請われたものであった。東京市では道路改良と舗装に力を注ぎ，就任前の1923（大正12）年度末には街路の舗装されているものは9万坪足らずであったが，4年後の1927（昭和2）年度末には47万坪の舗装を見るに至っている。しかし直情径行の牧と情実横行の東京市政とは相容れず，1928（昭和3）年8月辞任，以後名誉職のほか公務にはついていない。

東京市を去るに際して，牧は一詩を賦して，鬱屈した思いを吐露した。

八 月 陰 沈 秋 耶 冬	八月陰沈として秋か冬か。
冷 風 送 雨 礙 耕 農	冷風雨を送って耕農を礙ぐ。
人 間 萬 事 亦 相 似	人間万事亦相似たり。
誰 辦 真 龍 與 畫 龍	誰か真龍と画龍を弁ぜん。

（八月というのに心は暗くまるで秋か冬のようだ。冷たい風が雨をもたらし農事を妨げている。人の世はみな似たようなものだ。誰が本物の龍と絵に書いた龍とを見分けることができるだろうか）

不幸にして眼を患って独眼となったが，その後も研究に倦むところがなかった。これまで誰も触れていないことであるが，特筆しておかねばならないのは，牧の『明治以前日本土木史』の執筆である。

現在でも名著といわれ，戦後に2度も復刻版が出版された同書は，1936(昭和11)年6月の初版発行である。大判で本文1745頁にわたる浩瀚な書物であるが，牧の名は第4編道路・橋梁・渡場・関所の執筆者として，牧野雅楽之丞ほか2人とともに見える。しかし，事実上この編に関しては牧がほとんど執筆しているらしいことは，同編序言において，"終に臨み路面・並木・交通用具等々に関し，技術的見地其他より若干の新解説を試みたり。編中「牧按ずるに」と特記したるは即ち是なり"とあることから，うかがい知れる。例えば"牧按ずるに，茲に一里塚といへるは……"や"牧按ずるに，其工事歩掛は……"といった按配に，随所に自説を補完しており，また図面や表にも（牧彦七構図）といった注記が随所に見える。

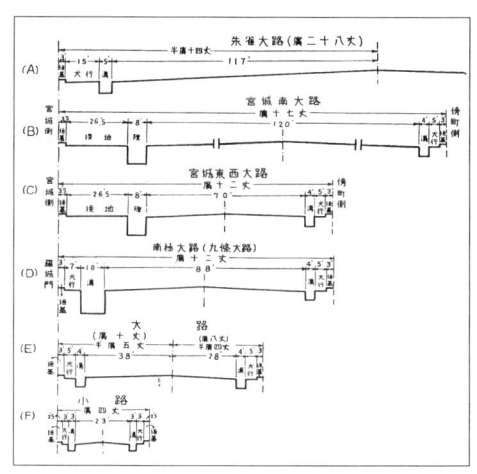

平安京街路断面規格（牧彦七構図）「明治以前日本土木史」

牧の論述は実によく古文書を含む文献を踏まえており，『駅逓志稿』のような先行文献はあるにしても，その記述の裏に隠された研究の深さは驚くべきものがあり，隻眼にしてこの著述を成し遂げた牧の努力に敬服のほかはない。また，牧は名文をよくし，1949(昭和24)年12月，道路改良会会長を永く務めた水野錬太郎の逝去に際してしたためた弔辞は，漢籍の素養深く，まさに流麗，達意余すところがない。

牧は戦後の1947(昭和22年)年，道路技術関係者の推挙によって第1回参議院議員選挙に全国区から出馬し，運動の効なく敗れたが，その覇気は旺盛で周囲を安堵させた。牧の啓蒙家として自ら実践の場の先頭に立とうとする姿は，終生変わることはなかった。

牧は病を得て1950(昭和25)年8月28日東京の自宅で他界した。享年77歳，雑誌『道路』に牧野雅楽之丞，藤井真透の2人それぞれの追悼文が載せられたのは，後を継いでいるものの姿を如実に反映しているものといえよう。

牧野雅楽之丞 ——牧野の道路か，道路の牧野か

■柔の人

　牧野雅楽之丞は1883（明治16）年1月2日，宮城県登米郡迫町に生まれた。牧彦七に遅れること10年である。牧野家は伊達家の支藩佐沼城主亘理氏の城代家老の家柄であった。

　1909（明治42）年1月，東京帝国大学工科大学土木工学科を卒業，同年3月内務省に入省する。最初の仕事は水道拡張調査であった。1911（明治44）年12月内務技師任官，東京土木出張所に移ってからは，利根川の仕事に当たった。1918（大正7）年5月土木局調査課勤務となり，まもなく技術課に移り，初めて道路の仕事に従った。その年7月にはアメリカに水力電気および道路視察のため出張を命じられている。

牧野雅楽之丞（1883.1.2-1967.8.14）

　土木局には上司として牧彦七がいた。牧とともに道路法，道路構造令の立案推進に力を尽くした。1921（大正10）年12月に牧が欧米道路事情視察に出張した留守中に，牧野は土木試験所創設に当たっての必要な人員整備，試験所建物の建造，試験用機械器具の入手等をこなしている。

　1924（大正13）年12月，牧の後を継いで土木試験所長となり，道路の舗装技術の導入と開発に努力した。在任中の1925（大正14）年，雑誌『道路と改良』第7巻9号に「自動車道路並日米道路経済に就いて」なる一文を寄せている。道路の経済効果を論じたものとしては，本邦初の論文ではないかと考えられる。牧野は道路の改良によって直接運賃（運送費）を軽減し，工事費の節約によって広い意味で間接に運賃を軽減できると，数字を挙げて説いている。また当時の全国の自動車26,922台，これに対して荷馬車316,519台であるが，馬が1日8トン里の仕事をするのに対して，自動車は60トン里と7倍半の仕事をするとし，1里1トン当り馬力は1円，自動車は66銭となるとして自動車の利便性を訴えている。同様な方法で鉄道と道路について，アメリカの実情を背景に，鉄道の建設を中止せよとは言わぬが，むしろ自動車道路の新設を先にして，沿道開発の後に鉄道を敷いたほうが地方開発を促進する方策であると自説を展開する。同論文ではまた，アメリカと日本の道路投資，道路費財源等を比較し，アメリカは1人当り日本の3倍，イギリスは2倍の支出をしていると訴えている。

　牧野は1926（大正15）年5月に内務省土木局に復帰して，すぐ欧州に会議出席と道路事情視察に赴き，翌1927（昭和2）年7月，関東大震災復興のための内務省復興局に

転じ，土木部道路課長兼技術試験所長として，東京，横浜の震災復興道路事業を指揮した。多彩な種類の舗装の設計・施工を指導し，わが国の舗装技術の基礎を固めた。当時はまだ砂利道で，大量の舗装を実施したのは復興局が初めてであった。鉄車輪，ゴム車輪の混合交通であったから，木塊，小舗石，アスファルト，セメントコンクリート，膠石など多彩な種類の舗装工法が採用された。牧野自らアスファルトプラント，コンクリートプラントを建て，舗装の直轄施工の陣頭指揮をとった。

帝都復興事業完成に際して市内を巡幸する昭和天皇―隅田川河畔（1930年3月24日）「帝都復興完成式典並復興帝都御巡幸写真帖」

この間，大阪，宮城，静岡，愛知，福岡等の各府県から将来ある道路技術者を復興局技手に任用し，約3カ年間舗装技術の実際を習得させ，全国規模での舗装技術の普及進歩にあたらせた業績は特記に価する。

祝帝都復興の花電車―日本橋（1930年3月26日）「帝都復興完成式典並復興帝都御巡幸写真帖」

1931（昭和6）年，牧野は著書『道路工学』を世に出した。片平信貴は自らものちに同名の大部の書を出すが，その片平が牧野のこの著を「わが国における"近代道路工学"として体系付けられた原点の一つ」と評価している。同書は当時多岐にわたった各種舗装方式について，自らの体験をもとに詳細な解説を施している。牧野の道路か道路の牧野かと言われる所以である。

1934（昭和9）年5月，下関土木出張所長となり，1936（昭和11）年11月内務省を退官，その後は一時京都市土木局長の職にあったが，多くは民間人としてメキシコ，東南アジア諸国等に対して，道路技術による海外協力の端緒を開いた。

牧野は比較的長命であったため，退官後も内務省土木技術者の長老として，高い学識経験に加えて，人格高潔，春風駘蕩たるその穏やかな人柄とあいまって，多くの後輩から敬愛を受けた。内務省・建設省の幹部技術者のOBで組織する「旧交会」の会長も長年にわたって務めた。文章も平明洒脱で，しかもその説くところは教育論から土木の国際比較論に及ぶなど広範である。

1967（昭和42）年4月，郷里宮城県迫町の名誉町民に推戴され，その後間もない同年8月14日，脳出血のため世を去った。まさに道路に一生を捧げた人生であった。

藤井真透 ――――――――――――――――――― 知情兼備の人

　藤井真透は1889（明治22）年1月1日，宮崎県都城市に生まれた。牧に遅れること16年，牧野に遅れること6年である。藤井家は藤原鎌足・不比等を祖に戴く由緒ある家柄で，藤井氏を立ててからは島津氏の家臣となって武功を表し，幕末期には藩校を主宰した。1914（大正3）年7月東京帝国大学工科大学土木工学科を卒業，直ちに大阪府庁に入る。1916（大正5）年8月兵庫県技師となり，翌1917（大正6）年9月，明治神宮造営局技師に転じる。

　藤井の現場技術者としての名声を不朽のものにしたのが，この明治神宮造営局時代である。藤井が責任者であった神宮外苑道路工事は，絵画館を中心とする周回道路とこれに接する多くの放射道路で構成され，当時としては極めて大規模かつ先進的な街路計画で，関東大震災を乗り越え，1925（大正14）年に完成した。青山通りに向かう幅員18間（32.4m），両側歩道に銀杏並木を配した正面街路は今に至るも堂々たる風格を失わない。電纜を始め水道管，排水管，ガス管すべて地下埋設とし，1時間に90mmの降雨に耐える容量を持つ排水系統が備えられた。

藤井真透（1889.1.1-1963.9.19）

　地下埋設物と土工排水工事は直営施行され，鉄筋コンクリート排水管も直営製作であった。側溝と排水孔は，その後半世紀を経ても何の支障もなく機能したという。車道は砂利路盤の上に厚さ4インチの基層ブラックベース，その上に2インチの表層アスファルトコンクリートの設計であった。舗装工事は請負に付された。仕様書は形式的なものでなく，「工事はすべてこの目的を成就すべく努力，施工せよ」というに尽き，「詳細は請負施工当事者の技術的良心に俟つ」というものであった。この舗装工事を請け負った日本石油㈱道路技師の森豊吉は，関東ローム層上の砂利路盤（テルフォード基礎）では現場が安定しないのを見て，基層をセメントコンクリートとすることを藤井に申請し，許可を得た。設計者の立場からは辛かったであろうが，技術的良心から決断したのであろうと森は後に述懐している。日本石油の同工事現場主任名須川秀二もまた，藤井が物事を寸分も揺るがせにしなかった様子を語る。藤井はアスファルト材料を製造所の秋田まで訪ねて詳細に調査する一方，仕様書に反して一部のコンクリートを手練りで施工したことが明るみに出たときは，「良心に問うて処置せよ」と諭すとともにその処置を一任したので，名須川は深く恥じ入って施工を全面的にやり直した。

このようにして施工された舗装工事も堅牢・精緻なもので，そのほとんどが原形のまま戦後に生き残った。1956（昭和31）年の日本道路公団発足当時，現場から切り取られ，ガラスケースに納まった外苑道路の舗装断面が公団応接室に展示され，道路公団総裁岸道三は，断面ケースを前に40年前の先輩のよき仕事を見習えと若い技術者たちを激励した，と当時公団企画課長であった藤森謙一は語る。

1924（大正13）年12月から内務技師として土木試験所勤務となる。土木試験所に代わるころ，ほとんど時を同じくして，土木試験所長は牧から牧野に代わっている。藤井の試験所勤務は長い。そのまま1936（昭和11）年11月，物部長穂の後を継いで試験所長に就任し，6年後の1942（昭和17）年8月まで，土木試験所には16年間を過ごした。その間，1932（昭和7）年に舗装の研究により工学博士の学位を得た。

土木試験所時代，多くの部下，後輩が藤井の厳しい指導に接した。横田周平，谷藤正三，斎藤義治，村上永一らは，たえず所長室に呼びつけられ，「もっと勉強しろ，そしてよく考えろ」と激励され，「忙しい」というのは心の持ち方だと諭された。議論よりは実証を重視し，実験の援助は惜しみなく与えた。

1942（昭和17）年2月，当時近畿地建にいた三野定は応召し，工兵として南方に旅立つことになり，東京へ出る機会に駒込の土木試験所に所長の藤井を訪ねた。どこへ行くのかと問われたので，多分シンガポールでしょうと三野が答えると，シンガポールがどんなところか勉強したかと早速質問があった。考えてもいなかったので答えあぐんでいると，あそこはイギリスのラッフルヅがギャンブルで手に入れた土地だと教えてくれた。藤井はそうやって，まず人を煙に巻くのが得意だった。

藤井の記憶力は並外れて優れていただけでなく，たえず野帳を携帯し，諸事をメモした。一高生時代，眇莫(びょうばく)先生とあだ名がつけられた。数字の桁の数え方は，大きい方へは，十・百・千・万・億・兆・京・垓……で，小さい方へは分・厘・毛・絲・細・忽・微・繊・沙・塵・埃・眇・莫となり，藤井が非常に細かいことをよく知っていたことから付けられたものである。教え子の一人，藤森謙一が藤井自身から教えられた。

戦争が困難な局面に立ち至った1942（昭和17）年8月，海軍施設本部第2部長として飛行場などの施設建設に当たり，戦争末期には長男真治を海軍特攻隊の沖縄出撃で失う悲運に遭う。終戦直後の1945（昭和20）年12月，帰郷して一時都城市長を務めた。「新生日本の礎とならむ」とその抱負を自ら記しているが，わずか4カ月で公職追放によって辞職した。しかし藤井はその間に革新と真実を実現しえたとし，その効果は永久に生きるだろうと，勇躍した思いであった。それから1年後，東京に移り住んで建設省専門委員，道路審議会委員等，政府関係審議会等の委員を数多く務めた。

1948（昭和23）年春，建設省道路局道路企画課に入ったばかりの浅井新一郎は，課長の佐藤寛政に呼ばれ，これから東京駅へ行って藤井先生をお連れするようにと1枚

明治神宮外苑内道路舗装工事（日本舗道㈱提供）

明治神宮外苑内道路の基礎コンクリート舗設作業（日本舗道㈱提供）

明治神宮外苑内道路の表層アスファルト舗設作業（日本舗道㈱提供）

の写真を渡された。藤井は都城市長を辞め，故郷で自適後，上京してくるところだった。その写真を持って東京駅へ行ったものの，写真の人物は見当たらず，すごすごと役所に戻ると，佐藤課長の横に村夫子然とした藤井が座っていた。

　それからというもの，藤井は何かにつけ本省を訪れたが，いつもお相手を務めるのは，一番末席の浅井であった。戦中，戦後を含み，高野務，尾之内由紀夫，高橋国一郎，井上孝はじめ戦後の道路行政の中心を担った人々で，藤井の謦咳に接し，その指導を受けなかった者は一人もいないといってよい。藤井は京都大学を訪れた際，大学院生であった井上孝に建設省への入省を説き，その後井上の入省に力を貸している。

　1963（昭和38）年，片平信貴が自ら手がけた名神高速道路の開通直前の現場を案内したとき，藤井はサービスエリアの側溝に使用されている雑石が川の石であることを

名神高速道路栗東・尼崎開通　1963（昭和38）年7月（日本道路協会50年誌より）

目ざとく指摘し，「山のサービスエリアだから山の石を使えばよかった，惜しかったねぇ」と言いながら，しかし高速道路工事全体として「80点いや90点かな」と片平をねぎらった。

　藤井には生涯，教育者・指導者としての側面が大きい。明治神宮造営局時代の1922（大正11）年11月から1942（昭和17）年3月まで20年間にわたり東大講師を兼務，主として道路工学を教え，さらに1931（昭和6）年から10年間，日大講師としても街路工学を教えた。戦後も1953（昭和28）年から日大理工学部大学院で教授として生涯道路工学を教えつづけ，多くの教え子から慈父のように慕われた。

　藤井の前を行く牧，牧野の2人が，ともに実務に明るい技術者であるとともに，時代のパイオニアとしての啓蒙家的色彩が強いのに対して，藤井はより実務家的色彩が強く，同時に比類なき教育者でもあった。生活態度は公私ともに清廉で，師たるにふさわしいものであった。藤井は時代を背負うであろう多数の若い技術者を熱愛し，かつ異常とも思える熱心さで彼らを指導した。出身学校など問題ではなく，数多い後輩や教え子の名をほとんど記憶し，その動静を手に取るように知悉していた。こうして直接あるいは間接に藤井の指導を受けた多くの技術者が，戦後の高度成長期における道路整備推進の主軸をなした。

　土木試験所長時代に若い後輩たちとの間に多くの往復書簡があり，藤井自らそれを一冊の本にまとめている。弟子たちは師たる藤井に便りを書くことで，ある者は喜びを師と分かち合い，あるときは悩みを訴え，怒りをぶつけ，それが弟子たちの励みとなった。その師弟間の情愛の細やかさは，それを知る者の羨望するところであった。

藤井は実地を重んじ，計測を重要視していた。藤井の著作である『土木材料』(1932年刊) は，辞典・便覧としても使えるような数値に満ち，空前の名著といわれている。

藤井の発表する論文の多くは，瀝青コンクリート材料，舗装コンクリート材料，コンクリート耐圧試験法など，実証的なものが主体を占めている。しかし，1932（昭和7）年に『道路と改良』に発表している論文「交通流学に就て」は，交通の流れの性質は河川工学の水理学における関係と同じで自然的不可抗的であるとして，交差点における交通の流れを論じるなど，戦後にようやく理論化された交通工学的分析を暗示しており，その先見性に驚かされる。

藤井の文章は実に精緻で，虚飾がなく，その人柄をよく表している。1963（昭和38）年9月19日，74歳で逝去，先輩の牧野に先立った。日大で教えを受けた人々によってまとめられた「駿友・特集号─藤井真透先生を偲ぶ─」には，各界の代表から在学生に至るまで，50名以上の人の弔意文が寄せられ，藤井を敬愛する人々の真心に満ちあふれている。

[8] 都市をつくった土木技術者たち

都市づくりと土木技術者:通史	執筆:越澤 明
〔人物紹介〕 石川栄耀	執筆:越澤 明
加藤与之吉	執筆:越澤 明

都市づくりと土木技術者：通史

■開港と明治

　わが国における都市の社会資本整備の技術と都市計画の導入は幕末から明治初期の外国人居留地（Foreign Settlement），特に横浜で始まる。1858（安政5）年の通商条約の翌年，幕府は横浜居留地を建設したが，1866（慶応2）年の大火後，英人技師ブラントン（R. H. Brunton）の設計により全面的な都市改造が実施され，防火帯の並木道，洋風公園，下水道，近代街路（舗装，街灯）など近代都市のインフラが整備された。ブラントンに見られるように19世紀の都市土木（Municipal Engineering）は都市計画，道路，橋梁，築港，鉄道などに専門分化しておらず，土木技師は社会資本整備のジェネラリストであった。このことは日本でも同様である。

　19世紀後半，欧米では公衆衛生，市街地拡張，都市美，公園緑地系統など様々な視点から都市改造が実施された。当時は，都市改良（市区改正，Municipal Improvement），都市設計（Civic Design），都市美（City Beautiful）などの用語が使用されている。

■都市計画の誕生

　1910年代に欧米ではプラニング＝都市計画（英でTown Planning，米でCity Planning）という言葉が誕生し，プランナー＝都市計画家（Planner）という専門職能が形成された。イギリスでは1902（明治35）年，ハワード著『明日の田園都市』［1899（明治32）年初版の改訂］が刊行され，翌1903（明治36）年，田園都市の建設が開始され，1906（明治39）年，田園郊外ハムステッドのために特別立法がなされた。1909（明治42）年，住宅・都市計画法が制定され，政府に都市計画官のポストが誕生し（Thomas Adamsが就任），初の都市計画会議が王立建築家協会で開催され，初の学科（Civic Design学科）がリヴァプール大学に設置された。

　1913（大正2）年，イギリスでは専門家団体である都市計画学会（Town Planning Institute，現RTPI，初代会長はアダムス）が発足した。同年，国際田園都市・都市計画協会（現IFHP，初代会長はハワード）が設立され，毎年の国際会議は欧州の都市計画運動に大きく寄与した。イギリスの1919（大正8）年住宅・都市計画法は人口2万以上の公共団体に都市計画の策定を義務づけている。

　アメリカでは1902（明治35）年，上院がランファンの原計画を継承したワシントン計画（パークシステムという名称を使用）を決定し，1909（明治42）年，シカゴ商工会議所はバーナム設計のシカゴ・プランを公表した。同年，最初の全国都市計画会議（National Conference on City Planning）が開かれ，毎年の大会は全米の都市計画運

動に大きな影響を与え，1917（大正6）年にアメリカ都市計画学会（現APA，創設者の1人はアダムス）が結成された．

1916（大正5）年，ニューヨークで全米初の総合的なゾーニング（地域制）が導入され，1926（昭和元）年，連邦最高裁判所はゾーニングを合憲と認めた．1928（昭和3）年，連邦政府は標準都市計画授権法を制定し，州政府が自治体に都市計画策定権限を付与する根拠を示した．1920年代，マスタープラン（City Plan）の策定，都市計画委員会の設置，ゾーニングの決定を行う都市が急増した．大学では1921（大正10）年にMIT建築学科に都市計画コースが設置され，1929（昭和4）年，ハーヴァード大学に初の都市計画研究科（大学院）が設置された．

■ 内務省と都市計画法

欧米の都市計画運動は，民間や自治体の先駆的・自発的なプラン，プロジェクトの実践として開始された．わが国の都市計画運動は，大正中期，意欲的で開明的な一部の政治家（後藤新平ら），官僚（池田宏ら），専門家（佐野利器，渡辺鉄蔵，片岡安，関一ら）の都市計画法制定の運動として開始された．

1917（大正6）年，都市計画に意欲を持つ政治家，官僚，技術者，専門家，民間人は都市研究会（会長は後藤新平，現・都市計画協会）を結成した．機関誌『都市公論』は唯一の都市計画専門誌として論陣をはり，官僚，技術者が活発に論考を発表した．1918年，後藤新平（内務大臣）の指導力により都市計画調査会官制が公布され，内務省に都市計画課が設置された（土木局ではなく大臣官房に設置）．

1919（大正8）年に都市計画法が公布された．道府県毎に設置された都市計画地方委員会は内務省の出先機関であり，職員（事務官，技師，書記，技手）は国の職員でありながら，道府県の職員の身分も兼務する特異な組織であった（東京のみは内務省直轄組織で，東京土木事務所と同じ建物）．また，人事権は道府県知事，内務省土木局ではなく，大臣官房都市計画課に属していた．

本省の都市計画課では都市計画法の運用，法制度の調査研究，各地の計画案の指導・決定手続きを行い，地方委員会では6大都市，次いで25都市（人口9万以上）の計画立案作業（職員の直営測量による実測図の作成から始まる）を開始した．都市計画課長は歴代，事務官であり，池田宏，前田多門，山縣治郎と続き，1922（大正11）年にいったん，都市計画局に拡大し，山縣治郎，長岡隆一郎，堀切善次郎と就任したが，大震災後の復興局設置と行政整理により，1924年，再び都市計画課に縮小された．

■ 都市計画地方委員会と都市計画課長

昭和初期，全国的に市街地の拡大，都市人口の増加が急激に進む．これに対処するため，1933（昭和8）年，都市計画法が改正され，町村にも都市計画法が適用可能となった．その結果，都市計画法適用都市は，1929（昭和4）年は94，1933（昭和8）年は

203,1935（昭和10）年は450と急増した。これにともない都市計画地方委員会の定員も次のように急増した。

　　1930年　　268名（うち技師 60 技手 140）
　　1938年　　475名（うち技師 82 技手 264）

この他に，道府県採用の職員，市町の担当職員がいた。

1931（昭和6）年から本省都市計画課長に就任した飯沼一省，松村光磨は都市計画の推進に熱心であった。1937（昭和12）年，官房都市計画課は再び計画局として拡大し，1941（昭和16）年に国土局となった。都市計画課には庶務以外に，第1技術係（土木）と第2技術係（建築，公園，区画整理）が設置され，都市計画局（計画局）時代は，第1技術課，第2技術課に昇格した。草創期1918（大正7）年〜1922（大正11）年における第1，第2技術の主任技師（係長の職名はない）・課長はそれぞれ，山田博愛（東大土木1905年卒），笠原敏郎（東大建築1907年卒）である。

1920（大正9）年，法施行後の都市計画技術者第1期生として，内山新之介（京大土木1912年卒），榧木寛之（東大土木1916年卒），武居高四郎（京大土木1917年卒），石川栄耀（東大土木1918年卒），藤田宗光，亀井幸次郎など10名が内務省に採用され，その後，神尾守次（東大土木1923年卒），兼岩伝一（東大土木1925年卒），谷口成之（京大土木1925年卒），山崎桂一（東大土木1926年卒），北村徳太郎（東大農学1921年卒）らが採用されている。

本省都市計画課の土木主任技師（首座）は都市計画案件の技術指導全般と全国の委員会技師・技手の人事権（建築・公園を除く）を持っていた。山田博愛が帝都復興院に異動した後，主任技師は1年間の内山新之介（大阪市土木部計画課長に転任）を経て，1937（昭和12）年まで榧木寛之となり，その後任には次席の桜井英記（東大1922年卒）が就いた。戦争末期から戦災復興期にかけては町田保（東大土木1926年卒），松井達夫（東大土木1928年卒），五十嵐淳三（東大土木1932年卒）らがその役割を引き継いでいる。

都市計画地方委員会に配属された技師は，数年で任地を順に異動することが多かった。地方委員会の技師は道府県庁では数少ない高等官であったが，道府県の都市計画課長には事務官が就任し，技師と年齢が逆転するようになった。技師の待遇問題と帝都復興事業の完了は都市計画技術者の活動範囲を停滞させた。

東大の土木工学科卒業名簿を見ると，1930年代に内務省に都市計画技師として採用された人は毎年の卒業生35〜40名のうち一人程度と少人数である。当時，母校の東大で都市計画の講義を担当した榧木寛之は学生に対して「都市計画は昇進の道が絶たれているので，来るべきではない」と語った。これは旧内務省の都市計画技術者の間では有名な，悲しいエピソードである。

1937（昭和12）年，全国都市計画主任官会議で松村光磨計画局長に対して各地の技

師が待遇改善を訴えたことが契機となり，1938（昭和13）年，神奈川県で野坂相如（東大土木1923年卒，後に新潟県副知事）が初の技術者の都市計画課長となり，やがて，大部分の道府県で課長には技師が就任した。なお，公園出身の都市計画課長は1946（昭和21）年，神奈川県の佐藤昌（東大農学1927年卒，後に建設省都市局施設課長＝公園緑地課長）が最初である。

本省では1939（昭和14）年～1940（昭和15）年，第1技術課，第2技術課が復活し，それぞれ課長に春藤真三（東大土木1918年卒），中沢誠一郎（東大建築1920年卒）が就任した。戦後は戦災復興院，建設省を通じて都市計画の事業部門の組織が新設され，街路，区画整理，公園緑地の主管課が誕生し，その課長には技術者が就任して今日に至っている。

戦前の都市計画関係者は専門書・啓蒙書を執筆する人が多く，事務系では池田宏，菊池慎三，飯沼一省，大野連治，小栗忠七，技術系では笠原敏郎，伊部貞吉，石川栄耀，武居高四郎，内山新之介，藤田宗光，菱田厚介らが著書を公刊した。このことは当時，都市計画の専門技術は行政サイドのみに蓄積されていたことを反映している。国立大学で都市計画を担当する講座，教授は京大の武居高四郎（1928年就任）ただ一人であった（私立の日本大学では山田博愛，笠原敏郎がいる，共に官庁技術者OB）。

当時の人事異動の状況を知るために，区画整理の第一人者，エキスパート（実務書も数多く執筆）である竹重貞蔵を例に取ると，次のようになる。

1905（明治38）年福岡県生まれ，1931（昭和6）年九州帝国大学工学部土木工学科卒業，1931年～1934年都市計画福岡地方委員会技手，1934年～1939年都市計画福岡地方委員会技師，1939年～1940年内務省計画局第1技術課技師，1940年～1943年神宮関係施設造営所工務課長（神都計画を担当），1943年～1947年広島県土木部都市計画課長・兼都市計画広島地方委員会技師，1947年～1955年愛知県土木部計画課長，1955年～1961年日本住宅公団宅地部長（初代）。

■災害復興，外地，戦災復興

わが国の都市計画は地震，大火，水害，戦災などの大災害の復興都市計画として実施されたことが多い。1923（大正12）年の関東大震災，1934（昭和9）年の函館大火，1940（昭和15）年の静岡大火などがその代表例であり，その復興事業の実践を通して，都市計画の技術，法制度が発展した。

後藤新平が推進した帝都復興事業［1924（大正13）年～1930（昭和5）年］はわが国初の大規模で総合的な都市計画事業であり，この実践を通して日本の土木，建築，造園の技術が飛躍的に発展し，技術者集団が形成された。

帝都復興院（その後，復興局，これは政府における初の技術主管官庁）が組織され，内務省，鉄道省，地方庁から，また新規採用により多数の技術者が結集された。幹部技術者としては，復興局長官の直木倫太郎（大阪市港湾部長・都市計画部長，東

大土木1899年卒，後に満州国土木局長），太田圓三（帝都復興院土木局長），山田博愛（帝都復興院土木局技術課長），笠原敏郎（復興局建築部長），平山復二郎（復興局道路課長，東大土木1912年卒，後に鉄道省建設局長，満鉄理事），折下吉延（復興局公園課長，東大農学1908年卒），中堅・若手技術者には宮内義則（京大土木1915年卒，後に大阪市土木部都市計画課長，港湾局長），近藤安吉（京大1916年卒，後に満州国国都建設局技術処長），近藤謙三郎（東大土木1921年卒，後に満州国民政部都邑科長），佐藤昌（東大農学1927年卒，後に新京特別市公園科長）らがいる。

　帝都復興計画の技術全般を後藤新平のブレーンとして推進した佐野利器（東大建築教授）は帝都復興院理事，東京市建築局長を兼務しており，一方，復興局橋梁課長として日本の橋梁技術を発展させた田中豊（東大土木1913年卒）は1925（大正14）年から37歳で東大土木工学科教授を兼務し，1934（昭和9）年から専任となった。また，折下吉延は母校（園芸学第2講座）で園邑計画（緑地計画のこと）を講義し，折下の後継者，北村徳太郎（内務省都市計画課公園担当技師）は退官後，教授に就任した。

　帝都復興事業の区画整理には耕地整理の技術者（農業土木出身が多い）が東京市の区画整理部局に参画した。郊外の区画整理が盛んであった愛知県でも県庁，名古屋市で区画整理の技術者が養成されており，その後，函館市，静岡市，朝鮮総督府，台湾総督府，満州国など区画整理を実施する行政機関に次々と経験者が異動していった。その代表的な人物が小栗忠七，阿部喜之丞，胡麻鶴五峯，木島粂太郎らである。

　1930（昭和5）年に帝都復興事業は完了し，組織は解散され，技術者は都市計画地方委員会，県庁，市，満州国などに転任していった。1930年代，日本の植民地の経営・開発において，都市計画，道路，築港，電源開発は重視されており，内務省，地方庁から大量の土木技術者が満州国，朝鮮，台湾，中国本土の行政機関に派遣されている。その中には原口忠治郎（1916年京大土木卒，戦後は神戸市長），田淵寿郎（1915年東大土木卒，戦後は名古屋市助役），高橋甚也（1912年京大土木卒，仙台市助役）のように，戦災復興の都市計画を推進した市長，助役，また，県・市の局長・課長に就任した多くの中堅技術者（仙台市局長の八巻芳夫など）が存在している。

引用・参考文献
1) 越澤明：東京の都市計画，岩波書店，1991年
2) 越澤明：東京都市計画物語，日本経済評論社，1991年
3) 越澤明：満州国の首都計画，日本経済評論社，1989年
4) 越澤明：哈爾浜の都市計画，総和社，1989年
5) 戦災復興外史編集委員会編：戦災復興外史，都市計画協会，1985年
6) 都市計画協会編：都市計画パイオニアの歩み，都市計画協会，1986年
7) 佐藤昌：浮生緑記　佐藤昌先生米寿記念回想録，日本公園緑地協会，1991年
8) 京大土木百周年記念誌編集委員会編：京大土木百年人物史，京大土木百周年記念事業実行委員会，1997年

石川栄耀 ――― 都市計画をこよなく愛し，夢見た男

■文学青年と都市計画

　石川栄耀は1893（明治26）年9月，山形県東村山郡尾去沢で生まれ，岩手県立盛岡中学校，第二高等学校で学んだ。盛岡，仙台という美しい城下町での生活経験，また，小田内道敏著『趣味の地理　欧羅巴前編』との出会いは，石川の都市への興味，人文地理的な関心，都市計画への志の原点をつくっている。日本鉄道会社に勤務する石川栄耀の父は退職後，東京の目白駅から徒歩十数分の畑の中に，自分の弟（根岸情治の父）と並んで家を新築し，石川はこの自宅から大学に通った。学生時代の石川栄耀は夏目漱石に心酔した文学青年で，自分の部屋を阿伎山房と名付け，寄席に通い続け，落語をこよなく愛した。落語への傾倒は，石川栄耀の巧みな話術の源泉となる。

　1918（大正7）年7月，石川栄耀は東京帝国大学工科大学土木工学科を卒業後，米国貿易株式会社建築部に入社，まもなく横河橋梁製作所の深川工場に移った。しかし，大学同期の青木楠男（後に早大教授）の薦めにより，内務省都市計画課に履歴書を提出し，1920（大正9）年，都市計画法施行により定員が誕生した都市計画技師第1期生の一人として採用された。江橋工場長はこの内務省採用を喜び，丸善にあった都市計画の洋書を全部購入して贈った。それには欧州都市計画の名著（トリッグ，アドシェッド等の著作）が網羅されており，「私の新しき出発にどの位役に立ったか解らなかった。今でもあの位気のきいたプレゼントは無かった」と後年，石川栄耀は語る。

石川栄耀

■名古屋と黒谷了太郎

　都市計画地方委員会技師としての勤務地は名古屋であった。石川栄耀の希望は東京であり，落胆したが，ほどなくその認識不足に気付く。「今にして思えば，名古屋は都市としての最上昇期であり，また，名古屋市民の闊達性は，我々に何でもさせてくれたので，これ程，良い研究室は無かったわけである」と。

　都市計画愛知地方委員会の初代幹事（愛知県の初代都市計画課長に相当）は黒谷了太郎という理想家肌の事務官僚であった。黒谷は山形県鶴岡市の出身，東京法律専門学校（早大の前身）を卒業，台湾総督府で都市行政を担当し，名古屋時代に著書『山林都市』を執筆し，後に鶴岡市長となった。黒谷はイギリス留学の経験があり，田園

都市の設計者レイモンド・アンウィンとも文通を交わし，イギリス都市計画の知識に詳しかった。黒谷了太郎と石川栄耀は，上司・部下を越えて都市計画を語り合う友人となり，黒谷の影響によって，石川はアンウィンに深く傾倒するようになる。

当時の県庁は高等官はきわめて少人数で，食堂，便所も高等官専用のものが用意され，朝10時に青ラシャのマットを敷いた机に着くと，給仕がお茶を出す世界であった。このような身分制的官吏制度と草創期都市計画技師のエリート性は，名古屋時代の石川栄耀には有利に働き，功績を挙げる前提条件となった。なぜならば，彼の自由奔放なアイデアは県庁の中に埋もれず，市長に直接相談を持ちかけ，新聞記者と直接談義を交わすことが可能であった（戦前，内務省では一技師が事務官課長を差し置いて新聞記者と会話することは規律違反として許されない行為）。また，区画整理の地主への説明も帝大卒の技師の発言として尊重され，重みを持って受け取られた。

■ **区画整理，お祭りと大岩勇夫市長**

石川栄耀は本省と上司の配慮により1923（大正12）年8月から1年間洋行した。アンウィンに面会し，「君のプランにはライフが無い。水際は市民のライフのリソースだ。そこを全部工業にするようでは工業も解っていないと言ってよい」と指摘され，この言葉に覚醒する。欧州では広場を中心に都市が出来ていることを体感して石川は帰国した。

上司の転勤のため，石川栄耀は若年ながら主任技師（技師の首座）に昇格し，自分の意志とアイデアを発揮できる立場となった。当時，都市計画の独自財源はわずかで，都市計画街路，公園の事業化は財政面で非常に困難であった。石川は名古屋近郊で都市計画街路が予定されている農地・山林一帯に，区画整理を連続的に仕掛け，街路・公園用地を無償で確保し，名古屋市が街路・公園の事業を実施する方式を考案した。

区画整理の減歩と地価上昇のシステムは名古屋の地主の気質と経済感覚にマッチし，名古屋の近郊ほぼ全域に区画整理が拡がった。石川栄耀は区画整理と街路事業を宅地造成，土木事業の段階にとどめず，建物が実際に建つまで誘導する土地経営の領域まで踏み込んでいる。分譲地（区画整理の保留地，剰余地）の販売促進に，公園設置の効果が判明すると，区画整理組合の費用負担で公園を整備し，公園祭りを開

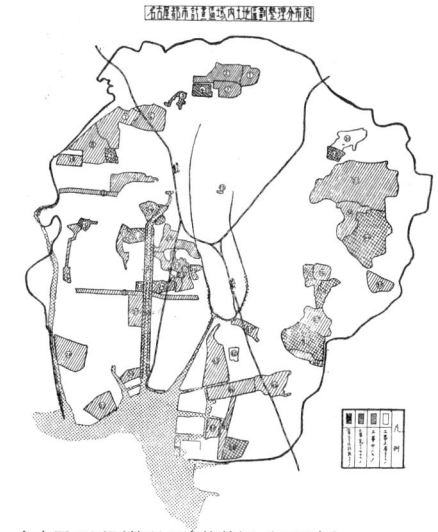

名古屋の区画整理の実施状況（1933年）

き，住宅展覧会や土地博覧会を開催するなど，今日の民間デベロッパー，広告代理店，公団・協会の仕事まで，石川栄耀は地元の地主，商工業者とタイアップして行った。

石川栄耀は「名古屋の生活は実に楽しかった。我々の意見は細大となく市民に直に承認されたのである」と記述する。その原因は，地元マスコミが好意的で，新聞にコラム欄まで提供してくれたこと，また，石川栄耀が大岩勇夫名古屋市長ときわめて親しくなり，市長が石川栄耀を全面的にバックアップしたことにある。また，狩野力（公園担当技師）のような有能で仲の良い同僚に恵まれていた。逆に，東京時代の石川栄耀は初めの2つの条件が欠け，独自の目立った成果を挙げることができなかった。

名古屋時代の石川栄耀の足跡は都市計画にとどまらず，県庁社会課の嘱託となり，スラム地区で隣人大学（小話をする会）を催し，お祭りの企画実施，日本一の鳥居の献納，照明，商店の指導，さらに女給の美人コンテストまで，多岐にわたる街おこし，イベントに取り組んだ。広小路祭り，太閤祭り，公園祭り（公園予定地での花火大会）は石川の発案であり，大岩市長と一緒に祭りの行列の先頭に立つこともあった。東山公園の用地交渉という重要な場面では，大岩市長と石川栄耀は2人で地主を直接訪問し，説明・交渉した。まさに名市長，名プランナーのコンビであった。

■ 東京と上海

1933（昭和8）年9月，石川栄耀は名古屋市民の盛大な送別を受けて，東京に転勤した。満州国政府の都邑科長（都市計画課長）に就任した近藤謙三郎（東大土木1921年卒）の後任として石川栄耀は着任した。この満州国のポストは最初は石川栄耀に打診があったもので，父の反対もあり石川は断っていた。

大上海都市建設計画図を前にした石川栄耀（木村英夫撮影）

都市計画東京地方委員会では当時，東京全体の都市計画街路網，新宿・池袋・渋谷などの駅前広場がすでに都市計画決定済みであり，石川栄耀の仕事は既定計画を具体化し，補完すること（例えば，細道路）であった。東京地方委員会は大きな組織であり，各分野の有能なスタッフが集まり，建築の吉村辰夫は空地地区の制度化，公園の北村徳太郎は東京緑地計画に取り組み，区画整理は田中清彦が担当し，法制には西村輝一という謹厳な事務官が座っていた。石川栄耀は大きな組織の一員にすぎず，また，内務省都市計画課長，東京都知事，東京市長に直接話をして，アイデアを具体化するような立場にはなく，そのようなことが許される行政システムではなかった。「満州国に行かなかったことを悔いる日が多かった」と石川栄耀はこの時代を総括する。

1930年代，日本占領下の中国大陸で都市計画が立案され，上海では1938（昭和13）年，内務省から直接，人員が派遣された。港湾は田淵寿郎（戦後，名古屋市助役として戦災復興を推進）が指導し，都市計画は中島清二都市計画課長，桜井英記主任技師が指導する十数名のチームが派遣され，石川栄耀は立案作業の中心的な役割を担った。ブールヴァール，系統的な公園緑地，都心の設計，細分化された用途地域と建築条例，臨海工業地帯造成，土地経営と第3セクター創設など，上海都市計画には当時の内務省の技術蓄積が適用され，新機軸を打ち出している。これは石川にとって貴重な経験であったと思われ，自著『都市計画及び国土計画』で著者設計と紹介している。

■戦災復興計画

　1943（昭和18）年7月，東京都が成立し，都市計画東京地方委員会も併合された。石川栄耀は内務省の技師から東京都では課長・係長より下に位置する一介の技師となり，挫折感を味わう。しかし，3カ月後，大学の級友，岩岡武博河川課長の急死のため道路課長が河川課長に異動し，石川栄耀は勅任官である道路課長に就任し，翌1944（昭和19）年10月からは都市計画課長を兼任した。

　当時の都市計画行政は防空が主たる課題であった。内務省，東京都では，防空都市の形成，空襲後の復興計画として，幅100メートル街路や緑地帯，高速道路，コミュニティ・プラン，関東地方全体の広域計画などが計画され，家屋を強制撤去する建物疎開や工場・大学の地方分散などが一部で実施された。この戦時中の防空都市計画は戦後の戦災復興計画の原型となった。

　敗戦後，52歳の石川栄耀は東京の戦災復興計画の立案を精力的に開始した。1948（昭和23）年6月に建設局長に就任し，1951（昭和26）年9月に退職するまで，戦災復興事業の全体を指揮する責任者となった。東京の戦災復興計画は，広幅員街路，広場，緑地帯，公園，特別地区，緑地地域を決定し，環状6号線内側を区画整理する雄大なプランであった。河川沿いはすべて帯状緑地，水辺公園とし，アンウィンの教えを守っている。旧軍用地の多くはすべて公園緑地に決定した。特別地区は公館，文教，消費歓興地区を条例指定し，東京商工会議所とタイアップしてアーバン・デザインのコンペを行い，丹下健三，池辺陽，内田祥文ら若手建築家，学生が応募している。

　占領軍司令部，吉田茂首相，安井誠一郎東京都知事は，東京の戦災復興計画の具体化には熱心ではなかった。東京では戦災復興事業が遅れ，駅前では闇市が並び，人口は急増していった。1949（昭和24）年，ドッジラインの結果，戦災復興事業は見直され，国庫補助も縮小された。仙台，名古屋，広島などは当初計画をほぼ維持したが，東京では駅前周辺を除いて区画整理は中止され，広幅員街路や公園緑地の決定は大部分が廃止された。今日，桜並木が花見の名所となっている文京区の環状3号線（ブールヴァール）は，石川栄耀プランが本来の姿で実現した稀少事例である。

　安井知事は区画整理をせず，費用をかけずに大量の瓦礫を処理するという難題を石

川栄耀に指示した。石川は苦肉の方策としてアンウィンの教えに背き，都心の濠・運河を瓦礫で埋め立て，土地を民間に売却する方法を考案した。この奇策妙案に安井誠一郎は大変喜び，この案はその通り実行された。これが「都市計画河川埋立」という前代未聞の都市計画事業であり，東京都市計画史上の汚点である。東京では石川栄耀の才覚，アイデアが不幸な形で活用された。むしろ，凡庸な建設局長であったならば，案は無しと知事に回答したはずであり，その場合は，安井知事はやむなく瓦礫処理に財政支出を認め，その結果，江戸以来の東京の水辺空間は今なお存続していた可能性が高い。

さらに，安井知事は路上に並ぶ露店の処理を石川栄耀に指示した。この結果，公園，広場，公有地に露店を収容する建物が建設された。また，政教分離により社寺に返還された公園用地について，例えば芝増上寺の場合，安井知事は再買収の費用を出し惜しみした。このとき石川は「安井を見損なった」とこぼす（磯村英一の記述）。その結果，都市計画公園であるこの土地には大規模な民間ホテルが建設された。

また，この時代すでに都有地となっている砧，小金井，舎人，篠崎など大緑地の農地解放を求める政治運動が発生した。緑地を守るため矢面に立った田阪美徳公園緑地課長は体を壊して退職し，石川栄耀も長い官吏生活の中で最も苦しみ，頭髪が真っ白に変わった。局長としての石川栄耀は満身創痍であった。

石川栄耀は首長直結のブレーンとしては類い稀な才覚を発揮するが，巨大な官僚機構を束ね，意志を形成し，議会をかいくぐり，妥協しつつも政策を貫き通すことは，得意ではなかった。一方，石川が退職の際，後継者として建設省から招いた山田正男［東大1937（昭和12）年卒，首都整備局長］は天皇と呼ばれるほど，都庁官僚組織を掌握し，マスター・ビルダーとして東京オリンピック前後の都市改造を実行した。この2人を足して割ったタイプ，つまり理想を抱く，剛直な技術官僚が近藤謙三郎である。

■ **プロフェッサー・プランナーへの転身**

1951（昭和26）年10月1日，59歳の石川栄耀は青木楠男教授の招きで早稲田大学工学部土木工学科の教授に就任した。石川栄耀は1943（昭和18）年から東京帝国大学の非常勤講師を務め，教え子や薫陶を受けた学生から戦後の建設省，東京都の幹部技術者が輩出した。1951（昭和26）年10月6日，大隈会館で日本都市計画学会の発会式が挙行された。学会創設運動の中心は北村徳太郎の協力を得た石川栄耀であり，旧内務省の都市計画技術者が一堂に会し，当時はごく少人数であった大学の研究者を加えて，学会が結成された。石川の逝去後，制定された石川賞は日本都市計画学会の大賞である。

石川栄耀は1955（昭和30）年9月，過労と肝臓病で急逝するまで，「日本中の中小都市を全部歩くんだ」と，憑かれたように，全国各地に講演に出かけ，顧問を務め，マスタープランの指導を行った。その足跡は遠く沖縄の那覇にまで及んでいる。講演旅

行の理由は，これまで自分が行ってきた都市計画の理念に疑問が生じて，その解決のために中小都市に出かけた，と根岸情治は指摘する。その疑問とは何か，解決が得られたのか，石川栄耀は明らかにせずに世を去った。そのわずかな手懸かりは，自著『都市計画及び国土計画』第4版（1954年）の次の一節である。「都市計画は，都市に内在する自然に従い，その自然が矛盾なく流れ得るよう手を貸す仕事である。これに自分は生態都市計画という名を与えたい。」

魑魅魍魎たる首都・東京での闘いに疲れ，敗れた晩年の石川栄耀は，大都会とは異なる純朴な日本人と地方都市に都市計画再生の夢を賭け，また，子供に都市計画の将来を託したかったのではないか？　石川は敗戦後，目白在住の文化人を誘い，徳川義親を会長とする目白文化協会をつくり，文化寄席を毎月開いた。現在の言葉でコミュニティ・カレッジ，NPO活動に相当する。1948（昭和23）年11月に発刊した自著『私たちの都市計画の話』は，新制中学社会科副読本「都市を学ぶ」というサブタイトルが示すように，子供に語りかける内容となっている。その冒頭は次のように始まる。

著書『私たちの都市計画の話』

「私は三十年もの間，都市計画のお話をし続けてきました。私は世の中でこんな大切な，こんな面白いお話は，ないものだと思っています。然し，結局大人はダメでした。大人の耳は木の耳。大人の心臓は木の心臓です。そして大人は第一，美しい夢を見る方法を知りません。夢のない人に，都市のお話をしたって，ムダなことです。子供は夢を見ます。星の夢も…百年後の日本の夢も。それは子供の耳が，兎の様に大きく柔らかく，子供の心が，バラの花のように，赤くそして匂うからです。」

同書の終章は「住みよい都市を造るためにみんなで努力しましょう」と題し，目白文化協会の活動をとりあげ，最後に次の言葉で結んだ。これは都市計画をこよなく愛した男，そして夢見た男，石川栄耀の都市計画35年の総括，いわば辞世である。

「社会に対する愛情――これを都市計画という」

引用・参考文献
1）　石川栄耀：私たちの都市計画の話，兼六館，1948年
2）　石川栄耀：余談亭らくがき，都市美技術家協会，1956年
3）　根岸情治：都市に生きる　石川栄耀縦横記，作品社，1956年
4）　越澤明：東京の都市計画，岩波書店，1991年
5）　石川栄耀都市計画論集，日本都市計画学会，1993年
6）　都市計画　182号，特集石川栄耀生誕百年記念号，1993年

加藤与之吉 ——満鉄の初代土木課長

■苦学生と新潟

わが国の土木技術者が戦前の植民地の社会資本整備において，大きな功績を残したことは歴史的な事実である。しかし，その個人名や具体的な業績については，今日ほとんど知られていない。満鉄の初代土木課長，加藤与之吉はその代表的な一人である。

加藤与之吉は1870（明治3）年に埼玉県入間郡高麗川村大字上鹿山で生まれ，小学校卒業時に父が死去し，東京の伯父のもとで東京府中学（後の府立一中），第一高等学校，帝国大学に進学した。弟もいる一家の家計は母の養蚕に頼り，学資に苦労しながら勉学に励み，学生時代は大学を通して鹿島岩蔵から奨学金を受けている。加藤与之吉は1894（明治27）年7月東京帝国大学工科大学土木工学科を卒業した（当時の卒業生は全学で230名，うち工科は42名，さらに土木は16名）。加藤与之吉は酒，煙草を飲まない謹厳な人物であったが，文学を好み，唯一の趣味として俳句を嗜み，鹿嶺山人と号した。正岡子規と加藤与之吉は第一高等学校の同期であり，当時から親しい友人であった。

加藤与之吉は卒業後，内務省の古市公威土木局長の指示で，1895（明治28）年5月，新潟県土木課に赴任し，1897年5月，土木課長となった。当時は河川法が施行されてまだ日が浅く，多数の川をかかえる新潟県では河川と橋梁が主な仕事であった。河川行政の草創期であり，河川工事をめぐる地元町村や組合との利害調整，裁判，砂利採取取締りなど，加藤与之吉は様々な経験をしている。1907（明治40）年，新潟を去り，大連に赴任するに際して，加藤与之吉は「万代橋が蜿々として別を惜しむ如く柳は依々として我を送るが如く思われた」と感じ，「顧みれば柳は青し橋長し」と詠んでいる。

加藤与之吉

■後藤新平と満鉄土木課長

日露戦争後，1906（明治39）年に設立された南満州鉄道株式会社（満鉄）の初代総裁に就任した後藤新平（前台湾総督府民政長官）は，腹心の中村是公副総裁に幹部職員採用を一任した。しかし，ただ一言，副総裁に注意したことは土木課長の人選であった。その理由は，これから鉄道広軌改築，大連築港，市街建設のために巨額の土木

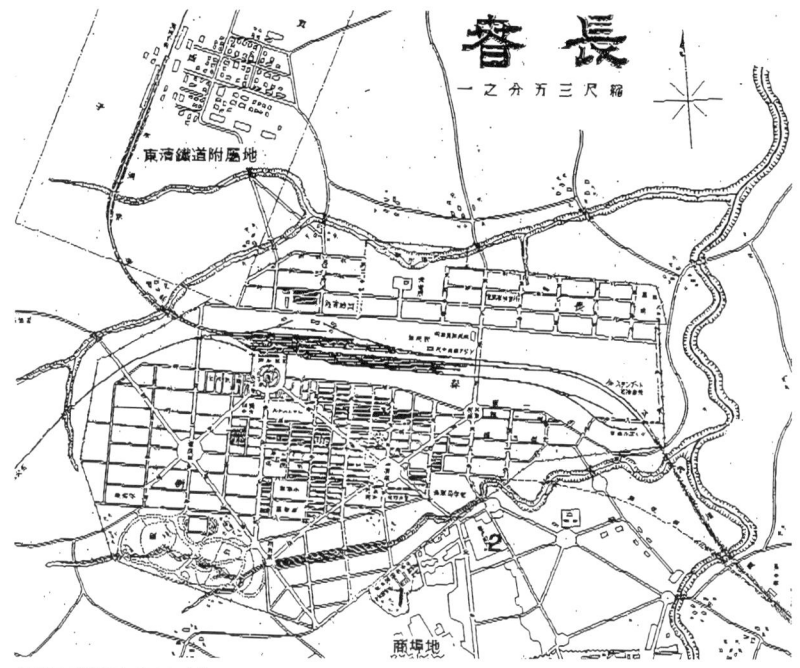

長春の市街図（1917年）

費を投じることになり，「土木工事の首脳者だけは十二分の厳選に努め，第一に高潔の士，家庭豊かにして後顧の憂いなく，同時に酒食の誘惑を断乎として拒否するだけの意志の強硬なる人物を物色することであった」（後藤総裁の秘書，上田恭輔の記述）。当時の満州は男のみの社会で，唯一の娯楽は花柳の巷であった。

　内務省の推薦により満鉄土木課長として内地から赴任したのが加藤与之吉である。創業時の満鉄は重役が部長を兼務しており，課長職は重役を除いた一般職員の最上位で，加藤課長には一般職員の中で最高の報酬が支給された。

　満鉄は鉄道，港湾，都市建設，水道，電気，炭鉱，学校，ホテルなどを経営する巨大な国策会社である。創業期の土木事業は多岐にわたり，加藤課長は1923（大正12）年の退職まで16年間，満鉄の土木事業，社会資本整備の全体を土木課長として牽引し，遂行した。

　満鉄総裁当時の後藤新平は50歳前後の働き盛りで，仕事ができない重役，幹部職員を直ちに叱りつけ，大変，恐れられていた。しかし，加藤与之吉だけは自分の意見が正しいと信じると，後藤総裁に対して反論した。「後藤さんがガミガミ癇癪玉を破裂させても，泰然自若，自己の主張を説き，断じて所信を枉げない。これには流石の後藤さんも遂に根負けして，ブツブツ言いながら書斎に退却することが時々あった」（上田恭輔の記述）。

満鉄付属地の都市計画の設計をめぐる後藤新平と加藤与之吉との間で論争があったこと，また，鞍山製鉄所の水源選定の際，会社首脳部の反対を押し切り，見事に成功したこと，この2つのエピソードは戦前の満鉄社内で語り継がれた。

■ 満鉄付属地の市街計画

日清戦争と三国干渉後，ロシアは1895（明治28）年から1899（明治32）年にかけて東清鉄道の敷設と経営に関する権益を取得した。これは満州全土をT字形に貫通する鉄道であり，シベリア鉄道の直行バイパスと不凍港（旅順・大連）の経営を目的としている。鉄道駅を周辺とする区域は「鉄道付属地」と称され，東清鉄道会社（ロシア政府の国営会社，準官庁）が行政権を有する植民地であった。1905（明治38）年，日露戦争後，長春以南の鉄道と関東州は日本に譲渡され，翌年，東清鉄道会社をモデルとして満鉄が設立された。満鉄は日本政府の国策会社，準官庁であり，鉄道付属地の行政権も付与された。満鉄の土木事業，社会資本整備は20世紀前半の満州（中国東北地方）全体の経済開発，公共投資の中でも大変大きな位置を占めており，その責任者である満鉄の土木課長は大きな重責を担っていた。

1905（明治38）年までにロシアが建設した都市は哈爾浜と旅順であり，大連が建設途上にあった他は，鉄道付属地の都市計画は未着手であった。台湾で社会資本整備の経験を有する後藤新平総裁の方針により，満鉄は鉄道付属地の都市計画，先行的な社会資本整備に精力的に取り組み，満鉄の営業開始前に，大連，遼陽，鉄嶺の道路工事や奉天，長春の実測測量を開始した。1907（明治40）年，1908（明治41）年の2カ年

長春の市街地（越澤明所蔵の絵葉書より）

で十数カ所の市街計画（満鉄では都市計画をこのように称した）が完成した。

大連の行政は関東州に属しており，その都市計画は関東州の倉塚良夫技師（東大土木1904年卒，後に1924年北大工学部創設に伴う6人の教授の一人）が担当したが，大連の築港，鉄道ならびに鉄道付属地の都市計画はすべて加藤与之吉が担当した。

満鉄沿線では，最大都市の奉天（清朝初期の都，現・瀋陽）とロシアとの鉄道分岐地点である長春（後に満州国首都の新京）の市街計画が最も規模が大きく，重要であった。長春の満鉄付属地は既存のロシアの付属地の南方に新規に設定したものであり，後藤新平は160万坪の用地買収を指示し，ロシアとの交渉・接遇を想定して立派なホテル建設を指示するなど，都市建設には並々ならぬ意欲を持っていた。

■ 後藤新平との論争

加藤与之吉は在職中の土木事業の記録を『満鉄土木十六年史』として刊行したが，市街計画については「市街計画は市街永遠の運命を支配すべきものなるをもって，これが施行については慎重なる調査を遂げ，もってその市街に最適用したる計画を施行するを要す」と述べている。新潟県土木課長時代では，都市計画の経験が皆無であった加藤は，欧米，ロシア，東京の都市計画を比較，調査研究を進めた。

加藤は，満鉄付属地では鉄道駅を中心として斜路の幹線街路を配したグリッドの街路網を採用し，また道路面積率は約23％に設定した。街路は1等が20間（36m）から6等が6間まで分類され，歩車道が分離された近代的な街路とした。一方，単調な市街地となることを避けるために，シビックセンターとなる大広場を要所に配置した。加藤は「この種，建物の宏壮なる市街は市民の公共的精神の美を証明すると同時に，将来偉大なる都市を実現せしむべき人為的要素の充分なるをしらしむべし」と述べており，都市美，都市景観への充分な配慮も市街計画の基本方針としている。

下水道は合流式，L字側溝で整備された。特に長春では小河川の窪地の地形を生かして公園を確保し，水源地を兼ねた。また，穀物の輸送・輸出が満鉄の経済基盤となることを考慮し，糧桟（中国人の穀物集荷商・荷馬車宿）の誘致に努め，住宅地区，商業地区，糧桟地区，公園・遊歩，公共施設用地に5区分した土地利用計画を定め，建物については高さの最低限度や構造等を規制し，土地利用マスタープラン・用途地域の先駆けを実践した。満鉄付属地（特に奉天，長春，鞍山，撫順など）の市街計画は今日見ても水準が高く，優れた内容の都市計画である。

加藤与之吉の当初計画では，奉天，長春の幹線街路は最大幅員15間（27m）であり，主要交通手段である荷馬車（農産物を満載し，悪路走行用の鉄輪であるため，マカダム舗装は破壊されてしまう）の通行を一部の幹線街路に限定して，舗石道とした。この計画に対して，後藤新平総裁は幅員を20間に拡大し，荷馬車通行制限の撤廃を指示したが加藤は譲らず，根拠を述べて反論した。

この論争は数回繰り返され，後藤総裁は加藤課長に欧米の都市を見てくるよう洋行

を命じた．結局，加藤与之吉は久保田政周理事（地方部長）と相談の上，あれほど後藤総裁が言うのならと，骨格となる軸線については最大幅員を20間とし，それ以外は原計画のままとした．荷馬車専用道路は当時の満州では賢明な策であった．市街のすべての街路を舗石道とすることは費用の点で無理であり，荷馬車交通と倉庫業の立地のコンロトールにも役立ったのである．

加藤の洋行中，後藤総裁は「加藤の様な正直潔白者がいるために，満鉄の建設事業については何ら醜聞を聴かず，或いは加藤土木課長のある為に満鉄は一千万以上の損失を脱れたかも知れぬ」と側近に漏らした（上田恭輔の記述）．

■ 鞍山の水源選定

1916（大正5）年春，満鉄は鉄鉱石が産出する鞍山に大規模な製鉄所を建設するため，満鉄社内に関係幹部職員からなる準備委員会を設立し，翌年，着工した．問題となったのは，製鉄に要する大量の工業用水の確保である．内地の八幡製鉄所でも河川上流に大規模な貯水ダムが製鉄所の手で建設されている．しかし，鞍山の地形は平坦地，なだらかな丘陵で，主要河川の太子河とは相当離れていた．準備委員会で社内に初めて公表された調査報告書では，製鉄所北方の千山川を水源に選定していた（内地から派遣された八幡製鉄所の技師が水源を選定）．しかし，この小河川は水量が少なく，冬季は結氷枯渇してしまうことを現地に詳しい加藤与之吉は知っていた．

準備委員会では，加藤は土木課長として市街計画，道路・水道・下水等の設計を担当した．加藤は報告書の水源選定が杜撰であることを中村雄次郎総裁（男爵，八幡製鉄所の経営経験あり）を前にして，手厳しく指摘した．この水源問題は堀土木局長も同意見であり，さらに，造成工事費がかかるため，製鉄所の位置も変更すべきと主張した．しかし，中村総裁は報告書通りに実施するよう指示した．すでに創業当時の総裁や理事は入れ替わっていた．

やむなく加藤は会社の決定に従い，千山川の試験工事を行うが，予想通り，実際の水量は報告書の水量の10分の1であった．加藤は水源調査を続けたが，経理担当の佃理事は友人が社長をしている内地の鑿泉会社に水源選定をさせた．鑿泉会社の技師の調査結果は，鞍山付近は鑿井に適さず，太子河と千山川の合流地点ならば望みがあるとの結果であった．これには中村総裁も「そんな遠方から取ることなら私にも出来る．鞍山の近所で取りたいから，あなたに御足労を願ったのである」と苦笑した．

太子河の表流水を水源とすることは水量の点からは十分に可能であったが，長距離の水道管敷設と用地買収が必要になり，コスト高となることが大きな難点であった．当時，欧州大戦の結果，鉄管価格が高騰していたのである．

加藤与之吉は現地の地形調査，初歩的な試掘，他での水源井の経験から，太子河と鞍山の間に広がる高粱畑の下に，太古の旧河道による砂礫層と伏流水が存在すると確信した．ところが，この案に今度は堀三之助土木局長［東大土木1892（明治25）年

加藤与之吉の胸像
(出典　越澤明『満州国の首都計画』
日本経済評論社)

卒，鉄道が専門，加藤の2年先輩で友人］が強硬に反対し，太子河からの取水を進めるため，鉄管埋設用地の買収を開始した。また，八田鞍山製鉄所長も不安にかられて反対した。

　ここに至り，加藤与之吉は失敗した場合は辞職する覚悟で，首山堡での本格的なボーリングを決意した。堀局長は決済書類に反対意見を朱筆し，満鉄社内で失敗するとの声が拡がる中で，反対を押し切り，1918（大正7）年4月，加藤はボーリングを敢行し，予想通り地下水が噴出した。豊富な水量のために排水が必要になり，天津洪水排水（後述）に使用したポンプを首山堡に引き揚げたほどであった。すでに関東都督に栄進していた中村前総裁をはじめ満鉄首脳部はこの成功に喜び，加藤与之吉は面目を施した。この結果，長距離導水管敷設の方法よりはるかに低コストで，製鉄用水と市街地の給水が確保され，製鉄都市鞍山の死命を左右する最重要のインフラが解決された。

　この水源発見のボーリングは満鉄社内で「命懸けの工事」として語り継がれ，加藤の死後，製鉄所はその功績を称え，水源地に胸像を建立した。戦前，長春と大連の公園には，それぞれ児玉源太郎（満鉄創立委員長）と後藤新平の像が建てられている。しかし，一社員の記念碑は満鉄では加藤与之吉のみである。また，日本国内でも一技術者の像が建てられた事例はきわめて少ない。

　加藤与之吉にはこの他，1917（大正6）年10月，白河の洪水から天津の日本居留地を救った事績がある。11月に突如，洪水が発生し，天津の中国人市街がすでに水没し，日本租界の堤防の決壊の危険が生じて，天津総領事は満鉄に救助を求める急電を

打った。加藤与之吉は小型蒸気船に強力な船舶用ポンプを積み込み，到着後，冷静に処置を行って，日本租界の浸水と結氷を防いだ。その行動には天津の内外人は賞賛した。

　退職後の加藤与之吉は郷里の埼玉県高麗川村に戻り，地元の開墾事業，鉄道の敷設，梅林の育成などの支援活動に奔走し，1933（昭和8）年に死去した。墓碑は加藤与之吉が畏友として尊敬した国澤新兵衛（東大土木1889年卒，満鉄副総裁，理事長）が揮毫した。

引用・参考文献
1) 加藤与之吉：南満州鉄道株式会社土木十六年史，満鉄地方部土木課，1923年
2) 満鉄総裁室地方部残務整理委員会編：満鉄付属地経営沿革全史　上中下巻，1939年
3) 越澤明：満州国の首都計画，日本経済評論社，1989年
4) 越澤明：哈爾浜の都市計画，総和社，1989年
5) 加藤忠夫・加藤武子：鹿島遺稿，1937年
6) 故加藤与之吉氏記念碑建設委員会編：命懸けの工事　満州国鞍山市昭和製鋼所内故加藤与之吉氏記念碑建設委員会，1939年
7) 松本武子：私のいくさ　福祉と子育てと，海声社，1983年

[9]

エネルギーを開発した土木技術者たち

エネルギー開発と土木技術者：通史　　執筆：松浦茂樹
〔人物紹介〕　田辺朔郎　　　　　　　執筆：田村喜子

エネルギー開発と土木技術者：通史

■ 近代水力開発の概要

　世界初の水力発電は1878（明治11）年，フランス・パリ近郊の製糖工場で行われたといわれる。また一般供給用の水力発電所は，アメリカ・ウィスコンシン州のアップルトン発電所といわれ，1882（明治15）年，運転を開始した。この年はまた，ロンドンで世界最初の一般供給用火力発電所が運転を開始した年でもある。

　電気についての知識・情報は，近代化に向けて歩みだした日本にも早々ともたらされた。わが国初の電気事業会社の設立をみたのは1883（明治16）年であり，1886（明治19）年，火力発電によって電気供給を開始した。

　わが国最初の水力発電は1888（明治21）年，宮城県仙台市の宮城紡績の出力5kWの直流発電といわれる。この後，1890年には，栃木県鹿沼市の下野麻紡績，また鉱山業の最初のものとして足尾銅山で水力発電を開始した。

　わが国最初の一般用水力発電の開始は，1891年，琵琶湖疎水を利用した京都市営の蹴上発電所の運転である。この電力に基づき，1895（明治28）年，京都・伏見間の7kmで，わが国初の市内電車の営業が行われた。この事業に活躍した技術者が1883（明治16）年，工部大学校を卒業した田辺朔郎である。エネルギー開発にとって，琵琶湖疎水と田辺の活躍はエポックメーキングである。

　琵琶湖疎水事業は，琵琶湖の水を約19kmの導水路で京都市街地へ持ってくるもので，その目的は，動力，水運，灌漑，防火・地下水位の確保，市内派川への通水による衛生管理である。地域用水を整備しようとしたもので，多目的の総合開発である。中でも工業の近代化のための動力開発が第一番目に置かれていた。この動力は1885（明治18）年の着工当初，水車動力を考えていたが，田辺はアメリカに赴き水力発電の現地調査を行って比較分析を行った。その結果，ペルトン水車を利用する水力発電と決まったのである。

　工事は田辺の指導の下，1890（明治23）年に完成したが，当時の最高知識を持った技術者達が強くバックアップした。例えば，計画・設計には内務省等のそれまでの経験・技術が強く反映された。また安積疎水工事の調査・設計に活躍した山田寅吉が，1887（明治20）年，内務省を辞した後，琵琶湖疎水工事を請負った日本土木株式会社の技師長に就任して協力したのである。工事は延長約2400mなどの6つのトンネルがあり，この掘削に最も苦労した。ダイナマイトが大量に使われ，イギリスから購入した大型ポンプが排水に利用された。

　さて電力開発は，高圧による長距離発電の技術が発展するとともに，当初の火力発

電からコストの安い水力発電にウェイトが移っていった。1899（明治32）年には近距離送電が始まり、1907（明治40）年には山梨から東京まで約80kmの55,000V遠距離送電に成功し、やがて水主火従時代を迎えることになる。さらに1914（大正3）年、猪苗代湖から東京までの226kmを115,000Vで送電を開始し、大送電網時代となったのである。水力発電事業にとって画期的となったのは1911（明治44）年の電気事業法の制定である。

土木技術的に水力発電開発について簡単に見てみると、当初は渇水量（年間を通じて355日間はこれを下まわらない流量）を標準とした流れ込み式発電であった。1910（明治43）年から1913（大正2）年にかけて逓信省に臨時発電水力調査局が設置され、第1次水力発電調査が行われたが、使用水量はほとんど渇水量であった。続いて第2次調査が1918（大正7）年から5カ年継続で行われた。この時は、ほぼ平水量（年間を通じて185日はこれを下まわらない流量）程度の使用水量を目標としていた。平水量を対象とすると、河川の流量の変化に従って発電量は変動する。この不安定な発電が安価で供給されて、硫安、レーヨンなどの電力多消費型産業が第一次世界大戦後に勃興したのである。

需要地に近く、地形的にも発電に有利な水力地点は1920年代初めまでにほぼ開発し尽くされ、1920年代中頃からは開発が難しい河川上流部、あるいは貯水池を持つダム式による発電へと移行した。その先駆けとなる代表的なものとして、1924（大正13）年に完成した木曽川水系大井ダムによる発電（出力42,900kW）がある。ダムによる貯水池は、また数日から一カ月にまたがって調整を行う調節池の役割も担っていた。

これ以降、昭和30年代中頃までダムによる水力開発がエネルギー開発の中心となる。当初は水力単目的のダムがほとんどであったが、やがて昭和10年代後半から河水統制事業、また戦後はそれの発展した河川総合開発事業による多目的ダムによっても発電は進められた。しかし当然のことながら、大規模な水力発電は水力単目的ダムによって推進された。次章から、わが国水力ダム築造の技術的発展を中心に述べていくが、ダムの中でもその中核をなしているコンクリートダムを中心に見ていく。

■ **大正時代までのダム技術**

わが国のコンクリートダムの歴史をみると、1897（明治30）年に着工した神戸の布引五本松ダム（高33m）が最初といわれている。神戸水道創設時の水道専用ダムとして築造されたが、設計はイギリス人技師バルトンの指導の下で行われた。

水力発電用のコンクリートダムの最初は、鬼怒川にある黒部ダム（堤高34m、堤体積8.1万m^3）で、イギリス人技術者の協力を得て1912（大正元）年築かれた。布引五本松ダム、黒部ダムとも粗石張玉石コンクリート造（セメントと砂・砂利を混合したコンクリートを割石・玉石の間隔に充填する。また上下流面は型材代わりの石材で被覆する）である。この後、水力発電コンクリートダムは、揖保川水系草木ダム、阿賀

川水系小荒ダムなどで高さ20m台のものが造られた。

高さ50mを超すハイダムは，1924（大正13）年完成の高梁川水系帝釈川ダム（堤高56.1m，堤体積3万m³）と木曽川水系大井ダム（堤高53m，堤体積15.3万m³）を嚆矢とする（表-1）。特に大井ダムは，堤体積が10万m³を超える当時としては大規模なもので，総貯水容量も2900万m³と大きい。またわが国で最初に機械化施工を行ったダムといわれる。ダム上部に設けられた鉄製トラス橋脚のトレッスル式高架橋上をガソリン機関車が走り，打設コンクリートを運んだ。コンクリートに投入する粗石はケーブルクレーンで運搬され，粗骨材は骨材プラントで破砕して製造された。コンクリートの打込みはシュートで行われ，また基礎処理であるカーテングラウトも初めて行われた。なおミキサー，ガソリン機関車，ケーブルクレーンなどの工事用機械はアメリカから輸入され，設計・施工はアメリカ人技術者の指導によって行われた。

■ **昭和10年頃までのダム施工技術**

大井ダム以降，庄川水系の小牧ダム（堤高79m，堤体積28.9万m³，1929年竣工）など70m前後のダムの完成をみるが（表-2），小牧ダムを指導した石井頴一郎によってわが国のコンクリートダム技術は集大成されたといわれる。しかしアメリカ技術と密接な関連をもちながら建設は進

表-1 大正時代のコンクリートダム

ダム名	竣工年(大正)	堤高(m)	堤頂長(m)	堤体積(×10³m³)	型式
黒部	1	34	150	81	重力式
飯豊川第一	4	38	52	6	〃
大又沢	4	21	87	12	〃
高原	6	20	70	3	〃
千歳第三	7	24	120	11	〃
草木	7	21	86	8	〃
野花南	7	21	264	41	〃
高橋谷	8	19	68	12	〃
千歳第四	9	22	102	7	〃
小荒	12	27	28	6	〃
志津川	13	31	91	40	〃
中岩	13	26	108	12	〃
帝釈川	13	56		30	〃
由良川	13	21	90	9	〃
大井	13	53	276	153	〃
吉野谷	15	24	60	14	〃
一ノ沢	15	24	93	9	〃
白水滝	15	23	99	13	〃
細尾谷	15	22	59	6	〃
落合	15	33	215	45	〃
頭佐沢	15	21	76	5	〃
浦山発電所取水ダム	9	12	21	不明	アーチ式
笹流	12	24	169	16	バットレス式
高野山調整池ダム	13	21	124	6	〃

表-2 昭和前期のコンクリートダム

ダム名	竣工年(昭和)	堤高(m)	堤頂長(m)	堤体積(×10³m³)	型式
小ヶ倉	1	40	136	60	重力式
河内	2	42	189	68	〃
鹿瀬	4	33	304	136	〃
小牧	4	79	301	289	〃
祖山	4	73	132	146	〃
豊実	4	34	206	111	〃
祐延	6	45	126	44	〃
梵字川	8	45	59	18	〃
千頭	10	64	178	127	〃
王泊	10	59		128	〃
泰阜	11	50	143	128	〃
小屋平	12	52	120	86	〃
帝釈川	13	62	35	31	〃
塚原	13	87	215	363	〃
大橋	14	74	187	172	〃
立岩	14	67	179	138	〃
岩屋戸	17	58	171	145	〃
小原	17	56	158	93	〃
三浦	18	86	290	507	〃
三思原	3	23	94	26	バットレス式
真立	4	22	61	4	〃
豊捻池	5	30	145	21	〃
真川	5	20	104	8	〃
丸沼	5	32	88	14	〃
三滝	12	24	83	9	〃

められた。

　小牧ダムは，当初，アメリカのストーン・アンド・ウェブスター社に建設を委託した。アメリカで当時，世界一と称されたアロロック（Arrowrock）ダムを手がけた技師団が1921（大正10）年に来日し，ボーリング等を行ってダム地点を決定し，設計を行った。だが経済の不況，関東大震災の突発によって着工には至らなかった。その後，1925（大正14）年，このダムは日本電力株式会社の傘下に入り，1924年竣工の志津川ダムに従事していた石井が責任者となって工事は進められたのである。

　小牧ダムでは，発電の用途変更が行われた。このため，ほとんどすべての工事にわたって設計変更が行われた。また関東大震災後の1925年，物部長穂が地震力を考慮して断面を決定する「貯水池用重力堰堤の特性並びに其の合理的設計方法」を発表したが，これに基づいて小牧ダムの設計は再検討された。石井は1924年，欧米へ水力発電工事の視察に行っているが，その時の調査・研究に基づいてアメリカ人技師の設計を基本に置きながら，手を加えていったのだろう。なお施工機械のほとんどは，アメリカからの輸入品であった。

　その後，太田川水系の王泊ダム（堤高59m，堤体積12.8万m^3，1936年竣工）等が築造されていくが，ダム技術に大きな進展をみたのが1935（昭和10）年着工，1938年に竣工した耳川水系の塚原ダム（堤高87m，堤体積36.3万m^3）である。

　塚原ダムでは，わが国で初めて硬練りコンクリートが使用された。粗骨材はすべて原石山より採取した岩をクラッシャーで破砕して人工的につくり，細骨材は40km離れた海岸から索道で運搬した。またコンクリート配合は最新の説である水セメント比を用い，各種の骨材を混合して使用した。このために使用されたのが，重量配合で行うウォーセクリーター（コンクリート材料の配合調整器）である。この機械は日本で発明されたものだが，水とセメントを重量計量してセメントペースト状に練り混ぜ，その後ミキサー内で骨材を混合してコンクリートとするものである。それまでは，打ち込まれた軟練りコンクリートの中へ，10〜20%の玉石あるいは粗石を投入するというものであった。

　コンクリートの打込みは，横継目に縦継目が加えられたブロック工法が採用され，またそれまでのシュート方式ではなく，バケットに入れてケーブルクレーンで運搬打設する工法で行われた。打ち込んだコンクリートの中への玉石の投入は廃止された。この運搬機械は日本製であった。またそれまで大部分のダムで使われていたドラムミキサーから，ここでは可傾式ミキサーが使用されたが，これも国産品であった。また，コンクリートの締固めのために，初めてバイブレーターが使用された。それまでは突き棒等を用いた人力で行われていた。バイブレーターは国産品（フランス通商製品）とアメリカ製であった。さらにセメントも中庸熱セメントが初めて使用されたが，国産品であった。

塚原ダムの施工は，骨材の採取からコンクリートの打込みまで一貫して機械化され，戦前の日本のダム施工技術の一つの到達点であった。しかし全く独自に日本で発展したのではなく，アメリカから強い影響を受けていた。アメリカではコンクリートダム技術の一つの頂点をなすフーバーダム（堤高220m, 堤体積250万m^3, 旧名ボールダーダム）が1936（昭和11）年に完成した。このダムは新しい設計思想，画期的な施工設備でもって行われ，ダム技術に大きなインパクトを与えた。ダム建設技術はフーバーダム完成により新しい次元へと移ったのである。フーバーダムで行われた新工法としては，次の4つがあげられている。

① 低熱セメントを使用し，硬化熱が高まるのを防ぐ。
② 縦・横10〜15mの柱状ブロック工法でコンクリートを打ち上げる。
③ コンクリート内に多くのパイプを配置して冷却水を流し，硬化熱を取り除く（パイプクーリング）。
④ 柱状コンクリートの継目にモルタルを流して一体化させる。

　これ以外として，基本的なことであるが硬練りコンクリートが使用されていた。コンクリートは，自動計量機でセメント，水，骨材が計られ，バッチャープラントで一度に練り混ぜられた。この後バケットに入れられて，ケーブルクレーンで運搬され，強力なバイブレーターで締め固められた。

　塚原ダムの発注者（九州送電）側の現地責任者は，空閑徳平であった。彼は庄川水系祖山ダムに従事し竣工させた後，1931（昭和6）年から1933（昭和8）年にかけて欧米諸国の水力電気事業の調査研究のため留学し，フーバーダムの工事現場も視察した。帰国後，太田川水系王泊ダムの現地所長となって完成させた後，塚原ダムの建設所長となったのである。

　また塚原ダムを請負ったのは間組である。間組は塚原ダムの現場責任者となった田中敬親を1935（昭和10）年5月から9月にかけての約半年間，アメリカに出張させ，フーバーダム，TVAなどの堰堤工事を現地視察させた。

　塚原ダムの機械化で，空閑の欧米での実地研究，また田中のアメリカでの現地視察が重要な役割を果たしたのは間違いないだろう。

■ 昭和10年代のダム技術

　ところでダム技術界では，国際的なダム技術の交流が積極的に行われていた。世界動力会議が母体となって国際ダム会議が設立され，第1回国際ダム会議がスウェーデンのストックホルムで開催されたのは1933（昭和8）年である。それに先立ち1931（昭和6）年，日本では日本国内委員会が組織され，第1回会議に参加するとともに3編の論文が提出された。

　第2回会議は1936（昭和11）年9月，第3回世界動力会議とともにワシントンで開催された。日本からは5論文の提出，小野基樹（東京市役所），石井穎一郎（日本電力株

式会社) 他6名が参加した。アメリカの首都ワシントンで開催されたのはフーバーダムの竣工に併せてであって,この会議に大統領F. ルーズベルトが出席して演説し,フーバーダム使用開始のボタンを押したのである。3000マイル離れたフーバーダムの現地からは,発電機水車の回転する音が会議場に響きわたるとともに,技師長がダムの説明を行った。

会議終了後,アメリカ政府幹旋のもとに22日間にわたる米国横断ダム視察旅行団が結成され,フーバーダム,TVAダム群,グランドクーリーダムなど,アメリカ著名のダムすべてを対象とした9000マイルにわたるダム視察行脚が行われた。これには世界27カ国242人,日本からは小野と途中までだが石井が参加した。

日本人として唯一人,全行程に参加した小野基樹は,一般的なダム技術の視察とともに重要な特命を帯びていた。小野は1936 (昭和11) 年7月に開設された水道用の東京市小河内ダムの建設事務所長であったが,小河内ダム建設の工事用機械類の調査と調達という重大な任務をもっていたのである。堤高149m,堤体積168万m^3の小河内ダムは,それまでの国内ダムに比べて,高さもコンクリートボリュームも遥かに大きい。このため新たな施工技術が求められた。特にコンクリート配合のための自動骨材計量機とコンクリート打設機械の調達が,その中心であった。そして最先端の技術を駆使したフーバーダムにこれらを求め,ケーブルクレーンなどフーバーダムで使用した多くのものを購入したのである。

また視察旅行に途中まで参加した石井頴一郎は,12年前にもアメリカ視察を行っていた。その比較で,特にコンクリート工事のすさまじい進歩に驚嘆し,「何時までも模倣ではいけない。オリジナリティーを作り出さなければならない」と,日本技術界の奮起を促している。

ところで日本の発電ダムは,1938 (昭和13) 年の塚原ダム竣工後,さらに大橋ダム (吉野川水系堤高74m,堤体積17.2万m^3),立岩ダム (太田川水系堤高67m,堤体積13.8万m^3) などを完成させたが,1942 (昭和17) 年,戦前の国内最大である高さ86m,堤体積50.7万m^3の三浦ダム (木曾川水系) を完成させた。三浦ダムでは,国内で初めての柱状ブロック工法が採用された。縦継目は,通気竪坑によって温度応力に対処するためであるが,フーバーダムで行われたような冷却水によるパイプクーリングは行われていない。

一方,大規模なダムによる水力開発が大陸で展開していった。その代表的なものが国際河川・鴨緑江の水豊ダム (堤高106m,堤体積327万m^3) と松花江の豊満ダム (堤高91m,堤体積210万m^3) である。

水豊ダムは,日中戦争開始直後の1937年9月に電力開発を目的に着工された。これを指導した土木技術者は久保田豊である。ダムの施工方法としては,硬練りコンクリートによる柱状ブロック方式が採られ,使用セメントは気温の高い時期は中庸熱セメ

ント，低温期は普通セメントが使用され，特別なクーリングは行われなかった。工事用機械としては，日本のダム技術で初めて電気ショベル，ジブクレーンなどが使用された。ジブクレーン採用にあたり，9名の技術者が1937年，アメリカに約5カ月間滞在し，フーバーダム，コンクリート打設直後のグランドクーリーダム（堤体積840万m³，1942年竣工）などを視察した。当時のアメリカの機械施工を十分調査したのである。これに基づく機械化であり，表-3にみる機械が導入された。これらの工事用機械が

表-3 水豊ダム主要機械一覧表

名　　称	仕　様	数　量
電動ショベル	1.5m³	3
機関車	150t	10
〃	5t	22
貨車	30t	105
トロ	1.5m³	100
ベルトコンベアー	900mm	1式
索道	300t/h	1式
〃	35t/h	1式
ウォーセクリーター	28切	4
コンクリートミキサー	28切	12
ジブクレーン	8.5t	6
コンクリート運搬台車		24
コンクリートバケット	3m³	68

この国で作られたのか明らかにする資料をもっていないが，小河内ダム，次に述べる豊満ダムの事例から考えて，かなりのものがアメリカ製であると推測している。

　水豊ダムの施工状況をさらに詳しくみると，満州側は西松組，朝鮮側は間組の請負となった。骨材採取には電動ショベルを使い，ダムサイトへの搬入はベルトコンベアー，蒸気機関車，ガソリン機関車によって行われた。骨材のふるい分けは篩分機で行われ，ベルトコンベアーによってコンクリート混合工場（プラント）まで運搬された。使用するセメント量は75万トンにも達するので，自家用工場が建設された。コンクリートはウォーセクリーターとミキサーによって作られた。ウォーセクリーターの使用はフーバーダムで行われてはおらず，日本で用いられてきた従来の方法である。練り上げたコンクリートは，ホッパーから3m³入りバケットに満たし，台車に載せてガソリン機関車で運搬された。またコンクリート試験室が作られ，供試体も製作されて強度試験が行われた。1年，3年，10年，25年後の試験を行う予定であった。

　コンクリートの打込みは，補助としてケーブルクレーン，デレッククレーンを用いたが，主に片側3台，合わせて6台のジブクレーンで行い，その成績は非常に良好であった。締固めは計166台の2人持ちのバイブレーターによって行われた。

　豊満ダムは，1937年着工された。その工事を指導したのが，九州送電で塚原ダムを担当していた空閑徳平である。彼は，塚原ダムの工事途中の1937年5月，満州国政府からの招聘により同国勅任技師となった。その彼がまず行ったのが3カ月にわたるアメリカ訪問であり，工事中のグランドクーリーダム，フーバーダム，TVA関連のダムなど主要なダムの現地視察を行った。併せて彼は，ショベル，ミキサー，ディーゼルエンジン，クラッシャー，ロックドリルなどを造っている多くの機械製造工場を見て回った。このことから，空閑の渡米の目的はダム現場の視察とともに工事用機械類の購入であったと判断している。

豊満ダムは，当時，コンクリート体積でみるとグランドクーリーダム，フーバーダムに次いでその規模の大なること世界第3位と称せられていた。吉林市から上流約25kmの松花江の支川第二松花江に治水，発電などの多目的として築かれたが，工事は直営で行われた。

導入された施工機械についてみると，ダム基礎工事として表土・砂礫層の掘削には電気および重油機関を動力とするショベル，岩盤の掘削には圧縮空気で動かす削岩機が使用された。コンクリートは硬練りコンクリートが使用されたが，セメント，骨材などの運搬また練り混ぜ等のコンクリート生成は機械によって行われ，その設備は世界第一を誇ると謳われた。

コンクリートは複々線鉄道により重油機関車で現場に運ばれ，世界最大を誇る大型可動クレーン8基によって打設された。締固めには圧搾空気バイブレーターが使用された。これらの施工機械のほとんどは，空閑によってアメリカから購入されたと考えている。このダムが最終的に完成したのは戦後のことである。

■戦後のダム技術

戦後のダム開発は，1951（昭和26）年頃から本格的に開始される。戦後初の大ダムとして同年，関西電力が木曾川水系の丸山ダム（堤高98m，堤頂長260m，堤体積50万m³）に着工，1953（昭和28）年には電源開発（株）が，佐久間ダム（堤高150m，堤頂長294m，堤体積112万m³），1952年には九州電力がわが国最初のアーチダム，上椎葉ダム（ダム高110m）に着工した。

これらのダムの施工は，ブルドーザー，ダンプトラック，パワーショベルなどの大型の重土木機械でもって行われ，施工能力は戦前と一新した。第2次世界大戦中，アメリカで大いに発展した機械を導入したもので，佐久間ダムの主要機械をみたのが表-4である。戦前の機関車主体が，戦後は自走式大型機械に変わっていったことがわかる。またバッチャープラントなどのプラント類も大型化し，大規模な施工が可能となったのである。さらに佐久間ダムの完成に伴い

表-4 佐久間ダム主要機械一覧表

名 称	仕 様	数量	備 考
パワーショベル	2.0m³	7	54B，93M
〃	1.5m³	2	
ロッカーショベル	0.8m³	2	Eimaco 104
ローダー		24	Eimaco 40H
ブルドーザー	21t	14	Eucrid 86FD
ダンプトラック	15t	45	
トラッククレーン	20〜25t	5	
トレーラ	25t	1	
トランシットミキサー	3m³	4	
セメント運搬用トレーラ	20t	2	
ポンプクリート	2 stage 8 in	3	
コンクリートプレッサー	0.76m³	6	
エヤースライダー	120t/h	1	
バーチカルポンプ	20 in	6	
ワゴンドリル		16	
ドリルジャンボアーム	115 in, 136 in	64	
ドリフター		35	
ケーブルクレーン	25t	2	
バッチャープラント	3m³×4	1	
クーリングプラント	650t/h	1	
骨材プラント	700t/h	1	

水没する国鉄（当時）飯田線の付替路線でのトンネル工事では，多数の削岩機を載せトンネルの全断面を一気に掘削するジャンボが導入された。佐久間ダム建設に技術陣のトップとなって指導したのが，永田年である。

だがこれらの施工は，アメリカ人技術者の協力によって行われた。彼らは同時に科学的施工管理を導入した。つまり客観的な基礎データを取り，それに基づき施工を進めていく。この方法は，主に経験と勘に頼っていたそれまでの日本の施工技術と根本的に異なったものであった。

電力開発を中心にしたダムの建設は，電源開発(株)による1957（昭和32）年の御母衣ダム（堤高131m，堤頂長426m，堤体積800万m^3のロックフィルダム），関西電力による1956年着工の黒部川水系黒部ダム（堤高186m，堤頂長492m，堤体積160万m^3のアーチダム）と続く。これらは欧米の技術協力を得ながら進められた。特に薄肉アーチダムである黒部ダムの設計には，ヨーロッパ，中でもイタリアのダム技術が導入された。黒部ダム建設途中，フランスのマルパッセダムが基礎岩盤の破壊により崩壊し，アーチダム建設に大きな衝撃を与えた。黒部ダムでは設計の再検討が行われ，大々的な岩盤調査が実施されて岩盤調査法が確立していったのである。

その後，昭和40年代になって施工機械の国産化とともにダム技術は自立していった。

参考文献
1) 水力技術百年史編集委員会編：水力技術百年史，(社)電力土木技術協会，1992年
2) 松浦茂樹：コンクリートダムにみる戦前のダム施工技術，『ダム技術』No.141，(財)ダム技術センター，1998年

出典
表-1・2　水越達雄「コンクリートダムの竣工方法ノ変遷」『土木学会論文集　第384号』1987年に付加

田辺朔郎 ── 都市や地区の開発・近代化を支えた技術者

　明治維新成就によって1000年の都の座を失った京都が，起死回生をかけて取り組んだ大事業，それが1885（明治18）年着工，1890（明治23）年竣功の琵琶湖疏水建設であった。時の為政者，北垣国道知事の構想は，隣接の滋賀県にある近畿の水がめ，琵琶湖から水を引くことによる動力源と舟運路の確保，そのほかに灌漑や生活水，防火用水への利用であった。工事に関しては給料の高いお雇い外国人技術者を用いず，日本人技術者を採用すること，全京都市民が工事経費を負担，同時に将来にわたり受益者となることだった。

　北垣知事が"人材"と認め工事主任に起用したのは，弱冠22歳，工部大学校を卒業したばかりの工学士，田辺朔郎であった。琵琶湖疏水の完成によって，京都は古都から近代都市への再生を果たした。それは同時に，近代土木技術における日本の"自立"への第一歩でもあった。

■母子家庭で育った苦学生

　田辺朔郎は1861（文久元）年11月1日，幕臣田辺孫次郎の長男として江戸に生まれた。その翌年日本で初めて大流行した異国渡来の麻疹で孫次郎は他界，田辺は生後9カ月で父を失っている。6歳で維新に遭遇，「官軍が攻めてきて，江戸八百八町は焼き討ちされる」との噂で，母と姉鑑子（のち，建築家片山東熊夫人）とともに埼玉県幸手へ疎開した。戻ってき

明治23年11月7日，北垣知事の長女しずと結婚

た東京での旧幕臣とその家族の生活は決して楽なものではなかった。田辺一家にとって精神的にも経済的にも支柱となったのは，孫次郎の弟，田辺太一だった。幕末の外交官であった太一は，維新時には横浜に潜伏してあきんどに身を変え，函館にこもった最後の幕軍，榎本武揚や大鳥圭介らに資金を調達した。維新後は外務省に任官し，1871（明治4）年岩倉具視を大使とする訪欧米使節団の第一書記官を務めている。

　1875（明治8）年5月，田辺朔郎は工部大学校工学寮付属小学校に入学，続いて同大学校に進学した。工部大学校は「大いに工業を開明し，以って工部に従事するの士官を教育するため」に1871（明治4）年に設立され，「エンジニアは社会発展の原動力たること」を建学の精神としていた。

　6年制の工部大学校では，5年生の学生を全国に派遣し，近代日本の国土づくりに必

要とされる社会資本の建設計画に参画させた。1881（明治14）年3月18日，田辺朔郎は「学術研究のため東海道筋ならびに京都大阪出張」を命じられた。これが田辺のその後の運命を決定することとなる。

京都では北垣知事が推進する琵琶湖疏水工事計画の調査が緒についたばかりだった。京都府の調査とは別個に，田辺は彼自身の研究テーマとして琵琶湖疏水計画の調査を行った。その途中で，彼にとっては何度目かの災難に遭遇することになる。疏水のルートとなる山中の地質を調査中，彼は誤って右手の中指を負傷した。東京に戻り，卒業論文として調査結果のまとめにかかるころから，右手中指のけがは悪化し，首から吊っても痛みは耐え難かった。しかし母子家庭の苦学生である彼に，病院で治療するゆとりは時間的にも経済的にもなかった。そのうえ，卒業の成績が就職後の給料の多寡にも影響を及ぼすから，留年など考えうべくもない。慣れない左手で書く英文の論文，製図の苦労はさらに大きかった。平行線を引こうと定規をあてがい，動かないように重しをのせて，いざ線を引こうとすると烏口のインクが乾いている。最初からやり直しだ。

けがが左手であったら……と思わないではない。だが「左手で百難を排する方がやりがいがあるってぇものだ。断じて行えば鬼神もこれを避く」と，田辺は歯を食いしばった。不撓不屈の精神力を，彼はこうして培っていったのだった。

北垣知事が琵琶湖疏水工事のリーダーとなるべき人材を求めて工部大学校を訪ねたとき，旧知の大鳥圭介校長が引き合わせた学生が田辺朔郎だった。

■難事業に挑む若き土木技師

1883（明治16）年5月15日，田辺朔郎は工部大学校を第一等で卒業した。骨膜炎を悪化させた右手中指は，帝国大学付属病院で第1関節と第2関節のあいだを切除され，小指ほどに短くなったが，長いあいだ苦しめられた痛みからは，ようやく解放された。「京都府御用係准判任官」，京都府に着任した田辺の肩書きである。琵琶湖疏水工事に関する業務を事業期間だけ執り行う役職と解釈すればいいだろう。

南北に細長く，琵琶の形を描く琵琶湖，その南西に位置する大津に取水口を設け，京都東山の山麓まで約8km，疏水のメインルートとなるこの間には京都と滋賀の府県境となる長等山と東山の山並が立ちはだかり，トンネル通過となる。特に延長約2500mの長等山トンネルは，当時としては前例のない長大トンネルである。

京都市街地に到達した水路は蹴上（けあげ）で分流し，幹線は南禅寺舟溜から鴨川へ。支川は南禅寺境内を横断して白川に合流，ここが水車動力の基地となる。水車の動力源とするためには，水源から蹴上までの水位差を少なく保ち，そこから一気に落差をつける必要がある。一方舟運のためには，その落差を積荷のまま船を下方へ移動しなければならない。そこで傾斜鉄道を設けることとし，これを「インクライン」と称した。このハイカラなことばは，疏水工事が京都近代化の唯一無二の手段であることを，市

民に印象づける効果があった。

　工費は最初60万円と見積もられた。その一言が金科玉条の重みを持っていたオランダ人技術者，ヨハネス・デ・レーケは，トンネルを掘る山の地質の堅固さや工費の点で実現は困難であろうと判断していた。内務卿山県有朋は「かかる如き懸念ある以上は，けっして工事に着手せしむべからず。必ず起こすべきの事業は，必ず遂ぐべきの計画なかるべからず」と釘をさした。疏水計画反対の声は上流の滋賀県からも，下流の大阪府からもあがった。京都市議会ではきびしい反対意見があがり，市民のなかには「琵琶湖の水が京に流れ込めば，町は水浸しになる」とさわぎたて，工事費負担への不満から「今度来た餓鬼（北垣）極道（国道）」と知事を揶揄したビラが貼られる。

　四面楚歌のなかで，北垣知事は矢面に立って反対者を説得し，工事推進の意志を貫いた。工事主任田辺朔郎にとっては，デ・レーケが提出した工事反対意見書のなかに述べられた「京都府のスタッフが作成した運河路線地図は，各地高低の位置を表す方法として等高線を用いている。これは実地製図技術として高く評価されるべきものである。費用の点で工事は実施不可能の結論にいたったが，作図の優秀さは大いに賞賛に値する。作図者は田辺朔郎氏である」の文言に，ひそかに自負するものがあった。加えて，知事の強力な後ろ楯がある。北垣は「田辺を工事主任とする点では，一切の懸念はない」とまで言いきっていた。

　琵琶湖疏水総工費は125万円にはねあがった。国家予算7000万円，土木費100万円の時代である。およそ1兆円のプロジェクトに相当する。結果として琵琶湖疏水は完成した。為政者は若者を信頼し，若者は真摯に努力して応えた。それが疏水工事成功の最大のポイントといってもいい。

■水力発電との出会い

　長等山下のおよそ2500mのトンネル掘削に際し，田辺が用いた工法は，工期短縮をはかってまず立坑を掘ることだった。日本では前例のない工法だ。だが，50mの深さの立坑掘削は湧水との闘いとなった。英国から輸入した2台の排水ポンプが稼動していたが，ときに湧水はその能力を上回り，ポンプは故障した。ようやく立坑の底位に届こうとしているときだった。ポンプ主任・大川米蔵は立坑の底で滝のような水を浴びながらポンプの修理にあたった。しかし極度の緊張から精神の均衡を失った大川は，その夜，立坑に身を投げて自らの命を絶った。初めての現場で出した犠牲者への痛恨の思いは，終生消えることがなかったであろう。のちに，田辺は自費で工事犠牲者のための鎮魂碑を建てている。

　「水力発電」という，ほとんどそれまで耳にしたことのなかった技術がアメリカで開発されたという情報を田辺がキャッチしたのは，疏水工事が中盤を迎えたころだった。琵琶湖疏水事業の発端は動力源の確保であったが，それは何段かに重ねた水車による動力を計画していた。水車の周辺に，今日でいうところの工業団地を拓こうとい

うもので，東山山麓の景勝地がそれに充てられることになっていた。

「これからの動力は電気だ！　もはや水車の時代ではない。この琵琶湖疏水の現場に，わたしの手で水力発電を採り入れ，時代を先取りしたい」

土木技術者である田辺が，そう考えるのは当然のことであろう。彼は工部大学校時代に物理学教授，W.E.エアトンが50個のグローブ電池を講堂に集め，電灯を点して，まばゆいばかりの輝きを演出した日の光景を目に焼き付けていた。「ひとの真似をしてはいけない。なにか物事があるときには，それを真似ようとはせず，さらに一層よいものをつくるように，また発見するようにこころがけねばならぬ」エアトン教授は常にそう学生に語ったものだ。

京都人は保守的である反面，新しいものを積極的に取り入れようとする気風を持っている。しかも琵琶湖疏水は北垣知事が提唱する京都百年の計であり，京都近代化の象徴なのだ。工事を途中変更しても，世界最新の水力発電を採り入れようとする意見は，市議会で満場一致した。この時期火力発電は日本でも行われ，1886（明治19）年7月には東京電灯会社が設立されていた。しかし，水力による発電は世界でもまだ珍しかった。田辺は高木文平議員とともに"水力発電視察"のためアメリカへ渡った。1888（明治21）年10月のことである。

コロラド州アスペンの雪深い銀山で，田辺は"水力発電"と対面した。

「アメリカ人でさえまだだれも見に来てくれないばかりか，わたしのことを新しいもの好きの発明狂扱いしているというときに，遠い日本からわざわざ見に来てくれた。こんなうれしいことはない」

アスペン電力会社を経営するデブローは，発電施設をくまなく案内して，2カ月前にようやく成功に漕ぎ着けたばかりという発電技術を残らず教示してくれた。

2カ月足らずのアメリカ滞在中，田辺は電気と名のつくものはすべて視察した。その間，アスペンのままでは使用できず，改良の必要があるペルトン水車発電装置の速度調整器の設計図を書き，製品を日本へ送るようにと依頼して帰国した。

■京都を近代化都市として再生

1889（明治22）年2月27日，日本でいちばん長い長等山トンネル貫通，翌年4月9日，琵琶湖疏水通水式。田辺朔郎，27歳の春であった。

疏水工事のころの日本には，土木技術者はまだわずかしか育っていなかった。測量主任・島田道生という良きパートナーを得ていたが，長いトンネルの中心線の測量にあたっては，たとえようもないほどの辛苦が伴った。現場で指揮をとる一方で技術者を養成し，その合間に膨大な参考書をひもといて，『公式工師必携』というハンドブックの著作もした。まさに八面六臂の仕事ぶりであったが，自分自身の技術向上を目指した勉強も怠らなかったのであろう。工学会誌に工部大学校の先輩・中野初子が掲載した論文「電気発動機の説」を読み，エネルギー源が水車から蒸気機械，さらに電力

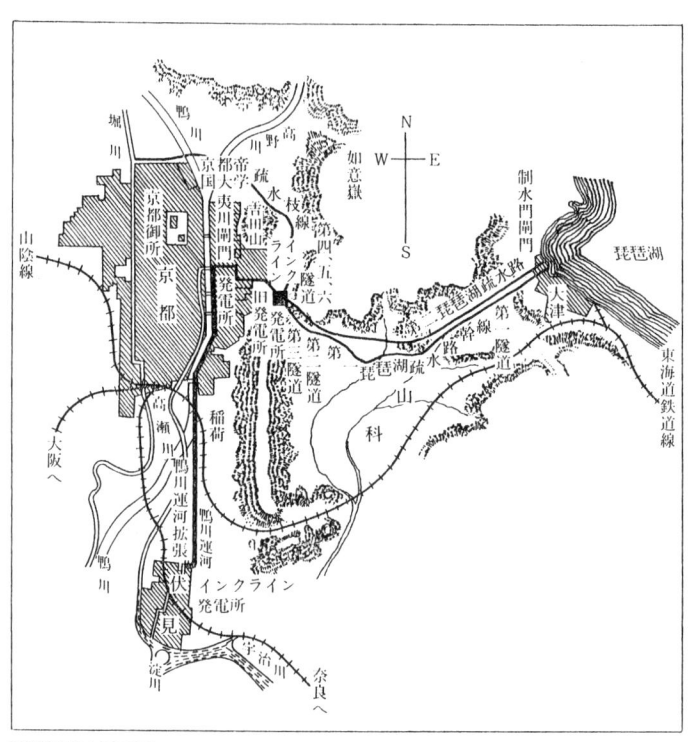

琵琶湖疏水平面図

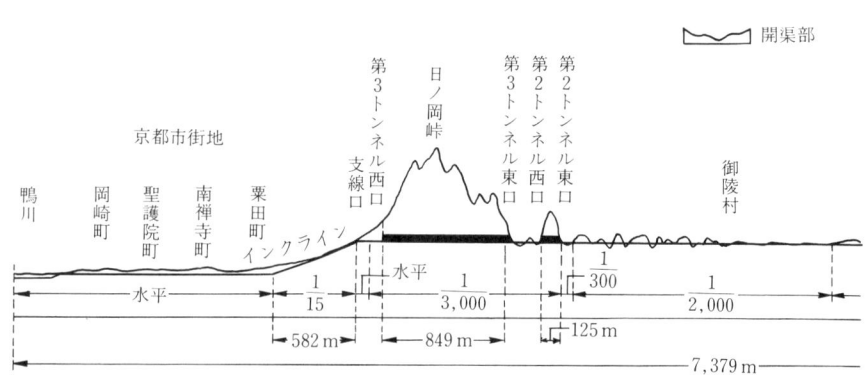

琵琶湖疏水断面図

へ移行することを，田辺は鋭く見据えていたのだった。

アメリカ視察の主目的は，マサチューセッツ州ホリヨークで開発された水車による水力工場の視察だったが，田辺はアスペンの水力発電の視察に固執した。それが若者の柔軟な頭脳から来る先見性であったというべきだろう。

疏水事業の当初の予定では，水車は東山山麓に設置されることになっていた。予定どおりに実現すれば，この地区は零細な工場地帯に一変していただろう。工事を途中変更して水力発電を採り入れたことで，この周辺の多くの文化財と歴史的景観が損なわれることから免れた。その点でも田辺の先見性は現在の京都の都市景観に大きな影響を与えたのである。

京都市は疏水完成の翌年，発電を事業とした。これは世界の魁事業であった。電力で船がインクラインを昇り降りした。さらに1895（明治28）年，日本で最初の路面電車が京の都大路を走った。こうした偉業に，遷都で疲弊していた市民は，京都人としての気概を取り戻した。"疏水のインクライン"は京都市民にとって，精神的支えともなったのである。疏水のおかげで，今日の京都がある，といっていい。

■生涯一土木技術者

1890（明治23）年，疏水完成後，田辺は母校である帝国大学工学部教授となり東京へ戻った。しかしその6年後の1896（明治29）年5月，北海道鉄道敷設法が公布されると，そのころ北海道庁長官となっていた北垣国道の要請を受け，大学教授の地位を擲って渡道，厳冬の地吹雪や夏季の虫害と闘いながら，1600km幹線鉄道の実地踏査を行った。自らは危険で苛酷な環境に身を置きながらも，将来の豊かな社会を目指して世のなかのために尽くすことに，土木を選んだ男の使命感を見いだしていたのである。

1900（明治33）年10月，彼は再び転身，京都帝国大学理工学部教授として，後進の指導にあたる道を選んだ。そうしたなかで京都市土木顧問嘱託，さらには名誉顧問と

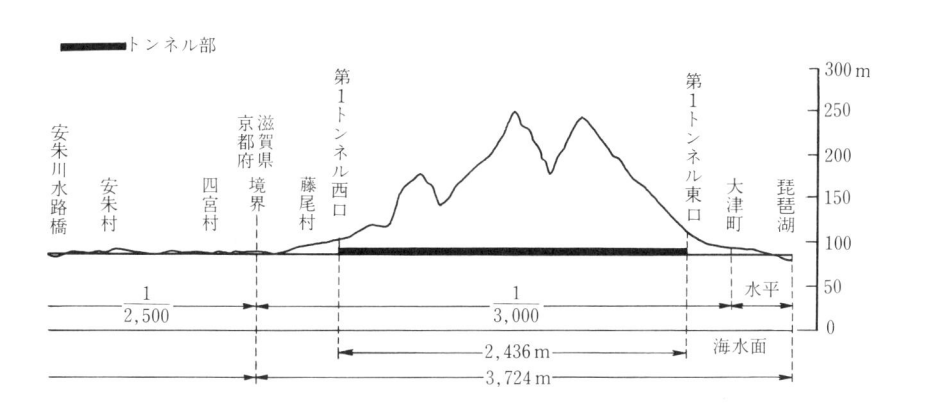

なり、第2疏水および上水事業計画に参画することとなった。疏水完成後、事業化していた水力発電は需要が急激に伸び、1902（明治35）年ごろには増強する必要が生じていた。そこで全線トンネルの第2疏水を建設して発電量アップをはかるとともに、水道事業を創設、さらに道路拡幅と電気軌道敷設の3大事業に着手、1912（明治45）年に完成した。烏丸通り、四条通り、東山線などの電車通りはこのとき整備され、現在の京都の市街地整備はほぼ完成したのである。

　京都市の都市計画における田辺の貢献は高く評価されており、1918（大正7）年には彼を京都市長に推薦する要請があった。しかし田辺はこれを固辞し、生涯一土木技術者としての生き方を貫いたのであった。

琵琶湖疏水〈水路閣〉（写真提供・京都市水道局）

　「明治工業史」「明治以前日本土木史」の大著を刊行に導いている功績者である。

注
「京都市」の成立は明治22年4月1日、市制特別条例施行後

[10]

土木工学の基礎づくりと土木技術者たち

研究・教育と土木技術者：通史	執筆：佐藤馨一
〔人物紹介〕 物部長穂	執筆：松本德久
青山 士	執筆：佐藤馨一

研究・教育と土木技術者：通史

■ 土木工学の基礎づくりと技術者[1]

　1868（明治元）年に成立した明治政府は，それまでの封建的制約を打破し，国民の能力を向上させるため学校教育の充実に力を注いだ。1872（明治5）年に「学制」を発布し，全国に小学校を設置し，すべての子供がそこで学ぶことを義務づけた。政府は学制の発布に際して，「邑に不学の戸なく，家に不学の人なからしめんことを期す」という大政官布告を出し，国民皆学・義務教育の思想を示した。

　このとき，土木工学の教育はどうなっていたであろうか。明治期のはじめ，文部省の重点政策は初等教育の整備・拡充におかれ，高等技術教育に関してはそれぞれの現業官庁にまかされていた。土木工学を例にとると工部省の工部大学校，開拓使の札幌農学校，これに文部省の東京大学が加わって高等土木工学教育が行われたのである。図は，明治期前半における高等土木教育機関とその所管省庁をまとめたものである。これらの学校はそれぞれ目的を別にする独立した省庁によって設立されたため，学校の性格も違ったものになった。

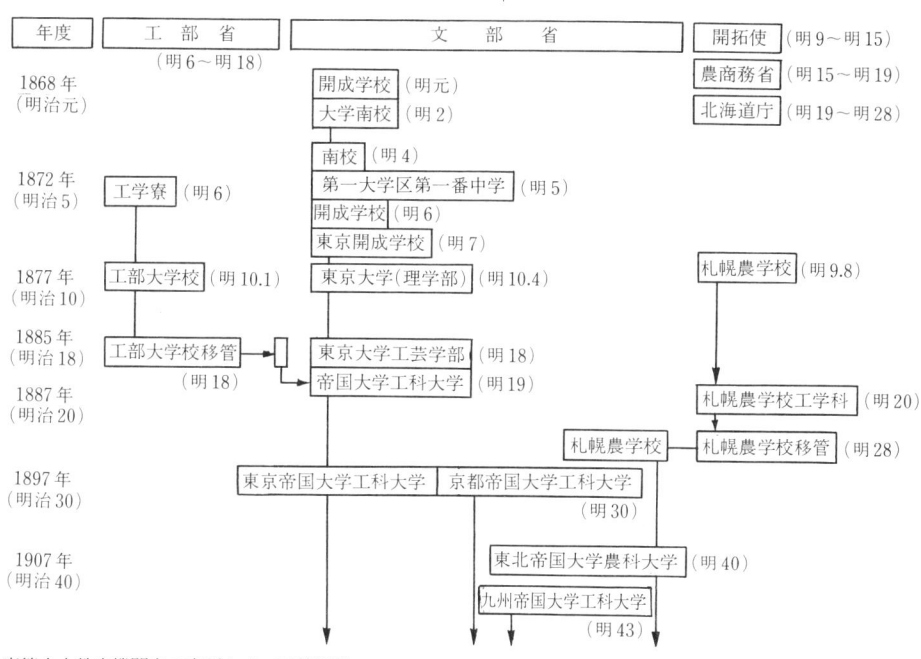

年度	工部省 (明6〜明18)	文部省		開拓使 (明9〜明15)
1868年 (明治元)		開成学校 (明元) 大学南校 (明2)		農商務省 (明15〜明19) 北海道庁 (明19〜明28)
1872年 (明治5)	工学寮 (明6)	南校 (明4) 第一大学区第一番中学 (明5) 開成学校 (明6) 東京開成学校 (明7)		
1877年 (明治10)	工部大学校 (明10.1)	東京大学（理学部）(明10.4)		札幌農学校 (明9.8)
1885年 (明治18)	工部大学校移管 (明18)	東京大学工芸学部 (明18)		
1887年 (明治20)		帝国大学工科大学 (明19)		札幌農学校工学科 (明20)
		札幌農学校	札幌農学校移管 (明28)	
1897年 (明治30)		東京帝国大学工科大学	京都帝国大学工科大学 (明30)	
1907年 (明治40)			東北帝国大学農科大学 (明40)	
			九州帝国大学工科大学 (明43)	

高等土木教育機関名の変遷とその所管組織

■工部大学校

　工部省は1870（明治3）年に設置され，1871（明治4）年8月には工学，勧工，鉱山，鉄道，土木，灯台，造船，電信，製鉄，製作の10寮および測量司からなる官制を定めた。人材育成を目的とした工学寮は工部省の筆頭寮とされ，伊藤博文および山尾庸三らの努力によってその基礎が固められた。

　山尾は1837（天保8）年に周防小郡（現在の山口県）に生まれ，藩校で漢学の教育を受けたのち，洋学を学ぶために各地へ遊学した。1863（文久3）年に伊藤博文，井上馨，井上勝，遠藤謹助らとイギリスへ密出国し，ユニバーシティカレッジやアンダーサンカレッジで工学を学んだ。1868（明治元）年に帰国し，工部省設立とともに工部権大丞となり，1872（明治5）年には工部大輔，1880（明治13）年には工部卿となって工部省政策決定に深く関与した。

　工部省において山尾が最も力を入れたのは工業教育であり，1871（明治4）年に工学寮の設置を建議した。そして自らが工学頭となり，工学寮の用地確保や校舎建築のために奔走した。このとき工部卿であった伊藤博文は岩倉使節団の一員として渡英しており，外国人教師の人選にあたった。伊藤はグラスゴー大学のランキン教授（ランキンの土圧論で有名）の助言により，24歳のヘンリー・ダイヤー（Henry Dyer）を工学寮都検（教頭）として推薦した。

　ダイヤーが工学寮（後の工部大学校）に招かれたことは，日本の工学教育にとって極めて幸運な選択であったといってよい。ダイヤーは1873（明治6）年から1882（明治15）年まで滞在し，わが国の工学教育の基礎を確立した。彼は日本への航海中にEngineering Collegeの構想を練り続け，その構想は「いかなる種類の変更もなく」日本政府に受け入れられたと伝えられている。また，工学寮のカリキュラムはランキン教授の先代であったゴードン教授や，物理学教授であったケルヴィン卿の助言で作成されたことが明らかになっている。土木技術者であり，機械技術者でもあったダイヤ

表-1　工部大学校授業科目（明治15年）

予科1年	予科2年	専門科3年	専門科4年	実地科5年	実地科6年
英　学 数　学 本朝学 理　学 図　学 書　房	英　学 数　学 本朝学 理　学 図　学 化　学 書　房	応用重学 測　量 蒸気機関機械学 土木図学 金石学 測量図学及野業 実地野業 地質学 土木学 数　学 理　学 書　房	鉄道路線計画の実地測量（前期） 土木学 蒸気機関機械学 土木測量図学 機械図学 書　房	専ラ実地ニ就テ事業ヲ修ム	専ラ実地ニ就テ事業ヲ修ム 卒業論文

ーは，工学教育について2つの対立する方式のあることを指摘している。その1つは，フランスやドイツにみられる学理を重視する方式であり，他の1つはイギリスにみられる実践を重視する方式である。ダイヤーは，前者について「工業事業を監督・指導するより，むしろ学校の教師にふさわしい人物をつくる」とし，後者は「有能な職工であっても，生命や金銭の危険をはらむ工業の実地を委ねることのできない人物をつくる」と述べている。ダイヤーの理念は，「成功的なエンジニアになる人材を養成するには，2つの方式の賢明な結合が必要である」というものであった。

　ダイヤーは専門学の充実を図るとともに教養教育にも力を入れ，工学寮の学生に「諸君が文学や哲学，芸術その他専門に直接役に立たないと思われる諸学科に全く門外漢であったならば，多くの職人にみられるように偏狭，独断，不遜な人間になるであろう」と語った。ダイヤーの指導のもとに学生達は活発な課外活動を行い，それが日本工学会の母体となり，土木学会誕生の礎になった。1873（明治6）年に開校した工学寮は，イギリスではもちろんフランスにおいても実現不可能であった理想的な工科大学であり，それが世界に先がけて日本で誕生した意義は大いに評価されてよい。工学寮の専門課程は土木学，機械学，電信学，実地化学，鉱山学，鋳鐵学の6学科に分かれ，専門課程の後期をはっきりと「実習」の期間と定めて実務教育を行った。工学寮は1887（明治10）年に工部大学校となり，鋳鐵学が冶金学と改められるとともに，1882（明治15）年には造船学が加わり，わが国における最高水準の工科大学となった。

　工部大学校が「学理と実践」を結合しえたのは，文部省の管轄する学校ではなかったことによる。工部大学校の第1の目的は，工部省が管理運営する官営企業（鉱山寮，鉄道寮，電信寮，製作寮等）へ人材を供給することにあった。陸軍省が将来の幹部を養成するために設立したのが陸軍士官学校であり，工部省が工業士官（明治16年までは実際にこう呼ばれていた）を育成するために創立したのが工部大学校であった。工部省の各寮は教育大学の付属小学校，医学部における付属病院に相当し，学生は工部大学校で学んだ知識を直ちに実践の場で活用する機会が与えられた。

　田辺朔郎（1861～1944）は1883（明治16）年に工部大学校を卒業し，直ちに京都府に奉職して琵琶湖疎水工事の設計・施工を担当した。弱冠22歳の田辺が総責任者として指揮を執り，1890（明治23）年に完成させたという一例を見ても，工部大学校における教育の見事さを知ることができる。

　優れた技術教育システムを持ち，しかも優秀な人材を輩出した工部大学校は，1885（明治18）年に東京大学へ吸収合併された。その第1の理由は工部省の管轄する官営企業が膨大な赤字を生み，工部省自体が廃止されたことによる。工部大学校も存廃の危機を迎えたが，その実績と優れた教育内容が評価され，文部省（東京大学）へ移管された。

　第2の理由は，初等教育の整備を終えた文部省が高等教育の一元化を旗印として，工

部大学校を自らの所管に置くことを強く主張したことによる。文部省にとって工部省の廃止は高等技術教育を一元化する絶好の機会であり、工部大学校を東京大学へ吸収合併することによって帝国大学が創設されたのである。

■ 札幌農学校[2]

札幌農学校は北海道の開拓に有用な人材を養成するために、開拓使が設立した高等教育機関である。その着想は開拓使顧問のケプロンに負うところが大きく、ケプロンは開拓使次官の黒田清隆に対し、次のように提言した。「（開拓使は）北海道に科学的で組織的、かつ実用的な農業を興すために全力を傾注しなければならない。そのためには東京および札幌の官園（果樹園および農場）に付属して学校を設け、農学の重要な全科目を教授することが最も有効で、経済的な方法である」。

1872（明治5）年4月、東京の増上寺旧方丈を校舎として開拓使仮学校が開校した。さらに1875（明治7）年に仮学校の札幌移転が決定され、同時にアメリカ人教師3名の雇用が決まった。人選の結果、マサチューセッツ州立農科大学の学長であったクラーク（William Smith Clark）が教頭として招かれることになった。

クラークは1876（明治9）年7月、W.ホイラー、D.ペンハローの2教授を伴って札幌に到着した。着任後、直ちに農学校の学科目やカリキュラムを編成し、同年8月に本科生24名、予科生26名をもって札幌農学校が開校した。本科の修業年限は4年とし、卒業生には農学士の学位が授けられた。また、予科は3年と定められ、普通学が教育された。

札幌農学校では、農学のほかに土木工学も講義されており、農学士の称号を得た者のうち7名が土木工学を専門とした。第2期生である廣井勇（1862～1928）もその1人であり、1881（明治14）年に卒業した。卒業後、開拓使に採用され、さらにアメリカに渡って多くの現場を経験した。1887（明治20）年に札幌農学校助教授となり、ドイツ留学後、1889（明治22）年に新設された工学科の主任教授となった。1899（明治

表-2 札幌農学校授業科目（明治9年）

第1年		第2年		第3年		第4年	
第一期	第二期	第一期	第二期	第一期	第二期	第一期	第二期
代数学 理化学及 無機化学 練　兵 英文法 実　習	幾何学及 解析幾何 農　学 有機化学 及実習 英文学及 弁舌法 自在画及 幾何画法 練　兵 実　習	農芸化学 及分析 農　学 植物学 人体解剖 及生物学 英文法及 弁舌学 練　兵 実　習	三角術及 測　量 定量分析 植物学 農　学 英文学 画法重学 練　兵 実　習	重　学 植物学 動物学 果樹栽培 農　学 英文学 練　兵 実　習	天文学 畜産学 築園法 英語作文 及弁舌法 高低測量 及製図 練　兵	物理学 獣医学及 実　習 地質学 簿記法 顕微鏡学 臨時討論 練　兵	土木学 心理学 経済学 英語演説 練　兵

32）年に東京帝国大学教授となり，多くの人材を育成した．

札幌農学校は工部大学校と同様に「学理と実践」の融合を目的としたが，その上に一般教養科目を重視し，きめの細かい英語教育も行われた．このような教育は札幌農学校の基本理念である「全人格的な教育」に基づいている．

札幌農学校における土木教育を研究した原口によると，使用された教科書はJ. B. ホイーラー著の「An Elementary Course of Civil Engineering」であった[2]．この本はアメリカ陸軍士官学校の教科書として書かれたものであり，札幌農学校では特に橋梁学に重点がおかれて教育された．黒田がケプロンを北海道開拓の最高顧問として迎え入れた真意もこの点にあり，兵学が全期にわたって教育されていたことも札幌農学校の特徴である．

1887（明治20）年に工学科（実質的には土木工学科）が増設され，1891（明治24）年に正規の工学士が誕生している．工学科のカリキュラムは主任教授であった廣井勇がつくったものであり，理論教育，製図教育，現場実習がバランスよく配置されていた．特に卒業研究は北海道開拓事業に貢献するものであり，その多くが実務に活用された．

しかしながら，文部省は札幌農学校の高等土木教育を評価せず，1895（明治28）年に札幌農学校を北海道庁から文部省へ移管するとき，工学科を廃止して札幌農学校土木工学科という中等教育機関に改組した．

■ 東京大学

1887（明治10）年4月に開校した東京大学理学部は，文部省における高等技術教育機関であり，その歴史は江戸幕府の開成所から始まっている．1868（明治元）年，開成所が開成学校に改められ，さらに大学南校1869（明治2）年，南校1871（明治4）年，第一大学第一番中学1872（明治5）年，開成学校1873（明治6）年，東京開成学校1874（明治7）年を経て東京大学となった．東京大学の名前がこのように変わったのは，高等技術教育に対する文部省の方針が定まらなかったことによる．技術教育を現業官庁にまかせるべきであるという考え方は，文部省内にもあったのである．

東京大学は，法，理，文，医学の4学部からなる総合大学を目指しており，工部大学校の単科専門大学とは学科構成も違っていた．すなわち，法学，化学，工学，諸芸学，鉱山学の5学科で発足した東京開成学校は，1875（明治8）年に諸芸学と鉱山学を廃止し，1877（明治10）年，東京大学の成立により工学科も理学部の中に含めたのである．東京大学理学部の構成は，化学，物数星学，工学，地質学，採鉱学となっていた．東京大学理学部工学科全学生は第1学年に共通科目を履修し，第2学年以降にそれぞれの専門科目を学んだ．東京大学では数学や物理学，外国語に多くの時間がさかれ，実習時間が非常に少なかった．工部大学校の実習教育が2年間あったのに対し，東京大学ではせいぜい休暇中に見学を兼ねた実習が行われた程度であった．総合大学を

表-3　東京大学理学部工学科授業科目（明治13年）

第1年	第2年	第3年	第4年
数　学	陸地測量	道路鉄道測量及構造	土木工学
重　学	重　学	結構強弱論	機械工学
星　学	物質強弱論	熱動学及蒸気機関学	応用地質学
化　学	機械図	物理学講義	独乙語
金石学	数　学	物理学実験	仏蘭西語
地質学	物理学	機械図	漢文学
画法幾何	英文学	英吉利語	
論理学	独乙語	独乙語	
心理学	仏蘭西語	仏蘭西語	
英吉利語		漢文学	
英文学			

めざす東京大学において，実習は不要とはいわないまでも，不急であると見なされていたのである。

東京大学の講義の大部分は外国人教師が行い，土木工学については米国人のチャップリン（Winfields S. Chaplin）が担当した。チャップリンはアメリカ合衆国の陸軍士官学校を卒業した陸軍少尉であり，ミーンステートカレッジ教授を経て来日した。わが国には1877（明治10）年から1882（明治15）年まで滞在し，帰国後ユニオンカレッジ教授となり，後にはワシントン大学総長になった。

東京大学理学部工学科は1885（明治18）年に工芸学部として独立し，翌1886年に工部大学校を吸収して帝国大学工科大学となった。初代の工科大学長は東京開成学校出身の古市公威（1854～1934）であった。

古市は1875（明治8）年に開成学校を卒業し，フランスのエコール・サントラルへ留学後，内務省へ勤務した。1898（明治31）年に工科大学長を辞任するまで，わが国の高等工学教育の基盤を創った。1915（大正3）年に土木学会初代会長に就任し，「将に将たる人を要する場合は土木において最も多しとす」という挨拶を行った。

工部大学校が帝国大学工科大学へ統合されたことにより，わが国の工学教育は大きく変質した。その主な点をまとめると次のようになる。

① 修業年限を文，法，理の3分科大学に合わせて4年としたため専門教育の期間が短縮された。特に実習時間は大幅に削減された。

② 学位授与や学部，講座の増設などが他の分科大学の動向や評議会の決定に左右されるようになった。このことにより，官学アカデミーや教育行政の官僚化が促進された。また工科大学の主導権が工部大学校関係者ではなく，東京大学関係者に握られた。例えば，工科大学の教授11名中，8名が東京開成学校や東京大学理学部の出身者であった。

③ 工部大学校が帝国大学に統合されたことにより，実務と学理の分離が促進されたことは否めない。しかし，諸外国に先がけて総合大学の中に工学部を設置した

意義は非常に重要である。なぜならば，工学が法学や理学，医学と同様の立場を築いたことにより，優秀な人間が工学の道を志し，技術者の社会的地位を向上させることに貢献したからである。

④　わが国の工学教育の原型は，1886（明治19）年に設立された帝国大学工科大学によって確立し，継承されてきた。この教育システムは太平洋戦争の敗戦によって明治憲法が消滅しても，昭和40年代の大学紛争を経験しても変わることはなかった。

■ お雇い外国人と土木教育

　明治初期における土木教育はお雇い外国人を教師とし，外国語によって講義が行われた。各教師の国籍を調べると，工部大学校はイギリス人，札幌農学校はアメリカ人のみで構成されているが，東京大学の場合には複数の国から採用されている。これは，工部大学校がイギリスのH.ダイヤーにより，札幌農学校はアメリカのW.S.クラークの指導によって設立されたことによる。これに対し東京大学はモデルとする学校もなく，文部省の予算も少なかったため多国籍になったと思われる。

　お雇い外国人の給与は一般に高く，H.ダイヤーは月給660円，W.S.クラークは600円であった。当時の大政大臣，三条実美の給料は800円，右大臣岩倉具視が600円，参議の大隈重信や伊藤博文が500円であり，その優遇ぶりがわかる。1874（明治7）年の工部省通常費227万円のうち，実に1/3の76万円あまりが外国人に支払われた。明治政府が外国人技術者から離脱し，技術の自立化を図るために工学教育に力を注いだのは，財政問題にも一因があったのである。

　お雇い外国人からの自立を示す動きの一つとして，教授用語の日本語化がある。1884（明治17）年，文部省専門学務局は東京大学に対して次のような通達を出した。「学校教授上用語の儀，自今主として邦語を用い，英語を用いるのを止め，かつ参考のためにドイツ書等を講読せしむ」

　この通達により，それまで外国語で講義を受けていた学生の負担は著しく軽減し，専門科目の習得に多くの時間がふり向けられるようになった。さらに教授語の日本語化は技術教育を一般化し，大衆化する上で大きな意義を有した。すなわち，日本語で教授された内容は次第に下級技術者に伝えられ，習得されていったのである。

引用・参考文献

1）　佐藤馨一：土木工学序論，コロナ社，1989年
2）　原口征人，今尚之，佐藤馨一：札幌農学校の土木教育に関する研究，土木史研究，第18号，1998年

物部長穂 ——— 水理・耐震・多目的ダムの天才的先駆者

■はじめに

　国土政策機構事務局から物部長穂について原稿を書くよう依頼された。任ではないと躊躇したが、私がダムで飯を食べさせて頂いてきたこと、そして物部長穂の重力ダムの耐震設計理論はダムの設計理論の中核であること、すなわち私の仕事のルーツに位置する人物であるので引き受けた。また、私は岡本舜三先生の教え子であり、岡本先生は物部長穂の教え子であること、物部長穂は内務省土木試験所の所長であったが、私も建設省土木研究所に勤務経験があることなどの繋がりがある。

物部長穂

■生家は神代から続く唐松神社

　物部長穂は、1888（明治21）年7月19日に秋田県仙北郡協和町の唐松神社の神職の家に生まれた。父は物部長元（唐松神社第60代当主）、母は寿女（スメ）である。唐松神社は安産子安の神として広く信仰を集めている。現在の当主は第62代物部長仁（さきひと）氏で、秋田県生涯学習センター主席所長補佐の職にあり、平日は、神官の資格をお持ちの奥様が、参拝者の面倒を見ておられる。

　今回の原稿執筆にあたり、秋田県生涯学習センターの物部長仁氏を訪ね、物部長穂や唐松神社についての話をお聞きした。また唐松神社を参拝し、長仁氏の奥様のご好意により、物部長穂が生まれ育った部屋や本殿、物部長穂が妹たちへ宛てた葉書などを拝見し、物部家の歴史を伺った。その結果物部長穂がどのような人物かを知るためには、まず唐松神社を起点とすべしとの結論がでたので、以下唐松神社および物部家の紹介から始める。

唐松神社　杉の参道の奥に本殿が見える

　物部長穂の生まれた唐松神社は、曲がりくねって流れる逆合川（雄物川の支川）の河畔にある。唐松神社はもともと韓服神社と記していた。この名は、仲哀天皇時代（西暦200年頃）、物部膽昨連（いくのむらじ）が新羅征伐に従軍し、神宮皇后から御服帯を拝受した故事による。物部長穂は子供のとき川遊びが最大の楽しみであったようだ。素手で魚を捕るのも上手く、長じてからも帰省したときは、よく川遊びをしたという。また逆合川は雨が降ると氾濫を繰り返す暴れ川であった。長穂は7男4女の11人兄弟の4番目の

次男である。兄弟はすべてが秀才で傑物揃いだ。例えば3男・長鉾は陸軍中将東京師団長で首都防衛の任にあり，敗戦後巣鴨プリズンを出てからは，大学教授となっている。長男・長久は俳句や演劇に造詣が深く，早稲田大学文学部で尾崎逍遙と交友関係にあったが，第61代当主となった後，28歳で結核のため早逝している。4男・長雷は大陸で軍特務機関として活躍し，終戦後も大物黒幕であった。女性の兄弟は当時の情勢から高等教育は受けなかったが，孫の数学の勉強を見ていると孫が高校に行ったときには高校の数学まで自然とすらすらできてしまったという。つまり天賦の才に恵まれた兄弟だ。父・長元は佐竹藩士西野信一郎の弟で物部家に入夫，意志堅固な人で米飯，魚，鳥，獣肉を食せず，勤行前には厳冬でも水ゴリを欠かさなかった。第59代長之のとき鉱山（銅）開発の事業に乗り出したが失敗，父・長元はもっぱら神社の再興と子供の教育に全力を尽くした。母・スメはしっかり者で行儀作法の正しい人であった。

唐松神社そのものも個性の強い神社である。唐松神社にはアヒルクサ文字という神代文字が伝わっており，お札も先の尖った剣の形をしている。物部家には数種の古文書が伝わるが，それによれば，物部氏の祖神饒速日命（にぎはやひのみこと）は神代に鳥船に乗り鳥見山（鳥海山）に天降りした。その後栄枯盛衰があったが，蘇我・物部両氏の崇仏抗争に敗れ［587（用明天皇2）年］，故地秋田に転任し定住した［982（天元5）年］。唐松神社の参道には大きな杉が両側に並び，その奥の逆合川河畔の下った所に社殿がある。もともと社殿は逆合川の対岸の唐松岳山頂に鎮座していたが，1680（延宝8）年佐竹藩主が神社の前を慣例を破り乗馬したまま通ったら落馬し，それを怒って現在の低地に移したという。また，物部家は代々，兄弟のうち，末の男子が家を継ぎ，外に出た男子は物部を名乗らない習慣であった。したがって東日本では物部姓は極めて少ない。このように物部長穂は，伝統の家系の濃い血筋に生まれた。

■物部長穂顕彰記念館

物部長穂顕彰記念館は，唐松神社の逆合川を挟んだ対岸に，1994（平成6）年にオープンした。地元協和町長・佐々木清一氏が呼びかけ人となり，1400人の寄付金により，長穂を顕彰するために建設された。入口に「物部長穂の思い出」というガラスパネルが掲げられている。

「物部先生は，テニスが好きでね，試験所にいた頃は土曜日になると赤羽分所にやって来て，実験室を見た後，テニスをやっていました。結構うまかったですね。それと専門外の本をよく読んでいました。石川啄木とか与謝野晶子の歌を扇子に万年筆で書いていました」（東大名誉教授で教え子の本間仁氏談）

「偉い先生で近寄りがたい方かと思っておりましたが，お目にかかってみると，教え子には優しい先生でした。先生は夕方帰宅されると，ちょっと仮眠されて夜中の2時3時まで書斎にこもって研究していらしたと聞いています」（東大名誉教授で教え子の岡本舜三氏談）

「甘い物が好きでね。餅菓子やしるこをお客さんにすすめていました。辛党の人は困ったでしょうけど。それに火事が好きでね。よく飛び出していったなあ。ワイロが嫌いでね。菓子折なんかが届けられると大声で返してこいと怒っていました」(長男の物部長興氏談)

展示品は，生い立ち，業績，土木工学の啓蒙などを示すものであるが，その中に関東大震災調査報告，大著『水理学』などの自筆原稿がある。ノートに万年筆で細かい端正な字が書かれている。この自筆原稿を見ると碩学の姿勢を直に感じ，身の引き締まる思いがする。物部長穂の所持した資料は，現在この記念館にある他，段ボールで約20個分秋田大学工学部において整理中であるという。将来整理結果が記念館に集積されれば，物部長穂および土木史の貴重な資料となる。

■ 恩賜の銀時計組

長穂は地元の朝日尋常小学校を卒業すると秋田中学へ進んだ。秋田中学までは約25kmあり，寄宿である。夜勉強に使うローソクは実家の神社に歩いて取りに帰っていたという。その後仙台の第二高等学校，東京帝国大学土木工学科へと進み，1911（明治44）年7月，首席で卒業，恩賜の銀時計を授けられた。卒業論文は「信濃川鉄橋計画」で，鉄道院技手となり，信濃川鉄橋の設計にあたった。卒業と同年の12月に華族尾崎三良の五女元子と結婚している。鉄橋の詳細な設計が高く評価され，翌年1912（明治45）年には内務省土木局技師に抜擢され，河川改修の実務を担当した。

内務省勤務のかたわら東京帝国大学理科大学に再編入し，理論物理学を学び，理学士の称号も得ている。また，東京帝国大学土木工学科の助教授も兼任した。1920（大正9）年にはドイツ，フランス，イギリス，アメリカを視察し，高層建築物，橋梁，築堤，治水工事等を調査研究した。同年には「載荷せる構造物の振動ならびに耐震性について」（土木学会誌第6巻第4号）で第1回土木学会賞を授与された。また同年「構造物の振動並びに其の耐震性について」の学位論文を東京帝国大学に提出，工学博士を得た。この工学博士の学位は旧学位例令によるもので，当時工学博士は12名しかいなかった。当時の最年少の工学博士である。長穂が耐震論文を提出した1920（大正9）年は関東大震災（1923年9月1日）の3年前である。彼はなぜ関東大震災よりも前に耐震に興味を持った

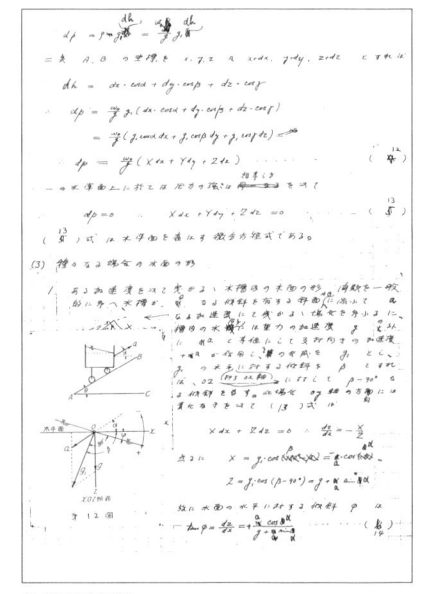

物部直筆原稿

のだろうか。1894（明治27）年，長穂6歳のとき，酒田地震（マグニチュード7.3）が起こった。1896（明治29）年には，秋田岩手県境を震源とするマグニチュード7.5の陸羽地震が起こり，死者209人，全壊家屋5792戸の被害を出した。1914（明治39）年3月15日，長穂25歳のとき，生家のある仙北郡を震源とする強首地震（マグニチュード5.8）の直下型地震が発生し，仙北郡は甚大な被害を受けた。物部記念館の展示写真で生家近くの洋館の被害が示されている。長穂幼少の頃の最大の遊び場である逆合川は，よく氾濫する川でもあったが，1894（明治27）年には雄物川が大洪水に見舞われた。死者330人，浸水家屋18947戸であった。雄物川の水位が上がると，雄物川に上流向きに合流する逆合川に水流は逆流し，広い地域が氾濫した。1907（明治40）年8月，長穂が第2高等学校時代，関東一円の大小河川は氾濫し，1911（明治44）年にも，帝都荒川は大氾濫した。

　物部長穂が土木工学を選び，水理学と耐震工学を研究したのはこれらの体験があったためだろう。

■**土木試験所長で東京帝国大学教授を兼ね，後進の指導にあたる**

　1923（大正12）年に関東大震災が起き，物部長穂は被災状況を詳細に調査し，それまでの耐震設計理論を修正すべく精力を傾けた。その結果は「構造物の振動殊に其の耐震性の研究」として700余頁の大論文としてまとめられた。1925（大正14）年には帝国学士院恩賜賞が土木工学会としては初めて授与され，このころから物部は土木工学の指導者としての期待が大きくなり，1926（大正15）年5月には38歳の異例の若さで内務省土木試験所長に抜擢された。所長は1936（昭和11）年11月まで10年7カ月勤めた。また1926（大正15）年から東京帝国大学土木工学科の教授も兼任し，河川工学講座を担当した。以下に物部長穂が内務省小貝川改修事務所勤務の山本三郎に宛てた手紙の文章を紹介する。

　「……水叩のタンクが頗る大規模なので危険はないと思われますが別紙赤○印の部分は相当の長さまで張り石が適当と思われます。……貴君よりの御書面は貴方に於いては入用のこともやと存じ同封返送申し候，今後小生の力の及ぶ限りに於いては何なりと御申し越し願い候」。これは山本が長穂に小貝川の福岡堰の改築について相談したあとで，長穂が書いたものである（昭和11年4月25日付）。この文面から，教え子に卒業後も懇切に指導している姿が浮かんでくる。

　所長時代の物部は土木試験所赤羽分室水理試験所を設立し，水理に関する人材を育て実験施設の充実に努めた。また，耐震工学関係の研究も地震時土圧，重力式擁壁の耐震規定，地震による動水圧，地震時の土堰堤の応答など今日でも使われている偉大な成果を挙げた。所長時代，地方出張は避け，宴席にもほとんど出席しなかったという。部下にも出張などはさせず，出張費は図書館の図書費に回したという。今でも，土木研究所の蔵書で外国雑誌のバックナンバーが見事に揃っているのはそのおかげで

あろう。所長室は駒込にあったが、土曜日の午後は必ず赤羽の水理試験所に出かけ、実験の水が流れていると機嫌が良かったという。

■ 三大業績——水理学、耐震構造、多目的ダム論

物部の活躍は多岐に及ぶが、あえてまとめれば、水理学、耐震構造、多目的ダム論が三大業績とされる。

まず水理学であるが、わが国で初めてこの方面を体系づけた『水理学』は1933（昭和8）年、岩波書店から発刊された。当時の世界のあらゆる文献に目を通し、足りないところは自ら補足し、水理試験所における試験の成果を踏まえ、整理体系化した。英語のHydraulicsを水理学としたのも物部である。当時の初版から30年後の1962（昭和37）年、『物部水理学』（本間仁、安藝皎一編著）として改訂され、現在も使われている。岩波書店ではこの『水理学』を定価20円で出版する予定であった。しかし長穂は学生には高すぎると主張、一時原稿引き上げという事態寸前まで行き、結局5円50銭で決着した。岩波書店顧問で書店と長穂の調停に当たった稲沼瑞穂は「随分変わった人だ、お金の入るのを嫌がっているのか、と書店でもいぶかしがっていた」と述べている。

1920（大正9）年に長穂は耐震構造で土木学会賞を受け、学位を取得し、1924（大正13）年には学士院恩賜賞を受けたことをすでに述べたが、構造物の振動理論を組み立て、地盤の地震時の動きを関東大地震の被害調査などから推論し、地盤の動きに対して構造物がどのように応答するかを明らかにし、地震に強い構造物の設計法を説いたものであった。学士院80年史によれば「地震学上先人未到ノ地域ヲ開拓セシモノ」とされている。精密な理論、地震被害に対する深い考察が結合されている点が特徴であり、現在の重力ダムの設計理論はほとんどここに網羅されている。1995（平成7）年の兵庫県南部地震で一般の構造物で大きな被害を出したのに、ダムに被害がなかった事実に彼の業績が生きている。

物部は1925（大正14）年、土木学会誌に「貯水用重力堰堤の特性並に其合理的設計方法」という大論文を発表した。この論文は諸外国における貯水事業の発達を概観し、ならびに重力ダムの地震を含む設計法を紹介検討している。次に、重力ダムの地震に対する新設計法を提案し、さらに具体的な断面決定法を提案し、それによる設計実例の試算を示している。またこの中で、わが国の

小牧ダム。1930年竣功、堤高79m、当時東洋一、物部耐震設計理論を初めて適用した重力ダム（関西電力提供）

河川の貯水事業について，夏は洪水に対して一定量の貯水池容積を空けておき，冬はこの部分にも貯水可能であるとし，今で言う多目的ダムの有効性を提案した。また，水源から河口に至るまで，全川にわたり，砂防，治水，利水等の一括して考究すべしとした。さらに1926（大正15）年の「わが国に於ける河川水量の調節並びに貯水事業について」で，わが国の河川の特徴から，貯水による河川水量の調節が有利である，貯水容積を夏と冬で使い分けることにより，多目的に利用できる，水系を有機的に運用する，貯水池埋没対策として砂防工事が必要であること，耐震設計により安全なダムは建設できること，などを説いた。

これらの「水系一貫の河川管理計画」，「多目的ダム論」は現在に引き継がれている。

■ おわりに

物部長穂は1941（昭和16）年9月9日に逝去した。53歳の若さであった。それ以前，健康を害したため，1936（昭和11）年東京帝国大学教授を退き，河川工学の講座は信濃川大河津分水を建設した宮本武之輔が跡を継いだ。同年に土木試験所所長も退官した。

筆者は，1996（平成8）年1月に米国陸軍工兵隊水路試験所を訪ねた。ここの研究員から，工兵隊の基準では，擁壁に作用する土圧を物部・岡部の式で求めているがこれについて研究中と聞いた。また1999（平成11）年韓国水資源公社を訪問したが，ここでも背水計算は物部の方法で行っており，物部の理論を超えられないのが残念と聞いた。それにしても，逝去後58年を経て，外国においてその業績がこのように語られる土木界の人物がいるだろうか。しかも，学者としての物部長穂は1920（大正9）年から，1934（昭和9）年までのわずか15年間が主な活動期である。唐松神社当主物部長仁氏によれば，物部長穂は書斎ではいつもメモをしたり，書いたりして余り書物を読んだりはしなかったという。ということは，物部は大著『水理学』に見るように，世界のあらゆる文献に目を通しているが，人の文献は極めて短時間に理解することができ，時間は主に，湧いてくる自分の考えのとりまとめに使ったのだろう。そうでなければ15年という短い時間に現在では到底考えられない水理と耐震と多目的ダムという広い分野にわたるあれだけの仕事はできない。実に，短時間に土木の礎をつくった天才であった。

なお本文は，物部長仁氏ご夫妻にお聞きした話，物部長穂記念館の展示物および以下の文献を参考にしている。

引用・参考文献

1） 長丸幹丸：秋田の先覚「物部長穂」，秋田県，pp.124-135，1971年
2） 川村公一：「物部長穂」，無明舎出版，1996年
3） 秋田魁新聞：「水と地震とダムと，土木工学の巨星，物部長穂の足跡（上・中・下）」，1994年3月11，18，25日

青山 士(あおやま あきら) ― 気高く雄々しい明治の土木技術者

■大学生からパナマ運河時代

　青山士は1878（明治11）年9月23日，静岡県磐田市に生まれ，1903（明治36）年東京帝国大学工科大学土木工学科を卒業した。旧制第一高等学校時代，内村鑑三の門下生となり，「聖書講読会」へ熱心に通った。内村は青山の人格形成に大きな影響を与え，さらに札幌農学校時代の同級生であった廣井勇を紹介した。

　廣井は1881（明治14）年に札幌農学校を卒業し，開拓使に勤務した後，アメリカに渡った。1887（明治20）年札幌農学校の助教授に任じられ，ドイツへの留学を命じられた。帰国後，札幌農学校工学科教授となり，学生の教育を行う一方で，北海道庁土木課長として実務にも従事した。

　1899（明治33）年，東京帝国大学工科大学土木工学科教授となり，学部制が採用され，定年制の導入された1919（大正8）年までその職にあった。廣井は内村と同じく熱心なキリスト教徒であり，「土木技術を通じて神の道」を歩んだ。

青山 士

　青山は東京帝国大学を卒業すると廣井の薫陶を受け，パナマ運河の建設を志した。1903（明治36）年7月，廣井から渡された米国コロンビア大学土木工学科バア教授への紹介状を携えて渡米した。バア教授はアメリカ土木学会の重鎮であり，パナマ地域運河理事会の理事を務める一方，日本人留学生の指導を熱心に行っていた。

　1904（明治37）年6月，青山はバア教授の推薦により下級測量員として採用され，パナマへ出発した。1905年5月測量技師補へ昇進，1907年4月測量技師へ昇進，1910年3月設計技師へ昇格した。その仕事ぶりは"excellent transit man"として高く評価され，ゴールドメダルを授与されている。

　青山は1912（明治45）年1月に帰国するが，その理由は明らかにされていない。この時期にアメリカ西海岸で「反日運動」が高まり，「青山はパナマ運河の秘密を探るスパイだ」と中傷されたこともあった。青山がさらに仕事を続けるには，アメリカ市民権を取ることが不可欠となり，結果として仕事より国を選んだことになる。

■内務省時代[1]

　帰国した青山は廣井を訪ね，パナマ運河工事の報告をし，就職の相談をする。廣井は内務省への紹介状を書き，1912（明治45）年2月，青山は内務省へ採用された。内務省では沖野忠雄内務技監の判断により，東京土木出張所荒川放水路工事の技師とな

った.

　荒川は江戸期以降，毎年のように洪水を繰り返し，その被害は甚大であった．このため内務省は抜本策として放水路の建設を計画し，1911（明治44）年に一部着工していた．放水路の延長は22kmあり，総工事費は3144万円余，現在価格で500億円を超す額であった．青山は測量から設計，施工までを手がけ，現場近くの千住に家を借り，日夜工事現場を見回った．

　1915（大正4）年10月，青山は岩渕水門工事の主任となった．岩渕水門は放水路工事の成否を左右する最重要，最難関工事であった．青山はパナマ運河工事での経験を生かし，河床を20m掘削した上に鉄筋コンクリートによる巨大なゲートを建設した．この水門は1923（大正12）年の関東大震災にも耐え，東京ゼロメーター地域と呼ばれた軟弱地盤にあっても沈下することなく，今日に至っている．

　1924（大正13）年10月，着工から14年目にして荒川放水路が完成した．旧荒川は岩渕水門までを新河岸川，水門より下流を隅田川と呼ぶようになった．1947（昭和22）年9月，キャサリン台風が関東地域を襲い，各地に大水害を引き起こした．荒川放水路は9mに及ぶ水位に達したが，破堤することなく，流域住民の人命，財産を守りきった．このさなか，長靴に粗末な雨具を着けた老人が，堤防を見回っていたことが報告されている．すでに内務省を退職し，静岡県磐田市に引退していた青山が，自分の手がけた放水路の安全性を確認していた姿であった．

　1927（昭和2）年12月，青山は内務省新潟土木出張所長として赴任した．青山の任務は，同年6月に突然陥没した信濃川大河津分水自在堰の再建にあった．

　信濃川は古くから「暴れ川」として知られ，特に長岡市から新潟市の間，西蒲原地域は洪水の常襲地帯であった．このため地域民は信濃川の水量を分水によってカットし，日本海側に放流する計画を江戸期から熱心に請願してきた．しかしその工事費はあまりに大きく，幕府は請願を無視してきた．1896（明治29）年7月信濃川は破堤し，いわゆる「横田切れ」と呼ばれる大水害が発生した．このため内務省は信濃川をショートカットする放水路計画を採択し，1909（明治42）年に直轄工事として着手し，1922（大正11）年に完成した．大河津分水自在堰は平水時における本川流量の維持と，洪水時における分水を自由に制御する装置であり，荒川放水路の岩渕水門に相当する要の土木構造物であった．

　大河津分水堰の崩壊は内務省土木局の威信を地に落とし，地域民の失望も大きかった．青山は内務省の名誉回復のために新潟へ赴任するが，内務省入省時に大河津分水工事への配属を断った経緯があり，「運命の皮肉」と述懐している．現場の責任者として土木局技術課長であった宮本武之輔が降格の形で就任する．この異例の人事は宮本の技術力を高く評価していた青山の要請によるが，それだけ内務省が追い込まれていたことを示している．

陥没した自在堰は修復不可能と判断され，宮本が新しい堰を設計・施工した。パナマ運河工事に従事し，荒川放水路工事を成功させた青山の指導力と，率先垂範して現場監督にあたった宮本の実行力とによって1931（昭和6）年4月，大河津分水可動堰が完成した。崩壊した自在堰が13年の歳月を要したのに対し，新しい可動堰はわずか5年で完成した。青山は常に「技術は組織ではなく，人である」と語っており，大河津分水堰の早期完成はそのことを実証した。

可動堰の右岸に高さ4m，幅4.4mの竣工記念碑が建てられている。その表面と裏面に日本語とエスペラント語による碑文が刻まれている。

「萬象ニ天意ヲ覺ル者ハ幸ナリ」

「人類ノ為メ，國ノ為メ」

信濃川補修工事竣工記念碑の表と裏の題額（図案は北原三佳氏による）

■土木学会会長時代

1934（昭和9）年5月，青山は内務省技監に就任する。内務技監は技術官僚の最高ポストではあったが，人事権は事務官の就任する土木局長にあった。技監となった青山はこれまで一度も本省勤務はなく，事務官と技官の深刻な対立に直面した。さらに「技術は組織なり」を信奉し，技官の地位確立に奔走する宮本武之輔らにも振り回された。しかし青山は，「技術は人なり」の信念を貫き，「役人の全人格が行政の治績に大きく影響する」として内務省内の派閥活動を戒めた。

1935（昭和10）年，青山は23代土木学会長に就任し，翌年2月に行われた土木学会通常総会において「社会の進歩発展と文化技術」と題する歴史に残る会長講演を行った。青山はCivil Engineeringを「文化技術」と訳し，この文化技術が社会国家のためにどれだけの役目を為し，どの程度に重要であるかを格調高く述べた。

1936年5月，土木学会は「土木技術者相互規約調査委員会」を設置し，会長を退任した青山が委員長に就任した。土木学会は1933（昭和8）年1月に「土木学会振興に関する委員会」を設置し，その中で「エンジニア・エシックスの制定」を取り上げていた。土木学会の振興のために「エンジニア・エシックス：技術者の倫理規定」をつくろうとした見識は，当時の時代背景を考えると敬服に値する。

　1938（昭和13）年3月，土木学会は「土木技術者の信条および実践要綱」を発表した。この「信条および実践要綱」は，①土木技術者の使命感の確認，②土木技術者の品位の向上，③土木技術者の権威の保持，を目的とし，青山の意向が強く反映されて簡潔にして格調の高い文章となっている。

　1999（平成11）年5月，土木学会は60年ぶりに青山の「土木技術者の信条および実践要綱」を改訂して，「土木技術者の倫理規定」を制定した。その前文には，青山らの見識を土木学会の誇りとし，それを引き継ぎ，さらに未来の世代への責務について述べている。すなわち，わが国の土木技術者が国際的に活躍し，自然と人間を共生させる環境を創造し，保存していくためには，各自がしっかりとした倫理観を持たなければならない。以下に青山のまとめた「土木技術者の信条」と「土木技術者の実践要綱」および平成11年5月に土木学会が制定した「土木技術者の倫理規定」の「基本認識」を示す。

［土木技術者の信条］
　1．土木技術者は国運の進展ならびに人類の福祉増進に貢献すべし。
　2．土木技術者は技術の進歩向上に努め，ひろくその真価を発揮すべし。
　3．土木技術者は常に真摯なる態度を持し，徳義と名誉を重んずべし。

［土木技術者の実践要綱］
　1．土木技術者は自己の専門的知識および経験を持って国家的，ならびに公共的諸問題に対して積極的に社会に奉仕すべし。
　2．土木技術者は学理，工法の研究に励み，進んでその結果を公表して技術界に貢献すべし。
　3．土木技術者はいやしくも国家の発展，国民の福利に背戻するがごとき事業は之を企図すべからず。
　4．土木技術者はその関係する事業の性質上特に公正を持し，清廉をとうとび，いやしくも社会の疑惑を招くがごとき行為あるべからず。
　5．土木技術者は工事の設計および施工につき経費節約あるいはその他の事情にとらわれ，従業者ならびに公衆に危険をおよぼすがごときことなきを要す。
　6．土木技術者は個人の利害のためにその信念を曲げ，あるいは技術者全般の名誉を失墜するがごとき行為あるべからず。
　7．土木技術者は自己の権威と正常なる価値を毀損せざるよう注意すべし。

8. 土木技術者は自己の人格と知識経験とにより，確信ある技術の指導に努むべし．
9. 土木技術者はその関係する事業に万一違法に属するものあるを認めたる時は，その匡正に努むべし．
10. 土木技術者はその内容疑しき事業に関係し，または自己の名義を使用せしむる等の事なきを要す．
11. 土木技術者は施工に忠実にして，事業者の期待に背かざらんことを要す．

[備考]
　本信条および実践要綱をもって相互規約に代ゆるものとす．

[土木技術者の倫理規定（基本認識）]（1999年5月制定）
1. 土木技術は，有史以来今日に至るまで，人々の安全を守り，生活を豊かにする社会資本を建設し，維持・管理するために貢献してきた．特に技術の大いなる発展に支えられた現代文明は，人類の生活を飛躍的に向上させた．しかし，技術力の拡大と多様化とともに，それが自然および社会に与える影響もまた複雑化し，増大するに至った．土木技術者はその事実を深く認識し，技術の行使にあたって常に自己を律する姿勢を堅持しなければならない．
2. 現代の世代は未来の世代の生存条件を保証する責務があり，自然と人間を共生させる環境の創造と保存は，土木技術者にとって光栄ある使命である．

引用・参考文献
1) 高崎哲郎：技師・青山士の生涯，講談社，1994年

[11]
政治参画をめざした土木技術者たち

政治参画と土木技術者：通史　　　執筆：大淀昇一
〔人物紹介〕　直木倫太郎　　　執筆：藤井肇男
　　　　　　宮本武之輔　　　　執筆：大淀昇一

政治参画と土木技術者：通史

■技術官僚としてのお雇い外国人

　1868年は明治維新の年であり、また近代国家としての日本の出発の年でもあった。
　1870（明治3）年には、早くも近代国家に必要な社会資本の形成と重工業の直営のための公共事業省＝工部省が設置された。また、この役所は西洋近代科学技術導入の総司令部でもあったのである。
　多数の主としてイギリス人からなるお雇い外国人がこの省の技術官僚として導入され、勤めていた。しかし彼らの役割は、あくまで日本の近代化の脇役、助言者としてのそれであって、近代化政策の政治的決定は日本人の意志の下でのことであるという原則が貫かれていた。そのことに対してお雇い外国人＝技術官僚側には相当の不満があったようである。専門家としての立案をそのままに執行できない場合が多かったのである。
　そのことの不満について政府の法律顧問フランス人ボアソナードは語っているし、また工部省ではなく内務省のお雇い外国人＝技術官僚であったオランダの土木技術者デ・レーケ［1873（明治6）年来日］は、1891（明治24）年6月の『治水雑誌』の中で次のように述べている。「余ノ地位ハ此長年月間内務省ノ御雇外国人トシテ唯起案者トテモ云フ如キ特殊ナル者ニシテ本邦河流ノ事ニ関スル事項ニシテ実行サレタル者ト否トニ付テハ責任ヲ帯ヒルノ限ニ非ザリシ」と。ここに日本人のお雇い外国人の使い方の歪（いびつ）な姿が如実にうかがえると言えよう。ひいては、それは科学技術をあくまで手段としてしか捉えず、価値とか思想として受け取らなかった日本の近代化の特質にも関係していると思われる。

■日本人技術官僚の登場と文官任用令

　しかし、これらお雇い外国人の俸給は、ほとんど大臣クラスであったので、政府は財政上交替のための日本人技術官僚の養成を急いだ。工部省の工学寮＝工部大学校や文部省の東京大学理学部工学科の、そしてまた開拓使の札幌農学校および内務省の駒場農学校、農商務省の東京山林学校などの教育事業がそれである。また文部省の海外留学制度もそのことを目指し、当初は工学系方面への留学が大変多かった。そして、日本人技術官僚予備軍ともいうべき人材が蓄積されはじめた明治10年代前半以降、お雇い外国人の帰国が相次いだ。また、行政府においても元大名系や元公家系の人々を追放して、維新の実質的功績者下級武士層で固めるべく、1885（明治18）年内閣制度の確立が図られた。また、こうした下級武士層の後継者とも言うべき人材養成のために帝国大学も開設された。その中には正統行政官僚養成のための法科大学、そして工

学系技術官僚と農学系技術官僚養成のために工科大学，農科大学がそれぞれあった。

さらに官吏の任用制度を固めるために，1893（明治26）年文官任用令と文官試験規則が公布された。この過程で，技術官僚は「特別ノ学術技芸ヲ要スル行政官」として位置づけられ，試験ではなく銓衡で任用されることとなった。そして法科系行政官僚のように高い管理的地位に到達することはできなくなったのである。つまり技術官僚はお雇い外国人の日本人交替者ということで，お雇い外国人同様国家の行政過程においては，脇役，助言者としての位置に止めおかれることになったのである。

■技術官僚の不満と技術者運動の立ち上がり

こうして行政府の中に少数のエリート中のエリート法科系行政官僚と多数の技術官僚という図式が出来上がり，技術官僚は政策的決定過程にはなかなか参画できない仕組が形成されたのである。こうして大学を出た優秀な技術者がほとんど官界へ進む日本の技術界は，1899年東京帝国大学土木工学科を卒業して東京市の技術官僚となり，河港課長となった直木倫太郎が「史伝なき技術界」「咀はれたる技術界」「囚はれたる技術界」と表現したように元気のない境地にあえいでいたのである。しかし大正時代に入って，治水事業，鉄道建設，電信電話事業など社会資本形成のための公共事業が盛んになるとともに，自らの立場の重要性を自覚した技術者たちがこういう境地から立ち上がっていく動きを示し始めた。まずそれは，技術官僚であるにもかかわらず土木局長や逓信次官を歴任し，また工科大学長を長年務め日本技術界の大御所として君臨する工学会長古市公威を中心にしての文官任用令改正の建議として結実した。それは「軍人ヲ統率スル者ハ必ズ軍人ナルト同シク，鉄道，製鉄，土木，鉱山，電気等」に関する各官庁の長官は専門的素養経験を有する者でなければならないことは当然というところから切り出してあった。だがこれは政府に厳しく否定されてしまった。そして持続的に改正の実現めざして技術者運動団体「工政会」が1918（大正7）年4月発足することになった。技術官僚，工科大学教授ほか民間企業幹部技術者を多数結集して運動を展開した。農科系技術官僚の運動団体「農政会」「林政会」もほぼ同じ頃発足している。他に内務省衛生局の医科系技術官僚の集まり「医政団」もあった。

さらに東京帝国大学土木工学科の学生時代，直木倫太郎の技術界の目覚めを求める呼び掛けの文章に強い感銘と同感を覚えた宮本武之輔を中心とする技術者運動団体日本工人倶楽部も1920（大正9）年12月に発足している。宮本は，学生時代に「所謂（法科系）行政官に対する戦争」をすでに決意していた。共に立ち上がった土木技術者として，山口昇，蒲孛，久保田豊，溝口潔夫，高橋三郎，佐藤利恭，永井了吉，大島満一の8人がいる。いずれも土木界に個性的な足跡を残している。創立総会で発表された「宣言」は次のようであった。

　　工業技術の成敗は一刻興亡の運命を支配す可き最後の鍵関なり。禹の鴻業は技
　　術より生れシーザーの雄図は技術より始まる。豈今にして古今東西の歴史を考証

するを須ひんや。然れども世の実相は不幸にして我等の信念を裏切ること甚しく社会は技術の評価と認識を誤り技術家は雌伏と忍従とに甘んじてその天職の大なる所以を知らず。今正に外，社会の啓蒙を謀り内，技術家の覚醒を促す可き絶好の機運に際会す。茲に同志の糾合を策して敢て日本工人倶楽部の成立を天下に宣言す。

技術は文化創造と捉える全く新しいタイプの技術者運動がここに発会したのである。主たるメンバーは内務省の土木系技術官僚たちであった。

■昭和初期の工政会と日本工人倶楽部

以上示した5つの技術者運動団体は，発足後何度か合同の技術者大会を開催して文官任用令改正への気勢を挙げたり，また連名で改正の建議を政府へ提出したりした。けれどもそれらの動きは，ほとんど梨のつぶてのようなものに終わり，文官任用令改正を求める運動としては日々下火となっていった。工政会の方は民間工業経営者の集まりという性格を強め，1924（大正13）年以来約1年に1回のペースで全国各地で全国工業家大会を主催して，工業経営者の要求のキャンペーン団体という趣になった。

また日本工人倶楽部の方は，当初職業組合を目指していたということもあって，1925（大正14）年の普通選挙法の公布とともに設立された無産政党社会民衆党の有力支持団体ともなった。政治的にイギリス労働党風の産業民主主義的体制を目指したのであったが，地方支部の反対にあって，倶楽部瓦解の危機に見舞われ，その後満州事変の勃発とともに民族主義が台頭して国家主義的なテクノクラシー体制を目指す団体へ変貌していった。1935（昭和10）年日本技術協会と名を変えている。

■戦時下の日本技術協会

工政会と日本工人倶楽部の統一の動きはあるにはあったが，一方は民間技術者中心であり，他方は技術官僚中心ということがあって，会の性格に隔たりがあり容易にまとまらなかった。しかし，1937（昭和12）年第1次近衛内閣の下で日中戦争が勃発すると，近衛に期待を持った人々が「技術尊重，エキスパート尊重」のスローガンを掲げる7省技術者協議会（大蔵，内務，商工，鉄道，逓信，農林，厚生の各省技術官僚の集まり）を起こしたりして官庁技術者の纏まりを画策した。再び戦争を背景にしての文官任用令改正要求の動きであった。ついで企画院が設置され国家総動員の動きが急歩調になりだすとともに，それはより大きい技術者の大同団結へのうねりとなりながら，具体的には近衛文麿首相幕下のブレーン集団となろうとする動きをとった。この中心に新たに逓信省の元気な技術官僚を結集した日本技術協会があった。この動きは政治的資質豊かな土木技術者宮本武之輔を行政の枢要な地位へ押し上げようとする意図も持っていた。そして，1938（昭和13）年内閣府に新たに登場した大陸経営のための行政機関興亜院の技術部長宮本武之輔が実現した。その後宮本は近衛の側近有馬頼寧の求めに応じて設置された現・元技術官僚など約150名を結集する日本技術協会国

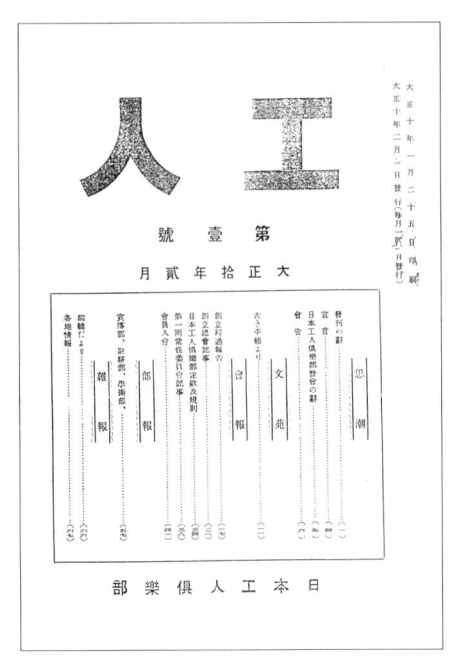

『工人』第壹号の表紙

『工人』第壹号の第1ページ

防技術委員会を督励して「総合国防技術政策実施綱領」(昭和15年秋)をまとめあげた。その「第一章　一般技術政策及技術行政」が下敷きとなって，政府の「科学技術新体制確立要綱」が閣議決定となった(昭和16年春)。翌年1月にこの要綱に基づいて日本近代化史上初の本格的科学技術行政機関技術院が設置された。文官任用令の根本的改正はならなかったが，この役所内では技術官は事務官とあわさって参技官と位置づけられ，正統行政官として扱われるようになったのである。ただし，技術院の担当する航空機技術を中心とする科学技術の振興という限定された行政領域上のことではあったが。技術官僚たちの政治参画の課題は戦前ようやくここまでたどり着いたのである。

　しかし，この問題に生涯をかけたともいえる宮本武之輔は，技術院設置の直前であった1941(昭和16)年12月24日過労死してしまったのである。

引用・参考文献
1)　大淀昇一：技術官僚の政治参画―日本の科学技術行政の幕開き，中公新書，1997年
2)　大淀昇一：宮本武之輔と科学技術行政，東海大学出版会，1989年
3)　日本工人倶楽部機関誌：工人，第壹号，大正10年2月号

直木倫太郎 ── 技術と技術家の有り様を問い続けた文人・燕洋

■大学卒業まで

加東郡に真島顕蔵の長男として生まれる。姫路中学，第三高等学校（京都）を経て第二高等学校（仙台）へ転校する。三高時代に神戸市の実業家・直木政之助の養子となる。少年期から学業，文才に秀で，高等学校時代にはじめて句作する。

この句から筆者には，その後の直木の人生の軌跡に思いを巡らすと，"人の跡は踏みたくない"彼の終生変わらない気持ちが滲み出ているように感じられる。

　　　人の跡踏みたくはなし雪の朝

大学在学中，新聞の懸賞俳句に入選し，爾来，燕洋と雅号する。土木工学科では2回特待生に選ばれ，首席で卒業し，恩賜の銀時計を下賜される。ちなみに，次席で卒業した鹿島精一（1875-1947）は，生涯の友となった直木と知り合い，その趣味に共鳴して俳句をたしなむようになり，雅号を一青と称した。

■東京市時代

この時期は主として港湾調査事業に携わった。政界の怪腕家といわれた時の逓信大臣・星亨（1856-1901）が市会議長となった。星は東京市の産業を振興し将来の帝都の繁栄を確保する途は，築港を断行すべきであるとの信念であった。

写真-1 「歌を詠むことが生活」であった直木燕洋

そこで，若き俊才一人を抜擢して外国の港湾を視察，調査させることとなった。この人選は，土木界の重鎮・古市公威（1854-1934）を通じて，東京帝国大学工科大学教授・中山秀三郎（1864-1936）に申し入れをして決められた。

直木は東京湾築港計画調査のため欧米11カ国の著名な商港調査に1年間の出張を命じられた。「星亨刺殺事件」が起こったため，さらに自費で調査を続けた。欧米諸港の調査結果を基に，1904（明治37）年に『東京築港ニ関スル意見書』を東京市長・尾崎行雄（1858-1954）へ提出した。

その後，大蔵省臨時建築部技師に転じ，横浜港の海面埋立第2期工事に従事，丹羽鋤彦（1868-1955）の下で埠頭の舗装工事などを担当した。

■東京市時代（復帰後）

工学博士となり，また，これまで自問自答してきた技術や技術家に関する考えを雑誌に掲載しはじめたこの時期の直木の市政に対する胸中は，"最早や仕事がなく"，さらに，"土木課長は必ずしも自己を必要とする程度のものではない"との思いであっ

表-1　直木倫太郎関連略年表

年	関連事項
1875（明治 8 ）年	12月11日　兵庫県に生まれる
1896（明治29）年	7 月　帝国大学工科大学入学
1899（明治32）年	7 月　東京帝国大学工科大学土木工学科卒業
	8 月　東京市に入り土木部市区改正課勤務
1900（明治33）年	6 月　東京市技師、東京築港調査事務所工務課長
1901（明治34）年	6 月　欧米諸国へ出張
	8 月　総務部築港調査課長
1903（明治36）年	12月　帰国
1905（明治38）年	2 月　東京市土木課長
	10月　土木課築港調査係長兼河港係長
1906（明治39）年	6 月　東京市を依願退職
	6 月　大蔵省臨時建築部技師に転じ横浜支部土木課長
1907（明治40）年	10月　『土木工学－水理学』を著す
1911（明治44）年	7 月　大蔵省臨時建築部を依願退職
	7 月　東京市に復帰，技師長付（河港課長兼下水改良事務所工務課長）
1914（大正 3 ）年	4 月　論文『我国下水道ノ雨水排除量問題』で工学博士
	5 月　雑誌『工学』創刊
	12月　土木課長
1915（大正 4 ）年	2 月　東京市区改正臨時委員（内閣）
1916（大正 5 ）年	3 月　東京市を依願退職
	4 月　内務省に転じ内務技師，土木局調査課勤務
1917（大正 6 ）年	1 月　内務省を依願退官
	1 月　大阪市に転じ港湾部長
1918（大正 7 ）年	3 月　『技術生活より』を著す
	4 月　「工政会」設立
	9 月　大阪市区改正部長兼任
1920（大正 9 ）年	1 月　万国都市計画会議（ロンドン）へ出張
	4 月　大阪市都市計画部長兼任
	12月　「日本工人倶楽部」設立
1923（大正12）年	9 月1日　関東大地震起こる
	9 月　「帝都復興院」創設，技監
1924（大正13）年	2 月　帝都復興院廃止，「復興局」設立，長官・技監兼任
1925（大正14）年	9 月　復興局を依願退官，顧問
1926（大正15）年	9 月　㈱大林組取締役兼技師長
1933（昭和 8 ）年	12月　満州国に転じ国務院国道局長
1935（昭和10）年	3 月　大陸科学院創設，初代院長兼任
	7 月　「満州道路研究会」設立（会長・直木倫太郎）
1936（昭和11）年	5 月　満州道路研究会機関誌『建設』創刊
1937（昭和12）年	1 月　土木局長（国道局廃止）
	1 月　水力電気建設局創設，局長兼任
	4 月　「満州土木研究会」設立（満州道路研究会改称）（会長・直木倫太郎）
	7 月　交通部技監（元国道局，前土木局）
1939（昭和14）年	3 月　参議府参議
1940（昭和15）年	9 月　「満州土木学会」設立（満州土木研究会改称）
1941（昭和16）年	1 月　『建設』廃刊
	2 月　満州土木学会機関誌『土木満州』創刊
	11月　大陸科学院院長（三代目）
1943（昭和18）年	1 月　『技術生活』を著す
	2 月11日　死亡
	6 月　「故直木倫太郎博士追悼号」が『土木満州』に掲載
	9 月　「直木前院長追悼号」が『満州帝国国務院大陸科学院彙報』に掲載
1944（昭和19）年	3 月　『土木満州』休刊

た。2度目の東京市では偉才と称されたが，市政の混乱や政治問題などが起こって市長は交代し，直木の宿願であった築港事業は縮小されていった。

　生来，淡白で孤高の人である直木が，このような事態に"今が散り時"の心境になったことは，想像に難くない。

　その後，短期間，内務省技師に転じた。その間，1914（大正3）年から1917（大正6）年まで，東京帝国大学工科大学非常勤講師として上下水道の講義を担当した。

■ **大阪市時代**

　大阪市に転じて直木は，東京での"スペシャリゼーション"から"ゼネラリゼーション"の立場となり，また，市政に"創造"の場を得て，"生き返った。"

　直木を港湾部長に招請したのは，助役（のち市長）で，「大大阪の恩人」，「学者市長」と評された関一（1873-1935）である。
　　　　　　　　　せきはじめ

　中途であった大阪築港事業を完成させ，港湾経営を含めた幅広い都市政策を遂行したい関にとって，その適任の人材を求めることは急務であった。上京して内務省などを頻繁に訪ね，最終的には，明治期の大阪築港と淀川改良に尽くした時の内務技監・沖野忠雄（1854-1921）の内諾を得てなされた。
おきの ただお

　市区改正，都市計画の両部長も兼任し，文化人である関の良き理解者，パートナーとして，地域の制定を市内全体にわたって行い，市域を拡張し，さらに，区画整理を実施するなど，多彩で多面的な都市事業の解決，推進に取り組んだ。

　直木の帰阪を新聞は，"灘の酒と，灘萬の包丁には，暫く御無沙汰して居った，今大阪市に迎へらるることは，全く故山に帰る気持ちである"と，彼の満足した心境を報じたが，直木と関とは"小酌を楽しみ"，胸襟を開いて語り合える仲であった。

　1923（大正12）年9月1日に起きた関東大地震は，直木を再び東京に呼び戻すこととなった。関のもとに内務大臣・後藤新平（1857-1929）より，直木を帝都復興院（総裁は後藤）の技監（技師長）に採用したい旨の承諾を求めてきた。
　　　　　　　　　　　ごとうしんぺい

　これは，関にとって，助役時代の6年余を支えてくれた希有な技術家を手放すことであり，さらに，この11月には第7代市長に就任してさらなる市政に取り組んでいこうとする矢先であった。関はこのときの断腸の思いを『日記』に記した。

　"大阪市ニ採リテハ一大打撃ナリ　殊ニ余ノ腹案ニ対シテハ殆ンド回復シ難キ損失ナリ"

■ **帝都復興院・復興局時代**

　関東大地震による帝都復興計画を執行する機関として設置された帝都復興院。その提唱者は内務大臣・後藤新平で総裁も兼ねた。復興計画の立案は内務省当局で実権も同省が握っていた。後藤は"大風呂敷"といわれる「8億円復興計画」を立てたが，復興予算が実施計画の段階で大幅に縮小され，これに伴って，同院は内務省の外局に格下げとなり，復興局として再出発した。

直木はそれぞれ技監と長官（局長）兼技監に就いたが，当時の内務省は法科万能の観があり，技術官僚はなかなか局長以上にはなれなかった。それだけ直木はその能力を高く評価されており，後輩の宮本武之輔（1892-1941）とともに「技術官僚の双璧」といわれた。

直木は大都市計画を積極的に進め，鉄道省出身の土木部長で芸術家肌の技術家・太田圓三（1881-1926）とコンビを組み，太田は復興事業の中の公共土木事業のすべてを指揮した。

この復興プロジェクトが進行する途中，「復興局疑獄事件」が摘発された。また，信頼する部下の太田が自殺した。直木自身はこの事件とは関わりはなかったが，技術のトップとして何かと非難の目が向けられることにもなった。

　　　　歌はねば堪へぬ目のあり我が心うたふにだにも堪へぬ目のあり

彼の死を悼んでは，「太田圓三君逝く」を詠嘆した。

　　　　技術家はつたなきものといつもかも歎きし君が言し思ほゆ

2年間で復興事業から離れ，その後は，先輩で大林組取締役兼技師長・岡胤信（1859-1939）の後任として，破格の待遇で請負業に転じた。

■「満州国」時代

満州建国当時，最も大きな問題の一つと考えられていたのが，広漠たる荒野をいかにして開発するかということであった。満州全土にわたって道路交通網を整備し，治水事業を完成させて，大陸の経済建設の基地として蘇生させることは建国の目的達成の課題であった。この使命を持って創設されたのが，土木の行政と事業全般とを統括する国道局であった。

初代局長・藤根寿吉（1876-1946）が離満せざるをえないこととなった。直木と藤根

写真-2「追悼号」を掲載した雑誌『土木満洲』の表紙

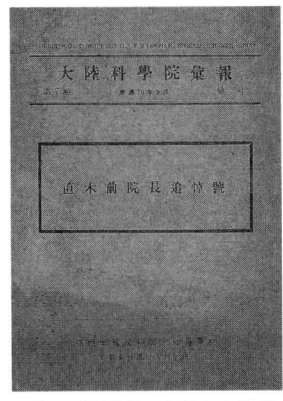

写真-3「追悼号・号外」を掲載した雑誌『大陸科学院彙報』の表紙

とは第三高等学校の同窓，かつ親友であった。藤根は大林組とも相談し，彼を説得して快諾を得，直木は還暦を前にして渡満した。

　　　　雲凍るこの国人となり終へむ

　直木にとって満州は"創作"の場で，建設の第一線に立って技術に殉ずることであった。天然の資源はあるが，その資源を開発する技術がなく，何より必要なのは技術であった。土木行政と建設事業遂行の最高指導者に就くとともに，試験研究機関である大陸科学院で技術開発を推進させ，さらに，技術者の研究・発表の場となった「研究会」を発足させるなど，満州国の土木界と科学技術界の第一人者として創作的な事業と研究に尽くしたが，終生の大事業であった大東港建設工事を視察中，病を得て死去した。

■技術論・技術家論

　直木がその主義主張を社会に向かって語り始めたのは，40歳時の1914（大正3）年からで，その発表の場は雑誌であった。明治時代の土木の総合誌は『工学会誌』だけであったが，大正時代に入ると新しい分野の専門誌が創刊されてくるとともに，出版社による土木の総合誌が開花した時期であった。その第一号が『工学』（工学研究社）で，直木は同誌の編集顧問の一人である。

　大正初期においては一般に技術論や科学論などがほとんど見られなかった中で，同誌の際立った特色は，技術と技術者の社会とのかかわりを活発に取り上げて議論の誌面を提供していることである。このようなことは，「学協会誌」にはできないことで，そこで展開されている議論は，当時の技術界と技術人の真摯な姿と苦悩とを個性豊かに映し出していた。

　直木は『工学』に"憑かれたように"次々と論策や随筆風の記事を発表し，"口を酸っぱくして"問いかけた。アメリカやドイツを例証にあげて，"技術者の時代"が到来したことを語り，技術者の"覚醒"を促した。また，"歴史の無い世界は常に貧弱である"として，技術史や技術者の伝記から学ぶことも覚醒には欠かせないとした。

　さらに，日本の技術者が無気力で，単なる職能家にすぎないことを嘆き，これを打破して技術者の職能の充実を計るような気力がないことを指摘する。

　今日，学問や芸術の世界が果たして技術界のように無気力で，停滞したものであろうかと質し，その原因は技術者が技術者本来の職能を自覚しないからであるとする。そして，技術は経済の下に屈服するものではなく，技術の研究はその一面において経済そのものの研究で，技術の発展に向かって必要とする程度の経済関係は技術自体の解決によって解決されるのみならず，むしろ，科学と経済との関係を適切に調和して，実際的な効果を生じさせるところに現今の技術の立場がある，として，技術と経済との関係を論じ，自身の体験から一種の技術論の"芽生え"ともいうようなものを述べていく。

表-2 雑誌『工学』と『工人』所収の直木倫太郎の主な「技術論」・「技術家論」と反響記事

No	標題	著者	誌名	年　月
1	史伝なき技術界	直木倫太郎	工学	大正 3 年 5 月
2	咀はれたる技術界	直木倫太郎	工学	大正 3 年 6 月
3	囚はれたる技術家	直木倫太郎	工学	大正 3 年 8 月
4	無駄書き	直木倫太郎	工学	大正 3 年11月
5	無駄書き	直木倫太郎	工学	大正 3 年12月
6	技術家とは何である（上）	直木倫太郎	工学	大正 4 年 1 月
7	技術家とは何である（下）	直木倫太郎	工学	大正 4 年 2 月
8	覚めたる聲（上）	直木倫太郎	工学	大正 4 年 4 月
9	技術家となる前に先づ人間となれ	呉建生	工学	大正 4 年 4 月
10	覚めたる聲（中）	直木倫太郎	工学	大正 4 年 5 月
11	覚めたる聲（下）	直木倫太郎	工学	大正 4 年 6 月
12	履歴書	燕洋	工学	大正 4 年 7 月
13	直木博士に與ふるの書	佐藤四郎	工学	大正 5 年 4 月
14	佐藤君に答ふ	直木倫太郎	工学	大正 5 年 5 月
15	直木博士に與ふるの書を読みて	門外漢	工学	大正 5 年 5 月
16	技術家は貧乏なる乎	佐藤四郎	工学	大正 5 年10月
17	直木博士に答へ併せて先輩諸氏に質す	宮本武之輔	工学	大正 5 年10月
18	佐藤氏の貧乏論を読むで	燕洋	工学	大正 5 年11月
19	燕洋氏に答ふ	佐藤四郎	工学	大正 5 年12月
20	地方的技術家として	直木倫太郎	工学	大正 7 年 2 月
21	小著をものにして	直木燕洋	工学	大正 7 年 4 月
22	『技術生活より』を読みて聊か所懐を述ぶ（一）	享水生	工学	大正 8 年 3 月
23	『技術生活より』を読みて聊か所懐を述ぶ（二）	享水生	工学	大正 8 年 4 月
24	『技術生活より』を読みて聊か所懐を述ぶ（三）	享水生	工学	大正 8 年 5 月
25	『技術生活より』を読みて聊か所懐を述ぶ（四）	享水生	工学	大正 8 年 7 月
26	涼楊閑話	燕洋	工学	大正10年 9 月
27	腸饗記	直木倫太郎	工人	昭和 5 年 4 月
28	強きものの弱み	直木倫太郎	工人	昭和 5 年 5 月
29	春閑	直木倫太郎	工人	昭和 6 年 4 月
30	技術の世界へ	直木倫太郎	工人	昭和 6 年 7 月
31	偶語	直木倫太郎	工人	昭和 6 年11月
32	隠れたる威力	直木倫太郎	工人	昭和 7 年 4 月
33	あらゆる建設へ	直木倫太郎	工人	昭和 7 年 8 月
34	技術の微笑み	直木倫太郎	工人	昭和 8 年 7 月
35	技術の跳躍	直木倫太郎	工人	昭和 8 年11月

長い間，自問自答し続けた末，彼が"結論"に導いたものは，"人として覚めよ"であった。それは，"人あっての技術"，"人格あっての事業"であり，その"人格"の向上を図らないで，独り"技術"の力のみを欲するのは困難である，との信念であった。

直木が著した『技術生活より』は，『工学』に掲載した技術論と技術家論とを加筆したもので，『戦前土木名著100書』にも選ばれているが，本書は当時，技術者，特に官庁技術者に技術者の有り様を問う書として大きな影響を与えた。

明治期の国土基盤整備の基礎づくりが一応終えて大正期になると，いわゆる大正デモクラシーが起こって，技術者社会においても，そのなか

写真-4 『技術生活より』の表紙

でも各官庁から，政治面に技術を反映させること，また，技術者の相互啓発や地位向上などを図ろうとする，いわゆる技術者運動が台頭し，そのための組織づくりが行われるようになってきた。

直木はその技術者運動の先駆をなした団体「工政会」(逓信省・鉄道省系で雑誌『工政』を発行)で，また，「日本工人倶楽部」(内務省系で雑誌『工人』を発行)では初代関西支部長を務めるなど，土木界では宮本武之輔とともに最も活躍した人であった。

直木と宮本とは"大同"において"同志"であった。宮本は1941(昭和16)年4月第7代企画院次長(現在の科学技術庁)に就任し，直木は彼の栄転を祝した。

　　　　技術を磨きわざをぬきんで今し君まことの技術をとなへんとすも

社会的主張を数多く続けた異色の技術官僚はこの2人であったが，直木は「満州国」建設に，宮本は「大東亜」政策遂行に，それぞれ殉じたのは，何とも奇縁な巡り合わせである。

引用・参考文献
1) 直木倫太郎：『技術生活より　再版』，直木倫太郎，1919年
2) 直木力編集：『燕洋遺稿集　再版』，直木力，1980年
3) 関一研究会編：『関一日記～大正・昭和初期の大阪市政』，東京大学出版会，1986年
4) 俳句・短歌：『燕洋遺稿集　再版』所収
5) 雑誌：『工学』，『工人』，『工政』，『土木満州』，『満州帝国国務院大陸科学院彙報』など

出典

表-1 『燕洋遺稿集 再版』所収の「直木倫太郎略伝」と「直木倫太郎年代記」を基に，筆者が事項を追加して作成した

表-2 雑誌『工学』と『工人』より筆者が作成した

写真-1 『大日本博士録 第5巻 工学博士之部』(井関九郎著，発展社出版部，1930年) より

写真-2 雑誌『土木満州』(3巻3号，1943年6月) より

写真-3 雑誌『満州帝国国務院大陸科学院彙報』(7巻号外，1943年9月) より

写真-4 『技術生活より 再版』(直木倫太郎著，私家本，1919年) より

宮本武之輔 ———土木技術を科学技術へと広めた技術官僚の雄
みやもとたけのすけ

■工科大学の批判者志田林三郎の後継

　戦時中に日本に科学技術行政の制度化を導いた土木技術者宮本武之輔は，愛媛県松山市の沖合に浮かぶ小島興居島に1892（明治25）年1月5日生まれた。この日は奇しくも工部大学校を卒業して逓信省の技術官僚であった志田林三郎の亡くなった翌日に当たっている。志田はその2～3年前に工学会で「工業ノ進歩ハ理論ト実験トノ親和ニ因ル」と題して演説をし，中で自分の卒業した工部大学校を吸収して明治19年発足した帝国大学工科大学の教育に対する批判を述べていたのである。そして宮本もまた自ら卒業した東京帝国大学工科大学で養成される技術者像批判の立場に立ちながら自己形成をし，内務省の技術官僚として歩んだ人物だったのである。

　今日興居島の役場玄関前に，1954（昭和29）年建立された一つの記念碑がある。その表面に「偉大なる技術者宮本武之輔博士この島に生る」と，そして背面には人物像として「宮本武之輔君は正義の士にして信念に厚し，卓抜せる工学の才能と豊かなる情操と秀でたる，文才とを兼ね具へ終生科学技術立国を主唱す，知る者皆其の徳を慕ふ」と彼の履歴の三段階すなわち「我国土木事業に尽瘁」「大陸の建設事業を指導」「産業立国の策定に挺身」が刻まれている。

宮本武之輔（1892年1月5日-1941年12月24日）

■若き日の技術者論と技術論

　武之輔は，島の素封家の家柄に生まれた。だが祖父の放蕩がもとで，彼の少年時代家族の生活は零落したものであった。小学校時代の成績はよかったけれども進学はままならず，親戚をたよって瀬戸内海航路の汽船のボーイをしていたこともあった。しかし，島の篤志家の学資援助を受けることになって上京し，錦城中学から一高を経て東京帝国大学法科大学進学への思いを残しつつ，経済的理由によって工科大学へ進み，指導教授廣井勇の下で土木工学を修めた。彼は本来的には，国家的レベルでの経世家となるべく立身出世を夢みていた。しかし，工科大学での学習内容はそうした思いを満足させるものではなく，せまい枠の中に青年の頭を押し込めてしまう専門工学中心の無味乾燥なものであった。だがその頃，衛生工学担当の講師で来ていた直木倫太郎が，アメリカ技術界からの刺激を受けつつ展開していた革新的な技術者論の息吹に触れて，技術者として生きる上での新しい展望を武之輔は摑みつつあった。在学中

に官庁の中で主要行政職ポストを独占している法科系行政官僚との対決を意味する「所謂行政官に対する戦争」を決意し、あるべき技術者像を「一部に対するengineer、全部に対するmanager」と定式化して、「技術界の権威」になるとともに「技術家的行政官」になることをめざしたのである。またこれに対応させて、技術の対外的独立＝独創的な技術を生み出すことと、技術の国内的独立＝あらゆる技術の運用が技術者に委ねられることとの2側面からなる「技術の独立」という彼の生涯を貫く技術論を固めたのである。

■河川技術者として

まず「一部に対するengineer」としての歩みを述べてみよう。宮本は工科大学を1917（大正6）年恩賜の銀時計授与の首席で卒業し、直ちに近代化日本の国土保全・形成の総指令部内務省土木局へ就職した。官庁技師として利根川、荒川の直轄治水工事に従事し、この間、恩師廣井勇教授から示唆を得て鉄筋コンクリートについての研究に取り組んだ。この研究は、仏・独・英・米を巡る1年半に及ぶ欧米出張でもって深められ、関東大震災後の耐震構造への要請ともあいまって、ねじれに強い鉄筋コンクリート体設計原理確立という成果に結実した。この研究は宮本の学位論文となり、また昭和2年度の土木賞に輝いた。このあと、1927（昭和2）年から4年間にわたって信濃川大河津分水工事の補修工事現場主任として活躍し、戦前日本における最大の土木工事の一つであった信濃川分水工事を完成に導き、新潟県の湿田地帯であった蒲原平野を肥沃な穀倉地帯に生まれ変わらせるという偉業をなし遂げた。このような技術者としての目ざましい業績によって宮本は辰馬謙蔵、中川吉造、谷口三郎とともに、土木局河川工学の四天王と目されるようになった。すなわち「技術界の権威」に大学卒業後わずか15年ほどで到達したのである。

分水工事の完成後はまた本省にもどり、土木局第1技術課にあって災害査定官を務め、全国の風水害地域を巡って、災害復旧工事予算査定をまとめるという仕事に席の温まる暇もない激務にあけくれていた。宮本は、この仕事に1938（昭和13）年の暮興亜院技術部長に転ずるまで就いていた。この間のことであるが、1934（昭和9）年の室戸台風を契機に政府部内に土木会議が設置され、新しい治水原理の策定が進められた。このとき宮本も水害防止協議会の幹事として、欧米出張時に見聞を広めてきた、ダムによって利水と治水を組み合わせる「河水統制」という新しい河川技術行政原理策定に活躍したが、日本は満州事変以来すでに戦争の時代に入っていて、この事は戦後になってようやく国土総合開発行政として日の目を見ることとなった。

■「日本工人倶楽部」の牽引者

次に「全部に対するmanager」へ向かっての歩みである。これについては、自ら在学中にいろいろの語学や経済学などの「法科的修養」を身につけるという形で開始している。そして1920（大正9）年暮、山口昇や久保田豊といった元内務省土木技術者で

あった人たちによって，技術の社会的意義を広め，技術者の社会的指導者性を訴えてゆく技術者運動団体「日本工人倶楽部」が発会されたのであるが，宮本ももちろん参加し，たちまち中心の人物となっていった。宮本執筆する「発会の辞」には，「技術は自然科学と術とを融合せる文化創造なり」「技術者は創造者なり」「技術者の位置は槓杆の支点の如し」「日本工人倶楽部は技術的文化創造の策源地なり」「日本工人倶楽部の手段方法は合理的なり」の5つのスローガンが掲げられていた。そして3大綱領として「技術者の覚醒」「技術者の弊風匡正」「技術者の機会均等」があった。組織部局の中には，労働問題・社会問題の善導・研究をする社会部，技術者の職業紹介をするトレードユニオン部までもあった。この頃世界的に先進国で知識人の社会的運動の盛り上がりがあり，日本工人倶楽部の運動もそれらの動きの一環であった。日本の大正デモクラシー運動に一つの華をそえている。その後普通選挙法実現による合法的無産政党社会民衆党結成（昭和元年）に日本工人倶楽部は準備段階からかかわっている。このことには会員の中の吉野作造らに近い工科大学卒業者が意欲的に取り組んだことが大きかった。これは日本工人倶楽部と労働者階級との接近という重大な動きであるが，昭和恐慌状態の中での治安維持法体制下にこの動きは挫折させられた（昭和3年）。発足時倶楽部指導者たちは工業教育各学歴者の融合，技術者と労働者の融合ということを考え目指していたが，この頃，信濃川分水工事のため新潟土木出張所勤務となっていた宮本も動きがとれず，切歯扼腕する他なかった。日本工人倶楽部も社会民衆党の支持団体になった頃は会員約5千名を誇っていたが，その後退会者相次ぎ活動は頓に停滞した状態となった。

■大陸経営への参画

信濃川分水工事を完成へ導いて東京に帰ってきた宮本は，ただちに日本工人倶楽部の建て直しに取り組んだ。ところが，日本が中国との15年戦争の過程に突入していたこともあり，内務省直轄土木事業も長期縮小傾向に入っていたので，この時の日本工人倶楽部の活動は，土木局関係技術官の新たな活躍の場開拓の課題と結びついたものとなった。この課題との関係で，宮本の意識の中に青年期からの憧れの地中国大陸経営への日本技術者進出ということが大きく膨らんできた。この過程で，宮本ら日本工人倶楽部の土木技術者たちと陸軍軍人との繋がりが生じ，それは，近衛文麿を取り巻く政治的グループとの関係に発展していった。こうした背景を得て日本工人倶楽部も「技術の立場」から国論を指導する，という民族主義的テクノクラシーの立場へその立脚点を移していき，会名も1935（昭和10）年より「日本技術協会」と改め，あらゆる分野の技術者を戦争遂行のため国家総動員させようとする団体へ変貌していった。

また近衛文麿をかつぐ陸軍部をはじめ，大陸進出指向の国家革新的な政治的うねりは外務省の反対を押し切って，ついに大陸経営にかかわるあらゆる行政を総覧する興亜院の設置をもたらした。この時宮本武之輔は，日本技術協会を中心とする関連技術

者運動団体の全面的支持でもって，内務省土木局から興亜院技術部長に就任した。国運の示すところに飛躍しようとはせず，政策・行政の手段的立場に鬱屈しがちな土木技術界に対する内心の不満があったのかもしれない。この地位は官制上の部長ではなく職名部長であったが，大陸での技術政策・技術行政を全面的に担当する技術部の長というところに魅力があったものと思われる。宮本はここで工科大学時代からの夢「技術家的行政官」にたどりついたのである。大陸経営という限定された範囲ではあったが，技術に関しての「全部に対するmanager」の地位を得ることになった。

■ 科学技術新体制に向かって

興亜院設置の翌年にヨーロッパで第2次世界大戦が勃発し，ドイツ機甲師団による電撃作戦に衝撃をうけて，日本国内でも陸軍を中心に国家革新プログラムの検討が進められ，それは「総合国策十年計画」としてまとめられた。その中の重要項目「技術政策」をより具体化するようにとの指示が近衛側近の有馬頼寧より日本技術協会に発せられたのは，1940（昭和15）年の春であった。日本技術協会はただちに，90名あまりの課長クラスの中堅的官庁技術者を中心に，総動員関係の将官クラスの陸海軍人，かつて技術官僚であった重要企業の民間技術者あわせて150名ほどの人々からなる国防技術委員会を内部に組織した。委員会は日本技術協会長有馬を委員長に元通信省技師の梶井剛と宮本武之輔を副委員長にして10の部会にわかれて，その年の夏に検討を開始した。

各部会の最終答申はすべて宮本副委員長の手元に集中され，彼が若干手を入れて，9月には国内のテクノクラシー的革新化のための実践綱領といった趣の全10章からなる「総合国防技術政策実施綱領」という冊子にまとめあげられ政府へ具申された。そのうち日本技術協会の指導的人物の集まる第2部会のまとめた「第一章：一般技術政策および技術行政」が縮約され，企画院から「科学技術新体制確立要綱」として提案されることになった（ちなみに，鉄道省の技術官僚黒田武定が主査を務める第5部会がまとめた土木関係の技術政策「第五章：交通及公共事業に関する技術政策」の中には，総合国土計画，東京下関間（博多間）広軌新幹線建設計画，自動車専用国道建設計画，国鉄を国策会社民営組織化，等々のことがすでに触れられている）。

宮本はこの翌年1941（昭和16）年春興亜院技術部長から企画院次長に転じ，直ちに機構改正をして次長の権限内に「総合国力ノ拡充運用」に関する一切の管掌事項を吸収し，いよいよ国家的立場に立つ「技術家的行政官」として，この「科学技術新体制確立要綱」の実施を企図し，財界，官界，学界，軍部に対して渾身の根回しを展開した。そして原案の何度かの書き直しの後，ついにこの年5月閣議決定をみ，実施へ向かって動きだしたのである。最終決定をみた「科学技術新体制確立要綱」は「科学技術研究ノ振興方策」「技術ノ躍進方策」「科学精神ノ涵養方策」の3つの柱から構成されていた。前2つは，すでに示した宮本の技術論である「技術の独立」ということの2つ

の側面に対応している。第3の柱は興亜院技術部長になってから強い関心を持ち出した技術教育振興という問題に対応している。そして特に「技術ノ躍進方策」すなわち「技術の国内的独立」に関しては科学技術行政機関としての「技術院」の設置が予定されていた。

こうしてみると宮本武之輔は工科大学生活の中で抱いた自分の人生展望，すなわち「技術界の権威」「技術家的行政官」「技術の独立」の推進ということに殉じ，まさに初代土木学会会長古市公威が言った，土木技術者は「将ニ将タル人」でなければの原則を歩み抜いた人物ということがいえよう。

だが残念にも天はこれ以上の活躍を宮本に許さず，彼は1941 (昭和16) 年12月24日疲労困憊の極で突然死したのである。科学技術新体制の目玉，技術院の設置はまだであったが，12月2日内閣技術院官制要綱閣議決定を見たあとだったので少しは救われていると思われる。享年49歳であった。ほとんど絶筆に近いと思われる『帝国大学新聞』の昭和16年12月15日号に掲載されている宮本の「科学戦進軍譜」には，民族戦の一環としての科学戦において昭和16年での進展を「科学技術新体制確立要綱」の閣議決定，財団法人科学動員協会の設立，国民生活科学協会の設立，財団法人科学文化協会の設立，日本科学協会の設立，全日本科学技術団体連合会の改組の6点にわたって述べている。ようやく，科学や技術を国民的レベルで思想や価値として受けとめる時代がきたことを示し，喜んでいるようにも思える。

宮本武之輔の歩んだ道は，戦後，松前重義，大来佐武郎，安藝皎一によって継承されたと言って間違いないであろう。

引用・参考文献
1) 大淀昇一：宮本武之輔と科学技術行政，東海大学出版会，1989年
2) 大淀昇一：国土づくりの群像—宮本武之輔の思想と足跡—, "Grand Design" No.2 (パシフィックコンサルタンツ株式会社), 1993年5月
3) 高崎哲郎監修：久遠の人　宮本武之輔写真集，北陸建設弘済会，1998年

[12]
国際総合開発の先駆けとなった土木技術者たち

国際総合開発と土木技術者:通史　　　執筆:村上雅博
〔人物紹介〕　久保田豊　　　　　　執筆:村上雅博

国際総合開発と土木技術者：通史

　日本は，1951（昭和26）年6月，サンフランシスコ平和条約を調印し，完全な主権と独立を回復したが，日本の国際社会復帰にあたって，同条約第14条（対日賠償条項）で，賠償が義務づけられ，1954（昭和29）年11月，「日本・ビルマ平和条約及び賠償・経済協力協定」が調印された。この平和条約は，「日本が与えた損害及び苦痛を償うため」の賠償の支払いのほかに「ビルマ経済の回復及び発展ならびに社会福祉の増進に寄与するため」の協力について規定されており，戦後処理としての賠償支払いと並行して，経済協力を行うことが明記されている。

　久保田の卓越した予見と着眼点は，戦後の復興期から抜け出して，新たな世界の安定と平和に貢献する開発プロジェクトに，一民間コンサルタントの立場から着目したことにある。その背景は，戦前に地域経済開発の視点から朝鮮鴨緑江水力発電開発プロジェクトを自ら指導し完成させた実績に基づき，日本政府と国連の両者に働きかけて，当時の日本の土木（河川・ダム）技術の集大成をプロジェクトにまとめ，その第一歩として，久保田は日本政府の第一号賠償プロジェクトとして，ビルマのバルーチャン電力開発プロジェクトを選んだ。プロジェクト選定の過程で久保田は米国と英国の技術コンサルタントがそれぞれに策定した開発計画を，自らのアイデアと構成力で最適なプランへと変更し，ビルマ政府（国会）は久保田提案を受け入れた。戦後の打ちひしがれた時代に，欧米に

ナムグムダム（ラオス）。戦後の海外技術協力の試金石

ラオス，ナムグム多目的ダムプロジェクトの調印式

284　国際総合開発の先駆けとなった土木技術者たち

鴨緑江・水豊ダム（戦前の日本ダム技術の偉業）

世界銀行職員ほかとの技術討論（日本工営本社にて）

勝つ比較優位の技術提案が認められたことは，当時の日本に明るい光を見いだし，日本が将来に向けて歩み出す第一歩となった。続いて久保田は，国連関連援助としてラオスのナムグム水力発電プロジェクトに取り組み，日本勢では初めての国際入札プロジェクトを受注する快挙を成し遂げ，日本の土木技術が世界の第一線のレベルにあることを示した。

　ビルマに続き，1958（昭和33）年に「日本・インドネシア平和条約賠償協定」を調印した後，1961（昭和36）年に久保田の指導のもとにインドネシア・ジャワ島のブランタス河流域総合開発のマスタープランに取り組み，上流地域のダム建設，下流地域の洪水・防災計画を重視した流域開発計画を作成した。その後1971（昭和46）年から1973（昭和48）年にかけて，海外技術協力事業団（JICA）が洪水防御と灌漑用水に重点を置いて，1961（昭和36）年のマスタープランの見直しを行い，1960年代以降のダム建設，灌漑，河川改修に円借款を中心とする資金協力を実施する第一歩を踏み出した。

　ブランタス河流域開発で日本が協力してきた計画策定，資金協力，ならびに日本企

業が受注した事業の実施と長年の国際協力の中で，日本の技術者は単に机に座ったままで指示をするのではなく，インドネシア人技術者とともに汗を流し，腹を割って話し合い，協力することでインドネシア人技術者を育てていくことに成功した。このように共通の目標に向けて日本とインドネシアが協力して事業に取り組む姿勢は「ブランタス・スピリッツ」という言葉で呼ばれた。

　戦後の世界の安定と平和のために最も必要とされた発展途上国の開発プロジェクトの可能性に目を開いた久保田は，敗戦後から立ち直る高度経済成長期にかけて，発展途上国の「国づくり・人づくり」のための開発調査を通じて，日本の土木（河川・ダム）技術が世界の第一線の水準にあることを世界に示した。久保田の卓越した着眼点と構想力と予見力によって，スケールの大きな総合開発計画が事業化し，10年，20年，30年の歳月を積み重ねながら実現化していくなかで，共にプロジェクトを創っていった途上国のエンジニアが次々と育っていくとともに，日本の国際化のパイオニアとしての次世代の技術者集団が，世界の隅々で活躍するようになっていった。今日，日本の国際（技術）協力は世界のトップにたどりついている。

出典
1) 「追悼久保田豊」編集委員会編：追悼久保田豊，1987年

久保田 豊 ── 国際総合開発の先がけとなった技術者

■世界を舞台にした起業の達人誕生

久保田豊は1890（明治23）年4月27日，熊本県阿蘇郡宮地町にて父・愿と母・みつの長男として生まれた。1914（大正3）年に東京帝国大学工学部土木工学科を卒業すると，その3カ月後には内務省渡良瀬川改修事務所に入省した。その後，結婚という人生の転機等を経験し，入省から5年後には千葉県関宿・江戸川改修事務所関宿工事場長に就任，前途洋々であるかのように見えた。

しかし，このときの久保田には世界を視野に入れたグローバルな海外開発事業を展開したいという夢と野望があった。このまま内務省にいても自分の希望する業務ができないと思った久保田は，江戸川改修事務所関宿工事場長に就任して1年後には内務省を退官している。民間の一技術者として茂木本店に入社し，商工部天竜川電力開発責任技師となった久保田であったが，このわずか半年後には久保田工業事業所を設立し，起業家としての才覚の一部を見せている。

1966（昭和41）年頃の久保田豊
（「私の履歴書 経済人9」日本経済新聞社，1980年より）

その後，1926（大正15）年1月に朝鮮水電株式会社に工務部長代理として入社し，1930（昭和5）年に朝鮮水電株式会社が朝鮮窒素肥料株式会社に合併，朝鮮窒素肥料株式会社となると，久保田は水電本部工務部長に就任，翌年には同会社の建設部長となった。朝鮮窒素肥料株式会社に勤める傍ら，久保田は1933（昭和8）年からわずか4年間に5つの会社を設立し，起業家としての道を歩み始めたのである。そして，11年間勤めていた朝鮮窒素肥料株式会社が日本窒素肥料株式会社に合併されると，日本窒素肥料株式会社取締役に就任，後に1946（昭和21）年まで専務取締役に就く。その間にも起業家としての才能を発揮して，いくつかの会社と団体を設立していく。特に1943（昭和18）年8月に設立した朝鮮電業会社では，大きな水力開発ダム・プロジェクトもこなし，久保田の夢と野望の一部は為し得たように見えた。しかし，1945（昭和20）年第二次世界大戦で日本は敗戦，そのため朝鮮・満州から引き揚げ，久保田も京城からの撤退を余儀なくされた。

日本に帰ってきた久保田を襲ったのは，戦災の瓦礫と極度な経済的混乱だった。そのような状況下で，満州・北朝鮮で共に働いてきた技術者集団が生き残る道を探す過程で，翌1946（昭和21）年には新興電業株式会社（後に日本工営株式会社）を設立し，取締役・社長に就任する。

■ 国際社会の一員となる日本，海外雄飛の幕開け

　1950（昭和25）年の朝鮮動乱は，わが国の経済復興を一気に加速させた。しかし，翌1951年頃になると朝鮮特需ブームは冷め始めた。わが国が米国の援助を離れて経済を自立させるには，まず国際競争力を培い，海外の市場を開拓しなければならなかった。わが国の産業界が1950年代に盛んに海外進出を企図するようになったのはそのためである。そして久保田が積極果敢に海外に雄飛を始めたのもちょうどこの時であった。久保田は，かつての朝鮮電業時代のようなスケールの大きなプロジェクトが海外には，多数あると確信していたからである。

　久保田の海外プロジェクトへの夢を現実のものとする契機になったのが，1952（昭和27）年インド西海岸にあるゴア鉄鉱山の資源調査だった。これは各製鉄会社によって組織された鉄鋼原料委員会から委嘱されて久保田が開発調査を担当したものであった。調査内容はゴア鉄鉱山の鉄鉱石埋蔵量と有望性の確認，設備補強に関する予算規模，社会基盤の状況であった。約1カ月にわたる調査を終えて帰国した久保田はゴア鉄鉱山の調査報告書をまとめる一方で視察内容を振り返りながら，インドをはじめ東南アジア諸国には，まだまだ開発できる有望プロジェクトが多数あることを確信した。当時，建設コンサルタントの海外事業展開は時機尚早との批判があるなかで，久保田は社運をかけて，1953（昭和28）年9月タイを手始めにインドネシア，ビルマ（現ミャンマー），インド，西パキスタン（現パキスタン）を経て欧州に向かい，パリから大西洋を渡り中南米へと向かう世界一周の視察旅行に出たのである。

■ 国際開発プロジェクトの端緒，バルーチャン電力開発と東南アジアへの軌跡

　久保田は1953（昭和28）年の海外視察の中で，東南アジアではインドネシア，タイ，インド，パキスタンに重きを置いていた。ところが，インドネシアからビルマ（現ミャンマー）に入った久保田を意外なビッグプロジェクトが待ち受けており，思いがけぬ方向に事態が発展したのである。

　当時ビルマ政府は，米国の技術コンサルタントがまとめあげた3つの電力開発計画の選択に迷っていたが，それを久保田に示し判断を求めたのである。久保田は3つの計画を見比べ，ラングーン，マンダレーへもほぼ同じ距離で送電でき，将来の基本線になり得ると判断してバルーチャン発電計画を推すとともに新たな開発構想計画を提出したいと申し出た。そして，この旅行中に夜を徹して計画書をまとめ，航空便でビルマ政府に送ったところ，この新しい計画案に強い興味を抱いたビルマ政府が直接に調査を久保田に依頼してきた。しかし，その直後に英国の経済調査団がビルマを訪問，バルーチャン開発を引き受けたいとの意向を示した。ビルマ国会では英国と日本で見積り合わせをすべきとの議論も出されていたが，1954（昭和29）年4月30日にビルマ政府は日本に調査継続を委ねる決定をし，契約書に調印した。

　第1期計画8.4万kW，発電所建設資金111億円，送電線建設費79億円などを合わせ

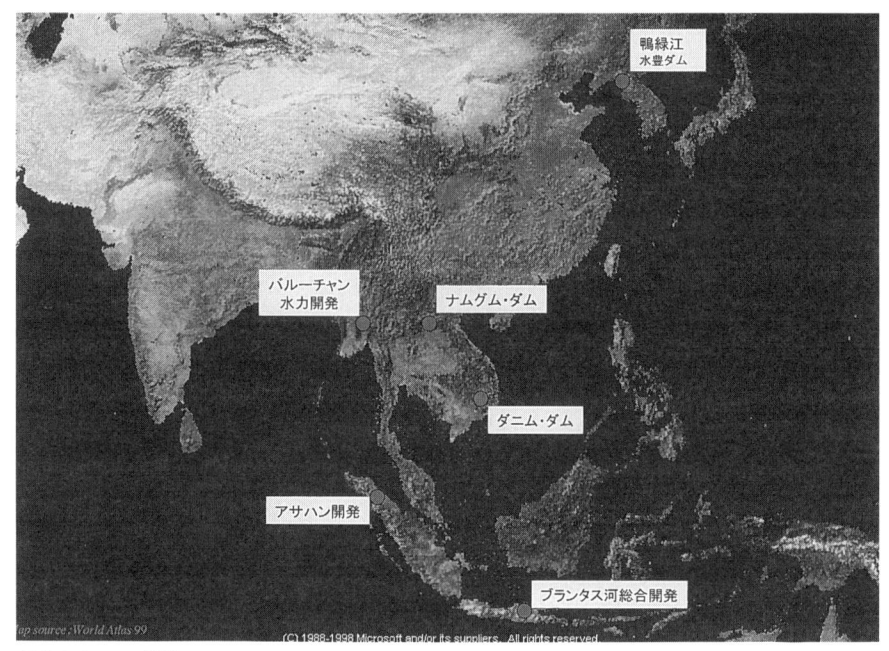

東南アジアへの軌跡

た建設費総額194億円のバルーチャン電力開発は、久保田の熱意と情熱の結晶として動き始めたのである。同プロジェクトは当初英国・ポンド貨建ての商業契約としてスタートしたが、1954年11月に日本ビルマ賠償協定が締結されてから日本政府の対ビルマ賠償総額は720億円に及び、さらに180億円の経済協力を行った。

久保田はバルーチャン計画の調査・設計から工事施工の監理までを一貫して指導した。このバルーチャン電力開発で欧米の技術コンサルタントにひけをとらない創意と工夫に満ちた技術プロポーザルを日本人の手でつくり上げることができたという自信から、日本政府の技術協力が世界に向けて展開していく足がかりを得ることになった。

次に久保田はダニム水力発電計画（当時南ベトナム）に取り組んだ。このプロジェクトの構想は、1955（昭和30）年の夏、東京で開かれた国連アジア極東経済委員会（ECAFE、現ESCAP）の総会で久保田が発表した戦前の視察に基づくダニム開発構想に対し、ベトナム公共事業省の技師長らが強い関心を持った事が端緒となったものであった。

バルーチャン、ダニムの開発に続き久保田の名声をさらに高めたのは、1956（昭和31）年3月からスタートしたメコン河開発調査だった。

■国際河川メコン河開発，ジェネラルメコン（メコンの将軍）

中国，ビルマ（現ミャンマー），ラオス，タイ，カンボジア，ベトナムを貫流する国

際河川メコン河は，電力電源をはじめ膨大な開発ポテンシャルを秘めた大河であり，その開発は国際的にも注目を集めていた。そこで，国連（ECAFE）水資源局は洪水調節，水利用の可能性などについて調査団を派遣することとして久保田に調査団へ参加するよう要請してきた。この要請を受け久保田は1956年と1957年の2回にわたりECAFEのコンサルタントとして参加し

初めてのアフリカプロジェクト調査へ（ECFAミッション団長）

た。このチャンスに久保田は調査に精力的に参加し，メコンの川筋に精通していたため，ジェネラルメコン（メコンの将軍）のあだなを賜ったという。その後，メコン河支流における水力開発の可能性の高さに目をつけた久保田はベトナムのセサン，ラオスのナムグムの開発調査を提案し，国際指名入札競争で欧米の技術コンサルタントに打ち勝ち，両調査を国連から受注する。ナムグム調査は1963（昭和38）年に完了し，1966（昭和41）年には実施計画および施工監理の発注通知が世界銀行から久保田のもとに送られた。総工事費は100億円，3万kW（最終15万kW）の発電所を建設，ラオス全土の電力需要を満たし，残りをタイにも送電して外貨を獲得できるという優良プロジェクトの一つであった。

■ 日本の国際技術協力の試金石，インドネシア・ブランタス河流域総合開発

　久保田の偉業はアジア諸国の注目を集めるところとなり，インドネシアからネヤマ排水計画の調査を1959（昭和34）年に依頼された。東ジャワの火山・クルド山の山裾を流れるブランタス川は火山灰によって河床が高くなり，流域ではたびたび大洪水が起きていた。さらに，支流のトルンアグン川も本流との合流地点が埋まり，地域の住民は洪水に悩まされていた。そこで，巨大な排水トンネルを建設して溢水をインド洋側へ排水する技術代案を示し，これが同国政府の受け入れるところとなり，調査，設計，施工監理を行うこととなった。直径7m，延長1kmのネヤマトンネルは着工後1年で完成し，トルンアグン一帯は翌年から水害を免れ，農産物は200万ドルの増収になった。

　インドネシアではネヤマトンネルに続き，ブランタス川の発電，洪水調節，灌漑，砂防などを目的とする総合開発計画，カリマンタン島南部のリアムカナン川の治水と発電を兼ねたプロジェクトも依頼されている。特筆すべきは，久保田が戦前の朝鮮電業時代に現地に乗り込み，構想計画をインドネシア政府に発信し続けていたスマトラ島北部のアサハン・プロジェクトである。スカルノ大統領時代にソ連の経済援助の対象となり縁が切れたかにみえたアサハン水力ダムを機軸とする地域総合開発計画は，1969（昭和44）年に久保田が自費による開発調査をもとにスハルト大統領と会いプロ

ジェクト実施を進言し端緒をつくったことである。先に述べたナムグム開発と同様に，長年の歳月を経て実現した久保田執念のプロジェクトの一つである。

ブランタス川の上流のカランカテスと支流地点のカリコント，カリマンタン島のリアムカナンにおける開発プロジェクトを合わせて，その頭文字から「3Kプロジェクト」と呼ばれた。ブランタス河流域の開発事業は，国際協力のサクセスストーリーとして，当事国のインドネシアのみならず，日本政府をはじめ世界銀行やアジア開発銀行などの国際機関から高く評価されている。久保田イズムは次世代の開発コンサルタントに引き継がれ，実施機関の政府とコンサルタントが一体となって，ブランタス・スピリッツを形成し，国づくりと人づくりが一体となった国際協力のパラダイムをつくったのである。

社会的な活動としては1963（昭和38）年にベトナム共和国大統領府経済顧問を務め，翌年には社団法人海外コンサルティング企業協会会長，1965（昭和40）年には社団法人土木学会名誉会員になっている。1973（昭和48）年に新興電業株式会社から日本工営株式会社と改称して会長職に転じてからは，業務活動以外にも財団法人ユネスコアジア文化センター評議員になるなど文化面での働きが活発になってきた。翌年には勲一等瑞宝章を受勲している。それから1985（昭和60）年に勲一等旭日桐花大綬章を受勲するものの，1986（昭和61）年9月9日に心不全のため逝去する。享年96歳，華やかだった人生に幕を閉じた。

久保田の偉業は，世界をみつめた水力開発から出発して国際総合開発のパラダイムを切り開き，日本の国際協力が世界のトップに上りつく原動力になった。日本の技術協力の原点を久保田の夢と情熱に見いだすことができるとすれば，久保田イズムの薫陶をオンザジョブ・トレーニングのかたちで受けた次の世代の若い技術者たちが次々と世界にはばたき，地球規模での発展途上国の国づくりと人づくりに情熱をかたむけ活躍していったことにも一言ふれておくべきであろう。

引用・参考文献
1) 日本工営株式会社編：日本工営50年史，1996年
2) 「追悼久保田豊」編集委員会編：追悼久保田豊，1987年
3) コーエイ総合研究所編：メコン河流域の開発，国際協力のアリーナ，山海堂，1996年
4) 日本工営／コーエイ総合研究所編：インドネシア・ブランタス河の開発，技術と人々の交流，1997年
5) 海外技術協力事業団編：海外技術協力事業団　10年の歩み，1973年

[13]
建設産業の基礎をつくった土木技術者たち

建設産業と土木技術者：通史　　　　執筆：菊岡俱也
〔人物紹介〕　菅原恒覧　　　　　　執筆：菊岡俱也
　　　　　　鹿島精一　　　　　　執筆：菊岡俱也
　　　　　　山田寅吉　　　　　　執筆：松浦茂樹
　　　　　　平山復二郎　　　　　執筆：宮越　堯

建設産業と土木技術者：通史

　本章では土木事業の発注側ではなく，戦前の表現でいえば「土木請負業」（土木建設業）の側に身を置いた明治・大正期の土木技術者たちについて概観しよう。
　彼らを大きく分ければ，①近代土木工事が興った明治初期に自らの工事体験等にもとづいて土木建設業を創業した人々，②工部大学校が第1回の卒業生を送り出した以降に高等土木教育あるいは中等実務教育を授けられ直ちに業界（土木建設業・コンサルタント等）に身を投じた人々，③高等土木教育あるいは中等実務教育を終えて発注者側に身を置いてのち建設関連の業界に転じた人々，とに分けられよう。
　①の例に佐藤助九郎らが，②の例に鹿島精一らが（鹿島は大学を卒業して鉄道局に奉職したのち鹿島組に迎えられたが，官にいた期間が短く③ではなく②とみてよいであろう），③の例には工部大学校を卒業して太田事務所を興した太田六郎や土木請負業早川組を創業した早川智寛のように創業者となった人々と，官を辞してのち建設業に入社した直木倫太郎のような人々とがあり，後者の人々の数は多い。帝都復興局長官を経て大林組に入社した直木倫太郎の場合，同じ土木の仕事に従事しても発注者の側と受注者の側とでは意識の上で異なったようで，鹿島精一はそのことを次のように記した。「私の同窓で先年まで復興局の長官をしておりました直木君が，一昨年でありましたか大林組に技師長として入りまして，この業界の実際の真諦にたずさわりまして，いかにも複雑した厄介な仕事，しかし一方では本当に生きた仕事で，自分ども役人として死んだ仕事ばかりやっておった者としては，全く新しい学問をするような気がするというようなことを告白された」（『面影　鹿島精一・糸子抄』所収，原文を現代風に改めた）。
　このようなことを前提として上記の区分別にいくつかの群像をみてみよう。なお，②の例から鹿島精一を，③の例から建設業界の近代化に尽くした菅原恒覧と，同じく③から山田寅吉を，またコンサルタントとして平山復二郎の略伝を掲載した。
　なお，ここにとりあげた土木技術者はほんの一群の人々であり，数限りない人々が建設産業関連の土木技術者として存在したことを承知しているが，紙数の関係もあり，登場人物を限らせていただいたことをお断りしたい。

■ ①の例　自らの工事体験にもとづいて土木建設業の創業者となった人々
　近代初頭の時期，①に該当する人物で正規の技術教育を受けた人々はいない。彼らは現在でいえばOJTにより技術・技能を習得して，新しい産業である土木建設業を創業した。代表的人物として佐藤助九郎をとりあげよう。
　佐藤助九郎，[1847（弘化4）年-1904（明治37）年] は現在の富山県砺波市柳瀬

(現・東開発）に生まれた。付近は庄川の氾濫に悩まされ柳瀬者（やなぜ）といえば川除普請（かわよけふしん）に携わる特殊技能者として知られており，1862（文久2）年に佐藤組を結成，常願寺川改修工事を初仕事として庄川，神通川，常願寺川，黒部川の治水工事を請け負った。明治に入り佐藤組は河川工事から橋梁，鉄道，建築工事へと分野を広げ，1877（明治10）年の西南の役では「黒鍬隊（くろくわたい）」を組織して橋梁架設，道路修理，陣地構築等に名をあげた。1874（明治7）年建築分野へ進出し，1885（明治18）年から東海道，北陸，中央，山陰，福知山線，中越線（現在の城端線）の鉄道工事を請け負った。

河川工事では，常願寺川大改修工事1892（明治25）年〜1897（明治30）年においてお雇い外国人技師ヨハネス・デ・レーケを招いて，機械化工法を採用して完成させ，1896（明治29）年には庄川大改修工事も請け負った。助九郎は私費を投じて橋を架け通行料で費用を回収するなども行い，明治30年代からは韓国の鉄道工事にも進出したが，工事の完成を見ずに急逝した。

このほか，新橋・横浜間の鉄道工事の海面埋め立て等に活躍した梅田半之助，同じ工事に活躍した山中政次郎，梅田半之助の配下から独立し鉄道工事に活躍した杉井定吉，現在の横浜・高島町を埋め立てた高島嘉右衛門［1832（天保3）年〜1914（大正3）年］，人造石の「たたき工法」で宇品築港などを請け負った服部長七［1840（天保11）年〜不明］，鹿島岩蔵［1844（弘化元）年〜1912（明治45）年］，飛島文治郎［1850（嘉永元）年〜1927（昭和2）年，西松桂輔［1850（嘉永3）年〜1909（明治42）年］，熊谷三太郎［1871（明治4）年〜1951（昭和26）年］，飛島文吉［1876（明治9）〜1939（昭和14）年］，前田又兵衛［1877（明治10）年〜1938（昭和13）年］，大林芳五郎［1864（元治元）年〜1916（大正5）年］らや，とび職出身で「架橋の名人」といわれた小川勝五郎，大倉土木の大倉喜八郎とならんで政商といわれた藤田伝三郎，松本荘一郎の知遇を得て沢井組を創設し港湾・鉄道工事に活躍した沢井市造，日本土木会社を経て志岐組を創業した志岐信太郎，有馬組を創業した森清右衛門，築地工手学校土木科を卒業して満州に渡り戦前の韓国中国東北部の建設業の指導者となった榊谷仙次郎（さかきやせんじろう）らがいる。また12歳のときに鹿島岩吉（鹿島精一の義父）に引き取られて小僧となり鹿島組施工の数々の鉄道工事を担当し，のちに鉄道請負業星野組を創設，菅原恒覧らとともに鉄道工業合資会社の経営にも参加，のち私財を投じて明星実務学校（現・明星大学）を開校した星野鏡三郎らが記憶に残る。

■②の例　有限責任日本土木会社の土木技術者たち

高等土木教育を授けられて直ちに業界（土木建設業・コンサルタント等）に身を投じた初期の人々に，1887（明治20）年設立の日本土木会社に入社した土木技術者たちがいる。同社の，公称資本金200万円というのは1889（明治22）年末現在で6位に位置する明治時代を通じて最大の「建設会社」であった。ちなみに1位が日本鉄道：2,000万円，山陽鉄道：1,300万円，日本郵船：1,100万円，北海道炭礦鉄道：650万

円，内国通運：220万円，日本土木会社200万円（払込資本金50万円）の順である。日本土木会社は，官庁工事を競いあって請け負っていた東京の大倉組（大成建設の前身）と大阪の藤田組（現在のフジタとは無関係）とを，財界人の渋沢栄一がとりもって合併させた建設会社である。渋沢側の資料によれば，当時，大倉組と藤田組は互いに競争の弊害に陥っており，わが国の土木事業の発展にとってこれは不利なことであると，渋沢は考えて両者を合併させて優秀な技師を雇い入れて近代的な経営を行い，建設業者の「弊習を一洗せんこと」を期した企業であった（『青淵先生六十年史』）。

　渋沢が両者の併合を進めた背景には，東京日比谷の中央官庁集中計画，陸海軍の軍事施設拡張構想など大プロジェクトがあり，政府にとってこれらを一括発注できる実力を備えた大建設会社が出現するとよいという期待があった。官庁工事に特命契約が可能であった時代である。

　日本土木会社に入社した土木技術者に次のような人々がいる。

　工部大学校土木科の卒業生では，杉山輯吉（1879年卒），太田六郎（1880年卒），高田雪太郎・香取多喜・山内市太郎（1881年卒），大島仙蔵・野辺地久記・笠井愛次郎（1882年卒），渡辺嘉一・河野天端・宮城島庄吉（1883年卒），小川東吾・久米民之助（1884年卒）らが，機械科では岡実康（1880年卒）が，帝国大学工科大学土木学科の卒業生には岸口金三郎・野口粲馬（1888年卒）らがいた。本章に書かれる山田寅吉は仏・エコール・サントラルに留学して学位を得，内務省・農商務省等を経て日本土木会社取締役技師長として入社した。のちに山田は個人で請負業も始めている。1887（明治20）年から末年にかけて大学を出て建設業を創業，または入社した人物は，上記の日本土木会社の技師たちと佐藤成教，清水組に入社した工部大学校卒の坂本復経（建築系），菅原恒覧，久米民之助，鹿島精一らを除けばいなかったといってもよい。ちなみに1908（明治41）年東京帝国大学文学部に入学した夏目漱石の『三四郎』の主人公の時代，最高学府に進学する学生は10万人の同時代の青年のうち3人といわれる貴重な存在であった。

　このように，希少価値の最高学府を卒業した土木技術者たちが同社に大量に入社したのは，前述のように日本土木会社の設立の動機に彼らを受け入れる素地があったからである。数少ない最高学府卒の優秀な人材を請負企業にとられることに危機感を抱いた官庁側の人々もいたという。日本土木会社が施工した主な土木工事に東京湾澪筋浚渫，琵琶湖疎水閘門・トンネル，東海道線，佐世保軍港，大阪天神橋，利根運河開削，碓井峠トンネル・九州鉄道，門司築港などがある。

　各界より期待された日本土木会社であったが，やがて藤田伝三郎兄弟が去り，また一般競争入札を原則とする1889（明治22）年の会計法公布により1892（明治25）年に社業を閉じ，翌年6月大倉喜八郎の個人企業である大倉土木組に吸収され，土木技術者たちの多くは同社を去った。特命による官庁工事契約という特異なシステムの下での

経営であったが，もし同社が経営を閉じることなく継続していたならばわが国の土木技術の発展は発注者主体ではなく別のかたちをみせていただろう。

■③の例　発注者側から業界に転じた土木技術者たち

　高等土木教育あるいは中等実務教育を終え，発注者側に身を置いてのち業界に転じた主な人々に次のような人々がいる。「官を辞して野に下った」人々である。

　南一郎平，[1836（天保7）年-1919（大正8）年] は大分県の庄屋の家に生まれ，故郷の広瀬井手水路工事の統括を命ぜられて一応の完成後，松方正義に招かれて上京，内務省・農商務省の役人として最初に猪苗代疎水工事に従事した。のちに那須野原・琵琶湖，天竜川などの疎水工事・各地の工事に従事して1886（明治19）年に退官。井上勝の勧めにより新渡戸七郎とともに鉄道請負業「現業社」を創立する。現業社は東海道線・横須賀線・信越線・東北線などのトンネル工事で活躍，トンネル施工技能者も育て「隧道南」といわれたが，難工事をつぎつぎに請け負ったため社運は衰え没落したといわれる。

　早川智寛，[1844（弘化元）年-1918（大正7）年] は九州小倉に生まれ，上京して攻玉塾に入り学業を終えて大蔵省土木寮に入った。翌年土木権中属として信濃川分水掘削工事を担当した。1876（明治9）年には関宿出張所長となり1878年に野蒜築港所主任に就任するが土木局長石井省一郎と衝突して辞任。1879年に三重県土木課長となったがここでも県令と衝突して宮城県土木課長に転じて手腕を発揮した。1886（明治19）年に退官して土木請負業早川組を創設した。早川組は鉄道，道路工事を担当したがのちに解散。それまでに得た巨額の財産を部下に分け与え，橋本組（橋本信次郎），小山組（小山義重）などが設立された。1903（明治36）年から1907年にかけて仙台市長となり地方行政にも手腕を発揮した。

　間猛馬，[1858（安政5）年-1927（昭和2）年] は高知に生まれ，上京して，鉄道局に入り各地の鉄道工事に従事したのち官を辞した。仙石貢とは竹馬の友であった。1889（明治22）年4月，九州の門司で小川勝五郎の援助を得て「間組」を創立，九州の鉄道工事を請け負った。1902（明治35）年，本店を下関市外浜町に移し，1903（明治36）年からは韓国の鉄道工事，旧満州の製鉄所建設工事などを請け負い事業を拡大した。1909（明治42）年，鴨緑江橋梁工事を特命で請け負い，日本人として最初の潜函工法による橋脚基礎の施工を行った。国内では水力発電工事の分野に進出，1917（大正6）年，資本金50万円の合資会社間組を組織するが病気のため第一線を退いた。

　以上のほか，本書で触れた長谷川謹介，直木倫太郎，田中豊らも該当しよう。

　このほか，工部大学校土木科を卒業して工部省鉄道局から日本土木会社に入社し鉄道工事の太田六郎工業事務所を設立した太田六郎，太田に次いで埼玉県庁・海軍・明治工業会社を経て請負業を興した工学士の佐藤成教，工部大学校教授から転出して日本土木会社に入社，のち久米組を興し代議士ともなった久米民之助，東京帝国大学土

木学科を卒業後九州鉄道株式会社に入社し同社が鉄道国有法により国に買収されると太田六郎事務所に入り磐越西線工事に従事した梅野実，のち梅野は満鉄に入社して大連埠頭事務所長などに就任，梅野事務所を経て満州国土地開発株式会社理事長などを歴任している。また1912（明治45）年に攻玉社土木科を卒業後，鉄道院に入り退職の後，頸城(くびき)鉄道株式会社，長岡鉄道株式会社，王子製紙株式会社等を経て，菅原恒覧の鉄道工業合資会社に入社し，1921（大正10）年の丹那トンネル崩壊事故では沈着な行動により8日間の生き埋めから自身も含め17名を生還させた飯田(いいだ)清太(きよた)らの名をあげよう。

　コンサルタントでは，本章に書かれる平山(ひらやま)復二郎(ふくじろう)，[1888（明治21）年-1962（昭和37）年]。札幌農学校土木工学科を卒業，農商務省海外実業練習生としてイリノイ大学大学院に学んでPh.Dの学位を受け，帰国後鉄道院に復帰，退官ののち阿部事務所を設立，建築や橋梁・発電所の構造設計等に携わりのち戦災復興院総裁，特別調達庁長官に就任した阿部美樹志[1883（明治16）年-1965（昭和40）年]がおり，阿部は1937（昭和12）年に建設業者主体の匿名組合共栄会に出資，コンサルタントとして中南米や東南アジアの道路・水力発電所・屠殺場などの設計を行った。1920（大正9）年に久保田工業事務所を設立し，戦後日本工営の創立者となった久保田豊がいる。橋梁のコンサルタントとしては樺島正義が初めてであるという（"特集・初説人物土木史"「土木学会誌」第67巻第11号に成瀬輝男氏による樺島も含む橋梁技術者たちが記されている）。

引用・参考文献
1) "特集・初説人物土木史"「土木学会誌」第67巻第11号，1982年
2) 土木学会編：土木と200人，1984年
3) 清水留吉：『日鮮満土木建築信用録』，日本実業興信所，1912年
4) 井関九郎：『大日本博士録』発展社出版部，1930年
5) 日本交通協会鉄道先人録編集部編：『鉄道先人録』，1972年
6) 沢和哉：『鉄道に生きた人びと　鉄道建設小史』，築地書館，1977年
7) 菅野忠五郎編：『日本鉄道請負業史　明治編・大正昭和前期編・昭和後期編』，鉄道建設業協会，1967～90年
8) 菊岡倶也：『建設業を興した人びと　いま創業の時代に学ぶ』，彰国社，1993年

追記
建設業史に関するより広範な関連文献リストは菊岡倶也：『建設業を興した人びと　いま創業の時代に学ぶ』所収の"建設業史に関する文献解題"を参照されたい。

菅原恒覧 ——————戦前建設業界のリーダーとして挺身

　近年，建設業界は銀行業界とならんで，マスコミなどの批判に晒されている。国家の財政難のなか，従来型の社会資本の整備や公共投資はよくないと喧伝され，また公共投資はゼネコンの利益のためにのみあるように報道され，「建設業崩壊」などの文字が経済雑誌や週刊誌のタイトルに躍っている。

　そのようななかで地味な努力を続けているのが業界団体といわれる存在である。

　業界団体は戦前に誕生し建設業界の近代化に向けて，ある時は行政当局に業界の意見を述べ，折衝し，要望し，自らの権益を守るための活動を続けた。

　戦前の建設業者団体のリーダーであったのが菅原恒覧と鹿島精一で，彼らは自社の経営とともに団体の指導者となり，業界の期待に応えた。当時，建設業者の経営者で最高学府の卒業者は少数で，そのことも衆望を得た理由の一つであろう。

■誕生からエリート官吏になるまで

　菅原恒覧は，1859（安政6）年7月24日，岩手県一関元五十人町に生まれた。幼名は忠之介である。のち伯父菅原俊蔵の養子となる。10歳の春から藩校の教成館や千葉塾ほかに学んだ。13歳のときに藩主の前で孟子を講じ賞められた。

　一関に水沢県支庁が設置され，官吏養成のため優秀な生徒1人を選抜して給仕に採用することになり，恒覧が選ばれた。月給は1円であった。水沢県の給仕には斉藤実（のち首相）と後藤新平（のち外相，東京市長）が選ばれた。次の年，支庁長の本庁転勤にともない恒覧も本庁の勤務となった。気性が激しかった彼は"豪乱"と県の給仕時代にニックネームをつけられ，陰では"強乱"とも呼ばれていた。

菅原恒覧

　本庁勤務は恒覧の将来を託すものとは思えず，教員養成所，英語学校，中学校，東京・神田の共愛社，高等商業学校と転校し（もっとも彼の転校には自らの意志でというより廃校のため余儀なくということもあったが），1878（明治11）年農学校予科入学を経て，1880（明治13）年工部大学校に入学（成績の上位3位までは授業料免除の官費生で恒覧は2番で入学した），専門科への進学に際しては土木学科を選んだ。恒覧の土木工学との初めての出会いである。工部大学校時代に大宮・栗橋間鉄道の線路敷設の実習に参加，在学中に各地の鉄道・河川・港湾の現場を見て回った。

　工部大学校は1886（明治19）年，帝国大学工科大学となり，恒覧は帝国大学工科大学に編入となり4月に第1回卒業生として学窓を出た。29歳であった。工部大学校の卒業生は官吏として7年間働く義務があり，恒覧は鉄道局採用となった。鉄道六等技

手で月給60円。初仕事は日本鉄道の宇都宮・白河間の線路敷設工事で，2年目に東京に転じ甲武鉄道会社の新宿・八王子間工事に関わった。

大学の卒業までに手間取ったもののここまでがエリート官吏として歩んだ道で，以後，恒覧は当時蔑視のなかにあった土木請負業界の世界に飛び込むのである。

■鉄道工事請負業に飛び込む

1888（明治21）年，恒覧は鉄道局を辞し古市公威の斡旋で佐賀市の請負会社振業社（社長田上徳十郎）に月給120円という高給で入社し，九州の鉄道工事請負に従事する。欧米へ留学したいという気持ちがそうさせたという。

九州の鉄道工事が一段落した1891（明治24）年7月振業社を退職（千円という高額な退職金が支払われた）して10月に甲武鉄道会社に入社，1892（明治25）年から甲武鉄道建築課長に就任，新宿・飯田町間建設工事に従事，この前後に川越鉄道，青梅鉄道，豆相鉄道の工事にも技師として関係している。1897（明治30）年，武相中央鉄道の創立にも建築課長として参画するが不況のため中止となり，この間を利用してかねてから念願の欧米視察旅行（1年間）に出かけた。

1899（明治32）年7月，甲武鉄道会社幹部の了解を得て菅原工業事業所を開設し土木工事の測量・設計・監理を業とした。建設コンサルタント業の初期である。手がけた主なものに越前鉄道，大船渡鉄道，多摩川水力電気，秋川水力電気，桂川水力電気，長岡送油管線，博多湾鉄道工事がある。

このような順風満帆の陰には甲州財閥雨宮敬次郎の存在があった。甲武鉄道の経営者でもあった雨宮は恒覧を建築課長の時代から懐刀として重用し，独立後バックアップをした。大学出の工学士たちの大半が官吏か勤め人の道を歩んだなかで，恒覧の生き方はユニークであった。

菅原工業事業所は1902（明治35）年，商号を菅原工務所と改め，土木請負をも業と

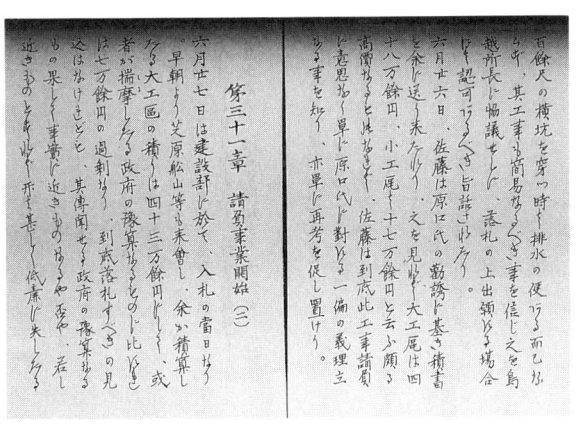

菅原恒覧自叙伝の一節

した。

　なお，請負業開業に際してのちに鉄道庁長官になる松本荘一郎は，「立派な工学士で官歴もあり，どこの鉄道会社に行っても相当な地位を得られる技術者が，なにを好んでその安全な地位を捨て請負業者などになる必要があるか。それは貴君のためにははなはだ悲しむべきことであるから，再考猛省したほうがよい」と反対した。当時の建設業界を見る世間の目はそのようなものであったのである。

　初めての請負工事は小野・塩尻間のトンネル（善知鳥トンネル，1.6km）で，小工区だけをとるつもりが，大工区も落札して，巨額の保証金の資金調達に奔走したが良い返事は得られず途方に暮れた。契約期限切れの日に受取証もとらずにポンと金を貸してくれたのが中野組（現・ナカノコーポレーション）の創業者中野喜三郎で，中野の紹介で新たな金策も得られた。

　恒覧は後年になっても「中野喜三郎翁の高恩忘れるべからず」と家族に言っていた（菅原通済："柏翁＝菅原恒覧小伝"）。こののち，恒覧は鉄道工業合資会社を創設する。

■鉄道工業合資会社の創設

　鉄道工業合資会社創立の目的は，個々に分立していた土木建設業者を合同して資本を強力にして，機械設備を充実し，鉄道，道路，水力発電などの諸工事に対処することにあった。その機運は，工学士原口要の提唱により清国鉄道工事へ日本の土木建設業者が進出するに際して，恒覧が中心となって同業者間を説いて回ったことに始まるが，このときは不調に終わっている。賛同者は得られなかったが恒覧は業者合同の志を捨てず，北浜銀行の岩下清周に相談したところ賛同を得，菅原恒覧，古川久吉，星野鏡三郎の三者がそれぞれ自己経営の業を合同し，そのほか同志8名を加えて設立したのが鉄道工業合資会社であった（『鉄道工業株式合資会社二十年沿革小史』）。

　登記完了は1907（明治40）年6月で，資本金50万円，内外国の鉄道そのほか土木工事の設計・監督・施工の請負ならびに付帯材料の供給・運搬などを事業とした。菅原，古川，星野は定款により理事と称しそれぞれ12万円を出資，恒覧が理事長に就任した（星野鏡三郎は42年に退社した）。

　同社は1918（大正7）年4月，鉄道工業株式合資会社，1933（昭和8）年鉄道工業株式会社に組織変更した。

■丹那トンネル工事を鹿島組とともに請け負う

　同社は数々の工事を請け負ったが，なかでも著名な工事は1916（大正5）年12月着工，1934（昭和9）年11月竣工の「世紀の大工事」といわれた旧東海道線丹那トンネルを鹿島組と折半して請け負ったことで，これにより両社とも一流土木業者と目されるに至った。

　丹那トンネル工事は，18年1カ月という長い工事期間であったために，建設のため

の熱海線建設事務所の所長は初代の富田保一郎以下9人（代理を含む）と代わった（『熱海線建設概要』，1934）。なお，第8代所長は本書に触れる平山復二郎である。

　余談ながら，鉄道省編纂になる『熱海線建設概要』の記述に工事請負人である菅原恒覧と鹿島精一の名前はない。当時官側の工事記録類に工事請負人の氏名は掲載されないことが多かったのである。

　戦後に発行された『開通20周年記念　随筆丹那トンネル』(1954) には，恒覧の次男である通済と精一の養嗣子である守之助の，それぞれ父と丹那トンネルにまつわる思い出話が載っている。これによれば，1917（大正6）年11月のある日（注：11月15日），当時新橋駅の階上にあった熱海線建設事務所に呼ばれた菅原恒覧と鹿島精一は，初代所長の富田保一郎の面前で抽選により，恒覧は熱海口（東口），精一は三島口（西口）と決まったとある。

■土木業界団体のトップに就く

　高等教育を受けた業界人が珍しかった当時，恒覧には業者団体の長という公職をこなすことが要求された。

　1916（大正5）年に鉄道請負業協会会長，1919（大正8）年に日本土木建築請負業者連合会会長，1925（大正14）年に土木工業協会理事長，1937（昭和12）年に社団法人土木工業協会理事長，など業界団体の要職に就任（24年間続く）したが，いずれも名誉職ではなく実質的活動を伴うものであった。このなかで日本土木建築請負業者連合会は，建設業界初めての全国同業者団体で，創立時の目標に「業界の三大問題」を掲げた。

　三大問題とは，①建設業者の衆議院議員・府県郡市町村会議員の被選挙権資格制限の撤廃，②営業税の撤廃，③請負入札ならびに契約に関する資格および保証金制度の改正の3点で，当時の建設業界はこれの改正・撤廃を求めて全国的運動を展開し，恒覧はその先頭に立った。日本土木建築請負業者連合会は，のちに日本土木建築請負業連合会と改称，その流れは現在の全国建設業協会へとつながる。

■恒覧の建設業観と建設業界への遺言

　鉄道工業合資会社を創立した次の年，恒覧は「鉄道時報」（明治41年新年号）に"予輩の所期"を寄稿した。

　その文章には土木官吏から土木建設業に身を投じた恒覧の土木建設業の発展を願う真摯な気持ちが込められている。それはまた戦前[1945（昭和20）年]以前の土木建設業界が置かれた立場を物語るものでもある。その一節を紹介しよう。

　「請負は高尚な職業ではないという。営利を伴うからであるという。これは商業の何たるかを理解しない暴論である。商業にあっては営利は勤労に対する報酬である。業界で人格卑劣な者が時に出てくるが，これを非難するのは教育者の間に時に背徳者が出ることを以て教育事業を卑しむようなものである。誤認も甚だしい。世人が我が業

界に敬意を払わないからといって憂える必要は全くない。自らを卑しめれば他人も卑しむのである。私は弊社（注：鉄道工業合資会社のこと）に多くの期待をかけている。誠意・勤勉は世の規範となるように努力し，世人の誤解をとく努力をしたい。」
「請負業者たるものは，技術はもちろん経済・法律など諸般の学科に広い知識を持っていなければならない。機敏にして商機に達せざるべからず。誠実にして勤勉ならざるべからず。遊俠にして献身的ならざるべからず。大胆にして小心ならざるべからず。内剛毅にして外柔順ならざるべからず。学者紳士と大いに議論し，一方で職工・人夫を監督指導せざるべからず」（高崎哲郎：『鶴高く鳴けり 土木界の改革者 菅原恒覧』より再引用）。

建設業界が一段と低く見られた時代で，後年，恒覧が業界団体のリーダーとなったのも，上記のような近代化を目指す建設業界観があったからであろう。

1940（昭和15）年3月22日，82歳の恒覧は病軀をおして，銀座の録音スタジオに赴き，自ら会長であった土木工業協会総会のために理事長挨拶を録音した。これが最後という覚悟の挨拶であったにちがいない。事実，文字どおりの"告別の辞"となった。恒覧は帰宅後に倒れ，4月10日その生涯を終えた。

「いったい，菅原さんの本職は鉄道工業会社の会長か又は土木工業協会の理事長かどちらだなどと戯談を言うものもでてくる」というほど，「協会の看板変われど主変わらず」（菅野忠五郎：〝巻頭言〟「会報土木工業」号外，1940）で，25年間協会のトップの座にあり，「官庁との協議会とか懇談会には協会理事長の資格で必ず出席して諤々の議論を飛ばす，奥州訛りこそあるが条理井然修辞洗練いつか相手をして傾聴せしむるだけの名調子を発揮してくる。こうなると黙々たる商売人の菅原さんとは全く別人の如くにて，その議論，その見識ともに対等以上の迫力があり，正に協会に千鈞の重みを加えていたことは確かである」（菅野忠五郎：同，原文を現代風に改めた）という次第であったから，前述の"告別の辞"に至る心情も理解できる。

■ 恒覧の横顔

以上の記述だけでは，恒覧の「人となり」が浮かんでこないと思うので，彼をめぐるエピソードを紹介しよう。

彼が興した鉄道工業株式会社（鉄工）が関わった工事のなかで（世間に知れ渡ったという意味でも）最大のものは「丹那トンネル工事」である。前述の『随筆丹那トンネル』の中に，父の横顔を語る息子の通済と守之助による次のような挿話がある。

通済の筆によると，「毎年4月1日になると，朝食前に必ず仏壇をだまってあけてチョコンとおじぎをするが誰に祈るのかわからなかった，また11月15日の晩酌には必ず1本だけ追加してだまって1人でチビチビやりながら感慨深げで，それが死ぬときまで続いた……」。「死後，たんねんにつけていた父の日記（日記は学生時代から続けられた）を読んだところ，4月1日は丹那トンネル工事の事故（中略）の日で，11月

15日は熱海線建設事務所に呼ばれて丹那トンネル工事の請負を命ぜられた日であったことがわかった」とある。

守之助によると，「丹那トンネル工事の完成により鉄道大臣内田信也から感謝状が贈られることになった。先代（精一のこと）は菅原社長と同行して鉄道省に出向いたが帰りの車中で2人は工事特命の日から今日までの長い間のさまざまな出来事に思いが走り，いつか湧き出る涙をともに隠しきれなかったと言っていた」という。

戦前の建設業者の物語には，発注者に対しては平身低頭，唯々諾々という挿話が多いが，恒覧はそうではなかったようで，「肝腎な工事獲得の運動，得意先への訪問挨拶，工事現場の巡視等は全然菅原さんの仕事ではなかった。つまり企業者，監督者に対し，心にもないお世辞を言ったり，無理を頼んだりすることが大嫌いであった」と菅野忠五郎は書いている（前掲）。

通済（ロンドン大学経済学部卒）は家庭の父について「喜寿を過ぎてからは多少家庭人らしくなったが，私なんか知っているころの家庭では，ムダ口ひとつきかぬ，なんとなく冷たくすら感ぜられる人であった」と語っている。

通済は，父の欠点として，自分の頑健にまかせて会社の跡取りをつくらなかったことをあげている。「社長一人が会社を左右してはならない。組織によらねば必ず破綻をきたす。人には限度があるし，ものには限度がある」，「独裁者の思い上がりが父にはあった」，「会社経営には年齢に限度がある」と記した（菅原通済：“柏翁－菅原恒覧小伝”）。古希を過ぎたころから恒覧はひたすら文筆に親しみ夕食後，4時間は書斎にこもって自叙伝その他の執筆に取り組んだ。

「先生は己れの死期せまって居るのを知って更に動ぜず死のマギワ迄ニコニコ笑って逝かれた」（飯田清太の書簡の一節）という。飯田清太は鉄道工業株式会社社員当時，1921（大正10）年4月の丹那トンネル工事の崩落事故に遭い，不撓不屈の精神で部下を励まし生還した人である。

恒覧が創設した鉄道工業株式会社は戦後は次男の通済が継いだが，彼が社業を放棄したのちは消えた。

引用・参考文献
1) 菅原恒覧：『菅原恒覧自叙伝』，1908年起稿
2) 菅原通済："柏翁－菅原恒覧小伝"「全建ジャーナル」，1966年5〜11月号
3) 鉄道工業株式合資会社編：『鉄道工業株式合資会社二十年沿革小史』，1928年
4) 故菅原会長追悼号：「鉄道工業株式会社社報」，204号・207号，1940年
5) 前理事長菅原恒覧翁追悼号：「会報土木工業（号外）」，1940年5月号
6) 飯吉精一：『ある土木者像－いま・この人を見よ』，技報堂出版，1983年
7) 高崎哲郎：『鶴高く鳴けり　土木界の改革者　菅原恒覧』，鹿島出版会，1998年
8) 菊岡倶也：『建設業を興した人びと　いま創業の時代に学ぶ』，彰国社，1993年
そのほか，団体・協会史に記述されている。

鹿島精一 ─── 建設業界・土木界の近代化に貢献

　鹿島精一は菅原恒覧の大学の後輩にあたり，かつ同県人（岩手県）であった。両人の年齢の差は16歳である。

　鹿島精一は1930（昭和5）年に鹿島組の株式会社組織（資本金300万円）への変更とともに社長（それまでは組長）に就任，鹿島組の経営を立て直し，1938（昭和13）年，嗣子守之助に社長を譲ると会長に就任した。精一は社業の経営とともに建設業団体活動に関与し（その期間は23年間に及ぶ），菅原恒覧の遺志を継いで建設業および土木界の近代化に貢献した。

■鹿島岩蔵との出会い

　鹿島精一は1875（明治8）年7月1日，岩手県盛岡上田小路33番屋敷に父・葛西晴寧と母・すえの長男として生まれた。父晴寧の旧姓は江刺で，藩政のころには花巻城代を務めた恒安の6男で葛西武一の養子となった。養父武一は南部藩の御蔵奉行で，1870（明治3）年に晴寧に出淵勇治の8番目の娘で末っ子のすえを娶せて，翌年に家督を晴寧に譲って隠居した。辰野金吾と組んで東京駅ほかを設計した建築家葛西萬司も一族であった。

長女卯女を抱く鹿島精一（明治37年）　「面影　鹿島精一・糸子抄」より

　晴寧に嫁いだすえは，新婚時代の1872（明治6）年から1876（明治9）年にかけて養父母そして夫晴寧を次々に失い，5歳のはなと2歳の精一が残された。一族が協議した結果，母子3人はすえの実家出淵家に引き取られることになった。すえ23歳であった。

　母子3人には玄関脇の格子窓のある8畳間が与えられ，すえは母，姉夫婦と姪や甥たちと同じ屋根の下に起居して，はなと精一を育てることになった。精一はこの家で「セコサン」と呼ばれた。

　母の実家で成長した2人はやがて学校に通うが，ともに成績が優秀で，はなは明治天皇の北海道御巡幸の際，盛岡にお寄りになった折り小学校の女子代表に選ばれ，精一は終始クラスのトップで，小学校卒業と同時に岩手県立盛岡尋常中学校に首席で合格した。盛岡尋常中学校でもトップを占めた。が，学費等は十分という状態ではなく「いつかまさに尽きむとして余が尋中時代には幾度か退学せむとしたりき」（『面影　鹿島精一・糸子抄』所収の小平浪平の日記の一節）という状況であった。

　そのような時代に鹿島組の2代目である鹿島岩蔵との出会いがあり，それを契機に

その後の彼の人生は大きく変わるのである。

1889 (明治22) 年ごろ，日本鉄道会社の東北本線工事のうち盛岡地区の工区を請け負った鹿島組は出張所を設けたが，そこは母子3人が世話になっている出淵家の隣家であった。鹿島岩蔵もしばしば東京から盛岡の出張所にきて，代人の新見七之丞の口を通じ隣家の評判のよい頭脳明晰な姉弟のことを耳にするようになった。

岩蔵は，当時小学校の音楽の先生となっていたはなの向学心を知ると，東京にいる一人娘糸子 (以登子，いとともいう) 付きの女中として迎えることを思いつき，女学校通学を条件にそのことを出淵家に提案し，はなは上京した。

いっぽう精一が尋常中学卒業のころ，出淵家は破産寸前に追い込まれ，彼の上級学校への進学は到底覚束ない状態となった。

「明治25年，私は漸くに盛岡の中学校を卒業したが，到底上級の学校へ行く学費などの当はない。全くお先真暗とはこの事であった際，先代 (注：鹿島岩蔵) に懇願し，快諾を得て上京，試験もどうやらパスして，第一高等中学校へ入学する事を得た。姉よりの口添えがあったのと，姉の勤め振りやその性行が，先代を動かしたのはもちろんの事であったろう」という精一の回顧談がある (盛岡市先人記念館第2回企画展冊子「鹿島精一」より)。

盛岡尋常中学校を首席で卒業した精一は東京の第一高等中学校予科2年に入学し，学費は鹿島家が援助することとなった。入学試験は難しかったが精一は合格。その通知をもって鹿島邸に帰宅した精一を迎えた姉のはなは洗濯中の水だらけの両手で弟の胸にとりすがったという (鈴木彦次郎："若き日の鹿島精一"『面影　鹿島精一・糸子抄』所収)。

鹿島岩蔵の援護の下，さらに上級学校に進むことになった精一は東京帝国大学工科大学に進み，学科は岩蔵の勧めにより土木工学科を選んだ。学科3年のときに岩蔵の懇望により一人娘糸子との縁談がまとまった。

1899 (明治32) 年7月，土木工学科を卒業した鹿島精一は鉄道作業局 [鉄道作業局は1897 (明治30) 年鉄道局より分離して官制公布された] に奉職し，東海道線馬入川（ばにゅう）の鉄橋架け替え工事に従事した。

■鹿島組に副組長として入社

8月，精一は鹿島家に入籍，三井の団琢磨を媒酌人として鹿島糸子と結婚した。

当時，東京帝国大学を出て建設業界入りをする人物は，日本土木会社の技師たちや菅原恒覧の例を除けば珍しかった。「私達が大学を出た頃の民間には僅かに一人か二人の大学出の技術者しかいなかった。たまに入ってきても長続きはしなかった」("請負業界を顧りみて"「土木建築工事画報」，1933 (昭和8) 年6月号) と精一は書いた。

奉職後8カ月して鉄道作業局を辞した鹿島精一は鹿島組に副組長として入社した。

副組長としての勉強で，精一は鹿島組のウィークポイントを掴み，養父岩蔵の了解

のもとに相談役の賛成を得て会社規則の改正に着手し，職制を改め，不用資産を処分して資金の流動化をはかり会議制を採用して幹部の意見をとり上げ，副組長が決裁して金品の節約をはかった（小野一成："鹿島精一のこと"『面影　鹿島精一・糸子抄』所収）。

経営の才能には恵まれた岩蔵であったが学問は無かった。時代は双方を備えた経営者を要求していたのである。

改革に際して精一は，会社規則の改正という重大事を行うに当たって相談役（第一銀行頭取の佐々木勇之助，東京印刷会社社長の星野錫）の意見を用いて岩蔵の当りを柔らかくし，放漫経営の観があった岩蔵周辺のあまり重要でない不用資産の処分を行い，それまで独断専行あるいは取り巻きたちによって遂行されていた経営意思決定に合議制を採用し，金銭出納面における自身のチェックを採り入れるなど，副組長としての責務を果たした。

いかにも順風満帆にことが運んだようだが，当時の建設業界は大学出身の若者の意見を素直に迎え入れるという気風はなく，古参組員たちの反発があるなかでの実行であった。

精一が鹿島組に入社した1899（明治32）年は，日清戦争後の好況の反動による恐慌がようやく終息した次の年にあたり，5月，朝鮮の京仁鉄道合資会社（社長渋沢栄一）が設立され，日本の鉄道建設業者は朝鮮・満州・台湾へと進出する。精一も部下を連れて渡鮮している。鹿島組は鉄道工事から水力発電工事の分野にも乗り出すが，初の水力電気工事の受注には，同社の技術担当者が精一と同窓であったことなど彼の学窓人脈が営業に寄与した。

1912（明治45）年2月22日，岩蔵が逝去し38歳の精一が経営を継いだ。当時の鹿島組の経営状態は必ずしも順調ではなかった。鹿島卯女はその頃を次のように記している。

「先々代鹿島岩蔵が亡くなって，鹿島組長となってからは，鹿島組の歴史はすなわち父の歴史であった。父が事業を受け継いだ頃は，前組長の放漫な政策で，あちこちに手を拡げ過ぎて収捨がつかない状態で，銀行なども父を信用して融資するという状態であったらしい。古く使いにくい番頭さんも多く，事業も思わしくないのを，糸をときほぐすように丹念に組織し直して，先代に懲りて自分は終生一人一業を守り，地味に業界のために尽くした」（『道はるか』第1集）。

菅野忠五郎の回想によれば，当時台湾にいた彼は1909（明治42）年ごろ「鹿島組がつぶれるそうだ」という噂をきいたという（『鹿島精一追懐録』）。

晩年の岩蔵は王子製紙，天竜川運輸，東京印刷，茨城採炭などの重役の地位にあり，北海道には牧場を，軽井沢には広大な土地を持ち，東北の赤倉温泉には香嶽楼を所有するなど60有余の事業に関係し，そのなかには経営不振のものもあり，それらが本業の足を引っ張っていたのである。

■経営再建—「一人一業」主義

　精一は岩蔵の事業の大部分を整理し，多角的経営を排して「一人一業」主義とした。

　岩蔵が集めた書画骨董を売り払って50数万円を得，第一銀行に預金しておいたところ，第一次世界大戦後の金詰まりにあって他の業者は資金繰りに四苦八苦であったが，50万円の預金があった鹿島組は銀行の信用がついて苦労しなかったという。

　「土建の業は仕事の性格からみてせいぜい三百人どまりの組員が適当，組員を増加することは破綻を招く原因」と精一はのちに語っている。この経営方針は精一の性格もさることながら義父の拡大策が本業の足を引っ張ったことへの反省も込めての発想であった。

　大学を出て十数年が経ち，大半は官公庁に職を得た同窓生たちがしかるべき地位に就き始め，それらも最高学府出の精一率いる鹿島組の他の業者にない営業面での有利さであった。岩蔵時代の危機は，3年有余で回避でき，鹿島組は再び業界のトップクラスに返り咲いた。鉄道工事では津和野線，大湊線，東北線鬼怒川橋梁，筑波鉄道，富士身延鉄道，丸子鉄道工事，生駒山のケーブルカー工事などを受注し完成させたが，経営を蘇生させ安定させたのは1917（大正6）年に特命で請け負った丹那トンネル西口工事であった。

　工事はのちには一部例外もあったが，大半が小部分ずつを区切ってその都度契約する「切投げ方式」が採用された。業者にすれば危険負担が少なく採算が得やすい契約方式であった。「世紀の大工事」といわれたこの工事を特命受注したことによって，鹿島組の名は，菅原恒覧の鉄道工業合資会社と並んで世間に知れ渡った。

　経営の安定を背景に，1922（大正11）年春，精一は幹部永淵清介を伴い，7カ月にわたる欧州建設業事情視察に出，この旅行の途上で，のちに長女卯女の夫とする外交官永富守之助と出会い，両人は鹿島組創立50周年の1929（昭和4）年に華飾の典を挙げた。

　こうして事業家として安定した精一は，やがて企業の枠を脱して団体活動に参加するのである。

　精一の団体歴は50歳以後から73歳で逝去［1947（昭和22）年］するまでほぼ23年続いたが，精一は，蔑視のなかに置かれていた戦前建設業界の地位向上のために大きな足跡を残した。精一は建築業協会を除いて戦前の主要業界団体の長のすべてを経験した。なかでも土木学会会長は建設業者として最初のことであった。

　精一の主な団体歴は次のとおりである。

　　昭和 2年　東京土木建築業組合長に就任（52歳）
　　　　 3年　日本土木建築業者連合会会長に就任（53歳）
　　　　 5年　土木工業協会理事長に就任（66歳）

17年　鉄道施設協力会理事長に就任（68歳）
18年　日本発送電土木協力会会長に就任（69歳）
19年　日本土木建築統制組合理事長に推薦（70歳）
　　　（社）土木建築厚生会会長に推薦
21年　（社）土木学会会長に就任（72歳）

　土木工業協会は創設以来，菅原恒覧が理事長を務めていたが，恒覧の逝去により精一が理事長に就任したのであった。菅原の在任中にも精一を推す動きが一部にあったが「この協会の理事長の椅子は大長老である菅原さんがそこに座られてその光が増すのである」と固辞した。精一の理事長就任は恒覧の遺言であったという（『鹿島精一追懐録』所収の菅原通済の回顧録より）。

　精一は敗戦の色が濃くなった1944（昭和19）年，日本土木建築統制組合理事長に就任し，再び全国建設業団体の長としてカムバックした。

　この時期，陸軍と海軍はそれぞれに建設業の協力組織を有したが精一はこれらの協力会の副理事長も兼務した。ある業界人はいろいろな団体活動にひっぱり出される精一を「お気の毒に」と表現したが，本人は「業界のためになるならば何でも」と快諾したという。人格円満と評された精一であったが，陸軍海軍の協力会会長であった清水揚之助とは意見が合わず，菅原通済がたびたび仲裁役を務めた。「親父のくせにわがまま息子と喧嘩でもありますまい」と通済がなだめるといつも笑って済ませるのが常であった。1944（昭和19年）2月，精一を社長とする国策会社・鉄道興業株式会社（現・鉄建建設株式会社）が設立された。

■鹿島精一の建設業観

　1935（昭和10）年2月24日，精一は東京銀行倶楽部で開かれた信用調査講究会で財界人を前に，建設業界について講演をした。その一節をあげよう。

　「先刻も下で御話したことでございますが，私共の土木建築の業態ほど世間から誤解されたり或は其の内容等も解り悪い，常に金融業者の方々からも"お前達の業態ほど解り悪いものはない"と云ふことも伺ひます。実際又時々新聞や何かで砂利食とか何か悪い事でもあれば，請負師が其の間に挟って居ると云ふ誤解も始終受けて居ります。併し其の実際の事は世間でも解りませぬし，又非常に厄介な面倒な仕事でございますが，又一面には随分多数の労働者を使いまして，此の国家重要の産業の基礎を拵へて参ります誠に男らしい仕事であるのでございます」（『面影　鹿島精一・糸子抄』所収）。また，こうも記している。請負業の盛衰する原因は世の中の景気の盛衰によるもので，不景気になれば政府事業も民間事業も衰えるので，いままで人を増やして沢山の仕事をやっていた人も急に事業を縮めなければならなくなる。今日のように請負仕事が少なくて請負人の数の多いときには仕事ができると血で血を洗うというような不祥事まで生じるのであります」（「土木建築工事画報」前掲）。

なお戦時中の1942（昭和17）年に出版された『日本の土木建築を語る』（山水社）は業界の長老鹿島精一を囲み，その回顧により完成した書物で建設業史にとって貴重な記録となっている。

■鹿島精一の長所と欠点

戸籍上は養子となった葛西勝弥が精一の長所・欠点を書いている。

長所は，誰にでも腰の低い謙譲そのものの性格で相手の人格を重んじる立派な紳士であったこと，交際の極めて広い人であったこと，温情豊かな性格であったこと，他人の意志を尊重する民主的な人であったことで，欠点は経営に当たって自身の恵まれた天分ゆえに組織というものを無視するきらいがあったこと，将来の経営計画を立てなかったこと，金離れが悪いという評判があったこと（これはケチであったということではなく，元来金銭的興味が無い人であったと補足している）としている（『鹿島精一追懐録』）。

1946（昭和21）年，精一は貴族院議員に勅選され，その翌年に没した。享年73歳。郷土の盛岡の景勝地岩山の山頂に「鹿島精一記念展望台」が1962（昭和37）年に建てられた。「ふるさとを愛し，ふるさとの繁栄を願った父を記念して」という文字が入口の台に刻まれている。

鹿島精一記念展望台（岩手県盛岡市）

"干してある蒲団ふくらむ春日かな"

これは，虚子・子規共選による1910（明治43）年の「ほととぎす」掲載の精一の俳句である。

（本稿は拙著『建設業を興した人びと　いま創業の時代に学ぶ』，1993の記述をもととしたことをお断りする）

引用・参考文献

1）　鹿島精一追懐録編集委員会編：『鹿島精一追懐録』，1950年
2）　鹿島卯女：『道はるか』第1集　河出書房新社，1962年
3）　面影編集委員会編：『面影　鹿島精一・糸子抄』，鹿島研究所出版会，1969年

このほか，鹿島建設の社史，関連協会の協会史などがある。

山田寅吉 ―――――――――――――――――――― 忘れられた技術者

■はじめに

　幕末から昭和初頭にかけ，波瀾万丈の生涯を送った一人の技術者がいる。その名は山田寅吉（1853-1927）。ペリー来航の嘉永6年に生を受け，金融恐慌で世上が騒然としていた昭和2年の没である。彼の人生について，大久保利通内務卿の下，初代土木局長になって活躍した石井省一郎は，後年の1929（昭和4）年，ある座談会で次のように述べている。

　「彼（山田）は私の国の者でございましてね。却々小さい時から神童と云われた男でしたが，ちょっと末路が悪かった。」

　この言葉のように，山田は官界また民間にあって華々しく活躍しながら，最後は事業に失敗して失意のうちに死んでいった。やがて歴史の中に忘れられていったが，その人生は土木学会初代，二代会長となった古市公威，沖野忠雄と好対照をなす。山田は彼らより一歳年上で，同じフランスのエコール・サントラールの留学経験をもち，彼らより早く卒業して内務省に勤務し活躍していた。しかし官界を退き，自らの技術を頼りに新しい世界に身を投じていったのである。

山田寅吉
（附田照子氏提供）

■フランス留学から内務省時代

　帰国して内務省に勤務するまでの経歴をみると，1868（明治元）年頃，15歳の時，福岡藩の官費生に選ばれ艱難辛苦して英国に渡る。それよりフランスに入り中学校を経て，1876（明治9）年エコール・サントラールの学位を得る。翌年，土木および機械研究に従事した後，その翌年，日本政府に雇われた。古市がフランスに渡ったのは1875（明治8）年，沖野はその翌年で，二人とも1876（明治9）年，エコール・サントラールに入学した。山田とはちょうど入れ違いである。この経歴から，山田と古市は少なくとも2年近く，山田と沖野は1年近く，パリで同じ空気を吸っていた。そして同じホテルに滞在して面識をもっていた。しかし山田と古市・沖野，特に古市とは帰国後，運命的のように逆ベクトルの途を歩み出す。

　さて山田は1879（明治12）年，猪苗代（安積）疎水工事設計主任，同年北海道紋鼈製糖所建設主任を経て，1881（明治14）年，月俸200円で農商務省御用掛となった。農商務省が設立されたのが1881（明治14）年4月であり，この設立に伴って農商務省勤務となったのだろう。それまでは内務省勧農局雇であった。

　安積疎水工事は近代に入って最初の大規模灌漑事業である。ここで山田は現地調査を行い，構造計算とともに詳細な設計・施工工法の策定そして工種ごとの積算を報告

した。つまり実施設計の作成であるが、彼のこの報告に基づき工事は進められたのである。

この後、1882（明治15）年7月、山田は一度、官を辞して東京馬車鉄道株式会社の技師長に就任し、新橋・上野・浅草間の馬車鉄道の設計・監督に従事した。この鉄道は馬車鉄道として日本最初のもので、東京都心部に路線を延長し日本最大規模を誇った。やがて1903（明治36）年、電車化される。

山田は、その後1883（明治16）年11月、内務省技師として官に復帰し、東北地方に在住して北上川、阿武隈川、最上川の修築工事に従事した。また1882年に開港していた野蒜港が翌々年、台風によって突堤が破壊された時、オランダ人技術者ムルデルが現地に派遣されたが、彼は山田にその修復費用の概算を求めた。

1886（明治19）年7月、全国が6地区に分けられて土木監督署が置かれ、その長は巡視長であったが、山田は第2区（東北地方）の巡視長となり、1カ月後、第1区（関東地方）の巡視長も兼任することとなった。このため今日の建設省東北地方建設局、関東地方建設局の初代局長と認識されている。山田は草創期の土木技術行政の中で、極めて重要な地位を占めていたのである。土木局の発足（1877年）から土木監督署の設置（1886年）までの明治10年代における主たる土木局技術陣の等級・月棒（表参照）を見ると、1883年から86年まで古市と山田が全く同格であって、他より抜きんでてい

明治10年代の内務省土木局土木技術者の待遇

	古市公威＊ フランス	山田寅吉＊ フランス	宮之原誠蔵 アメリカ	沖野忠雄＊ フランス	石黒五十二＊ MII 東京大卒 イギリス	田辺義三郎 ドイツ
明治10年			80			
明治11年			80			
明治12年			80			
明治13年	120		80			
明治14年	120		80			
明治15年	170		130			80
明治16年	200	200	130	120	120	80
明治17年	200(3.2)	200(3.2)	150(4.2)	150(4.2)	125(4.2)	125(4.3)
明治18年	200(3.2)	200(3.2)	150(4.2)	150(4.2)	125(4.3)	125(4.3)
明治19年	200(2)	200(2)	150(3)	150(3)	150(3)	150(3)

（注）明治10年に内務省土木寮は土木局と改称され、近代的な土木技術を修得した技術者が入るようになった。(3.2)は三級二等技師、(2)は二等技師を示す。数字は月棒を円単位で表した。国名は留学先。＊は学位令による工学博士を後日、獲得したことを示す。
出典　金関義則：「古市公威の偉さ4」『みすず　第二十巻第九号』、みすず書房、1978年

ることがわかる。

　だが山田は1888年12月，官界を辞し，有限会社日本土木会社に取締役技師長として正式に参画した。この転身の理由は定かでないが，あるいはフランス帰りの後輩古市に対するライバル意識からであったのかもしれない。1886年5月，古市は土木局兼任で帝国大学工科大学長に就任し，1888年5月のわが国最初の学位授与において工学博士を取得し，また同年11月の内務大臣山県有朋の10カ月にわたるヨーロッパ諸国巡回にも随行した。この古市との比較で後れをとった山田が官界における自分の今後について見切りをつけ，民間の建設業界に新しい天地を求めたことは容易に想像できる。時に山田，35歳。

■コンサルティング・エンジニアとしての活躍

　日本土木会社は，資本金200万円という巨大な資本金でもってスタートした。この土木部門に工部大学校土木科の卒業生として一期生の杉山輯吉他11名が入社したが，そのうちの1人・高田雪太郎は日記の中で，鳥取県の天神川，千代川，日野川などで測量，水理調査等を行って改修計画を立案し，その内容を直ちに県の知事や幹部に報告したと述べている。

　これでわかるように，この会社が指向したのは単なる工事請負ではない。計画・設計まで含めた土木事業一式を担当しようとしたのである。その当時，官庁からの発注は特命見積り方式（命を受けた民間側からの見積りに基づいて，発注額が定められる）で行われていた。優秀な技術者を抱えた民間が技術的に主導権を握り，計画・設計・工事をすべて行う条件はあったのである。しかし1892（明治25）年10月，日本土木会社は解散となった。その背景としていわれているのが，1890（明治23）年4月に施行された会計法・会計規則との関連である。これによって公共事業に対する請負契約の方式が初めて成文化されたが，それは一般競争方式を原則としていた。つまり発注側である国が予定価格を作成し，基本的に最低価格入札者が落札・契約するものである。これによって計画・設計は官側が主体的に行うことになり，主導権は明らかに官側が握る。それまでの特命見積り方式に比べ，民間側の立場は極めて弱くなったのである。

　特命見積り方式での契約ならば，官界に対する山田の存在は大きかっただろう。内務省技術陣の中で実務におけるこれまでの実績は誰にも劣らず，第一人者とみてよい。彼が民間に転身したのも，自らの実績と実力に自負するところが大きかったからだろう。内務省土木局の枠に縛られることなく，民間にあって幅広く技術活動ができるとの判断があったと思われる。しかしその目途がはずれたのである。この状況下，解散前に山田は日本土木会社を去り，その後「個人トシテ」事業に従事したのである。

　なお日本土木会社技師長の職にあった当時，担当した主な工事は次のようなものであった。

九州鉄道建設全部ノ設計, 讃岐鉄道線路請負工事, 門司築港設計及第一区請負工事, 参州牟呂新田築堤請負工事, 手向山及田之首砲台請負工事, 木曾川浚渫請負工事, 琵琶湖疎水隧道請負工事。

この中で特に著名な工事は, 琵琶湖疎水工事である。琵琶湖口の閘門とトンネル工事を日本土木会社は請け負ったが, 安積疎水工事の実施設計を行った山田が指導したのである。

琵琶湖疏水取入口

さて山田は組織から離れ,「個人トシテ」大分県国道改築請負工事, 岡山県水害復旧請負工事, 伊予鉄道延長請負, 佐賀国道改築請負工事などを受注した。また日露戦争直前に韓国京義軍用鉄道線路工事を請け負い, この功により勲三等を受けている。

設計および請負工事に対して,「個人トシテ」受注するとはどういうことだろうか。発注側あるいは民間の建設会社という組織に属していないことは確かである。その業務状況についてたとえば1893（明治26）年7月だが, 山田は佐野鉄道との間で,「佐野鉄道会社は工事材料の到着高, 工事の出来形に応じて山田寅吉へ工事金内渡をなし, 工事竣成の上, 直に請負工事の金額を支払うもの」（この工事に対し, 山田によるであろう工事請負見積書がついている）との契約を結んでいる。

設計・見積りは彼自身が一人で頑張ったとしても, 請け負った工事は集団でやっていかなくてはならない。その全体的な指揮と出来高の評価は彼が行ったとしても, 作業する労働者, それを監督する技能者は必要である。彼は受注した工事ごとに必要の都度, 現場監督人を雇い, 現場で労働力を提供する組織に下請けさせていた。

また1894（明治24）年, 陰陽鉄道株式会社から感謝状と金400円の金杯をもらっている。それは,「工事の設計を算し又或は沿道に向かって線路の利を説得」したことに対してである。山田は, 設計とともに地域住民への事業説明も行っているのである。

山田の責任の下に工事は行われたが, 技術者としての実質的な役割は, 基本的な設

計，見積りそして工事の監理が中心であった。また地域に対する事業説明，さらに官界での経験と太い人脈に基づき事業許可の交渉等も行っていたと思われる。1896（明治29）年10月だが，熊谷組頭取熊谷栄二郎との間で，野戦砲兵第5連隊砲兵舎外改築工事について，「落札工事請負致候節は，拙者に於て工事監督担当可致候也」との契約を行っている。工事能力をもつ建設会社と，「個人トシテ」事業を行う山田との関係をよく表すものだが，あるいは陸軍との間で，発注の交渉を行っていたのは山田であったのかもしれない。このような活動を指して，彼は自らをConsulting Civil Engineerと称したのである。彼が個人としてこのような事業を行えたのは，政府における経歴とともに，技術者として世間からの高い評価があったからだろう。1899（明治32）年3月，工学博士会の推薦により工学博士号が授与された。

■ **事業経営者としての挫折**

明治30年代に入ると山田は次第に鉱山開発をめざすようになり，福岡県の炭坑をはじめ日本各地，さらに韓国での開発を試みている。ここで山田は計画・設計等の技術的役割のみでなく，事業家としても自らを位置づけている。鉱山開発事業を発掘し，技術的検討を加えるとともに出資者を募り，自らもその一員となっているのである。1920（大正9）年から21年にかけ豊国炭礦株式会社社長となっているが，彼の手がけた鉱山開発の一つがものになり，その経営者に任命されたのだろう。

このように土木技術の世界から次第に離れていったが，その理由として法制度の整備に伴い個人として立ち回る範囲が狭まったことなどが考えられる。さらに山田個人の技術力が古くなったことも想定される。

山田が内務省の河川現場で活躍した明治20年前後に比べ，明治30年代には画期的に大きな進展が土木技術にみられた。その転機が1896（明治29）年から始まった淀川改良工事である。沖野忠雄そしてドイツ帰りの原田貞介により，水理学を用いた綿密な計画が樹立され，施工には欧米から輸入された多くの機械が活躍したのである。それらの修理のため機械工場が設置された。同様に1900（明治33）年起工の利根川改修工事でも，欧米から施工機械が多数購入され，機械工場が設置された。ここに，自らの機械力により施工を行うとする内務省直轄工事の直営方式が確立したのである。

やがて山田の活動の場は朝鮮半島に移り，業務も黄海沿いでの干潟の干拓地造成が中心となっていった。その最晩年に彼は，大規模水田経営者として朝鮮臨津面水利組合長に就任したのである。しかし収穫直前，2年続けて水害に遭い，稲は全滅してしまった。これにより個人財産のすべてを失い，失意のうちに大分県別府に療養中，世を去ったのである。若い時代，河川改修，水害復旧事業に従事しながら，水害ですべてを失ったというのは歴史の皮肉とでもいうべきだろうか。

なお朝鮮半島での干拓計画に関する彼の保存資料の中に，1879（明治12）年1月，ファン・ドールンが内務省土木局長石井省一郎にあてた安積疎水事業についての上申

書(「日本水政」第147号)が残されていた。タイプ打ちできれいに印刷されたものであったが、朝鮮半島での干拓計画にあたり参考資料としたのであろうか。あるいは設計主任として若き日、自らも参画した安積疎水事業が干拓事業に対する精神的支柱となっており、その象徴として大事に所持していたというのが真相かもしれない。

■技術者・山田の生涯

遺骨は現在、大阪府東大阪市客坊町の墓地に埋葬されている。享年72歳。自ら趣味を「事業」と記述したように、自分の技術を頼りに、「個人トシテ」次から次と多くの事業に携わった。建設コンサルタントの先駆者と評してよいだろう。その人生について遺族は「(その才能のあまり)先があまりにも早く見えすぎてしまった」と述べている。確かに、あのまま官界に留まっていたら政治とも関わり逓信次官、鉄道作業局長と昇りつめた古市公威との比較は別として、現場の土木技術の第一人者になり得たことは想像に難くない。あるいは直轄事業の父とうたわれる沖野忠雄の出番はなかったかもしれない。

ところで戦後の経済の高度成長を支えた枠組が崩れ、生活の質、環境問題が前面に出ている今日、求められる土木技術も変わり、社会における土木技術者の役割も異なってくる。つまり集団としての技術者群ではなく、一人一人の技術者が自らの技術観に基づく独自の顔をもち、自らの足で大地に立って社会に関わらねばならない時代となっている。土木技術者個人として何ができるのか、何をやろうとするのか、厳しく問われる時代である。その際、一人で激動の時代を生き抜いた技術者・山田寅吉に正当な光をあてることは重要と考えている。土木技術者の今後を模索するにあたり、このような先人をもったことは大事に記憶すべきことと考える。

参考文献
1) 松浦茂樹:「忘れられた技術者山田寅吉」『水利科学 No.250』、(財)水利科学研究所、1999年

平山復二郎 ――― コンサルタント業の礎，エンジニアに夢
(ひらやまふくじろう)

■ 国づくりインフラ整備に「職業技術者」

「欧米では社会基盤をささえる公共施設の企画・計画・調査・設計，施工管理などに，コンサルティング・エンジニア（CE＝CONSULTING ENGINEER）と呼ばれる職業技術者が，大きな役割を担って参画している。中立かつ公正，経験豊かな技術力を持ち，依頼者の注文に応えていく個人や組織のプロの技術者達である。」

第二次大戦後，民間の技術者が立ち上がった。

当時は，コンサルティングをお稲荷様の天狗，コンサルタント業を動物園と混同して狐と猿の担当業，と冷笑された。しかし，先達は「狂言の世界なら猿に始まり狐が……」と笑い飛ばし，存在意義を高める努力を続けてきた。

そして今日，日本のCEは世界を舞台にビジネス活動を展開しているのである。

自らコンサルタント業を率い，この基礎を築いた第一人者は平山復二郎である。終生，世界を相手とした抱負を持ち続け，次代のエンジニアに夢を与え実践した人物である。

土木学会会長当時（1957年）の平山復二郎

■ 磊落で熱血
(らいらく)

平山復二郎は1888（明治21）年11月3日に誕生，1962（昭和37）年1月19日に74年間の生涯を終えた。戦前は工事の機械化（丹那トンネル）と満鉄，戦後はPSコンクリートとコンサルタント制度の確立に活躍，そこには終生の友との出会いがあった。

平山は，志が大きく小さいことに拘らない性格から「磊落」と称されてきた。ニューマチックケーソンの白石多士良（1887-1954）は豪放，土木学会吉田賞の吉田徳次郎博士（1888-1960）は学者，そして関門トンネルの釘宮磐（1888-1961）は謹厳，この良友は1912（明治45）年東京帝国大学土木工学科卒業の同級生である。
(しらいしたしろう) (くぎみやいわお)

祖父平山省斎（敬忠 1815-1890）は，1854（安政元）年ペリーと下田で，1857（安政4）年にロシアやオランダの使節と応接している。平山図書頭敬忠は1868（明治元）年には若年寄，晩年には永川神社や日枝神社の宮司であった。
(せいさい よしただ)

省斎は実子がなく養子を2人迎えている。その次男が英三（旧姓塩田 1851-1914）で復二郎の実父である。父・英三は外務省や内務省に勤務，農商務省では博覧会の美術工芸を担当しイタリアやドイツなどに出張，後年には特許審査官，美術協会審査員

等を歴任している。母・久子（1862-1952）は維新前中国地方の代官の家筋で，夫の死後は女手一つで3男2女を育てた賢夫人であった。

平山家は，復二郎が2歳のとき本郷から麹町に転居し，遊び場は靖国神社で麹町尋常小学校時代から宮原漢学塾に通い，15歳の府立一中時代に牛込区に転居した。

一高，東大時代は野球部の三塁1番打者で主将，特に明治45年春の三高との試合は，球史に残る"三塁走者タッチアウト—気絶—試合中断—喧々轟々の再開"という話がある。後年，丹那トンネルとの掛合いで，名三塁手はトンネルの平山とも呼ばれたが，府立一中時代にマタさんと慕われたときと同様に「十五夜お月さん」の温顔は終生変わることはなかった。

鉄道院に就職直後，中野電信隊に一年志願兵として入隊，勤務演習召集解除を機に結婚，房総から大分建設事務所，そして工務局勤務となりアメリカ，イギリス，スイスに留学（1920-1922）した。帰国直後，34歳の平山は祖父の谷中墓地の一角に墓石を建立し，父と10歳で他界した兄俊太郎の霊祭を行った。

1923（大正12）年9月1日，関東大震災に遭う。同年11月に復興院に出向，翌年，鉄道技師の平山は復興局の道路課長に就任し，都市計画に区画整理の導入や隅田川の架橋工事にケーソン技術など新技術を採用した。

その最中，1925（大正14）年に事件が起こり，土木部長として鉄道院から出向していた太田圓三が亡くなった。平山は，基金を集め記念胸像の建立と，毎月遺児に育英資金が届くように手配した。

1933（昭和8）年6月19日，この日は丹那トンネルの水抜坑道貫通という歴史に残る記念日である。第八代熱海建設事務所長としてこの日を迎えたが，渇水問題を解決していく様は，冷静かつ熱血ぶりが発揮されたものである。同年正月の10日，渇水救済促進同盟の300人強がムシロ旗を掲げ，平山所長室に座り込んだ。静岡県庁から農林主事を招き入れ，再々の激しい陳情を汲み取り，鉄道大臣と折衝，そして8月18日に解決をみたのである。

「丹那トンネルの話」は，工事の公式記録というよりも皆の心の通う文献としてまとめられたものである。1928（昭和3）年に「工事と請負」を出版した経験を生かし，平山が中心となって原稿の一字一句を吟味したのである。

晩年，この当時の思い出を「土木建設に生きて」で，「自然と闘いながら自然を理解し，自然に服しながら自然を制していくのが知識や技術の進歩の過程である。こういう歩みの跡を顧みると，いつも自然の神秘な奥深さに比べて，人間の知識や技術の，如何にも浅く貧弱なのを痛感する」と述べている。

『旧工事の苦闘も遠く夢とすぎ着々すすむ新丹那いま』

1936（昭和11）年6月，国鉄工事請負に関する疑獄事件が起った。信念の強い平山は「特別弁護に立つ」と言い出し，いよいよ特別公判の時，満鉄に赴任していたが，

318　建設産業の基礎をつくった土木技術者たち

丹那トンネル坑口(熱海側)にて，右から2人目(1932年)　　奉天満鉄社宅前にて（1943年）

駆け付けてきて1時間に及ぶ数万語の弁護をした。また，「トンネルの話」1939（昭和14）年や1943（昭和18）年の「トンネル」は戦時中に出版している。

　これらは大きな任務を終えた直後の出版や弁護であり，激務の中にあって常に読書と思考，ペンを執る熱血技術者，平山だからできたものである。

■抱負と奔走

　終戦当時，新京（現長春）で満州日本人会会長の高碕達之助（1885-1964）との出会いがある。新京日本居留民会長となった平山は，高碕宅に引越し辛苦を共にした。

　二人は「連合国側は，1万トン以上の船舶や航空機の製造を禁止し，工作機械などを賠償として東南アジア等に送るように指示している。日本の将来図をみると我々の生きる道はない。資源のない日本は，量で限られるなら質をもって量に代えよう。技術者の動員を図り水力電気をやろう」と語り合った。その時の結論が只見川，十津川，北山水系であった。平山にとっては，鉄道省建設局工事課長時代（1934-1936）に只見線の経験があり，これが1949（昭和24）年秋に転機をみるのである。

　1946（昭和21）年10月22日，吉祥寺に移転していた家族のもとにやっと帰った。銭湯"鶴の湯"通いのユカタ姿，丸刈りにパナマ帽子，タバコ好きで五尺の体と笑顔，近所からは親しみを込めて平山のオジサマと呼ばれていた。

　親友白石多士良は，平山を自分が経営する白石基礎工事㈱に迎え，丸ビルの424区に机を並べた。後の「技術と哲学」や，「技術と生活」に編集される論文を各種専門誌に発表しながら「火曜会相談所」の看板を掲げ，仲間と機会を窺っていた。

　また，白石多士良と宗城兄弟の叔父吉田茂を大磯邸に共に訪ね，日本の復興について技術者の奮起と強力なアドバイスを受けていたのである。

　1948（昭和23）年1月に対米封書通信が回復し，白石多士良の親友アントニン・レイモンド（1888-1976）が，同年秋に再来日した。

A.レイモンドは，1919（大正9）年に帝国ホテルの建設のためF.L.ライトに同行して以来，日本の事情に精通しており，GHQ側への働きもスムーズに進んだ。

　A.レイモンドは一旦帰国し，翌年秋にTVA（Tennesee Valley Authority：1933～米ニューディール政策）で名高いエリック・フロア（1955年愛知用水公団設立当初から技術指導）と共に戻ってきた。早速，時の総理大臣吉田茂，翌日はGHQ本部でマッカーサー元帥と会談し，奥只見川の現地調査の了解を得たのである。

　二人は，特別仕立ての昔のカゴと連台に乗せられ，奥只見の山道を進んだ。新聞は"カゴわんだふる"の大見出しで，平山，白石，レイモンド，フロア等の一行を連日報道したのである。

　これが契機となり，1951（昭和26）年東京に支店を構える共同出資のアメリカ法人パシフィックコンサルタンツ・インコーポレイテッドが創立された。この会社の若手の中心は，丹那トンネル建設時代からの平山の愛弟子河野康雄（1909-1991）であり，日本初のコンサルタント業の旗揚であった。そして3年後，世界と交流する技術を理念に，日本法人パシフィックコンサルタンツ㈱を独立させ，平山は社長に就任した。

只見川現地調査（北陸新報1949年11月8日より）

銀山平でカゴ渡しに乗る平山復二郎（1949年）

■技術士法案が国会に上程

　終戦後，米軍当局やダレス特使から"コンサルタント業や技術の活用"について勧告されていた。1950（昭和25）年夏，田中宏（後の第六代技術士会会長）一行がアメリカを視察，帰国後の12月，コンサルティング・エンジニヤ協会設立準備委員会が開催された。63歳の平山はその会合に出席の要請を受け，「技術士制度の発展はまことに必要で，全面的に賛成である。とかく技術者はかた意地すぎて協調性が乏しく困ったものだ……」と所信を述べた。

　そして，コンサルティング・エンジニアを「技術士」とする新語を誕生させ，1951（昭和26）年6月に日本技術士会設立総会を迎えた。平山は当時の感想を「技術の問題は，常に人間の問題であり，技術者の問題でなければならない。技術の問題に技術者を忘れたら，およそ無意味である。この忘れていた問題に技術士制度がある……。技

術士制度の発展確立を期そう……」と述べた。

1951（昭和26）年8月20日，技術士法原案が工業技術院の部内検討資料として提示された。新語誕生の裏には技術士，土木士の名前が議論され，プロフェッショナルエンジニアに符合する資格なのか，コンサルティング・エンジニアに符合する職業名称でよいかが議論された。今日，平山が中心になって論議していた名称と，草案段階の「他人の求めに応じ報酬を得て，……」は，古くて新しい問題となっている。

1952（昭和27）年12月，日本技術士会に技術士法法制研究委員会が平山等10名で発足され，1954（昭和29）年3月24日，参議院議員提案で法案が国会に上程の運びとなった。

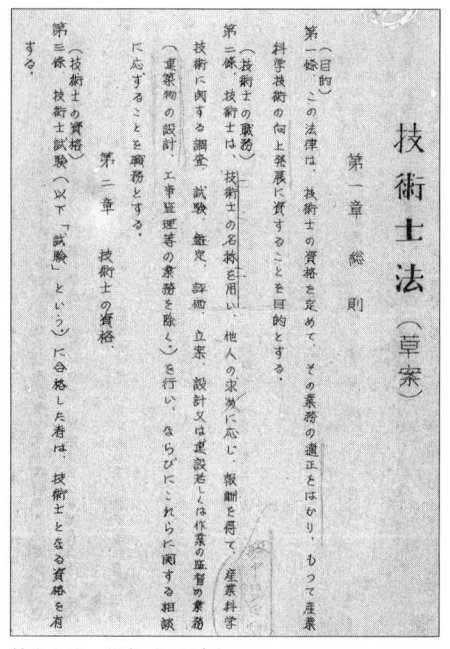

技術士法・草案（1951年）

ところが，継続審議となったのである。余程このことに腹が立ったのであろう。「自分の省のことばかり考え，省があって国がない」と嘆いた。

この頃，自らは技術士会の理事から平会員となり，自分の名を考える前に抱負の実現に邁進した。

継続審議案件は1954（昭和29）年の国会に上程されたが，第5次吉田内閣が総辞職のため廃案となってしまったのである。

■ 法案成立と夢の実践

技術士法は廃案から2年の歳月が過ぎ，1956（昭和31）年5月19日に科学技術庁が設置された。そして，同年7月10日第1回技術士法に関する懇談会が開催され，技術士会側4名の1人として評議員の平山はこれに出席した。

法案は，1957（昭和32）年に国会に上程される運びとなり，同年3月26日午前10時41分開会の衆議院科学技術振興対策特別委員会に，81歳の井上匡四郎会長（1876-1959）と，69歳の平山復二郎が参考人として呼ばれた。そこで平山は，要旨にして字数1万を超える所論を述べたのである。

「戦前，どうして技術士の制度がなかったかは，日本は技術の輸入国であり輸出国ではなかった……。欧米の技術や技術者を高く評価しても，日本のそれを一段低くみてきた傾向が，技術士制度の発展しなかった理由である……」さらに，質疑で「アメリ

The final report on the proposed Cagayan Valley Extension Project of the Manila Railroad Co. in the Philippines was submitted Tuesday to Minister Caesar Z. Lanuza, chief of the Philippine Reparations Mission, by Fukujiro Hirayama, president of the Pacific Consultants, K.K., consulting engineers and architects. The report is a review of the rail company's plans to extend its lines from San Jose, Nueva Ecija, to Tuguegarao, Cagayan, in northern Luzon, a distance of about 330 kilometers. Seated, left to right are Mrs. Josephine Ninn, PCKK secretary; Hirayama and Lanuza. Standing, left to right are Francisco R. Balagtas, mission public relations officer; Osamu Tsuda, senior engineer, PCKK; David C. Manipula, first senior official, mission; Hiroshi Mori, geological engineer, PCKK; Yasuo Kawano, chief engineer, PCKK; Leonardo F. Crisologo, mission executive officer and senior technical assistant; Jesus F. Evangelista, mission chief of economics, research and statistics, and Rolando de Leon, legal assistant.

カガヤン鉄道最終報告書提出
(JAPAN TIMES 1960年4月15日より)

カのコンサルタントが一つの設計を決めていくやり方……。」「技術士が設計などをやるときの覚悟の違いをスポーツのプロを事例に掲げ，技術サービスの質と信用が違う……」と力説したのである。

技術士法は原案から苦節6年，1957（昭和32）年5月20日に法律第124号として制定された。そして3カ月後，平山は第44代土木学会会長の任期も終え，37年ぶりにアメリカへ旅し，プレストレストコンクリート国際会議に出席した。

1958（昭和33）年7月6日，技術士資格の第1回筆記試験が行われた。16技術分野73科目，受験者1635名に交じり，82歳の井上会長と70歳の平山は共に受験した。合格者991名，2人の登録番号はNo.1とNo.329である。

『古希にして受けし試験よ骨折りし技術士制度の法制成りて』

平山は1959（昭和34）年，第三代技術士会会長に就任した。縁は不思議なもので高碕達之助が，同年6月に科学技術庁長官に就任したのである。

古希を過ぎた平山の技術に対する熱血は，フィリピン国マニラ鉄道カガヤン新線延長計画の現地調査へと広がっていく。そして，国際舞台への抱負は愛弟子の河野康雄に引き継がれていき，（社）日本コンサルティング・エンジニヤ協会（AJCE）の

FIDIC（国際コンサルティング・エンジニヤ連盟）加盟として実現をみるのである。親友吉田徳次郎の協力を得たピーエスコンクリート㈱の事業や，国家政策の委員会では新幹線，都市交通など十指に及んでいた。

『新しき技術ひろめし先駆とも小さきこの橋残らむ技術史に』
　　　　　（1952.11.9 七尾へゆく：七尾市長生橋PSコンクリート最初の橋）

事務処理の早さと総合判断に優れ，マージャンやゴルフを楽しみ，時に応じて発露する科学的哲学精神から，昭和30年代に著書「地底に基礎を掘る」「技術」「土木建設に生きて」を出版した。さらに，同人短歌会「郷土」にペンネーム塩田英三として，1947（昭和22）年から息を引取るまでの15年間で1,000首を詠み，そして，技術と哲学の問題を精神の叫びとし，次代のエンジニアに夢を与え続けた。

平山復二郎は，コンサルタント業の礎である。

『「技術」何かを説きをへし今なほ説かむ「技術者」何かを暇にまかせて』

引用・参考文献
1) 鉄道省熱海建設事務所：丹那トンネルの話，1933年
2) 技術と生活，1952年
3) 土木建設に生きて，1961年
4) 平山復二郎君の思い出，1962年
5) 日本技術士会：日本技術士会三十年史，1981年
6) 吉村昭：小説「闇を裂く道」，文藝春秋，1987年
7) C. E. Museumパンフレット，1999年

土木事業と土木技術者年表

(明治元年から昭和35年まで)

年 代	土木技術者	土木事業と土木関連事項	一般主要事項
1868年 (慶応4年) (明治元年)	ブラントン(イギリス)来日	治河使を設置 くろがね橋完成(長崎) 大阪開港 東京開市 新潟開港	戊辰戦争始まる 王政復古の号令 江戸を東京と改称 明治と改元(9月8日) 榎本武揚ら蝦夷地を占領
1869年 (明治2年)		政府が鉄道建設を決定 職員令を制定し官制を改革(民部省土木司が道路・橋梁・堤防などの事務を所掌) 治河使を廃止(民部省土木司が水利行政を所掌) 北海道に開拓使を設置 民部・大蔵両省を統合 吉田橋(かねの橋)完成(横浜)	戊辰戦争終わる 京都・東京・大阪以外の府を県に改称 蝦夷地を北海道と改称 東京・横浜間に電信開通
1870年 (明治3年)	モレル(イギリス)来日	民部・大蔵省に鉄道掛を設置 工部省設置(鉱山・製鉄・鉄道・灯台・電信の5掛を民部省より移管) 民部・大蔵両省分離(鉄道掛は民部省が所掌) 大河津分水工事一部着手 高麗橋完成(大阪)	大学規則・中小学規則を定める
1871年 (明治4年)	井上勝(1843-1910)鉄道頭に就任 モレル急逝	民部省廃止(土木司を工部省に移管) 最初の鉄道トンネル石屋川隧道(大阪・神戸間)完成 工部省の各掛を寮に改組 土木寮を大蔵省に移管 新橋完成(東京)	郵便開始を定める 廃藩置県 府県官制の制定 測量司による測量開始
1872年 (明治5年)	ドールンとリンド(オランダ)来日 ボイル(イギリス)が鉄道建築技師長に就任	新橋・横浜間で鉄道開業 河川水位観測の実施	初の全国戸籍調査を実施 京都・大阪間に電信開通 太陽暦採用を定める
1873年 (明治6年)	デレーケとエッシャー(オランダ)来日 ダイアーとダイバース(イギリス)来日	京都・大阪間で鉄道開通 銀座煉瓦街建設開始 工部省工学寮に工学校開設 大倉商会(後の大倉組)創立	地租改正 内務省設置
1874年 (明治7年)		大阪・神戸間で鉄道開通 内務省に土木寮ほか6寮と測量司を設置 淀川で粗朶水制を試設	佐賀の乱起こる
1875年 (明治8年)	古市公威(1854-1934)フランス留学 平井晴二郎と原口要:アメリカ留学	利根川低水工事開始 大阪・安治川間で鉄道開通 ポルトランドセメントを初めて焼成	東京・青森間に電信開通 第一回地方官会議開催 江華島事件起こる
1876年 (明治9年)	沖野忠雄(1854-1921)フランス留学	道路を国道・県道・里道に分ける 札幌学校(札幌農学校)開校	工部省に品川硝子製造所を設置 水道改良調査開始 上野公園開園(東京)

年　代	土木技術者	土木事業と土木関連事項	一般主要事項
1877年 (明治10年)		京都・大阪間で鉄道開通 工部省に鉄道局ほか9局を設置 内務省に土木局ほか6局を設置 東京大学理学部に土木工学科を設置	西南戦争始まる コレラが全国に流行
1878年 (明治11年)	クロフォード（アメリカ）来日 エッシャー離日	野蒜港建設工事に着手 坂井港建設工事に着手 京都府下京津国道で初のマカダム式泥構造を採用	工部大学校開校 パリ万国博覧会に参加 大久保利通暗殺
1879年 (明治12年)	パーマー（イギリス）来日 ムルデル（オランダ）来日	猪苗代湖疎水工事起工 安積疏水工事に着手	日本工学会創立 松山でコレラが発生し全国に蔓延 琉球藩を廃し沖縄県設置
1880年 (明治13年)		逢坂山トンネル（京都・大津間）完成 柳ヶ瀬トンネル（長浜・敦賀間）工事着工 京都・大津間で鉄道開通 粟子トンネル（福島・米沢間）完成 幌内鉄道（手官・札幌間）開通 明治用水竣工 鹿島組創業	日本地震学会設立 工場払下概則を定める
1881年 (明治14年)	沖野忠雄帰国 山田寅吉（1853-1927）農商務省勤務となる	新橋・横浜間の鉄道複線化完成 野蒜港工事完成	東京神田から出火し明治最大の火災となる 日本鉄道会社設立 農商務省設置
1882年 (明治15年)	ダイアー離日	新橋・日本橋間で東京馬車鉄道開通 猪苗代湖疎水通水 安積疏水工事完成 野蒜港建設工事完成 幌内鉄道全線開通 開拓使廃止	東京でコレラが発生し全国に蔓延 日本銀行条例を定める
1883年 (明治16年)	田辺朔郎（1861-1944）京都府に奉職	日本鉄道会社（上野・熊谷間）開通 中山道幹線鉄道建設を決定	東京麴町の鹿鳴館開館
1884年 (明治17年)		柳ヶ瀬トンネル工事完成 日本鉄道会社（上野・高崎間）開通 長浜・敦賀間で鉄道全通 東京神田の一部に分流式下水道敷設	華族令を定める 全国的に大暴風雨
1885年 (明治18年)		日本鉄道会社（山手線品川・赤羽間）開通 日本鉄道会社（東北線大宮・宇都宮間）利根川橋梁を除いて開通 京都府琵琶湖疏水起工式 那須疏水工事完成 清水越新道開削工事完成 坂井港完成 野蒜港の港口閉鎖 工部省廃止	太政官制を廃止し内閣制度採用 日本鉱業会設立 逓信省設置 大阪大水害
1886年 (明治19年)	古市公威：工科大学初代学長に就任	利根川橋梁完成（日本鉄道会社） 道路築造標準制定 信濃川河身改良起工式 北海道庁設置 工科大学設立（工部大学校と東京大学が合併） 東京電灯会社開業 土木監督署官制を公布	各省官制公布 帝国大学令公布 師範学校令・小学校令・中学校令公布

土木事業と土木技術者年表　325

年　代	土木技術者	土木事業と土木関連事項	一般主要事項
1887年 (明治20年)	バルトン(イギリス)来日 帝国大学で衛生工学を講義	木曽川橋梁の完成により大垣・名古屋間鉄道開通 横浜に日本最初の近代下水道完成 三角港完成 日本土木会社設立 札幌農学校に工学科設立 日本鉄道会社(上野・塩釜間)開通 私設鉄道条例公布 木曽川三川分流工事着手	保安条例公布
1888年 (明治21年)	古市公威，松本荘一郎，原口要らに初の工学博士号授与	山陽鉄道会社設立 阪堺鉄道会社(難波・堺間)開通 伊予鉄道会社(松山・三津間)開通 日本最初の水力発電(宮城紡績) 九州鉄道会社設立	市制・町村制公布 日本石油会社設立 東京天文台設置 電気学会設立
1889年 (明治22年)		天竜川橋梁完成により東海道線(新橋・神戸間)全通 横須賀線(大船・横須賀間)開通 甲武鉄道会社(新宿・八王子間)全通 両毛鉄道会社(小山・前橋間)全通 函館上水道竣工 宇品築港事業完成 横浜港修築工事着手	大日本帝国憲法公布 衆議院議員選挙法公布 貴族院令公布 暴風雨が本州横断
1890年 (明治23年)	ムルデル離日 古市公威：貴族院議員に就任	琵琶湖疏水完成 日本最初の一般用水力発電(蹴上発電所) 利根運河完成 治水協会設立 軌道条例公布	商法公布 府県制・郡制公布 第一回通常議会召集 東京・横浜で電話交換開始
1891年 (明治24年)		蹴上発電所送電開始(京都) 九州鉄道会社(門司・熊本間)全通 日本鉄道会社(上野・青森間)全通 長崎市上水道完成 筑豊興業鉄道(若松・直方間)開通	度量衡(尺貫)法公布 濃尾地震発生
1892年 (明治25年)		鉄道敷設法公布 鉄道庁を内務省より逓信省に移管 日本土木会社解散	関東地方に天然痘流行
1893年 (明治26年)	パーマー急逝	碓氷峠にアプト式線路を採用して直江津線(横川・軽井沢間)開通。上野・直江津間が全通 鉄道庁を廃止し鉄道局設置 大倉土木組設立	
1894年 (明治27年)	古市公威：内務省初代土木技監に就任	山陽鉄道会社(糸崎・広島間)開通。兵庫・広島間全通 大阪市上水道着工	高等学校令公布 日清戦争始まる
1895年 (明治28年)		甲武鉄道会社(飯田町・八王子間)全通 大阪市上水道完成 日本最初の市内電車(京都・伏見間)開業	日清講和条約調印 三国干渉
1896年 (明治29年)		横浜港修築工事完成 淀川改良工事着手 河川法公布 北海道鉄道敷設法公布 東武鉄道会社設立	三陸地震津波発生

年代	土木技術者	土木事業と土木関連事項	一般主要事項
1897年 (明治30年)	廣井勇 (1862-1928) 小樽築港工事事務所長に就任 沖野忠雄：土木監督署技監に就任	小樽築港工事着工 木津川橋梁完成 九州鉄道（長与・長崎間）開通 砂防法公布 森林法公布 札幌農学校に土木工学科設置	金本位制成立 京都帝国大学設立
1898年 (明治31年)	古市公威：逓信次官に就任	九州鉄道（早岐・佐世保・大村間）開通 帝国鉄道協会設立 韓国と京釜鉄道敷設に関する合同条約調印	東日本に暴風雨
1899年 (明治32年)	バルトン逝去	大阪市下水道完成 北越鉄道（直江津・沼垂間）開通 京仁鉄道設立	新商法公布 府県制・郡制改正
1900年 (明治33年)		東京市水道第一期工事完成 布引ダム完成（生田川，最初のコンクリートダム） 神戸市水道完成 利根川改修工事着手 下水道法公布 私設鉄道法公布 鉄道営業法公布	上野・新橋両駅に初の公衆電話開設
1901年 (明治34年)		山陽鉄道（厚狭・馬関間）開通により神戸・馬（下関）間が全通 北海会法公布	大阪で銀行恐慌勃発
1902年 (明治35年)		北海道土功組合法公布	八甲田山で雪中行軍隊が遭難 日英同盟協約調印
1903年 (明治36年)	デレーケ離日	大阪市の路面電車開通 笹子トンネルの完成により中央東線（八王子・甲府間）開通 琵琶湖疏水橋完成（最初の鉄筋コンクリート橋） 若狭橋完成（神戸） 東京電車鉄道（東京・品川間）開業	東京日比谷公園開園 初の映画館（浅草電気館）開場
1904年 (明治37年)		甲武鉄道（お茶ノ水・中野間）開通 北海道鉄道（函館・高島間）開通 南郷洗堰完成（瀬田川） 鉄道軍事供用令公布	日露戦争始まる
1905年 (明治38年)		奥羽線（福島・青森間）全通 京釜鉄道全線開通 急行列車（新橋・下関間）直通運転	日露講和条約調印 東北地方大凶作
1906年 (明治39年)	近藤仙太郎 (1859-1931) 東京土木出張所長に就任	鉄道国有法公布 南満州鉄道会社設立	韓国総督府開庁
1907年 (明治40年)	加藤与之吉 (1870-1933) 満鉄の初代土木課長に就任 菅原恒覧 (1859-1940) 鉄道土木合資会社を設立	狩勝トンネル完成（旭川・釧路間が全通） 帝国鉄道庁官制公布	東京株式相場暴落 足尾鉱山暴動 東北帝国大学設置
1908年 (明治41年)	樺島正義 (1878-1949) 東京市橋梁課初代課長に就任	水利組合法公布 小樽港防波堤完成 台湾縦貫鉄道（基隆・打狗間）全通 鉄道院官制公布（逓信省鉄道局は鉄道省となる）	

年　代	土木技術者	土木事業と土木関連事項	一般主要事項
1909年 (明治42年)		鉄道特別会計の確立 鹿児島本線（門司・鹿児島間）全通 東京山手線の一部で電車運転開始 広瀬橋完成 住宅・都市計画法制定 新耕地整理法公布	東京両国に国技館開館 伊藤博文暗殺 生糸輸出量が世界第1位となる
1910年 (明治43年)	岡崎文吉（1872-1945）初代石狩川治水事務所長に就任	軽便鉄道法公布	東海・関東・東北地方一帯に豪雨 朝鮮総督府設置 九州帝国大学設置
1911年 (明治44年)	沖野忠雄：内務省技監に就任	淀川改良工事完成 中央本線（宮ノ越・木曽福島間）全通 電気事業法公布	帝国劇場開場 市制・町村制改正公布
1912年 (明治45年) (大正元年)		児島湾干拓第一期工事完成 余部橋梁完成で山陰西線（京都・出雲今市間）開通 蹴上浄水場完成（京都市） 新橋・下関間に展望車付の特急列車運転開始 鋼鉄道橋設計示方書制定（鉄道院）	明治天皇没 大正と改元（7月30日）
1913年 (大正2年)		天竜川橋梁複線工事完成（東海道線が全線複線となる） 運河法公布	南京事件 東北・北海道大凶作
1914年 (大正3年)	古市公威：初代土木学会長就任	土木学会設立 生駒山トンネル完成 柴島浄水場完成（大阪市） 東京駅開業	桜島大噴火 第一次世界大戦に参戦 生糸相場大暴落 大正琴大流行
1915年 (大正4年)	岡崎文吉著『治水』刊行	東京・猪苗代間に送電線を完成 武蔵野鉄道（池袋・飯能間）開通 鉄道請負組合設立 無線電信法公布	東京期末米相場暴落 東京株式市場暴騰
1916年 (大正5年)	長谷川謹介（1855-1921）内務省技監に就任 沖野忠雄：第2代土木学会長就任	東京土木建築業組合設立	株式相場大暴落
1917年 (大正6年)	古市公威：工学会会長に就任 野村龍太郎：第3代土木学会長就任	鋸山トンネル完成 日本工業倶楽部設立	金本位制の停止 東京・東日本に大暴風雨
1918年 (大正7年)	石黒五十二（1855-1922）第4代土木学会長就任	丹那トンネル起工	北海道帝国大学設置 大学令公布 第一次世界大戦終わる 米価暴騰
1919年 (大正8年)	白石直治：第5代土木学会長就任 廣井勇：第6代土木学会長就任	中央本線（万世橋・東京間）開業 東京市内バス運転開始 都市計画法公布 市街地建築物法公布 地方鉄道法公布 道路法公布 道路構造令および街路構造令制定	土地投機ブーム
1920年 (大正9年)	宮本武之輔（1892-1941）日本工人倶楽部を設立 仙石貢（1857-1931）第7代土木学会長就任	鉄道省官制公布（鉄道院が鉄道省となる） 東京地下鉄道設立	株式市場株価大暴落 第1回国勢調査実施

年　代	土木技術者	土木事業と土木関連事項	一般主要事項
1921年 (大正10年)	原田貞介(1865-1939)第8代土木学会長就任	根室本線(滝川・根室間)開通 神戸港第一期工事完成 公有水面埋法公布 軌道法公布 国有鉄道建設規定制定	市制・町村制改正公布 郡制廃止法公布 度量衡改正(メートル法)公布 原首相暗殺
1922年 (大正11年)	牧彦七(1873-1950)土木試験所の初代所長に就任 古川阪次郎(1858-1941)第9代土木学会長就任	函館本線(函館・稚内間)全通 目黒蒲田電鉄(目黒・蒲田間)開通 三河島下水道処理場運転開始(東京市) 鉄道敷設法改正公布	東京市政調査会設立
1923年 (大正12年)	直木倫太郎(1875-1943)復興院技監に就任 田中豊(1888-1964)復興院橋梁課長に就任	特別都市計画法公布 帝都復興院設置	関東大震災
1924年 (大正13年)	中山秀三郎(1864-1936)第11代土木学会長就任	志津川ダム完成(宇治川) 大井ダム完成(木曽川) 羽越本線全通 荒川放水路完成 帝都復興院は内務省帝都復興局に移管	内務省が震災後の住宅難解消のため同潤会設立
1925年 (大正14年)	中島鋭治(1858-1925)第12代土木学会長就任	神田・上野間の高架線が開通し山手線が環状運転開始 土木業協会設立	日ソ基本条約調印 治安維持法成立 普通選挙法成立 農林省・商工省設置 貴族令改正公布
1926年 (大正15年) (昭和元年)		宇治川三栖洗堰完成 永代橋完成	府県制・市制・町村制改正公布 大正天皇没 昭和と改元
1927年 (昭和2年)		村山貯水池完成(東京市) 小田原急行鉄道(新宿・小田原間)開通 西武鉄道(高田馬場・東村山間)開通 東京地下鉄道(浅草・上野間)地下鉄開通	北丹後地震発生 南京事件起こる
1928年 (昭和3年)	岡野昇：第16代土木学会長就任	清洲橋完成	日本商工会議所設立 普通選挙法による最初の総選挙
1929年 (昭和4年)	田辺朔郎：第17代土木学会長就任	小牧ダム完成(庄川) 大阪飛行場開設	朝鮮疑獄事件 産業合理化政策が本格化
1930年 (昭和5年)	中川吉造(1871-1942)第18代土木学会長就任	利根川改修工事完成 荒川改修工事完成 淀川改修工事完成 帝都復興祭式典 特急つばめ号(東京・神戸間)運転開始	北伊豆地震発生 世界大恐慌が日本に波及し産業界で操業短縮盛んとなる
1931年 (昭和6年)	牧野雅楽之丞(1883-1967)著『道路工学』刊行 那波光雄(1869-1960)第19代土木学会長就任	中央本線(東京・甲府間)電化完成 信濃川補修工事完成(大河津分水完成) 清水トンネル開通 土木学会鉄筋コンクリート標準示方書制定	重要産業統制法公布 工業組合法公布 満州事変始まる
1932年 (昭和7年)	名井九介：第20代土木学会長就任	中川運河完成(名古屋市) 水道協会設立	満州国建国 上海停戦協定調印

土木事業と土木技術者年表　329

年　代	土木技術者	土木事業と土木関連事項	一般主要事項
1933年 (昭和8年)	物部長穂(1888-1941)著 『水理学』刊行 眞田秀吉(1873-1960)第 21代土木学会長就任	山陰本線全通 大阪市営高速鉄道(梅田・心斎橋間)開通 都市計画法改正公布	三陸地震で津波発生 治安維持法による検挙者多数 玩具ヨーヨー大流行
1934年 (昭和9年)	青山士(1878-1963)内務省技監に就任	東京地下鉄道(浅草・新橋間)全通 満州鉄道 特急あじあ号(大連・新京間)運転開始 丹那トンネル開通 山口貯水池完成	函館市大火 室戸台風 東北地方大凶作 軍需景気で工場拡張相次ぐ
1935年 (昭和10年)	青山士：第23代土木学会長就任	土讃線全通 砂防協会設立 河川堰堤規則を公布 発電用高堰堤規則を公布	綿布輸出量史上最高となり貿易収支が17年ぶりに黒字
1936年 (昭和11年)	藤井真透(1889-1963)内務省土木試験所長に就任	常願寺川改修工事着手	2・26事件 東京市に戒厳令布告 ベルリンオリンピック開催 D51型蒸気機関車完成
1937年 (昭和12年)	大河戸宗治(1878-1960)第25代土木学会長就任	仙山トンネル完成 工事指定請負人規程制定	日中戦争始まる 戦時統制経済へ移行開始 大本営設置
1938年 (昭和13年)	辰馬謙蔵：第26代土木学会長就任	土木業協会が土木工業協会に改称 大阪市営高速鉄道(難波・天王寺間)開通 国家による電力管理体制	厚生省設置 国家総動員法公布 商法大改正 関西地方に豪雨
1939年 (昭和14年)	鷲尾蟄龍(1894-1978)常願寺川改修事務所長に就任 八田嘉明(1879-1964)第27代土木学会長就任	東京高速鉄道(新橋・渋谷間)地下鉄全通 華北交通設立 華中鉄道設立	商工省により鉄製不急品回収開始 ノモンハン事件
1940年 (昭和15年)	中村謙一：第28代土木学会長就任	勝鬨橋完成	全日本科学技術団体連合会設立 日独伊三国同盟調印 砂糖・マッチ切符制
1941年 (昭和16年)	谷口三郎(1885-1957)第29代土木学会長就任	十勝大橋完成 帝都高速度交通営団設立 農地開発法公布	大日本青少年団結成 国民学校令公布 国防保安法公布 米英に対し宣戦布告 マレー沖海戦
1942年 (昭和17年)	草間偉(1881-1972)第30代土木学会長就任	関門海峡トンネル(下り線)開通	学徒勤労動員開始 食塩・味噌・醤油・衣料配給制実施 ミッドウェー海戦
1943年 (昭和18年)		博多・釜山間に新航路を開設 戦時鉄道建築規格制定 道路法戦時特例公布	東京市から東京都となる ガダルカナル島撤退開始 首相の権限強化と地方議会の権限縮小 出陣学徒壮行会 学童疎開始まる
1944年 (昭和19年)	安藝皎一(1902-1985)著 『河相論』刊行 鈴木雅次(1889-1987)第32代土木学会長就任	日本坂トンネル開通 関門海峡トンネル全通 安治川海底トンネル完成 国有鉄道建設規程戦時特例を制定	学徒動員体制の徹底 国民勤労体制の刷新 防空体制の強化 北海道で大噴火(昭和新山) マリアナ沖海戦 東京に初空襲

年　代	土木技術者	土木事業と土木関連事項	一般主要事項
1945年 (昭和20年)	鈴木雅次：内務省技監に就任 田中豊：第33代土木学会長就任	戦時建設団令公布 運輸省に運輸建設本部設置 内務省に地理調査所設置 戦災復興院設置	軍需生産の増強 三河地震発生 東京大空襲 ポツダム宣言 広島・長崎に原爆投下 終戦 東京にGHQ設置 枕崎台風 戦時教育廃止 農地改革指令
1946年 (昭和21年)	赤木正雄(1887-1972)貴族院議員に就任 鹿島精一(1875-1947)第34代土木学会長就任	戦災復興院に特別建設部設置 特別都市計画法公布（戦災都市として115都市が指定される）	日本国憲法公布 南海大地震発生
1947年 (昭和22年)		日本道路協会設立	参議院議員選挙法公布 教育基本法・学校教育法公布 地方自治法公布 日本国憲法施行 カスリーン台風 内務省解体
1948年 (昭和23年)	石川栄耀(1893-1955)東京都建設局長に就任 岩沢忠恭(1891-1965)第36代土木学会長就任	建設省設置 全国建設業協会設立	福井地震 アイオン台風
1949年 (昭和24年)	吉田徳次郎(1888-1960)第37代土木学会長就任	建設業法公布 日本国有鉄道発足 道路の対面交通実施	デラ台風が西日本に上陸 キティ台風が関東地方に上陸 湯川秀樹博士がノーベル物理学賞受賞
1950年 (昭和25年)		建築基準法公布 国土総合開発法公布 港湾法公布 電気事業再編成令公布 公益事業令公布 北海道開発庁発足	1,000円札発行 熱海市大火 公職選挙法公布 朝鮮戦争始まる 金閣寺全焼 警察予備隊令公布 ジェーン台風が関西地方に上陸 特需景気と統制撤廃が相次ぐ
1951年 (昭和26年)		建設省の河川総合開発事業が始まる 日本都市計画学会発足 日本測量協会発足 電力会社発足	西日本から北陸地方にかけて豪雨 民間ラジオ放送開始 サンフランシスコ講和会議で対日平和条約・日米安全保障条約調印 ルース台風が中国・九州地方に上陸
1952年 (昭和27年)		新京浜国道コンクリート舗装工事完成 六甲砂防ダム完成（都賀川） 東京国際空港完成（羽田）	十勝沖地震で津波発生 鳥取市大火 対日平和・日米安保両条約発効 法務省・自治庁・保安庁設置 日本電信電話公社発足

土木事業と土木技術者年表　331

年　代	土木技術者	土木事業と土木関連事項	一般主要事項
1953年 (昭和28年)	久保田豊(1890-1986)世界一周の視察旅行開始	石淵ダム完成(胆沢川) 柳瀬ダム完成(銅山川) 参宮道路開通(初の有料道路) 港湾整備促進法公布	NHKテレビ放送開始 西日本と南紀に豪雨 近畿・北陸・東北に豪雨 民間テレビ放送開始 台風13号が近畿・中部地方に上陸 奄美群島返還
1954年 (昭和29年)	平山復二郎(1888-1962)日本初のコンサルタント業を旗揚げ 青木楠男(1893-1987)第42代土木学会長就任	地下鉄丸の内線(池袋・お茶ノ水間)開通 丸山ダム完成(木曽川) 土地区画整理法公布 土質工学会設立	防衛庁・自衛隊発足 台風15号襲来(津軽海峡で青函連絡船洞爺丸が沈没)
1955年 (昭和30年)	菊池明(1899-1973)第43代土木学会長就任	須田貝ダム完成(利根川) 西海橋完成(長崎県) 峯トンネル完成 上松川橋梁完成(福島県) 日本住宅公団設立	宇高連絡船紫雲丸沈没事故 新潟市大火
1956年 (昭和31年)	平山復二郎：第44代土木学会長就任	佐久間ダム完成(天竜川) 五十里ダム完成(鬼怒川) 科学技術庁設置 日本道路公団設立 首都圏整備法公布 海岸法公布 空港整備法公布	秋田県能代市大火 秋田県大館市大火 富山県魚津市大火 神武景気始まる
1957年 (昭和32年)		小河内ダム(多摩川)完成 井川ダム(大井川)完成 鳴子ダム(江合川)完成 高速自動車国道法公布 特定多目的ダム法公布 水道法公布 駐車場法公布	南極観測船宗谷がオングル島に到着(昭和基地建設開始) 諫早水害 5,000円札発行 ソ連が初の人工衛星打ち上げ成功 100円硬貨発行 なべ底不況始まる
1958年 (昭和33年)		関門トンネル(下関・門司間)開通 藤原ダム(利根川)完成 相俣ダム(利根川)完成 大倉ダム(名取川)完成 特急こだま(東京・神戸間)運転開始	台風22号が関東地方に上陸 10,000円札発行 東京タワー完成
1959年 (昭和34年)		首都高速道路公団設立	メートル法施行 皇太子御成婚 台風7号で中部・近畿地方に大被害 伊勢湾台風で中部地方に大水害 岩戸景気始まる
1960年 (昭和35年)		京葉道路(東京・千葉間)開通 道路交通法公布 田子倉ダム(阿賀野川)完成 建設省に国土地理院を設置	日米新安保条約調印 チリ地震により太平洋岸に津波襲来 カラーテレビ放送開始 電気冷蔵庫が普及

注）土木学会編『日本土木史(昭和16年～昭和40年)』1973年の「近代土木史年表」,歴史学研究会編『新版日本史年表』岩波書店(1984年),高橋裕著『現代日本土木史』彰国社(1990年),松浦茂樹著『明治の国土開発史―近代土木技術の礎』鹿島出版会(1992年)を参考に作成

人名索引

(明治期から昭和30年頃までの人物。太字は人物紹介頁)

あ

青木楠男　210, 214
青山士　35, 56, 76, **256**
赤木正雄　35, **64**
安藝杏一　76
安藝皎一　38, 71, **76**, 280
浅野総一郎　87
阿部美樹志　122, 297
阿部喜之丞　209
新井釣吉　56
アルンスト　91

い

飯田清太　297
飯田俊徳　118, 120, 139
五十嵐淳三　207
生野団六　122
池田篤三郎　156
石井頴一郎　227, 229, 230
石井省一郎　42, 296, 310, 314
石川石代　120
石川栄耀　207, 208, **210**
石黒五十二　47, 59, 154, 311
石橋絢彦　85
石丸重美　119
伊藤長右衛門　85
伊藤剛　38
稲垣兵太郎　121
稲葉三右衛門　86
井上馨　244
井上徳次郎　119, 144
井上勝　118, 120, 125, **128**, 138, 244, 296
伊部貞吉　208
岩岡武博　213
岩沢忠恭　190

う

ウェステルウィル　91
ウォートレス　171
内山新之介　207, 208
梅田半之助　294
梅野実　297

え

エッシャー　**40**, 91, 188
遠藤謹助　244

お

大井清一　167
大井田瑞足　122
大河戸宗治　121
大来佐武郎　280
大蔵喜八郎　294, 295
大蔵公望　122
大島盈株　118
大島仙蔵　295
大島満一　264
太田圓三　122, 180, 209, 271, 317
太田六郎　293, 295, 296
大林芳五郎　294
大藤高彦　162
大村鋪太郎　121
大村卓一　121
大屋権平　119
岡崎文吉　34, **52**, 105
岡実康　295
岡田竹五郎　120, 173
岡胤信　271
岡野昇　121
小川織三　167
小川勝五郎　118, 294
小川資源　120
小川東吾　295
沖野忠雄　21, 26, 32, **46**, 64, 109, 256, 270, 310, 311, 314
小栗忠七　209
尾崎行雄　268
小野基樹　229, 230
小野諒兄　122
折下吉延　209

か

加賀山学　122
笠井愛次郎　119, 295
笠原敏郎　207, 209
梶井剛　279

鹿島岩蔵　216, 294, 305
鹿島精一　268, 293, 295, 298, 301, **304**
片平信貴　191
加藤与之吉　**216**
香取多喜　295
金井彦三郎　173
兼岩伝一　207
金子征　191
樺島正義　174, **176**, 180, 297
蒲孚　264
亀井幸次郎　207
神尾守次　207
梛木寛之　207
カリス　91

き

菊池明　190
岸口金三郎　295
木島粂太郎　209
岸道三　191, 199
北村徳太郎　207, 209, 212
木下淑夫　121

く

釘宮巌　316
空閑徳平　229, 231
草間偉　122, 155, 167
国澤能長　118, 139
国澤新兵衛　222
久野友義　119
久保田豊　230, 264, **286**, 297
熊谷栄二郎　314
熊谷三太郎　294
久米民之助　119, 295, 296
倉田吉嗣　172
倉塚良夫　167, 219
黒田武定　279
クロフォード　118

こ

河野天瑞　119, 295
河野一茂　173

人名索引 333

児玉源太郎　221
後藤佐彦　122
後藤新平　120, 136, 141, 155, 165, 174, 192, 208, 216, 219, 221, 270, 298
小山義重　296
胡麻鴨五峯　209
近藤謙三郎　190, 209, 212, 214
近藤仙太郎　33, 35, **58**
近藤安吉　209

さ
佐伯敦崇　32
榊谷仙次郎　294
坂本復経　295
桜井英記　207, 213
佐武正章　139
佐藤昌　208, 209
佐藤成教　295, 296
佐藤助九郎　293
佐藤利恭　264
眞田秀吉　21, 35, 51, 71
佐野藤次郎　162
佐野利器　181, 209
佐分利一嗣　119
沢井市蔵　294

し
志岐信太郎　294
茂庭忠次郎　167
志田林三郎　276
柴田睦作　174
島崎孝彦　155
島田道生　237
島安次郎　142, 144
清水済　32
シャービントン　118
春藤真三　208
白石多士良　316
白石直治　119, 144

す
菅原恒覧　293, 294, 295, **298**, 304
杉井定吉　294
杉浦宗三郎　121
杉文三　120, 144
杉山輯吉　295
鈴木雅次　88, **108**

せ
関場茂樹　174
関一　155, 206, 270
瀬戸政章　190
千石貢　119, 296
千田貞暁　86

た
ダイヤー　244, 249
高木秀明　188
高碕達之助　318
高島嘉右衛門　294
高田雪太郎　295
高野務　191, 200
高橋三郎　264
高橋甚也　209
高峰譲吉　59
瀧川釘二　162
滝山与　121
武居高四郎　207, 208
竹内季一　121
竹内俊雄　38
竹重貞蔵　208
武田五一　183
竹中喜忠　181
田阪美徳　214
辰馬謙蔵　277
田中清彦　212
田中敬親　229
田中豊　175, 176, **180**, 209, 296
田辺朔郎　53. 119, 121, 173, 225, **234**, 245
田辺義三郎　311
谷口三郎　277
谷口成之　207
田淵寿郎　209, 213

ち
千島九一　139
チッセン　40, 91

て
デ・レーケ　31, 40, 48, 84, 91, 94, 99, 154, 236, 263, 294

と
遠武勇熊　121
富樫凱一　191

飛島文治郎　294
飛島文吉　294
富田保一郎　121, 301
富永正義　35, 71
ドルシェ　191

な
直木倫太郎　208, 264, **268**, 276, 293, 296
永井久一郎　153, 158
永井了吉　264
長江種同　139
長尾半平　120
中尾光信　190
中川吉造　35, 277
中沢誠一郎　208
中島鋭治　155, **164**, 176
中島清二　213
中野初子　237
中村謙一　122
中村重章　188
中安米蔵　38
中山秀三郎　268
長与専斎　153, 158, 165
那波光雄　121, **144**

に
西大条寛　167
西大助　119
西田清　167
西松桂輔　294
新渡戸七郎　296
丹羽鋤彦　85, 268

の
野口粂馬　295
野坂相如　208
野田俊彦　181
野辺地久記　119, 121, 295
野村龍太郎　119, 145

は
パウネル　119
間猛馬　296
パーシバル・オズボン　59
橋本敬之　122
橋本信次　296
長谷川謹介　118, **138**, 296
長谷川泰　154
八田嘉明　122

服部長七　86, 294
パーマー　84, 94, **96**
浜野弥四郎　162
早川智寛　293, 296
原口要　135, 172
原口忠次郎　209
原田貞介　21, 32, 47, 110, 314
原龍太　172
バルトン　99, 153, 155, **158**, 165, 167, 226

ひ
菱田厚介　208
平井晴二郎　120, 144
平山復二郎　180, 209, 293, 297, 301, **316**
廣井勇　53, 85, **102**, 120, 174, 180, 246, 256, 276

ふ
ファン・ドールン　31, 40, 83, **90**, 112
フォーゲル　171
福田次吉　71, 77
藤井能三　86
藤井真透　189, **198**
藤田伝三郎　294, 295
藤田宗光　207, 208
藤根寿吉　271
ブラントン　83, 126, 172, 205
古市公威　20, **24**, 32, 47, 85, 109, 155, 165, 216, 248, 264, 268, 310, 311, 315
古川晴一　119, 174
古川阪次郎　119, 143
古川久吉　300

へ
ペルツ　154

ほ
ホイラー　103
ボイル　117
星亨　268
星埜和　191
星野鏡三郎　294, 300
ボーナル　120, 144, 173

堀三之助　220
ホルサム　126
本間英一郎　120

ま
前田又兵衛　294
牧野雅楽之丞　189, 195, **196**
牧彦七　189, **192**, 196
増田淳　174
増田禮作　120
マストレクト　91
町田保　207
松井達夫　207
松方正義　296
松永工　121
松前重義　280
松村光麿　207
松本荘一郎　104, 120, 294, 300

み
三池貞一郎　21,
三島通庸　187
水野錬太郎　195
溝口潔夫　264
三田善太郎　98
南一郎平　296
南清　119
三村周　118
宮内義則　209
宮城島庄吉　295
宮之原誠蔵　189, 311
宮本武之輔　35, 57, 78, 257, 264, 265, 271, 274, **276**, 279
名井九介　34

む
武者満歌　118
村上享一　119
ムルデル　31, 33, 60, 84, 91, 98, 311

め
メイク　84

も
毛利重輔　120
モース　151

元良勲　183
物部長穂　35, 51, 76, 190, 199, **250**
森清右衛門　294
モレル　117, **124**, 132

や
矢内信譲　121
安宅勝　183
安田善次郎　87
山内市太郎　295
山尾庸三　125, 244
山口準之助　119
山口昇　264
山口文象　182
山崎桂一　207
山田忠三　173
山田寅吉　225, 293, 295, **310**, 311
山田博愛　207, 209
山田正男　214
山田守　182
山中政次郎　294
山本卯太郎　175
山本三郎　39

よ
吉川魯介　119
吉田徳次郎　316
吉村辰夫　212
米元晋一　155, 167, 177
米山辰夫　122

り
リンド　91

わ
鷲尾蟄龍　35, **70**, 77
渡辺信四郎　119
渡辺嘉一　119, 295
ワッデル　177
ワトキンス　190

おわりに

　本書の企画から早いもので既に2年,「インフラミューズパーク構想」を提案してから数えて8年余の歳月が流れた。この間,土木学会においても土木技術者はどう生きるべきかなどが議論され,青山士が草稿した「土木技術者の信条及実践要綱」の発表後62年を経て新たな土木技術者の倫理規定が制定されたところである。

　国土の骨格を創る土木事業に身命を賭して邁進できた当時の土木技術者と,それなりの社会基盤が整備され,事業の実施システム,環境への配慮,情報公開などで社会からの批判に晒されることの多い現在の土木技術者には大きな社会的環境の違いが存在している。それでも社会や公共のことを考え,その時代に必要とされる社会基盤を創り続けてきた土木技術者の心の底流に流れるものには共通するものがあろう。

　取りあげた人物については,土木史の研究者からみて様々な異論もあると思われるが,国土政策機構という任意団体によるささやかな試みとしてご寛恕いただきたい。

　執筆にあたっては,各専門分野の一線で活躍しておられる方々からのご協力を得ることができた。ご多忙中ご迷惑をおかけしたことをお許しいただきたい。

　本書が日の目を見るまでに,様々な方々のご支援・ご協力を得た。東洋大学松浦茂樹教授,社団法人土木学会藤井肇男氏には,特に本書の企画段階からお世話になりました。また本書にとりあげる土木技術者の人選にあたっては,通史を執筆いただいた著者の方々とともに,新谷洋二日本大学教授,馬場俊介岡山大学教授,宮村忠関東学院大学教授,渡辺貴介東京工業大学教授,故長尾義三京都大学名誉教授に適切なアドバイスをいただいた。この2年間にわたり一緒になって歩き続けていただいた下河辺代表理事や編集委員の皆様,鹿島出版会の橋口氏にも深く御礼申し上げます。

　本書の編集にあたった私たちは,本機構を引っ張ってこられた石渡代表理事に完成した本書を見ていただくことを最も楽しみにしていたが,時間が許してくれなかった。その笑顔に接することのできなかったことが最後の心残りである。

1999年12月

国土政策機構 事務局長
佐藤　修

執筆者一覧 (50音順，所属は1999年12月1日現在)

伊東　孝	日本大学 理工学部 交通土木工学科 教授
稲場紀久雄	大阪経済大学 経営学部 教授
入江　功	九州大学 工学部 地球環境工学科 教授
大久保　駿	社団法人全国治水砂防協会 理事長
大淀昇一	東洋大学 文学部 教授
小野田　滋	財団法人鉄道総合技術研究所 鉄道技術推進センター 主任技師
越澤　明	北海道大学 工学研究科 都市環境計画学講座 教授
今　尚之	北海道教育大学 教育学部 旭川校 助教授
上林好之	株式会社ニュージェック 代表取締役 副社長
菊岡倶也	建設文化研究所 主宰
佐藤馨一	北海道大学 工学研究科 交通システム工学講座 教授
島崎武雄	株式会社地域開発研究所 代表取締役 社長
武部健一	道路文化研究所 理事長
田村喜子	作家
原田勝正	和光大学 経済学部 教授
藤井肇男	社団法人土木学会 土木図書館 司書
藤井三樹夫	株式会社水環境研究所 代表取締役
星　清	財団法人北海道河川防災研究センター 常務理事
堀　勇良	文化庁 建造物課 主任文化財調査官
松浦茂樹	東洋大学 国際地域学部 教授
松本徳久	財団法人ダム技術センター 理事
宮越　堯	パシフィックコンサルタンツ株式会社 取締役 副社長
村上雅博	高知工科大学 工学部 社会システム工学科 教授
森田嘉彦	国際協力銀行 専任審議役
山本晃一	財団法人河川環境管理財団 技術参与

国土政策機構「国土を創った土木技術者たち」
編集委員　(所属は1999年12月1日現在)

友末一徳	株式会社スタナム
植木隆彦	鹿島建設株式会社
三上　誠	清水建設株式会社
越川正彦	三井建設株式会社
佐藤　修	パシフィックコンサルタンツ株式会社
渡辺知美	国土政策機構
森内節子	国土政策機構

国土を創った土木技術者たち

2000年2月10日　第1刷発行©
2005年5月30日　第4刷発行

編者　　国土政策機構
発行者　鹿島光一

発行所　100-6006 東京都千代田区霞が関三丁目2番5号　鹿島出版会
　　　　Tel 03(5510)5400　振替 00160-2-180883
無断転載を禁じます。

落丁・乱丁本はお取替えいたします。　　奥村印刷・牧製本
ISBN 4-306-02337-0　C3052　　Printed in Japan

本書の内容に関するご意見・ご感想は下記までお寄せください。
URL: http://www.kajima-publishing.co.jp
E-mail: info@kajima-publishing.co.jp

明日を築く知性と技術 ● 鹿島出版会の土木一般書

物語　日本の土木史
大地を築いた男たち

長尾義三／著

ISBN 4-306-09288-7　四六・308頁　定価2,520円（本体2,400円）

変わりゆく時代背景のもとで先人が何を考え，何を目的にどんな技術を編み出し，そしてどんな苦労を乗り越えて何を作ってきたかを描く。〈土木学会著作賞受賞〉

物語　分水路
信濃川に挑んだ人々

田村喜子／著

ISBN 4-306-09316-6　四六・232頁　定価1,835円（本体1,748円）

本書は，昭和2年の被災により陥没した分水路入口の自在堰の復旧突貫工事のドキュメントとして書き下ろされたもので，現場の総指揮をとった宮本武之輔を中心とする信濃川の流れを変えた人々の苦闘と喜びの物語である。

ザイールの虹・メコンの夢
国際協力の先駆者たち

田村喜子／著

ISBN 4-306-09347-6　四六・232頁　定価1,890円（本体1,800円）

国際協力の場である異国の地で様々な思いを引き起こしながら，命懸けで仕事を遂行した土木技術者のロマン。ザイールのマタディ橋とラオスのナムグム・ダムの海外建設プロジェクトに携わった技術者の群像。

開削決水の道を講ぜん
―幕末の治水家船橋随庵

高崎哲郎／著

ISBN 4-306-09362-X　四六・192頁　定価2,100円（本体2,000円）

関東の水の要衝にあって，江戸時代から水害に悩まされていた関宿。随庵は利根川に平行する「関宿落とし」を開削した。現在もその水路は重要な動脈となっている。大治水家の生涯は，文学として幕が開く。

鶴高く鳴けり
土木界の改革者　菅原恒覧

高崎哲郎／著

ISBN 4-306-09356-5　四六・264頁　定価1,890円（本体1,800円）

東北の士族出身らしい気骨をもって幕末・明治・大正・昭和の激動の時代を生き抜いた日本土木界の先駆者の人物像。業界改革に後半生を捧げた土木技術者の苦悩を担わざるを得なかった指導者・菅原恒覧の82年の生涯。

大地の鼓動を聞く
建設省50年の軌跡

高崎哲郎／著

ISBN 4-306-09360-3　B6・176頁　定価1,785円（本体1,700円）

廃墟となった敗戦国日本の復興に立ち上がり，創造と飛翔を掲げて，使命感と情熱を燃やし続けた建設省半世紀のドキュメント。移り変わる社会・経済状況を背景に，その時々の国土・建設行政のトピックスを平易に紹介する。

天、一切ヲ流ス
江戸期最大の寛保水害・西国大名による手伝い普請

高崎哲郎／著

ISBN 4-306-09367-0　四六・244頁　定価2,100円（本体2,000円）

1742年に関東甲信越地方を襲った未曾有の大水害について，江戸時代中頃の政治・社会情勢にふれながら，精力的な取材を通じ，幕府が西国大名に命じた御手伝い普請の内容と救済活動や河川復旧工事の姿を描き出していく。

荒野の回廊
江戸期・水の技術者の光と影

高崎哲郎／著

ISBN 4-306-09368-9　四六・240頁　定価2,100円（本体2,000円）

江戸期・関東地方の治水・利水・船運史を，前・中・後期の三つに区分けして，その時代的特性（政治・経済・社会・文化など）をうかがわせる土木事業を取り上げ，事業の中核となった土木技術者たちの仕事ぶりを中心に描く。

評伝　山に向かいて目を挙ぐ
工学博士・広井勇の生涯

高崎哲郎／著

ISBN 4-306-09371-9　四六・288頁　定価2,310円（本体2,200円）

土木界の先駆者・博愛主義者として知られる広井勇の生涯を描いた評伝。知的刺激に満ちあふれた広井勇の生き様は，現代に生きる我々に内省を求め，勇気を与える。人は何をなすべきか人類不変の倫理を投げかけている。

〒100-6006　東京都千代田区霞が関三丁目2-5　☎ 03-5510-5401（営業部）

※ 定価には消費税5％が含まれております。